职业教育电力技术类专业教学用书

电厂化学

（第四版）

吴仁芳　徐忠鹏　合编
许立国　刘吉堂　伦国瑞　主审

中国电力出版社
CHINA ELECTRIC POWER PRESS

内 容 提 要

本书主要内容为水的混凝处理、离子交换软化及化学除盐。书中对水的蒸馏、电渗析和反渗透预脱盐、凝结水处理作了较详细的介绍；对热力系统的腐蚀形式和防止方法、蒸汽污染和获得清洁蒸汽的方法、水质标准和取样方法、锅炉化学清洗、冷却水处理等方面的知识也作了介绍；另外，还介绍了变压器用油、汽轮机用油、电厂燃料和环境保护方面的一般知识。

本书主要供职业院校电力技术类相关专业使用，也可作为电厂水处理专业技术人员的培训教材，并可为有关技术人员参考。

图书在版编目（CIP）数据

电厂化学/吴仁芳，徐忠鹏编. —4版. —北京：中国电力出版社，2010.1（2025.1重印）

教育部职业教育与成人教育司推荐教材

ISBN 978-7-5083-9353-7

Ⅰ.电… Ⅱ.①吴…②徐… Ⅲ.电厂化学—职业教育—教材 Ⅳ.TM621.8

中国版本图书馆CIP数据核字（2009）第149812号

中国电力出版社出版、发行

（北京市东城区北京站西街19号 100005 http://www.cepp.sgcc.com.cn）

北京锦鸿盛世印刷科技有限公司印刷

各地新华书店经售

*

1981年2月第一版

2010年1月第四版 2025年1月北京第二十七次印刷

787毫米×1092毫米 16开本 19印张 460千字

定价 **46.00** 元

前言

本书在保留第三版的性质、任务和培养目标及基本知识的基础上进行了较大的修改。如锅炉化学清洗、凝汽器化学清洗及煤的热值测定等进行了较大幅度的修改，并增补了火力发电厂广泛使用的盘式过滤器、超滤等新技术；增补了设备运行时常见故障及处理方法；增补了锅炉启动、并汽时的水汽质量标准、凝结水回收质量标准。随着我国临界压力及超临界压力直流锅炉的出现及发展，本书对直流锅炉的水质也作了简要介绍。

本书所使用的法定计量单位与第三版相同。

本书的修改由山东省电力学校副教授吴仁芳和山东济南安利源动力化学有限公司高级工程师徐忠鹏合作完成。具体分工为：徐忠鹏修改第十、十三章，其余章节由吴仁芳修改，吴仁芳负责统稿。

本书修改中得到山东潍坊电厂张富国、李琦，山东邹县电厂薛文元，山东济南安利源动力化学有限公司郭利、李宏，山东省电力学校高级讲师孙奎明、伦国瑞，山东青岛电厂王旭波等提供资料和帮助，在此一并表示感谢。

本书由山东电力高等专科学校许立国、沈阳工程学院刘吉堂、山东省电力学校伦国瑞主审，在此表示感谢。

由于编者的水平所限，书中疏漏和不妥之处在所难免，诚恳希望使用此书的广大师生和读者批评指正，谢谢！

编　者

2009 年 6 月

第三版前言

本书体现了职业教育的性质、任务和培养目标；符合职业教育的课程教学基本要求和有关岗位资格和技术等级要求；具有思想性、科学性、适合国情的先进性和教学适应性；符合职业教育的特点和规律，具有明显的职业教育特色；符合国家有关部门颁发的技术质量标准。本书既可以作为学历教育教学用书，也可作为职业资格和岗位技能培训教材。

本书是在教材《电厂化学》第二版的基础上重新编写的。本教材主要讲述水质净化，热力设备的腐蚀、结垢、积盐及防止方法。此外，对电力用油、火力发电厂环境保护、燃料（电厂用煤）的基本知识也作了介绍。

在此次编写中，对电厂用水、汽、油等标准按最新国家标准、行业标准作了修订，并对原书中的内容作了增补，增加了近几年发展起来的新技术，并对现在广泛使用的超低压反渗透技术作了介绍，同时增补了燃料部分，使《电厂化学》的内容更趋于合理、完善。在本次修编中，力求内容简明易懂，理论联系实际。

全书采用法定计量单位，物质的量浓度单位为 mol/L（mmol/L、μmol/L），但都是指电化学摩尔质量，即其基本单元相当于具有一个电荷的粒子。因此，书中硬度、碱度等含义为

$$硬度(H)=[1/2Ca^{2+}]+[1/2\ Mg^{2+}]$$

$$碱度=滴定中所用的[H^{+}]$$

上式中的符号 [ ] 表示相应物质的量浓度。

本书的修编由山东省电力学校副教授吴仁芳和高级讲师杜祖坤合作完成。具体分工为：杜祖坤编写第三章、第四章、第五章和第九章，其余章节由吴仁芳编写，吴仁芳负责统稿。全书由山东电力高等专科学校许立国副教授、沈阳工程学院刘吉堂副教授、山东省电力学校伦国瑞担任主审，在此表示感谢。

由于时间紧，编者的水平有限，书中存在错漏和不妥之处在所难免，诚恳希望使用此书的广大师生和读者批评指正，谢谢！

编　者

2006 年 6 月

第二版前言

本书是电力中等专业学校电厂热能动力设备专业电厂化学课程的教材，内容是根据本专业《电厂化学》课程的教学大纲编写的。

本书重点讲述炉外水处理的基本原理和系统，热力设备的腐蚀、结垢、积盐及防止方法；对电力用油、火力发电厂运行对环境的污染与防治也作了一般介绍。

全书采用法定计量单位，物质的量摩尔是电化摩尔质量，即基本单元为相当于具有一个电荷粒子，如硬度写成 $H=1/2\ [Ca^{2+}]\ +1/2\ [Mg^{2+}]$。

本书由西安电力学校吴孝恺副教授主审。

在编写本书过程中，曾得到郑州电力学校张克让讲师的大力帮助，在此一并表示感谢。

由于编者水平有限，书中难免有不妥之处，诚恳希望各校师生和读者批评指正。

编　者

1994 年 4 月

目 录

绪 论

【内容提要】主要介绍火力发电厂热力系统和火力发电厂水处理的重要性。

一、水在火力发电厂中的作用

在火力发电厂中，锅炉、汽轮机及其他附属设备组成热力系统。水进入锅炉吸收燃料燃烧放出的热能变成蒸汽，在汽轮机内蒸汽的热能转变成机械能，汽轮机带动发电机，将机械能转变成电能。因此，水是能量转换的重要工质。为了保证锅炉、汽轮机的正常运行，锅炉对所用水的质量要求比较严格，而且机组蒸汽的参数越高，对水质的要求也越严。目前我国制造的机组蒸汽参数和容量如表 0-1 所示。

表 0-1 热力发电厂机组容量和蒸汽参数

名称	额定功率 (MW)	蒸汽参数 锅炉 蒸汽压力 (MPa)	锅炉 蒸汽温度 (℃)	汽轮机 蒸汽压力 (MPa)	汽轮机 蒸汽温度 (℃)
中压机组	6，12，25	3.90	450	3.43	435
高压机组	50，100	9.81	540	8.82	535
超高压机组	125 200	13.23 13.73	555 540	12.23 12.74	550 535
亚临界压力机组	300	16.68 18.27	555 541	16.17 16.66	550 537
	600	18.27	541	16.66	537
超临界压力直流锅炉机组	600	25.40	571	24.20	566
	1000	26.25	605	26.00	600

火力发电厂分为凝汽式电厂和供热式电厂两种，它们的水汽循环系统如图 0-1、图0-2所示。

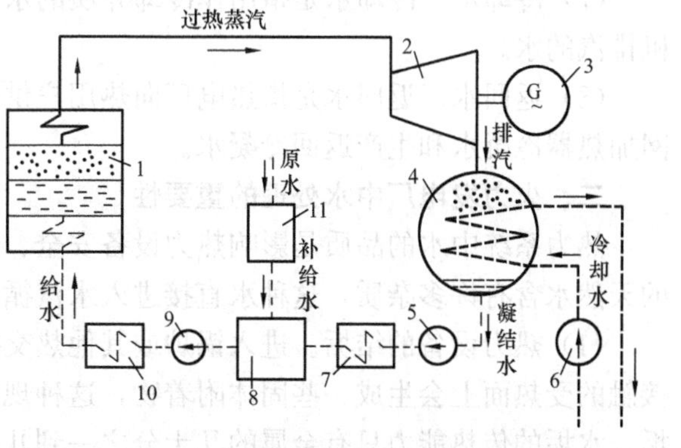

图 0-1 凝汽式电厂水汽循环系统

1—锅炉；2—汽轮机；3—发电机；4—凝汽器；5—凝结水泵；6—循环水泵；7—低压加热器；8—除氧器；9—给水泵；10—高压加热器；11—水处理设备

水汽循环系统在运行时，下面的原因会造成水汽损失。

(1) 锅炉的排污放水，安全门和过热蒸汽放汽门对空排汽，蒸汽吹灰和燃油的加热用汽。

(2) 汽轮机轴封处连续向外排汽，抽气器和除氧器排气口会随空气排出一些蒸汽。

(3) 各种水箱的溢流和热水蒸发。

(4) 各管道系统法兰盘连接处不严密和阀门的泄漏。

（5）厂内生活用汽，化学分析采样的流失。

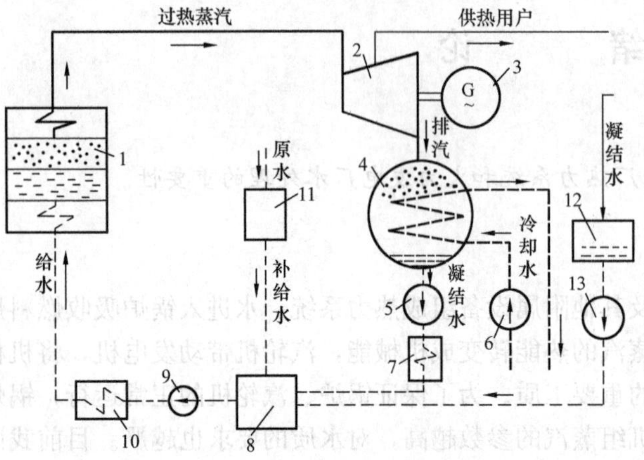

图 0-2　供热式电厂水汽循环系统

1—锅炉；2—汽轮机；3—发电机；4—凝汽器；5—凝结水泵；6—循环水泵；7—低压加热器；8—除氧器；9—给水泵；10—高压加热器；11—水处理设备；12—返回凝结水箱；13—返回水泵

（6）供热电厂向附近工厂和住宅区供生产用汽和取暖用热水，由于热用户的用热方式不同和供热系统的复杂性等原因，送出的蒸汽大部分不能回收，汽水损失很大。

为维持发电厂热力系统的正常水汽循环，需用水补充这些损失，这部分水称为补给水。凝汽式发电厂在正常运行时，补给水率不超过锅炉额定蒸发量的2%～4%。热电厂的锅炉补给水率较大，有的补给水率可达100%。

由于水在热力发电厂水汽循环系统中所经历的过程不同，水质常有较大的差别，因此根据实际需要给予这些水不同的名称。

（1）原水。原水是指未经任何处理的天然水，它是热力发电厂中各种用水的来源。

（2）锅炉补给水。锅炉补给水是指原水经过净化处理后，用来补充热力发电厂汽水损失的水。按净化处理的方法不同，锅炉补给水分为软化水、蒸馏水和除盐水。

（3）凝结水。凝结水是指在汽轮机中做完功的蒸汽经冷凝而成的水。

（4）疏水。疏水是指各种蒸汽管道和用汽设备中的蒸汽冷凝水。

（5）给水。给水是指送进锅炉的水。它由凝结水、补给水和疏水组成，热电厂中还包括返回水。

（6）锅炉水。锅炉水是指在锅炉本体的蒸发系统中流动的水。

（7）冷却水。冷却水是指用作冷却介质的水，在电厂中主要指通过凝汽器用来冷却汽轮机排汽的水。

（8）返回水。返回水是指热电厂向热用户供热后，回收的蒸汽冷凝水。返回水又分为热网加热器冷凝水和生产返回冷凝水。

二、火力发电厂中水处理的重要性

热力系统中水的品质是影响热力设备安全、经济运行的重要因素之一，因未经净化处理的天然水含有许多杂质，这种水直接进入水汽循环系统会引起以下危害：

（1）热力设备的结垢。进入锅炉或其他热交换器的水质不良，运行一段时间后，在与水接触的受热面上会生成一些固体附着物，这种现象称为结垢，受热面上的固体附着物称为水垢。水垢的传热能力只有金属的几十分之一到几百分之一，水垢又极易在热负荷很高的锅炉炉管中产生，会对锅炉造成极大的危害。它使结垢部位金属管壁过热，金属强度下降，在管内压力作用下，会造成局部炉管变形、鼓包，甚至引起爆管的严重事故。如结有铁垢，还会引起垢下腐蚀。结垢不仅危害安全运行，还会造成燃料的损失及降低发电厂的经济性。当凝汽器铜管结有水垢时，会造成凝汽器的真空度下降，汽轮机的热效率和出力降低。

热力设备结有水垢必须进行清洗时，就要停止运行，减少了设备的年利用小时数，还会增加检修工作量和费用等。

（2）热力设备的腐蚀。水质不良会引起热力设备金属的腐蚀。腐蚀会导致设备的使用寿命缩短。金属腐蚀产物转入水中，给水中杂质增多，加剧了高热负荷受热面上结垢过程，结成的垢又会加剧炉管的腐蚀，形成恶性循环，会迅速导致爆管事故。水中某些杂质和金属腐蚀产物还会被蒸汽带到过热器和汽轮机中沉积下来，将严重影响过热器和汽轮机的安全、经济运行。

（3）过热器和汽轮机积盐。水质不良会导致蒸汽品质不良，蒸汽带出的杂质会在过热器和汽轮机内沉积，称为积盐。过热器管内积盐会引起金属管壁过热甚至爆管。汽轮机内积盐会降低汽轮机的效率和出力，特别是高参数、大容量机组，它的高压级的蒸汽通道截面积很小，少量的积盐也会大大增加蒸汽流通的阻力，使汽轮机的出力下降。当汽轮机积盐严重时，还会使推力轴承负荷增大，隔板弯曲，造成事故停机。

热力发电厂水处理工作就是为了保证热力系统各部分有良好的水汽品质，防止热力设备的结垢、腐蚀和积盐，所以在热力发电厂中，水处理工作对保证发电厂的安全、经济运行具有十分重要的意义。

热力发电厂化学工作者，应做好以下工作：

（1）净化原水，制备热力系统所需充足、质量合格的补给水；

（2）对给水进水行除氧、加药处理；

（3）对汽包锅炉进行锅炉水处理和排污，称为锅内处理；

（4）对直流锅炉机组、亚临界压力汽包锅炉机组进行凝结水净化处理；

（5）在热电厂中，对生产返回水进行除油、除铁等净化处理；

（6）对冷却水进行除防垢、防腐和防止有机附着物等处理；

（7）对热力系统的水、汽质量进行监督。

热动专业学习本课程的目的是：增加学生的电厂化学专业知识，拓宽学生的知识面；能自觉、主动地配合电厂化学的工作；能更自觉、高质量地做好热力设备的安装、检修和运行工作。同时可以提高电厂管理人员的素质。

小　　结

1. 电厂是能量转换单位。
2. 水质不良会引起热力系统结垢、腐蚀、积盐。
3. 学习电厂化学的目的是增加电厂化学专业知识等。

思 考 题

1. 电厂如何将燃料的化学能转换成电能的？
2. 机组参数提高后对水质有什么要求？
3. 画出凝汽式电厂、供热式电厂的热力系统图，并说出各部分的名称。
4. 水质不良会引起什么现象？有什么危害？
5. 学习电厂化学的目的是什么？

第一章

水质概述

【内容提要】 本章主要讲述天然水中杂质的种类和来源，水质指标的具体内容和天然水的特点及分类。

水是地球上分布最广泛的物质，几乎占地球表面积的3/4，构成了海洋、江河、湖泊。此外，在高山上、地球南北两极还有积雪和冰，地层中存有大量的地下水，大气中也有相当数量的水蒸气，这些水、雪、冰、汽统称为天然水。

水在自然界通过蒸发、降水、地面和地下径流等过程，周而复始，形成水的自然循环。

水是一种很强的溶剂，能溶解大气中、地表面和地下岩层里的许多物质，使水含有杂质，同时有一些不溶于水的物质也混杂在水中。此外，水在流动过程中，还会继续溶解一些物质及混进一些不溶于水的杂质，所以不同区域的水中的杂质含量并不相同。

热力发电厂对水质的要求很严，所用的水必须经过净化处理，所用水的净化处理方法是依据热力设备对水质的要求和天然水中杂质含量决定的。因此，在研究水处理工艺时，先要了解水中含有杂质的概况。

第一节 天然水中的杂质

天然水中的杂质是多种多样的，有的呈固态，有的呈液态或气态，它们大多以分子态、离子态和胶体颗粒存在于水中。由于水处理方法与杂质的颗粒大小有关，在水处理工艺中将这些杂质按颗粒大小分为悬浮物、胶体和溶解物质三类。

一、悬浮物

悬浮物是指颗粒粒径约在0.1μm以上，此类杂质一般悬浮于水中。这类杂质在水中很不稳定，分布也很不均匀，光照下致水浑浊。天然水中悬浮物分为可沉物和漂浮物。可沉物主要是泥沙之类的无机物，当水静止或流速缓慢时会下沉；漂浮物主要是动植物的微小碎片、纤维或死亡后的腐烂产物的有机物质，在水静止时会悬浮在水面。悬浮物在水中很不稳定，分布也很不均匀，是一种比较容易除去的物质。

二、胶体

胶体是指颗粒直径在1～100nm之间的微粒，胶体是许多分子或离子的集合体，比表面积很大，有明显的表面活性，表面上常吸附某些离子而呈现出带电性，因此相互排斥，不易聚集，所以胶体在水中比较稳定，分布也比较均匀，难以用自然沉降的方法除去。天然水中的胶体一般都带负电性。

天然水中有无机胶体和有机胶体两种。无机胶体是铁、铝和硅的化合物；有机胶体是动植物腐烂和分解的产物，主要是腐殖质。腐殖质在湖泊中最多，常使水呈黄绿色或褐色。

天然水中的悬浮物和胶体对光都有散射效应，是造成水体浑浊的主要原因，所以它们是各种用水首先需要处理清除的对象。悬浮物和胶体常用的处理方法是凝聚、澄清和过滤。

三、溶解物质

溶解物质是指直径小于1nm的颗粒，它们以离子、分子的状态存在于水中，成为均匀的分散体系，称为真溶液。这类物质可采用蒸馏、膜分离、离子交换的方法除去。

1. 呈离子状态的物质

天然水中的离子几乎都是无机盐类溶于水后电离形成的。水中主要离子有SO_4^{2-}、HCO_3^-、Cl^-、Na^+、K^+、Ca^{2+}、Mg^{2+}等，几乎占水中溶解固体总量的95%以上。此外，有的水中还含有少量的Fe^{2+}、CO_3^{2-}、$HSiO_3^-$、NO_2^-、NO_3^-、HPO_4^{2-}、$H_2PO_4^-$、PO_4^{3-}等。天然水中硅的氧化物（SiO_2）主要来源于硅酸盐、铝硅酸盐的水解，硅酸是一种复杂的化合物，在水中呈离子态、分子态和胶态。硅化合物易在锅炉的金属表面上或在汽轮机叶片上形成沉积物后，非常难以除去，所以是水处理重点处理对象。天然水被污染时，水中除含有上述主要离子外，根据污染源的不同，还含有污染水带来的离子和有机物等。

天然水中的Na^+、K^+是钠盐和钾盐直接溶于水所致。河水中Na^+只有几毫克/升至几十毫克/升，苦咸水中含量可高达10 000mg/L左右，天然水中K^+的含量远远低于Na^+，一般为Na^+含量的4%～10%，在水质分析中，通常以Na^+＋K^+总量表示。水中都含有Cl^-，是水流经地层时溶解氯化物造成的，不同地区水中氯离子含量也不同，天然水流入海洋逐渐积累使海水中含有大量Cl^-。水中SO_4^{2-}是地层中石膏溶于水形成的。而天然水中主要阴离子重碳酸根（HCO_3^-）是含有CO_2的水与碳酸盐反应生成的。

水中的Ca^{2+}、Mg^{2+}主要是含有CO_2的水流经石灰石和白云石，并与它们发生反应，生成溶解度很大的重碳酸钙［$Ca(HCO_3)_2$］和重碳酸镁［$Mg(HCO_3)_2$］形成的，反应如下：

$$CaCO_3+H_2O+CO_2 = Ca(HCO_3)_2$$

$$MgCO_3+H_2O+CO_2 = Mg(HCO_3)_2$$

镁离子在天然水中的含量仅次于Na^+，很少见到以Mg^{2+}为主要阳离子的天然水。在淡水中，Ca^{2+}是主要阳离子，Mg^{2+}的含量一般在1～40mg/L。当水中溶解固形物低于500mg/L时，Mg^{2+}与Ca^{2+}的摩尔比为1/4～1/2。当水中溶解固形物高于1000mg/L时，Mg^{2+}与Ca^{2+}的摩尔比为1/2或相等。当水中溶解固形物进一步增大时，Mg^{2+}的含量可能高出Ca^{2+}许多倍。

2. 溶解气体

天然水中常见的溶解气体有氧、二氧化碳和氮，有时还有硫化氢（H_2S）、二氧化硫（SO_2）和氨（NH_3）等。

（1）氧（O_2）。天然水中的氧来源于大气中氧的溶解，水中水生植物的光合作用也产生一部分氧，但不是水中氧的主要来源。氧在水中的溶解度如图1-1所示。水中氧的

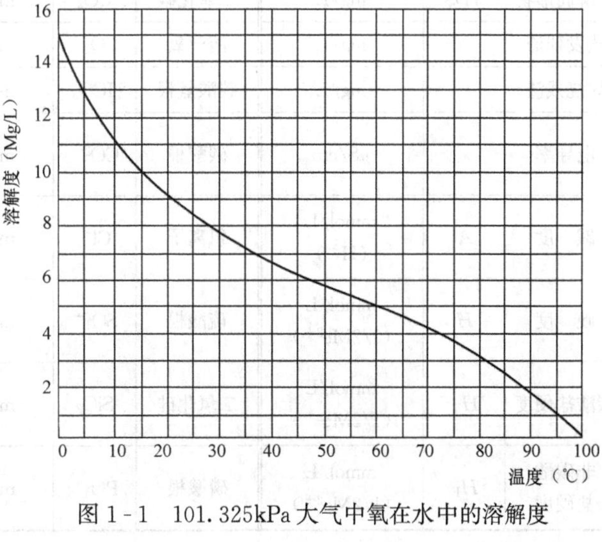

图1-1 101.325kPa大气中氧在水中的溶解度

含量在0～14mg/L，地表水中氧的含量与水温、气压和水中有机物的含量有关。水中有机物会消耗水中氧气，使水质恶化。地下水中氧含量比地表水的小，且随深度增加而减少。

对于火力发电厂，水中含有溶解氧会造成金属设备的腐蚀，对热力设备的安全运行是不利的，所以需将氧除去。

（2）二氧化碳（CO_2）。天然水中CO_2主要来源于水中或泥土中有机物的分解和氧化。大气中CO_2的分压按体积比只有0.03％～0.04％，在水中的溶解度为0.5～1.0mg/L。

地表水中CO_2含量一般不超过20～30mg/L；地下水中CO_2含量为15～40mg/L，最大不超过150mg/L；有些矿泉水中CO_2含量可高达数百毫克/升。

天然水中溶解的CO_2，约99％呈分子状，称为游离二氧化碳，其中约有1％与水生成碳酸，这两部分的总量也称为游离碳酸。

对于火力发电厂，CO_2在给水、凝结水和冷却水中，对金属设备有腐蚀作用，同时还会加剧溶解氧对金属的腐蚀，所以在锅炉用水和冷却水中含有二氧化碳具有较大的危害。

第二节 水质指标

天然水中含有许多杂质，水质就有好坏的问题。水质指标能够表示水中各种杂质的多少。不同的工业部门，水的用途不同，对水质的要求及采用的水质指标也不一样。锅炉用水根据自己的使用性质制定了水质指标，如表1-1所示。

表1-1　水质指标

水质指标	符号	常用单位	水质指标	符号	常用单位	水质指标	符号	常用单位
悬浮物		mg/L	化学耗氧量	COD	mg/L	硝酸根	NO_3^-	mg/L
浊度		FTU	生物需氧量	BOD	mg/L	亚硝酸根	NO_2^-	mg/L
透明度		cm	含油量		mg/L	钙	Ca^{2+}	mg/L
含盐量	c s	mg/L mmol/L（$1/n\ I^n$）	稳定度			镁	Mg^{2+}	mg/L
溶解固形物	TDS	mg/L	二氧化碳	CO_2	mg/L	钾	K^+	mg/L
蒸发残渣		mg/L	溶解氧	O_2	mg/L	钠	Na^+	mg/L
灼烧残渣		mg/L	碳酸氢根	HCO_3^-	mg/L	氨		mg/L
电导率	κ	μS/cm	碳酸根	CO_3^{2-}	mg/L	铁	Fe^{3+} Fe^{2+}	mg/L
碱度	A	mmol/L（H^+）	氯离子	Cl^-	mg/L	铝	Al^{3+}	mg/L
硬度	H	mmol/L（$1/2Me^{2+}$）	硫酸根	SO_4^{2-}	mg/L	pH		
碳酸盐硬度	H_T	mmol/L（$1/2Me^{2+}$）	二氧化硅	SiO_2	mg/L			
非碳酸盐硬度	H_F	mmol/L（$1/2Me^{2+}$）	磷酸根	PO_4^{3-}	mg/L			

水质指标有两种。一种表示水中的离子组成，含义非常明确。另一种指标不代表水中某一具体组成，只是表示某一类物质的总和。这种指标是由于技术上需要所拟定的称为技术指标，表1-1中自悬浮物至稳定度都是技术指标。也有的称替代参数或集体参数，它是根据水的某一种使用性能而制定的，如水的悬浮物和浑浊度表示造成水体浑浊的物质总量，并不表示某一具体组分。

下面介绍锅炉用水中的几种主要技术指标的含义。

一、悬浮物

悬浮物表示水中悬浮物质的含量，它易在管道、设备内沉积和影响水处理设备的正常运行，所以在任何水处理系统中是首先要清除的杂质。悬浮物可用重量分析法测定，即取1L水样经定量滤纸过滤后，将滤纸上截留物在110℃下烘干称重，以mg/L表示。由于这种分析方法比较麻烦，因此常用光电浊度仪测定水的浊度来表示水中悬浮物的含量。

二、溶解固形物

溶解固形物是指水中除溶解气体之外的各种溶解物质的总量，它可用重量分析法测定，但存在操作麻烦、费时的问题，所以目前都采用与其含义相近似的指标进行测定。

1. 含盐量

含盐量表示水中各种溶解盐类的总和，可通过水质全分析，将全部阳、阴离子含量相加而得，单位用mg/L（或ppm）表示，也可用mmol/L表示，即将水中全部阳离子（或全部阴离子）均按一个电荷的离子为基本单元计算出含量，然后再相加。

此外，还可用矿物残渣表示水中溶有的矿物质的量，计算方法是将全部阳、阴离子（mg/L）相加，但 HCO_3^- 应换算成 CO_3^{2-}，再将非离子态的 SiO_2、Al_2O_3、Fe_2O_3 加上。如果矿物残渣再加上有机物的含量，则求出的量就表示水中溶解固形物的量。

2. 蒸发残渣

蒸发残渣是指取一定体积过滤后的水样蒸干，在105～110℃下干燥至恒重所得的残渣量。由于在蒸发时水中碳酸氢盐转成碳酸盐及在该温度下还有一些湿分和结晶水不能除尽，所以它并不与溶解固形物完全相等，只是相近。

3. 灼烧残渣

将蒸发残渣在800℃下灼烧所得的残渣称为灼烧残渣。在灼烧过程中有机物被烧掉，所以常用蒸发残渣与灼烧残渣量之差，即灼烧减量表示有机物的多少，但在灼烧过程中，残存的湿分、结晶水及一些氯化物挥发掉，部分碳酸盐分解，因此灼烧减量不完全与有机物相等。

4. 电导率

测定上述项目的工作量比较大，需要一定的时间。但只要水中含有离子就具有导电能力，水中含有离子越多，导电能力越大，这样就可用测定电导率来反映水中的含盐量。如水中离子组成相对稳定时，则可以实测该水的电导率与含盐量的关系曲线。

水的导电能力除与水中离子含量有关外，还与水温和离子之间的相对比例有关，因此测定水的电导率时要求水温和水中离子相对稳定。

如果水的溶解固形物总量（TDS）在500～5000mg/L之间，水的电导率与TDS之间有以下关系：

$$\lg TDS = 1.006\lg\kappa_{H_2O} - 0.125$$

式中　κ_{H_2O}——水的电导率，$\mu S/cm$；

TDS——水的溶解固形物总量，mg/L。

三、硬度

硬度（H）是指在受热面上能与某些阴离子形成固体附着物的阳离子总量。天然水中硬度通常指 Ca^{2+}、Mg^{2+} 的总量，称为总硬度，用基本单元［$1/2Ca^{2+}+1/2Mg^{2+}$］表示。它在一定程度上表示了水可结垢物质的多少。水中钙、镁离子的含量是衡量锅炉给水水质好坏的一项重要技术指标。

硬度按阳离子分为钙硬度、镁硬度；按阴离子分为碳酸盐硬度（H_T）、非碳酸盐硬度（H_F）。总硬度等于两者之和（$H=H_T+H_F$）。

碳酸盐硬度是指水中钙、镁的碳酸氢盐、碳酸盐的含量，水在长期沸腾时，会发生如下反应：

$$Ca(HCO_3)_2 \longrightarrow CaCO_3\downarrow + H_2O + CO_2\uparrow$$

$$Mg(HCO_3)_2 \longrightarrow Mg(OH)_2\downarrow + 2CO_2\uparrow$$

反应生成沉淀，因此重碳酸盐硬度又称为暂时硬度。

非碳酸盐硬度是指水中钙、镁的硫酸盐、硝酸盐和氯化物等的总含量，加热水时它们不会立即生成沉淀，又称为永久硬度。

硬度的单位各国不一样，美国用 ppm $CaCO_3$，它大致与 mg/L 相当。德国用德国度°G，以上几种单位的关系是：

$$1mmol/L\ (1/2Me^{2+}) = 2.8\ °G = 50ppm\ CaCO_3$$

四、碱度

碱度（A）是指水中能与强酸反应的碱性物质总量。形成水的碱度物质有氢氧化物、碳酸盐和碳酸氢盐等。天然水中的碱度物质主要是碳酸氢盐及少量弱酸盐，有的水中还有少量的碳酸盐和磷酸盐。碱度的单位为 mmol/L。

测定碱度时，选用不同指示剂，测得的结果有所不同。用甲基橙作指示剂，终点 pH 值为 4.3 左右，水中全部碳酸盐、氢氧化物和弱酸盐都参与反应，生成相应的水和二氧化碳及相应的弱酸，称为甲基橙碱度（M）或全碱度。用酚酞作指示剂时，终点 pH 值为 8.2 左右，氢氧化物生成相应的水，碳酸根转成碳酸氢根，只测了其碱度的一半，称为酚酞碱度（P）。

酚酞碱度、甲基橙碱度与 OH^-、CO_3^{2-}、HCO_3^- 的关系如表 1 - 2 所示。

表 1 - 2　　P、M 与 OH^-、CO_3^{2-}、HCO_3^- 的关系

P 与 M 的关系	水中存在的离子	各离子的量（mmol/L）		
		OH^-	CO_3^{2-}	HCO_3^-
$P=M$	OH^-	P 或 M		
$M<2P$	OH^- 和 CO_3^{2-}	$2P-M$	$2(M-P)$	
$M=2P$	CO_3^{2-}		M 或 $2P$	
$M>2P$	CO_3^{2-} 和 HCO_3^-		$2P$	$M-2P$
$P=0$	HCO_3^-			M

五、酸度

酸度是指水中能与强碱反应的酸性物质总量。它是由于水中含有强酸、强酸弱碱盐、弱酸和酸式盐而形成的。天然水中只有1%～2%的 CO_2 生成碳酸，不会使水呈酸性。只有在化学除盐过程中阳床出水会产生酸度。

六、耗氧量

1. 耗氧量

耗氧量（COD）表征水中有机物的多少。在一定条件下，用氧化剂处理水样，测定在反应过程中消耗的氧化剂量，单位用mg/L（O_2）表示。所用氧化剂有高锰酸钾（$KMnO_4$）和重铬酸钾（$K_2Cr_2O_7$）。用高锰酸钾测得的耗氧量用 COD_{Mn} 表示，但它不能使水中所有有机物充分氧化，所以现在采用重铬酸钾作氧化剂，在一定条件下，它可以将有机物氧化得较完全，又将重铬酸钾法测得的耗氧量又称为化学需氧量，用 COD_{Cr} 表示。

2. 生化需氧量

生化需氧量表示用微生物氧化水中有机物所消耗的氧量，用符号“BOD”表示，单位为mg/L（O_2）。

生化需氧量试验时规定温度为20℃和在黑暗条件下进行。在此环境下，微生物完全氧化有机物需21～28d。时间太长，实际应用上有困难，目前常用5d作为测定生化需氧量的时间，用“BOD_5”表示。

第三节　天然水中几种主要化合物

一、碳酸化合物

在天然水中，特别是在低含盐量的水中，碳酸化合物是主要成分，是造成结垢和腐蚀的主要因素，是锅炉水处理的重要去除对象。

碳酸化合物有几种不同的存在形态：溶于水的气体二氧化碳（CO_2），分子态碳酸（H_2CO_3），碳酸氢根（HCO_3^-）和碳酸根（CO_3^{2-}）。

四种碳酸化合物有以下平衡关系：

$$CO_{2(aq)} + H_2O\ (\rightleftharpoons H_2CO_3) \rightleftharpoons H^+ + HCO_3^- \rightleftharpoons 2H^+ + CO_3^{2-}$$

平衡中，CO_2 和 H_2CO_3 的平衡实际上是强烈地趋向于生成 CO_2，水中呈 H_2CO_3 状态的量非常少（小于1%），分析测定时，测得的是它们的总量，可把生成 H_2CO_3 的过程略去。上述平衡改写为：

$$CO_2 + H_2O \rightleftharpoons H^+ + HCO_3^- \rightleftharpoons 2H^+ + CO_3^{2-}$$

其中：$K_1=[H^+][HCO_3^-]/[CO_2]$，25℃时 $K_1=4.45\times10^{-7}$；$K_2=[H^+][CO_3^{2-}]/[HCO_3^-]$，25℃时 $K_2=4.69\times10^{-11}$。

由上述平衡可知，$[H^+]$ 对平衡移动起决定性的作用。水中 CO_2、HCO_3^- 和 CO_3^{2-} 的相对值与 $[H^+]$ 浓度的关系如图1-2所示。

从图1-2中可知：

（1）当 $pH\leqslant4.3$（甲基橙的变色点）时，水中各种碳酸化合物全部转成 CO_2；

（2）当pH值升高时，平衡向右移动，$[CO_2]$ 降低，$[HCO_3^-]$ 增大；当pH=8.2～8.4（酚酞的变色点）时，98%以上碳酸化合物都转成 HCO_3^-；

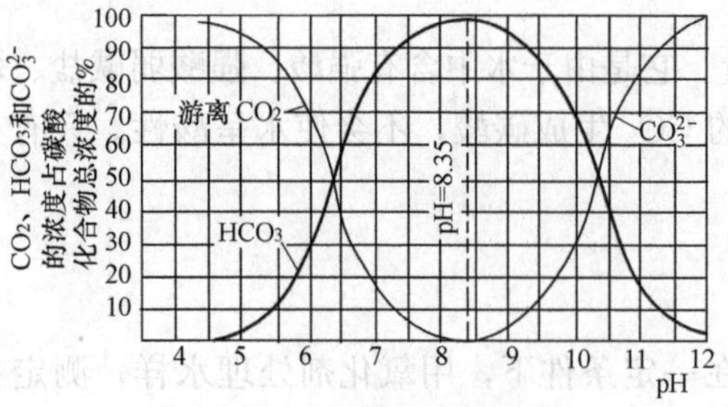

图 1-2　水中碳酸化合物相对含量与 pH 值的关系

（3）当 pH>8.3 时，HCO_3^- 和 CO_3^{2-} 同时存在，随 pH 值升高，$[HCO_3^-]$ 降低，$[CO_3^{2-}]$ 升高；pH=12 时，水中碳酸化合物几乎完全以 CO_3^{2-} 的形态存在。

在天然水和水处理过程中，当 CO_2 消失时，碳酸化合物倾向于生成 CO_3^{2-}，便易与水中 Ca^{2+} 反应生成沉淀物 $CaCO_3$；当 CO_2 足够时，碳酸化合物倾向于生成 HCO_3^-，就使固体 $CaCO_3$ 溶解，生成溶解度较大的 $Ca(HCO_3)_2$。

二、硅酸化合物

硅酸化合物是天然水中的一种主要杂质，它是由水流经含有硅酸盐和铝硅酸盐岩石时带入的。一般地下水的硅酸化合物含量比地表水多。

硅酸是一种比较复杂的化合物，它有多种形式，通式为 $xSiO_2 \cdot yH_2O$。

（1）当 $x=1$，$y=2$ 时，生成正硅酸 H_4SiO_4。

（2）当 $x=1$，$y=1$ 时，生成偏硅酸 H_2SiO_3。

（3）当 $x>1$ 时，硅酸呈聚合态，称为多硅酸。当水中 SiO_2 的浓度增大时，它会聚合成二聚体、三聚体、四聚体等，这些聚合体在水中很难溶解。随聚合体的增大，二氧化硅会由溶解态转变成胶态，甚至呈凝胶态自水中析出。

硅酸化合物在水中的溶解量与 pH 值有关，如表 1-3 所示。

表 1-3　不同 pH 值时水中各种硅酸化合物的百分数

硅酸形式	pH 值						
	5	6	7	8	9	10	11
H_2SiO_3（%）	100	99.9	99.0	90.9	50.0	8.9	0.8
$HSiO_3^-$（%）		0.1	1.0	9.1	50.0	91.0	98.2
SiO_3^{2-}（%）						0.1	1.0

从表中可知，当 pH 值<7 时，在相当大的范围内溶解度是恒定的，且以硅酸分子形式存在。当 pH 值较低时，水中胶态硅酸增多；当 pH 值>7 时，水中同时有 H_2SiO_3 和硅酸氢根（$HSiO_3^-$）；当 pH 值>11 时，水中以 $HSiO_3^-$ 为主；只有碱性较强的水中才出现硅酸根（SiO_3^{2-}）。

硅酸的酸性非常弱（比碳酸还弱），当 pH 值较低时，它呈游离酸溶液或与 Ca^{2+}、Mg^{2+} 形成钙、镁硅酸盐，呈胶溶状态存在；当 pH 值较高时，如 Ca^{2+}、Mg^{2+} 的含量接近于零（在软水中），则硅酸呈真溶液状态（$HSiO_3^-$），如水中同时有 Ca^{2+} 和 Mg^{2+}，则呈钙、镁硅酸盐的胶溶状态。

第四节 天然水的特点及分类

一、天然水的特点

天然水的来源不同，其特点也各异。

1. 地表水的特点

江、河、湖、海水为地表水，其特点如下所述。

(1) 具有悬浮物。江河水中悬浮物较多，含量随季节变化而变化，一般为几十至几百毫克/升，雨水季节有些江河水中悬浮物可高达几千克/立方米。湖泊、海水中，由于自然分离作用，悬浮物的含量较低，但由于流动性差，日照条件好，有利于水生物生长，所以藻类较多。

(2) 含盐量较低的淡水，硬度和 CO_2 含量较低。在枯水季节，由于水面蒸发量大于降水量，含盐量和硬度会增大；在雨水季节，由于雨水的稀释作用，水的含盐量和硬度将会降低。

(3) 一般情况下，地表水中的含氧量呈饱和状态。

(4) 地表水易被污染水污染。由于污染源不同，含有的污染杂质也不同。

2. 地下水的特点

(1) 地下水是地表水通过土壤和砂砾的过滤形成的。通过过滤去除了水中大部分悬浮物和菌类。

(2) 水质和水温较稳定。

(3) 溶解氧含量较低，游离二氧化碳含量较高。

(4) 含盐量和硬度较高。

(5) 不易被污染。

二、天然水的分类

1. 按水的含盐量分类

(1) 低含盐量：含盐量在 200mg/L 以下。

(2) 中等含盐量：含盐量在 200～500mg/L 之间。

(3) 较高含盐量：含盐量在 500～1000mg/L 之间。

(4) 高含盐量：含盐量在 1000mg/L 以上。

2. 按水的硬度分类

(1) 极软水：硬度在 1.0mmol/L 以下。

(2) 软水：硬度在 1.0～3.0mmol/L 之间。

(3) 中等硬度水：硬度在 3.0～6.0mmol/L 之间。

(4) 硬水：硬度在 6.0～9.0mmol/L 之间。

(5) 高硬水：硬度在 9.0mmol/L 以上。

小 结

1. 天然水中的杂质分为悬浮物、胶体和溶解物质，未经净化处理进入锅炉会造成危害。

2. 技术指标包括悬浮物、胶体、溶解物质、硬度、碱度、酸度和耗氧量。

3. 水中碳酸化合物与 pH 值的关系。

4. 水中硅酸化合物与 pH 值的关系。

思 考 题

1. 天然水中含有哪些杂质？
2. 什么叫硬度、碱度、酸度？
3. 硬度分为几种？
4. 碳酸化合物在水中的存在形式与 pH 值有何关系？
5. 硅酸化合物在水中的存在形式与 pH 值有何关系？

第二章

炉 外 水 处 理

【内容提要】本章主要介绍补给水和凝结水处理，系统地阐述补给水与凝结水处理的原理、方法和步骤。内容包括水的预处理、水的离子交换除盐、凝结水的混合床除盐、水的电渗析和反渗透处理的原理、方法等知识。

第一节 水的预处理

天然水中含有许多杂质，必须经过一定的处理，方可作为锅炉补给水。水中的悬浮物、胶体和有机物采用混凝、沉降、澄清和过滤处理的方法除去，习惯称为水的预处理。对水中溶解物质，根据不同的用途再进行深度处理，如用离子交换软化或除盐等方法进行处理。

一、混凝处理

含有悬浮物、胶体和有机物的水直接进入交换器时，会污染离子交换树脂，降低树脂的工作交换容量，严重时会使出水水质变差；含有胶体硅的水进入锅炉会引起结垢，有机物进入锅炉会导致锅炉水起泡沫，使饱和蒸汽带水量增大和含硅量上升，蒸汽品质恶化。因此，必须采用混凝处理将它们除去。

（一）胶体的稳定性

水中不同粒径的悬浮物和胶体在静水中沉降 1m 所需时间，如表 2-1 所示。

表 2-1　　不同粒径的悬浮物和胶体在静水中沉降 1m 所需时间

颗粒直径（mm）	种　类	沉降 1m 所需时间	颗粒直径（mm）	种　类	沉降 1m 所需时间
10	卵　石	1s	0.001	细粒黏土	7天
1.0	砂	10s	0.0001	细粒黏土	2年
0.1	细　砂	2min	0.0001	胶　体	200年
0.01	黏　土	2h			

由表 2-1 可看出，大颗粒的悬浮物在重力作用下易沉降，粒径微小的悬浮物和胶体在水中能长期保持稳定分散状态。原因如下所述。

（1）布朗运动使胶体微粒在水中作无规则高速运动，并趋于均匀分散状态。

（2）胶体带有相同的电量，相互有静电斥力，电量越大，斥力越大，胶体之间难以聚成大颗粒下沉，而处于微小颗粒稳定分散于水中。天然水中胶体一般带有负电性。

（3）水分子定向地被吸附在胶体周围，形成一层水膜，称为水膜化（也称为溶剂化），阻止胶体微粒间的黏合，使胶体保持微粒状态在水中悬浮。

（二）混凝原理

混凝处理的过程一般包括两个阶段：第一个阶段是胶体脱稳，指混凝剂与水混合并产生化学反应，形成带正电胶体与水中带负电胶体微粒产生电性中和，而使胶体失去稳定性的过程；第二个阶段是絮凝，指脱稳后的胶体微粒聚合成大颗粒絮凝物的过程。

1. 混凝原理

向水中加入一种名为混凝剂的化学药品，在水中产生电离、水解，当水的 pH 值合适时，水解产物为带正电胶体。以硫酸铝［$Al_2(SO_4)_3 \cdot 18H_2O$］作混凝剂为例，当它投入水中时，会发生电离和水解，其反应式为

电离 $$Al_2(SO_4)_3 \longrightarrow 2Al^{3+} + 3SO_4^{2-}$$

水解 $$Al^{3+} + 3H_2O \longrightarrow Al(OH)_3 + 3H^+$$

此过程在 30s 内即可完成。当水的 pH 值合适时，$Al(OH)_3$ 为带正电胶体。它们在反离子（如 SO_4^{2-}）的作用下渐渐凝聚成粗大的絮状物（称为凝絮或矾花），然后在重力的作用下沉降。氢氧化铝胶体、悬浮物和水中胶体会发生如下反应。

(1) 氢氧化铝胶体吸附水中胶体产生电中和。随后，氢氧化铝结成长链起架桥作用，组成网状结构，如图 2-1 所示。

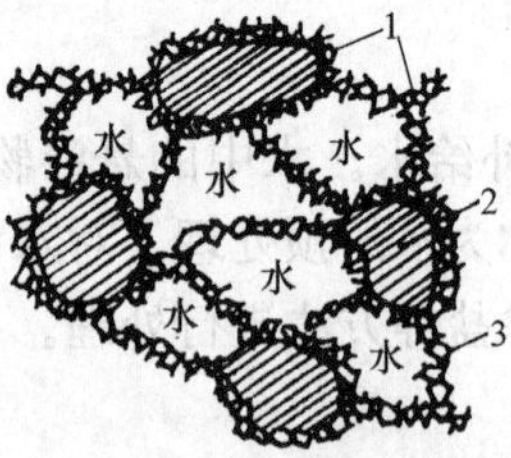

图 2-1 凝絮的形成
1—架桥（氢氧化铝）；2—悬浮物；3—自然胶体

(2) 网状物在下沉的过程中起网捕作用，包裹着悬浮物和一些水分，形成絮状物（凝絮）。

由此可见，用硫酸铝处理水是一个较复杂的过程，常混有各种聚沉反应，故称混凝处理。

2. 影响混凝效果的因素

混凝处理的目的是除去水中胶体和悬浮物，所以水的混凝效果常以生成絮凝体的大小、沉降速度的快慢及水中胶体和悬浮物残留量的多少来评价。

混凝处理包括电离、水解、形成胶体、吸附和聚沉等许多过程，任何一个干扰这些过程的运行工况都会反映到混凝效果上，所以影响混凝效果的因素很多。现以硫酸铝作混凝剂为例，介绍几项主要因素。

(1) 水的 pH 值。天然水中加入 $Al_2(SO_4)_3$ 后，水解产生 H^+，中和水中碱度，水的 pH 值有所降低，所以加药后水的 pH 值将直接影响混凝效果。

水的 pH 值降至 5.5 以下时，氢氧化铝呈碱性使水中 Al^{3+} 含量增多；pH 值高于 7.5 时，氢氧化铝呈酸性，水中有偏铝酸根（AlO_2^-）出现，反应如下：

$$Al(OH)_3 + OH^- \longrightarrow AlO_2^- + 2H_2O$$

当 pH 值达 9 以上时，$Al(OH)_3$ 的溶解度迅速增大，最后成为铝酸盐溶液。

当水中有 SO_4^{2-} 时，在 pH＝5.5～7.5 的范围内，沉淀物中有溶解度很小的碱式硫酸盐。在此范围内，pH 值偏高时，碱式硫酸盐呈 $Al_2(OH)_4SO_4$ 形式；pH 值偏低时，呈 $Al(OH)SO_4$ 形式。总之，只有当 pH 值在 5.5～7.5 时，水中残留的铝量才很少。

如用铝盐除水中腐殖质时，最适宜的 pH 值为 5.5～6.5，此时水中腐殖质呈带负电性的腐殖酸胶体，易于除去；pH 值高时，腐殖质转成腐殖酸盐，去除率较低。但当天然水中含有大量分子量较大的有机物（如腐殖质）时，它们会吸附在胶体的表面上，起保护胶体的作用，使胶粒之间不易聚集，使混凝效果变差。此时可采用加氯或加臭氧破坏有机物的措施。

当 5＜pH 值＜8 时，氢氧化铝带正电；当 pH 值＜5 时，因吸附 SO_4^{2-} 而带负电；当 pH 值在 8 附近时，以中性氢氧化物形态存在，因而最易沉淀下来。

用硫酸亚铁作混凝剂时，水的 pH 值在 8～10 时混凝处理效果最好。

(2) 混凝剂的加入量。混凝过程不是一种单纯的化学反应，加药量不能根据计算确定，

应根据具体情况用实验求取最优加药量，在运行中再根据实际处理效果加以调整。

天然水的最优加药量一般为0.1～0.5mmol/L（$1/3Al^{3+}$），如用$Al_2(SO_4)_3 \cdot 18H_2O$，相当于10～50mg/L。混凝剂加入量与水中悬浮物含量大小有关，水中悬浮物含量越多，混凝剂加入量越多；当水中悬浮物含量较低时，混凝剂加入量也需加大，以便产生较多的金属氢氧化物，保证有良好的混凝效果。此外，水中有机物较多或色度较大、水中悬浮物虽较少时，混凝剂加入量也应较大。

（3）混凝剂与水的混合速度。混凝剂与水混合时的搅拌速度最好由快转慢。刚加入混凝剂时，需要快速搅拌，使混凝剂与水混合均匀，使混凝剂水解产生的带正电性胶体在水的各处都有，能迅速与水中胶体作用。经验证明，如采用急剧改变水流方向的隔板式混合槽，或依靠水在管路中的流动进行混合，则水流速度约需1.5m/s。当凝絮形成和长大时，搅拌速度需转慢，否则形成的凝絮不易长大，甚至会打碎已形成的凝絮。

（4）水温。水温低时，混凝剂水解困难，当水温低于5℃时，水解速率极其缓慢，形成的凝絮较疏松，含水量多，颗粒细小；水温低时，水的黏度大，絮凝物不易长大；水温低时，胶体颗粒溶剂化作用增强，形成絮凝物的时间长，沉降速度慢。

用铝盐对水进行混凝处理时，最优水温为25～30℃。用铁盐作混凝剂时，水温对混凝效果影响不大。

（5）接触介质。在进行混凝处理时，水中要保持一定数量的活性泥渣，可使沉淀过程更完全、沉降速度更快。此时活性泥渣起接触介质的作用，它的表面起吸附、催化及结晶核心等作用。因此，现在用来进行混凝或其他沉淀处理的设备都设计有泥渣层或泥渣再循环。

（三）无机高分子混凝剂——聚合铝和聚合铁

1. 聚合铝（PAC）

聚合铝是一类化合物的总称，这类化合物中包含有$Al(OH)_3$聚合成的无机高分子和其他组成物。水处理工艺中常用聚合铝属于聚氯化铝（简称PAC），化学表达式有两种形式：一种称为聚合氯化铝$[Al_2(OH)_nCl_{6-n}]_m$，其中$n=1\sim5$，m则为小于10的整数。当$n=2$时，分子式为$[Al_2(OH)_2Cl_4]_m$，说明它是一个有m个$Al_2(OH)_2Cl_4$单体的聚合物。当$n=5$，$m=8$时，聚合物（或称多核络合物）的分子式为$Al_{16}(OH)_{40}Cl_8$；另一种称为碱式氯化铝，分子式为$Al_n(OH)_mCl_{3n-m}$，可看成是各种复杂的络合物，如$Al_6(OH)_{14}Cl_4$、$Al_{13}(OH)_{34}Cl_5$等形式。

聚合铝组成中的OH与1/3 Al相对比值可在一定程度上反映它的成分，对它的性质也有很大影响，这个比值称为碱化度，用B表示，即

$$B=\frac{[OH]}{[1/3Al]}\times100\%$$

式中　[OH]——聚合铝中OH^-的浓度，mol/L；

[1/3Al]——聚合铝中$1/3Al^{3+}$的浓度，mol/L。

聚合铝投入水中不再经过水解、羟基桥联一系列过程，能对各种水质和处理条件产生比较理想的处理效果。碱化度是聚氯化铝的一个重要指标，它对混凝剂的影响是：碱化度在30%以下时，混凝剂全部由小分子构成，混凝能力低；随碱化度的升高，胶性增大，混凝能力升高。但碱化度过大时，溶液不稳定，会生成氢氧化铝的沉淀物。目前生产的聚合铝的碱化度控制在50%～83%。聚合氯化铝的各项指标应符合表2-2中的暂行规定。

表 2-2　　聚合铝的暂行规定

项　目	指标							
	适用于饮用水处理				适用于非饮用水处理			
	液　体		固　体		液　体		固　体	
	优等品	一等品	优等品	一等品	一等品	合格品	一等品	合格品
相对密度（20℃，≥）	1.21	1.19			1.19	1.18		
氧化铝(Al_2O_3)含量(%，≥)	12.0	10.0	32.0	29.0	10.0	9.0	29.0	27.0
盐基度（%）	60.0～85.0	50.0～85.0	60.0～85.0	50.0～85.0	50.0～85.0	45.0～85.0	50.0～85.0	45.0～85.0
水不溶物含量（%，≤）	0.2	0.5	0.5	1.5	0.5	1.0	1.5	3.0
pH 值（1%水溶液）	3.5～5.0							
硫酸根含量（%，≤）	3.5		9.8					
氨态氮（N）含量（%，≤）	0.01	0.03	0.03	0.09				
砷（As）含量（%，≤）	0.000 5							
锰（Mn）含量（%，≤）	0.002 5	0.015	0.007 5	0.045				
6 价铬(Cr^{6+})含量(%,≤)	0.000 5		0.001 5					
汞（Hg）含量（%，≤）	0.000 02							
铅（Pb）含量（%，≤）	0.001		0.003					
镉（Cd）含量（%，≤）	0.000 2		0.000 6					

聚合铝的优点如下所述。

（1）适用范围广。对于低浊度水、高浊度水、有色水和某些工业废水等，都有优良的混凝效果。

（2）用量少。按 $Al(OH)_3$ 计，其用量可减少到硫酸铝的 1/3～1/2。

（3）操作容易。一般 pH 值为 7～8 时都可取得良好的效果，低温时效果仍稳定。

（4）形成凝絮快且密实，易沉降。

（5）腐蚀性小，加药过量不会使水质恶化。

2. 聚合铁

聚合铁有聚合氯化铁和聚合硫酸铁两种。分子式表达式为 $[Fe_2(OH)_nCl_{6-n}]_m$ 和 $[Fe_2(OH)_n(SO)_{3-n/2}]_m$。

目前在水处理中，多采用聚合硫酸铁，它是一种棕红色黏稠液体，相对密度 1.45～1.50，碱化度在 8%～14%。

聚合硫酸铁的优点如下所述。

（1）适用范围广。适应原水浊度变化范围（60～225mg/L）比较宽。

（2）对原水中溶解性铁去除率可达 97%～99%，设备正常运行时，不会发生混凝剂本身铁离子后移现象，且药剂用量少。

（3）与铝盐相比，铁盐生成的絮凝物密度大，沉降速度快，最优 pH 值范围比铝盐宽。受温度的影响比铝盐小。

运行一旦不正常，用铁盐处理的出水中的铁离子会使水带色。铁盐和铝盐联合使用，有利于处理低温水。

（四）助凝剂

混凝处理时，投加助凝剂是为了提高混凝效果。助凝剂有两个作用：一是离子性作用，即利用离子性基团的电荷进行中和起凝聚作用；二是利用高分子聚合物的链状结构，借助吸附架桥起凝絮作用。助凝剂种类较多，现将常用的助凝剂列于表2-3中。

表2-3　　常用助凝剂

助凝作用	名　称	分子式	使用情况
pH值调整剂	石灰、纯碱	CaO、Na_2CO_3	原水碱度不足时，加石灰或纯碱进行调整
絮凝体加固剂	水玻璃（泡化碱）	$Na_2O \cdot xSiO_2 \cdot 3H_2O$	（1）提高絮凝体的强度，增大其密度； （2）适用于Al^{3+}，Fe^{2+}同时使用，缩短混凝沉淀时间，节省混凝剂用量； （3）在原水浊度低或水温较低（14℃以下）的情况使用，效果显著； （4）水玻璃使用前，应用硫酸活化，加入点必须设在混凝剂加入点之前
氧化剂	氯气、漂白粉	Cl_2 $Ca(OCl)_2$	（1）破坏原水中有机物，提高混凝效果； （2）用$FeSO_4$作混凝剂时，将Fe^{2+}氧化成Fe^{3+}，促进混凝作用（1mg $FeSO_4$需加氯0.224mg）
高分子吸附剂	聚丙烯酰胺（又名三号絮凝剂）	$[-CH_2-CH(CONH_2)-]_n$ 简写PAM	（1）处理高浊度水的效果显著，既可保证水质，又可减少混凝剂用量； （2）与常用混凝剂配合使用时，应视水浊度按一定顺序先后投加，以发挥两种药剂的最大效果； （3）水解的效果比未水解的好； （4）不改变水的pH值，不增加水中离子态杂质的含量

二、石灰处理

石灰处理是向水中加CaO（粉末状）或$Ca(OH)_2$。它们与水中CO_2、$Ca(HCO_3)_2$和$Mg(HCO_3)_2$发生如下反应：

$$Ca(OH)_2+CO_2 = CaCO_3\downarrow+H_2O$$
$$Ca(OH)_2+Ca(HCO_3)_2 = 2CaCO_3\downarrow+2H_2O$$
$$2Ca(OH)_2+Mg(HCO_3)_2 = 2CaCO_3\downarrow+Mg(OH)_2\downarrow+2H_2O$$

石灰处理时，还发生如下反应：

$$4Fe(HCO_3)_2+8Ca(OH)_2+O_2 = 4Fe(OH)_3\downarrow+8CaCO_3\downarrow+6H_2O$$
$$Ca(OH)_2+H_2SiO_3 = CaSiO_3\downarrow+2H_2O$$
$$mH_2SiO_3+nMg(OH)_2 = nMg(OH)_2\cdot mH_2SiO_3\downarrow$$

因此，石灰处理时，还可除去部分铁和硅的化合物。

石灰处理不能消除水中非碳酸盐硬度，反应如下：

$$MgCl_2+Ca(OH)_2 = CaCl_2+Mg(OH)_2\downarrow$$

因此可知，这只是硬度离子的相互转换。

石灰处理适用于碱度高的水，火电厂中，将石灰处理作为离子交换处理前的预处理，可以使离子交换剂的工作时间延长。

石灰处理时，水中如含有有机物、黏土和硅酸胶体，会阻碍$CaCO_3$的沉淀生成，降低结晶速度，对石灰处理不利。因此，在石灰处理的同时必须进行混凝处理，以提高石灰处理的效果。

为提高 $CaCO_3$ 的结晶速度，加快沉降速度，使出水中残留碳酸盐硬度降低，提高出水质量，需将水加热至40℃左右。水温不宜过高，否则对离子交换剂不利。

采用石灰处理，如只减少水中的 $Ca(HCO_3)_2$，则石灰用量控制在出水的 HCO_3^- 残留量在0.05～0.20mmol/L的范围内，出水pH值约为9.5。当需生成 $Mg(OH)_2$ 沉淀和除 SiO_2 时，出水的碱度中除了有 CO_3^{2-}，还应保持有少量的 OH^-，OH^- 量在0.05～0.20mmol/L的范围内，出水pH值为9.6～10.4。

三、沉淀设备

（一）泥渣循环式澄清池

利用混凝原理使原水中悬浮物和胶体颗粒与水分离的过程称为澄清。澄清过程是在一个叫澄清池的设备内进行的。澄清池的作用一是利用活性泥渣与原水进行接触混凝，二是将反应池和沉淀池在同一个设备内，以充分发挥混凝剂的作用和提高单位容积的产水能力。常用的澄清池为机械搅拌澄清池和水力循环澄清池，现分述如下。

1. 机械搅拌加速澄清池

机械搅拌加速澄清池由钢筋混凝土制成，横断面呈圆形，结构如图2-2所示。

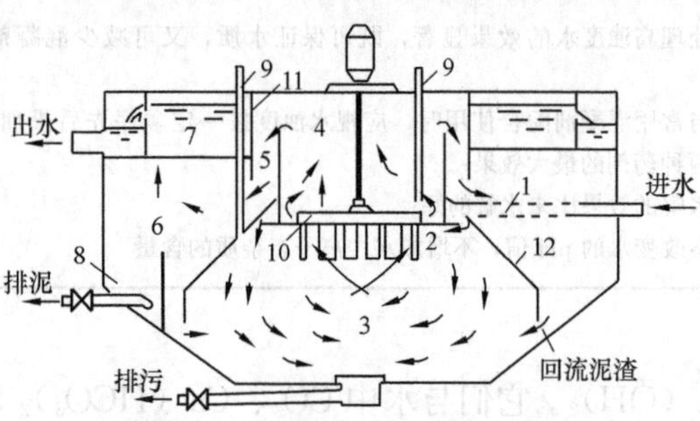

图2-2　机械搅拌加速澄清池结构

1—进水管；2—进水槽；3—第一反应室（混合室）；4—第二反应室；5—导流室；6—分离室；7—集水槽；8—泥渣浓缩室；9—加药管；10—机械搅拌器；11—导流板；12—伞形板

水的流程如下：原水由进水管进入环形进水槽，再从槽下出水孔或缝隙进入第一反应室，在这里由于搅拌器上的叶片搅动，使进水和回流泥渣（为进水量的2～4倍）均匀混合，并将带有泥渣的水流提升到第二反应室，在此进行凝絮长大的过程。然后，水流经设在第二反应室上部四周的导流室（改变水流方向，消除水流的紊动），进入分离室，在分离室中，由于分离室的截面积较大，水流速度很慢，泥渣与水分离。分离出的清水经集水槽均匀收集流入清水箱内。分离出的泥渣大部分再回流到第一反应室，进行下一个循环；部分泥渣进入泥渣浓缩室，浓缩后的泥渣定期排掉。池底还设有排污管供排空用。在大容量的机械搅拌加速澄清池内，在池的底部还设有刮泥装置。

机械搅拌器的结构：上部为涡轮，它的结构与作用类似于泵，用于将夹带泥渣的水提升到第二反应室；下部为叶片，叶片是用作搅拌的，搅拌速度一般为每分钟一至数转，可根据需要调节。涡轮的提升能力除了与涡轮转速有关外，还可以用改变开启度（涡轮与第二反应室底板间的距离）的办法来调整。

混凝处理时，混凝剂可直接加入到进水管中，也可加在水泵吸水管或配水槽中，可根据具体运行效果而定。用混凝剂和石灰处理时，石灰可加至进水槽中，混凝剂可加在第一反应室中。

此外，在环形进水槽的上部还设有排气管，排除进水带入的空气。

水在分离室的上升流速为0.8～1.2mm/s，在池中总的时间为1.0～1.5h。

2. 水力循环澄清池

水力循环澄清池的泥渣循环是利用喷射器的原理，即利用进水管中水流的动力促使泥渣回流，所以该池没有转动部件。水的流动也是靠水流动力来实现的。设备的本体是钢筋混凝土制成的，截面为圆形，结构如图 2-3 所示。

水的流程如下：水由喷嘴高速喷出，通过混合室，进入喉管，在混合室中造成负压，吸入大量回流泥渣（回流水量为进水量的 2～4 倍）。在喉管中，由于水的快速流动，水、药品与回流泥渣得到充分的混合。水在进入第一反应室到流出第二反应室的过程中，就会迅速形成良好的凝絮，并且水流沿程的过水截面是逐渐增大，水流速度逐渐变小，有利于凝絮长大。水流至分离室后，水流速度大为减慢，泥渣在重力作用下与水分离。分离出的泥渣大部分再回到底部再循环，部分进入浓缩室浓缩后排掉。分离出的清水经集水槽收集流至清水箱。

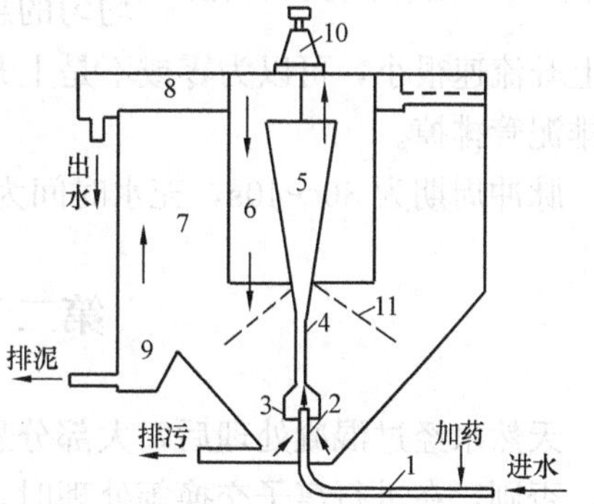

图 2-3 水力循环澄清池

1—进水管；2—喷嘴；3—混合室；4—喉管；5—第一反应室；6—第二反应室；7—分离室；8—集水槽；9—泥渣浓缩室；10—调节器；11—伞形挡板

运行中，最优回流水量（回流泥渣）的调整方法为：一是将带有喉管的第一反应室一起升降，调节喷嘴和混合室喇叭口的间距；二是将澄清池放空后，更换不同口径的喷嘴。

（二）脉冲澄清池

脉冲澄清池是一种悬浮式泥渣澄清池。池内的泥渣层呈周期性的下沉和上升运动，即呈脉冲状态。图 2-4 所示为真空式脉冲澄清池，它是用抽真空和破坏真空而产生脉冲的澄清池，池体由钢筋混凝土构成。

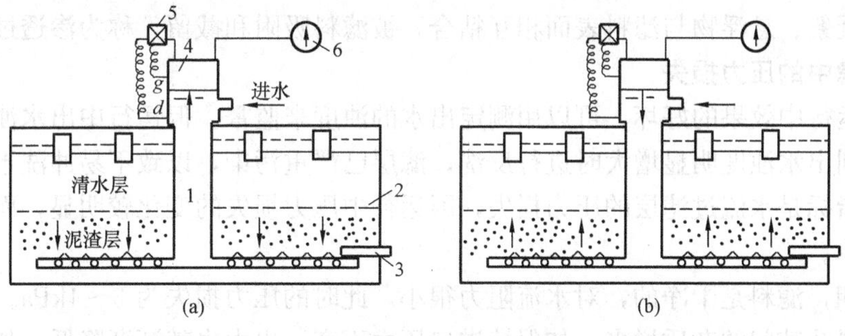

图 2-4 真空式脉冲澄清池

(a) 充水期；(b) 放水期

1—落水井；2—泥渣浓缩室上缘；3—排泥管；4—真空室；5—空气阀开关；6—真空泵

脉冲澄清池运行时，分充水期和放水期。充水期，真空泵对真空室抽真空，加有混凝剂的原水由进水管引入真空室，室中水位随之上升。当水位升至 g 点时，空气阀自动开启，空气进入真空室破坏真空，水在真空室急剧下落，进水管仍向落水井内进水，它们一起经底部配水支管上的孔眼喷出。喷出的水遇到挡板产生涡流进行混合（见图 2-5），再由狭缝中流出，冲动泥渣层使其上升呈膨胀状态。通过泥渣层的清水经集水管排出。当真空室水位下

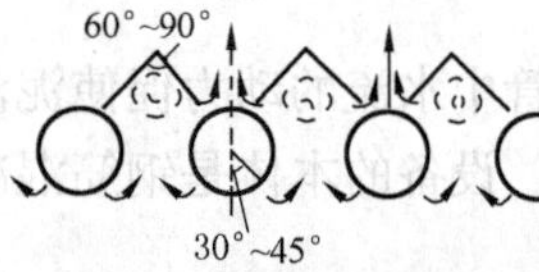

图 2-5　配水系统中的挡板

落至预定低水位 d 点时，空气阀关闭，真空泵又对真空室抽真空，真空室水位又上升，进入下一个脉冲周期。放水时水由落水井急剧冲入池中，泥渣层就膨胀，而且此时泥渣层中水的上升流速是变动的，最初快后来渐慢。泥渣的膨胀由放水时的均匀的悬浮状态随水位的降低而逐渐收缩。充水时，泥渣层的水上升流速很小，可以为零或不是上升而转下降，此时泥渣层处于压缩状态，多余的泥渣通过排泥管排掉。

脉冲周期为 30～40s，充水时间为 25～30s，放水时间为 5～10s。

第二节　水 的 过 滤

天然水经过混凝处理后，大部分悬浮物被除去，但仍有少量悬浮颗粒存在，需进一步处理，否则，在进行离子交换等处理时，会造成树脂污染妨碍运行。

进一步处理的方法为过滤，即将含有少量悬浮物的水通过装有粒状填料（称为滤料）的设备，水中悬浮物被截留下来，流出的是清水。这种处理方法的设备比较简单，而且当滤料失去截污能力（称为失效）后易于用反洗（用水自下而上地冲洗滤料）的方法恢复设备再次具有过滤能力。

一、过滤原理

过滤设备内所装粒状滤料，在水力的作用下是分层排列的，即大颗粒的滤料在下部，小颗粒的则在滤层的上部。水从上向下流过滤层时，滤料颗粒表面吸附水中微小悬浮颗粒，被截留下来的悬浮物在滤料颗粒表面发生彼此重叠和架桥过程，形成附加滤（薄）膜。在以后的过滤中，这层薄膜起主要过滤作用，这种过滤过程也称为薄膜过滤。部分小于滤料颗粒间孔隙的悬浮物，进入排列紧密的滤层内部，水在弯曲的通道内流动，有更多机会与滤料碰撞，水中的凝絮、悬浮物与滤料表面相互粘合，被滤料吸附和截留，称为渗透过滤。

二、过滤中的压力损失

滤池在运行中效果的好坏，可以用测定出水的浊度来监督。但运行中出水浊度变化的规律性不强，到出水浊度明显增大时进行反洗，滤层已严重污染，以致不易冲洗干净。在运行中实际控制指标是水流过滤层的压力损失，因运行中压力损失的变化较明显，而且压力的测量也比较简单。

运行初期，滤料是干净的，对水流阻力很小，此时的压力损失为 3～4kPa。随运行时间的延长，滤料孔隙间的杂质增多，如保持进口压力不变，出力也就渐渐降低。如保持出水恒定不变，随污染程度加深，要不断地调整阀门的开度，或用增大进水压力方法，但这种方法使进出口的压差也增大，易造成滤层个别部位破裂，大量的水从裂缝处穿过，破坏了过滤作用，造成出水水质恶化。另外，这也会造成滤层严重污染，反洗时不易洗净，滤料结块等不良后果。因此，滤池运行到压力损失达到一定值（此压差值可通过设备的调试来确定）时，就应停用，进行反洗。

三、滤料

用作滤料的物质应具备以下条件：化学性能稳定，不影响出水水质；机械强度良好，使用中不易破碎；粒度适当。常用的滤料有石英砂、无烟煤、大理石等。现将各项指标分述如下。

1. 化学稳定性

为试验滤料的稳定性，可在一定条件下，用中性（含 500mg/L NaCl、pH 值为 6.7 的溶液）、酸性（盐酸配成、pH 值为 2.1 溶液）和碱性（氢氧化钠配成、pH 值为 11.8 溶液）浸泡各种滤料，温度 19℃，浸泡 24h，每 4h 摇动一次，然后检查这些溶液的污染情况。要求溶解固形物增加量不超过 1～2mg/L，SiO_2 的增加量不超过 1～2mg/L，达到以上标准则可认为滤料的化学性质是稳定的。

一般情况下，在中性水和酸性水中可用石英砂作滤料；碱性水中可用无烟煤或半烧白云石作滤料，不能用石英砂作滤料，因 SiO_2 要溶解，会导致水中 SiO_2 的含量增加。

2. 机械强度

滤料应有足够的机械强度，以减少因颗粒间相互碰撞、摩擦而破碎的可能性。破碎产生的碎末会被反洗水冲走造成滤料的损失；如滤料碎末未被冲走，则会淤积在滤层表面，增大压力损失，使过滤周期缩短，制水量减少。

3. 粒度

滤料颗粒组成大小和分布是不均匀的，因此用粒径表示颗粒大小，用不匀系数表示不同颗粒的分布，这两个指标的总称为粒度。

粒径用平均粒径 d_{50} ［指有 50%（按质量计）滤料能通过的筛孔孔径（mm）］表示；有效粒径用 d_{10} ［指有 10%（按质量计）滤料能通过的筛孔孔径（mm）］表示。不同滤料的 d_{10} 相等时，即使它们的颗粒大小的分布情况不一样，过滤时产生的压力损失也是一样的，这可认为只有较小的颗粒才是产生压力损失的有效部分。所用滤料粒径要适中，不宜过大或过小。粒径过大，细小悬浮物会穿过滤层，反洗时滤层不能充分松动，反洗不彻底，沉积物和滤料易结成硬块，使水流不匀、出水水质降低、滤池很快失效；粒径过小，水流阻力大，过滤时滤层中压力损失增加很快，过滤周期缩短。

不匀系数是指 80%滤料能通过的筛孔孔径（d_{80}）与 10%滤料能通过的筛孔孔径（d_{10}）的比值，用 K_{80} 表示。滤料颗粒大小不均匀会造成：反洗强度大会造成细小滤料流失，反洗强度小，大颗粒滤料不能松动；颗粒大小不匀，细小滤料颗粒集中在滤料表面，黏附表面积大，污物堆积在表面，使压力损失增加很快，过滤周期缩短。

四、过滤器

过滤器是用滤料除去水中细小悬浮杂质颗粒的设备。下面介绍几种常用的过滤器。

1. 普通过滤器

单流式过滤器是一种最简单的过滤器。它的进出水只有一路，本体是圆形钢制容器，内装有进水装置、配水系统，有的装有压缩空气装置，容器外设有必要的管道和阀门等，结构如图 2-6 所示。

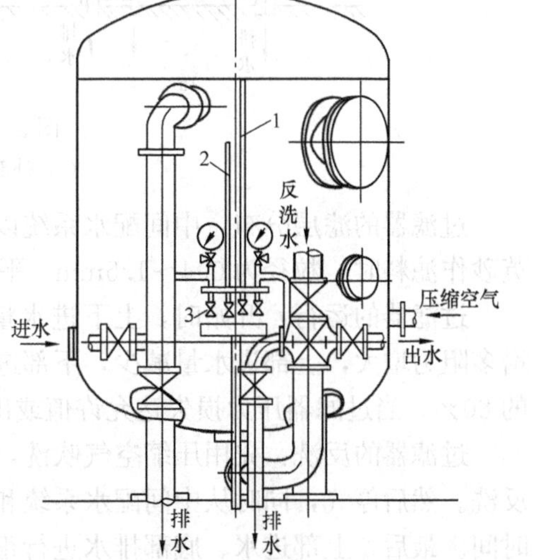

图 2-6　普通过滤器
1—空气管；2—监督管；3—采样阀

进水装置有向上布置的漏斗或环形布置的水管，滤层表面至进水装置之间是充满水的空间，称为水垫层。水垫层的作用：反洗时滤料能有膨胀空间；消除进水的冲量和使进水沿过滤器截面均匀分布。

配水系统有水帽式、支管开缝式或钻小孔式，使排水、进反洗水沿横截面均匀分布。

过滤器的运行是周期性的，每个周期分运行、反洗和正洗三步。反洗是清除滤层中积累的污物，恢复滤料再次具有截污能力。反洗时常用压缩空气搅拌，提高清除污物的效果。然后用水从过滤器的底部进入使滤料达一定膨胀率，使水将过滤器内的污物清除掉，最后，停气加大反洗水量，使滤料进一步膨胀，使器内污物较彻底随反洗水排出。再从上面进水、底部排水对滤料进行冲洗（称为正洗），清除滤料内残余污物，直至出水合格。

普通过滤器的运行流速为 8～10m/h。

2. 双流式过滤器

双流式过滤器具有薄膜过滤和接触凝絮两个作用。进水分两路：一路从上部进水，发挥表面滤料的截污能力；另一路从下部进水，水先遇到颗粒大的滤料，然后遇到颗粒逐渐变小的滤料，起接触凝聚作用。出水从中间配水系统排出，如图 2-7 所示。

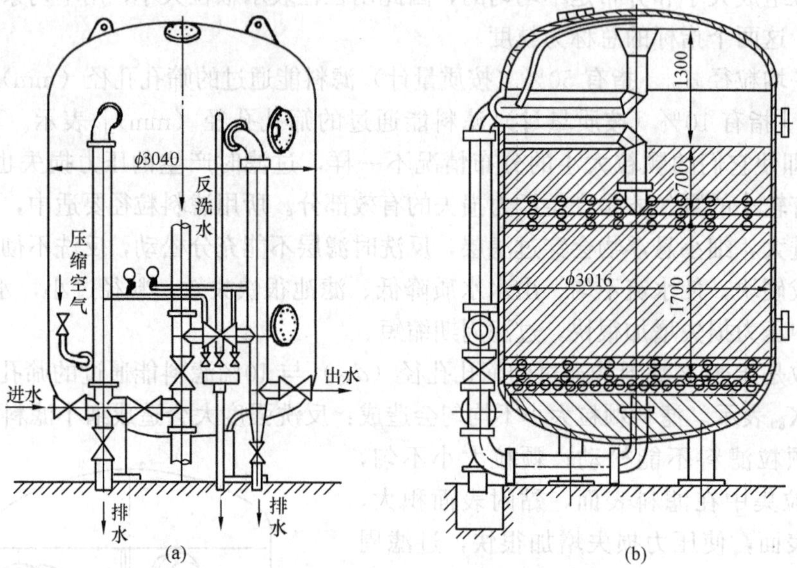

图 2-7 双流式过滤器

(a) 外部结构；(b) 内部结构

过滤器的滤层分布：中间配水系统以上滤层高为 0.6～0.7m，以下为 1.5～1.7m。用石英砂作滤料时，粒径为 0.4～1.5mm，平均粒径为 0.8～0.9mm，不匀系数 K_{80} 为 2.5～3。

过滤器的运行：开始时，上下进水量各为 50%，运行一段时间后，随上部滤料截污量增多阻力增大，上部进水量减少，下部进水量增大，到过滤后期，下部进水量约占总出水量的 80%。当过滤器压力损失达允许值或出水达失效点时，设备停运。

过滤器的反洗：先用压缩空气吹洗，从中间配水系统进水、上部排水，对上层滤料进行反洗。然后停气，同时从中间配水系统和底部配水系统进水、上部排水，进行整体反洗一定时间。最后，上部进水、底部排水进行正洗至出水合格为止。

双流式过滤器的运行流速为 12～18m/h。

为了改变普通过滤器中滤料“上细下粗”的不利排列，可采用双层或三层滤料过滤器。

双层滤料过滤器的结构与普通过滤器相同，只是滤层的上部放相对密度小、粒径大的无烟煤，下部放相对密度大、粒径小的石英砂。从上部进水过滤作用可深入无烟煤的滤层中，发生渗透过滤作用，下层石英砂也能截留部分泥渣，起到保证出水水质的作用。双层滤料与单层滤料相比，其截污能力较大，压力损失增加比较缓慢，滤速可以提高，工作周期延长。

三层滤料上部是无烟煤，中间是石英砂，下层是石榴石、磁铁矿或钛铁矿等。此种过滤器的优点为滤速高，截污能力大，对于流量突然变动的适应性好，出水水质较好。它的水流阻力与普通过滤器相当。

3. 无阀滤池

无阀滤池由钢筋混凝土制成，因系统中没有阀门而得名，火电厂最常用的是重力式无阀滤池，结构如图 2-8 所示。

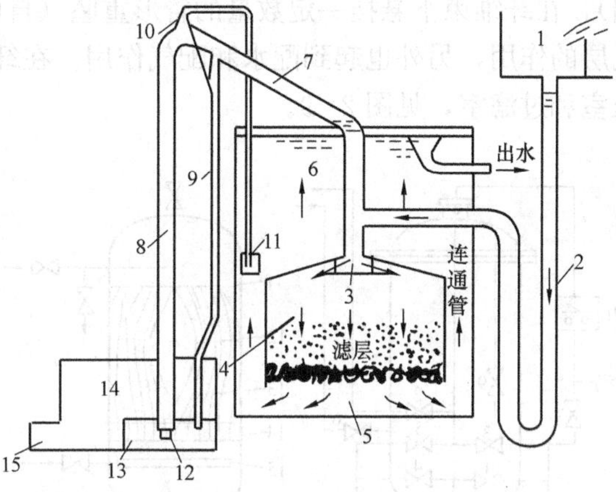

图 2-8 重力无阀滤池结构

1—进水槽；2—进水管；3—挡板；4—过滤室；5—集水室；6—冲洗水箱；7—虹吸上升管；8—虹吸下降管；9—虹吸辅助管；10—抽气管；11—虹吸破坏管；12—锥形挡板；13—水封槽；14—排水井；15—排水管

运行过程如下：水从进水管通过挡板（防止进水冲击滤层表面）进入过滤室，水通过滤层由下部的集水室汇集，从滤池四角联通管流至上部冲洗水箱，当水箱充满水后便向外供水。运行初期，滤料较清洁，虹吸上升管内外水位差为 2kPa（称为初期压力损失）。随运行时间的延长，滤层中截留的杂质增多、阻力增大，因进水量不变，虹吸上升管内的水位升高，保持滤池等速过滤。当水位上升至虹吸辅助管管口时，水从此管急速流下，主虹吸管（虹吸上升管和虹吸下降管的总称）中空气通过抽气管抽走，主虹吸管内产生负压，虹吸上升管和虹吸下降管内水位很快上升，当两股水汇合时，便形成虹吸。过滤室内的水被虹吸管抽走，冲洗水箱的水通过联通管倒流至集水室后，再向上流过滤层，形成自动反冲洗。冲洗水箱中水位下降（反洗强度逐渐减弱），当水位降至虹吸破坏管的管口以下时，空气从此处进入主虹吸管内，虹吸被破坏，冲洗过程结束，进入下一个运行循环。

在整个冲洗过程中，进水是不停的。无阀滤池运行的允许压力损失为 15～20kPa。

无阀滤池的冲洗强度随冲洗水箱水位下降而不断降低，这对冲洗效果颇为有利。冲洗强度的大小可用调节锥形挡板的高低来改变。另外，无阀滤池一般由两格组成，冲洗时可共用两格冲洗水箱的水。无阀滤池反洗后，不能进行正洗排水，而是把这些水积存在冲洗水箱中，这对初期的出水水质有一些影响。

无阀滤池开始滤水到虹吸管中开始抽气之间的时间，称为工作周期，一般为几小时至十几小时，冲洗形成时间为 2～3min，冲洗时间为 4～5min。

在无阀滤池的虹吸辅助管上，常设有强制反洗装置，这就是用一个压力水管，以 15°夹角通入虹吸辅助管内。当滤池刚投入运行（或出水不合格）时，可利用此装置对滤料进行强制冲洗。

无阀滤池进水管为U形管起水封作用，以防止冲洗时吸入空气破坏虹吸。此滤池在进水悬浮物量不大于100mg/L时，出水悬浮物量可保证小于5mg/L。

现在也有采用单阀滤池的，它的工作原理与无阀滤池相同，不同点在于：单阀滤池的虹吸管从滤池的顶盖上接出后即行下弯，虹吸管上装有一个阀门，顶盖上装有一个玻璃管水位计，用来观察滤层的压力损失，当水位计上水位达一定高度（即压力损失达到预定值）时，打开虹吸管上阀门，冲洗开始。当水箱水位下降至预定位置（或根据冲洗时排出污水浊度而定）时，关闭阀门冲洗结束。

4. LLY高效过滤器

LLY高效过滤器是由钢板焊接制成的，器内上部为多孔隔板，板下悬挂丙纶长丝（固定端），在纤维束下悬挂一定数量的管形重坠（自由端），起防止运行或清洗时纤维相互缠绕和乱层的作用，另外也起到配水和配气作用。在纤维内部装有密封式胶囊，将过滤器分隔为加压室和过滤室，见图2-9。

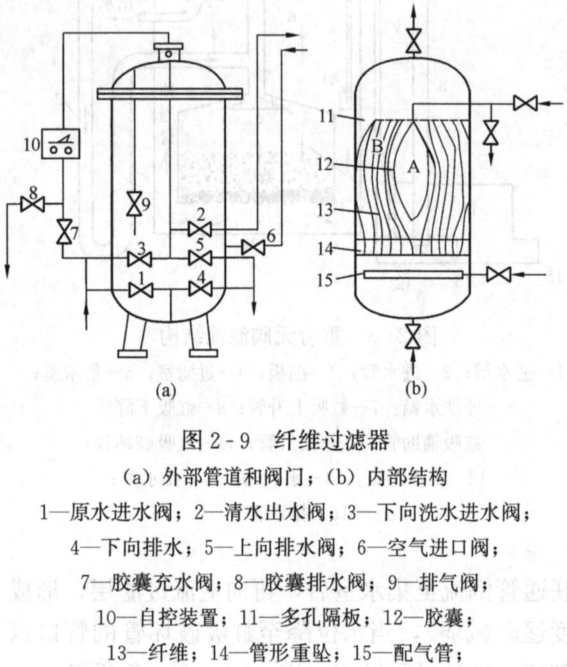

图2-9 纤维过滤器

(a) 外部管道和阀门；(b) 内部结构

1—原水进水阀；2—清水出水阀；3—下向洗水进水阀；4—下向排水；5—上向排水阀；6—空气进口阀；7—胶囊充水阀；8—胶囊排水阀；9—排气阀；10—自控装置；11—多孔隔板；12—胶囊；13—纤维；14—管形重坠；15—配气管；A—加压室；B—过滤室

为保证清洗效果，装填的纤维应保持一定的松散度，在过滤器的底部设有进压缩空气管。为控制加压室的充水量和胶囊的运行安全，在充水管道上装有定量充水和压力保护自控装置（也可采用管道泵）。

纤维过滤器的运行步骤如下。

(1) 运行至终点时，关闭清水出水阀和打开胶囊排水阀，排尽胶囊内的水，纤维呈松散状态。

(2) 用水自上向下清洗，同时通入压缩空气，使纤维不断摆动相互摩擦，洗掉附着的悬浮物。

(3) 用水自下向上清洗，压缩空气不停，进行擦洗和冲走漂浮物。此时水流速为15m/h，不能太快，否则会造成掉坠和纤维上浮。

(4) 关闭空气阀，使过滤器内空气随冲洗水排尽。

(5) 打开胶囊充水阀，对胶囊充水。

(6) 用水自下而上通过过滤器，控制适当的流速（一般为30m/h），待出水合格后向外供水。

此过滤器的进水如经混凝处理时，出水浊度小于或等于1度；水流速为30m/h时，截污容量为4.9kg/m^3，流速为50m/h时，截污容量为2.3kg/m^3；周期平均压力损失为0.02～0.06kPa，最大压力损失为0.2kPa。如增加胶囊充水量和提高水流速，则压力损失随之增大。

5. 活性炭过滤

活性炭可用于除去水中游离氯和有机物。活性炭是由动物炭、木炭或沥青炭等经药剂处理或高温焙烧等活化过程制成的，活化能使活性炭形成细孔，扩大其吸收面积。活性炭的比表面积可达 500～1500m^2/g，活性炭的表面和内部有许多相互连通的毛细孔道，孔径由 1nm 到 100nm 以上，每克活性炭的细孔总容积可达 0.6～1.8mL。用于吸附过滤的活性炭是颗粒状的，粒径为 1～4mm。

活性炭是非极性吸附剂，对某些有机物有较强的吸附力，它以物理吸附为主，一般是可逆的。

活性炭除去水中游离氯能进行得很彻底。此过程并不完全是对 Cl_2 的物理吸附作用，而是活性炭表面起催化作用，促使游离 Cl_2 的水解和加速产生新生态氧［O］的过程，反应如下：

$$Cl_2 + H_2O \longrightarrow HClO + HCl$$

$$HClO \xrightarrow{\text{活性炭}} HCl + [O]$$

产生的新生态氧与活性炭中的炭或其他易氧化的组分发生反应，例如：

$$C + 2[O] \longrightarrow CO_2$$

活性炭可用于降低水中有机物的含量，但天然水中有机物种类较多，分子的大小也不一样，在不同的条件下活性炭除有机物的效果也不相同，通常不能将有机物除尽。根据活性炭的本质和水中有机物的组成，它的吸附率为 20%～80%。

如活性炭在运行中因沾染悬浮物或胶体而影响正常工作时，可用冲洗的办法来清洗。如果活性炭的吸附性能已消失，可选用下列方法再生：

（1）用蒸汽吹洗；

（2）高温焙烧，使吸附的有机物分解与挥发；

（3）用适当的溶液把吸附的杂质解吸出来，如用 NaOH 或 NaCl 溶液等；

（4）用有机溶剂萃取。

目前这些再生技术还不成熟，如何处理在技术经济上最适宜，尚不能做定论。

6. 循环清洗式高速过滤器

循环清洗式高速过滤器如图 2-10所示。该装置的特点是采用粒度均一、机械强度大的合成树脂滤料与滤砂组成双层滤料过滤器。清洗时有一个经过 3～5min 的滤料循环步骤。此时，利用滤料循环泵将过滤器上部的水打入砂层中间，使其中水流变为上升流。相对密度小的合成滤料与水一起循环，这样滤层中的泥球被分散，被截留在滤层中的悬浮物就会从合成滤料上剥落下来。最后，用水反洗 5min，清洗结束。

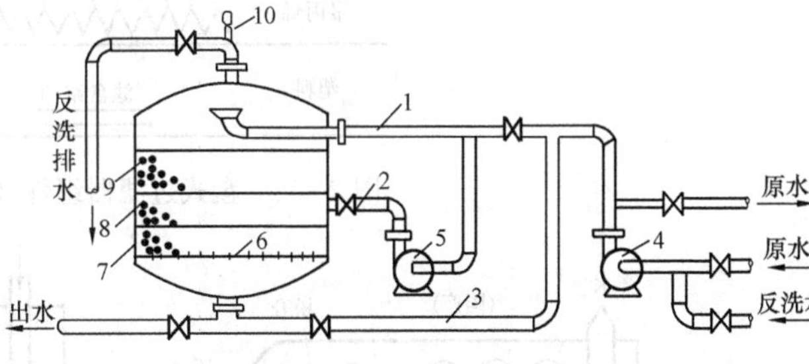

图 2-10　循环清洗式高速过滤器

1—原水入口和循环水入口管；2—循环水管；3—反洗水管；4、5—泵；6—集水装置；7—砾石层；8—砂层；9—合成滤料层；10—排气阀

这种过滤器与普通的无烟煤砂粒双层滤料过滤器相比，压力损失上升速度较慢，过滤周

期可延长 2～3 倍，滤速可由 20m/h 提高到 30m/h。

7. 盘式过滤器

盘式过滤器又称叠片过滤器，是近几年才引进一种新型过滤器，它的特点是体积小；占地面积小；产水量大；自动化程度高。

（1）盘式过滤器的结构。叠片过滤器中的叠片是用薄薄的塑料制成的，在薄薄的塑料叠片上刻有大量一定微米级的沟槽，一串同种模式的叠片叠压在特别设计的内管上，通过弹簧（或水的压力）将叠片压紧，叠片之间的沟槽形成交叉，从而形成一系列独特过滤通道的深层过滤单元，将这个过滤单元装在一个耐压耐腐蚀的滤筒中形成过滤器，如图 2-11 所示。

（2）盘式过滤器的工作原理。盘式过滤器在工作状态时，盘片在弹簧（或水的压力）作用下紧密地在一起，含有悬浮杂质的水通过微米级的沟槽时，悬浮杂质被截留，水通过中心管汇集流出。反洗时，控制器控制阀门改变水流方向，盘片在压力水的作用下（水压大于弹簧压力）而被松开，位于盘中央（或沿盘片内径三道反冲洗管）的喷嘴沿切线方向喷射出反洗水，使盘片旋转，盘片上截留的杂质被甩掉，随冲洗水排走，如图 2-12 所示。

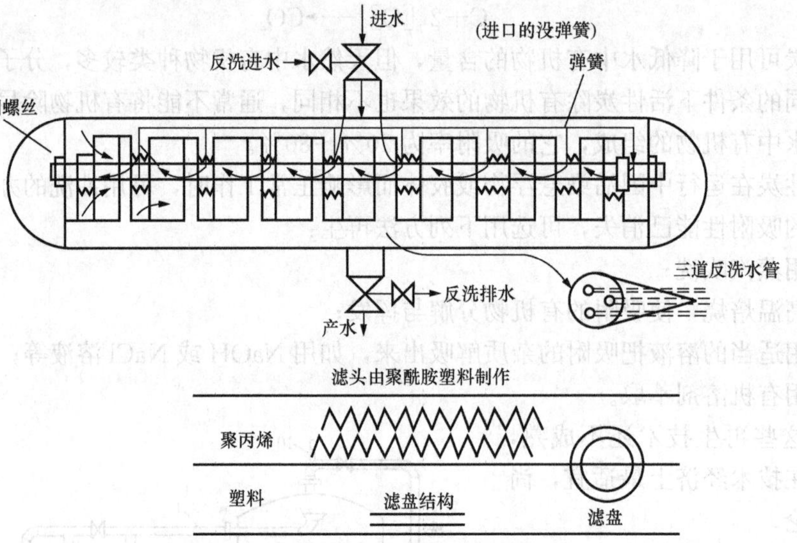

图 2-11　盘式过滤器组件（进口）

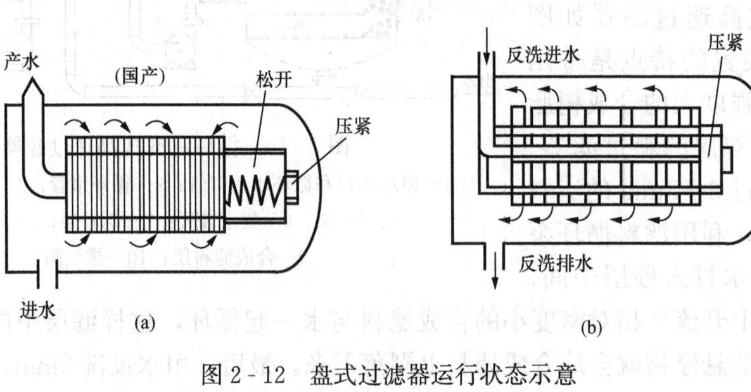

图 2-12　盘式过滤器运行状态示意

(a) 工作状态示意；(b) 反洗状态示意

注：进口盘式过滤器有的没有弹簧。

盘式过滤器的进水压力小于或等于0.3MPa，盘式过滤器的运行时间应根据进水水质通过调试确定。反洗时，反洗泵出水压力应大于0.35MPa，每个组件冲洗3s。

8. 超滤

超滤（用UF表示）是利用膜的透过性能，达到分离水中离子、分子以及某种微粒为目的的膜分离技术。超滤膜的孔径范围为0.1μm～1nm，直径在0.002～0.1μm之间的杂质都可除去，对有机物、胶体相对分子量为500～500 000的物质也能除去。超滤是以膜两侧的压力差为驱动力，以超滤膜为过滤介质，在一定的压力下，当溶液流过膜表面时，超滤膜只允许水、无机盐及小分子物质透过，而阻止水中的悬浮物、胶体、蛋白质和微生物等大分子物质通过，从而达到溶液的净化、分离与浓缩的目的。溶液逐渐被浓缩而后以浓缩液排出。

超滤之所以能截留大分子和微粒，在于溶液在静压差的推动力作用下进行的液相分离过程，超滤对水中杂质的分离机理，主要是膜表面孔径机械筛分作用，其次是膜孔阻塞的阻滞和膜面及膜孔对粒子的一次吸附机理。三者的统一效应组成了超滤分离物质的机理。

（1）中空纤维膜的结构。中空纤维膜呈毛细管状，外径为1.3～2.0mm，内径为0.8～1.2mm，内表面和外表面有一致密层，称为活性层，并布满0.1μm～1nm的微孔，中间是多孔支撑层。中空纤维膜有内压式和外压式两种。

中空纤维膜分为熔喷聚砜膜、聚乙烯酰胺膜、聚醚砜膜、聚偏氟乙烯膜等。

（2）超滤组件的结构。超滤组件由壳体、端盖、导流网、中心管和几千至上万根中空纤维膜管组成，如图2-13所示。

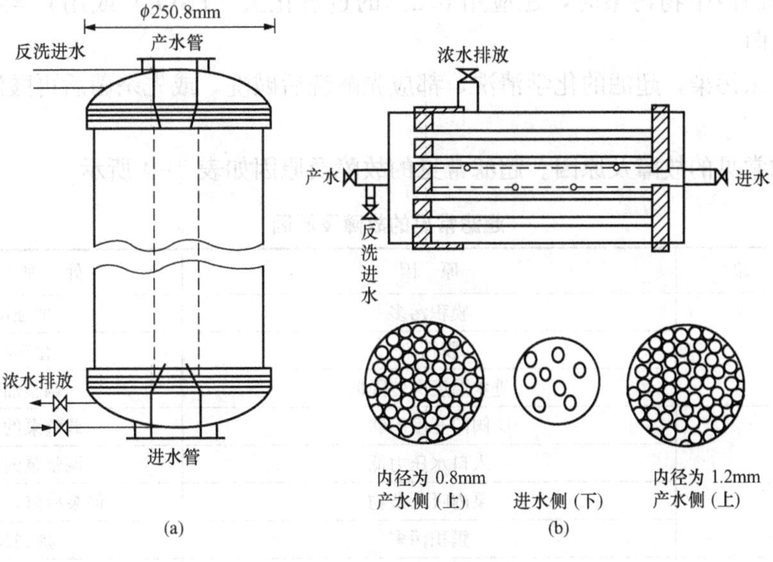

图2-13　超滤组件及组件结构示意

（a）组件外形示意；（b）组件结构示意

中空纤维膜管直接黏接在环氧树脂板上，不用支撑体，具有很高的装填密度，体积小，结构简单，可减少细菌污染。膜管的上部是敞口，膜管的下部管口用环氧树脂封死。

（3）超滤的运行方式。超滤投运时，需自动反洗一次，待压差和出水质量合格后，投入正常运行。超滤的运行方式有内压式和外压式两种。外压式的运行方式为从上部进水（或底部进水），水从膜外侧进入管内，从上部管口处排入上封头收集，经产水管送至清水箱，浓水从一侧底部（或从上部一侧）浓水排放管排入地沟。内压式运行方式从底部进水，水从膜内侧进入管外，浓水从上部排入地沟，产品水从一侧流入清水箱。

中空纤维膜的过滤方式为错流过滤。运行时，进水压力为 0.1～0.3MPa，压差小于 0.04MPa。湍流体系运行流速为 13m/s，层流体系流速小于 1m/s。

在大型火力发电厂中，由于有较完善的前置过滤设备，水经过机械过滤器过滤后，再进入超滤设备的水中悬浮杂质较低，超滤的制水时间比较长（可长达 1～2h）。超滤的实际制水时间应通过调试来确定。

（4）超滤的反冲洗。运行压差大于或等于 0.04MPa，超滤就进行自动反冲洗。超滤的反冲洗是单独一套系统，反冲洗时，内压或外压式都采用一定压力（0.32～0.35MPa）和大流量的水对设备进行反冲洗。如有两套超滤设备时，不能同时都进行反冲洗，只能一套反洗另一套向外供水。反冲洗时，应逐个超滤器单独反冲洗。

（5）进水水质。进水浊度小于 5mg/L（内压式的小于 3mg/L）；pH 值为 2～10；余氯小于 2mg/L；水温 5～40℃。

（6）化学清洗。超滤运行到两边压差大于或等于 0.05MPa 时，应进行化学清洗。清洗时，先用浓度为 1%～2%盐酸或 2%的柠檬酸溶液（pH 值不大于 2），进行循环酸洗（清除溶于酸的杂质），然后用清水冲洗；再用 0.5%氢氧化钠溶液（pH 值不大于 12），进行循环碱洗（清除胶体和有机物），碱洗结束后用除盐水冲洗。化学清洗时，应逐个超滤器单独清洗。

如果有细菌微生物污染时，还应用 0.2%的过氧化氢（H_2O_2）或用 0.4%的过氧乙酸（$C_2H_4O_3$）杀菌。

不管是什么污染，超滤的化学清洗，都应先酸洗后碱洗，或先杀菌后再酸洗、碱洗，效果最好。

（7）超滤常见的故障及原因。超滤常见的故障及原因如表 2-4 所示。

表 2-4　　超滤常见的故障及原因

故障现象	原因	处理方法
出入口压差大	膜积污多	加强反洗
	膜污染	化学清洗
	进水温度突然降低	调整加热器
产水流量减小	阀门开度不够	调整泵的出口门
	入口水压力低	调整泵的出口门
	泵内吸入杂物	停泵检修，清理杂物
	膜积污多	加强反洗
产水水质差	进水水质变化大	化验找出原因
	断丝内漏	检　漏
	污染严重	化学清洗
突然停车	盘式过滤器、超滤同时反洗	尽量避开或调整
	气源无压力	查看空气系统
	电气故障	查原因

续表

故障现象	原因	处理方法
组件断裂	原水压力高（大于0.4MPa）	降低泵的出口压力
	产水止回阀损坏，造成回水冲击	更　换
	原水泵出口门开度大	调　整

小　结

1. 由于胶体在水中带有相同电荷而互相相斥，因此它能稳定地分散于水中。
2. 混凝处理指利用化学方法和物理方法除去水中胶体和悬浮物。
3. 影响混凝处理的因素有水的pH值、混凝剂的用量、混合速度等。
4. 常用的混凝剂有聚合铝、聚合铁等药剂。
5. 石灰处理的机理和处理方法。
6. 常用混凝处理设备的结构和水的混凝处理流程。
7. 水的过滤机理和滤料的使用条件。
8. 常用过滤器的结构和运行操作。
9. 盘式过滤器的结构和运行。
10. 超滤的结构和运行。

思 考 题

1. 说出胶体稳定存在于水中的原因。
2. 以$Al_2(SO_4)_3\cdot 18H_2O$为例，叙述混凝处理的原理。
3. 影响混凝效果的因素有哪些？
4. 水的过滤机理是什么？
5. 什么叫混凝剂、滤料？
6. 绘图说明常用过滤器的结构及其运行过程。
7. 石灰处理的机理是什么？
8. 简述盘式过滤器的结构和工作原理。
9. 简述超滤组件的结构和运行方式。

第三章

离子交换树脂

【内容提要】本章主要介绍离子交换剂的合成、编号、物理和化学性能，离子交换的动力学过程和影响因素，树脂的储存及树脂类别的鉴定等内容。

水经过预处理后，基本上除去了水中悬浮物和胶体，对水中溶解的离子类杂质必须进一步地处理，方能进入锅炉。除去水中溶解性盐类的方法主要有离子交换法、膜分离法和蒸馏法三种。在水处理领域内，以离子交换法最为普遍。离子交换法是指离子交换剂在水中将本身具有的离子与水中带同类电荷的离子进行交换反应，从而除去水中盐类物质的方法。

第一节 离子交换树脂的合成与分类

目前普遍应用于水处理中的离子交换剂是离子交换树脂。本节介绍离子交换树脂的结构、合成、分类及命名。

一、离子交换树脂

1. 树脂的组成

离子交换树脂由以下三部分组成。

(1) 单体。单体是聚合成高分子化合物的低分子有机物，它是树脂的主要成分，又称母体。例如：

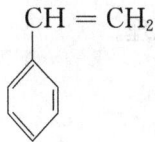

苯乙烯　　　　甲基丙烯酸

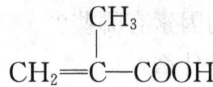

(2) 交联剂。交联剂是固定树脂形状和增强树脂机械强度的成分。常用的交联剂是二乙烯苯，结构式为

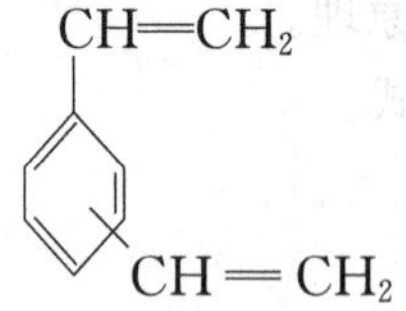

二乙烯苯

交联剂在树脂内的百分含量称交联度，其计算式为

$$交联度=\frac{树脂内交联剂的含量（g）}{树脂的质量}\times 100\%$$

一般树脂的交联度在 7%～12%。

(3) 交换基团。交换基团是由连接在单体上的具有活性离子的基团。它是通过磺化反应引入磺酸基—SO_3H，通过胺化引入胺基，如季胺基—$N^+(CH_3)_3$、叔胺基—$NH^+(CH_3)_2$等。

2. 树脂的合成

树脂的合成是将单体和交联剂在悬浮状态下聚合成凝胶状聚苯乙烯（称为白球，用R表示），反应式如下：

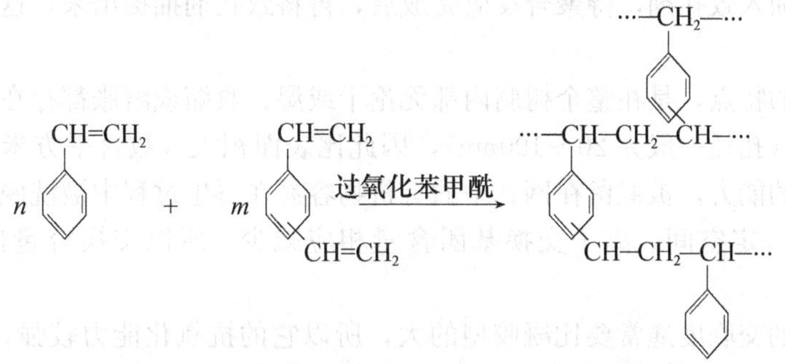

苯乙烯　　二乙烯苯（架桥物质）　　聚苯乙烯

随后，将聚苯乙烯经过一系列化学处理，引进不同的交换基团，得到各种阳、阴离子交换剂。

（1）聚苯乙烯用浓硫酸处理，得到强酸型阳离子交换剂 $R—SO_3H$。

（2）聚苯乙烯用氯甲基醚处理后，再用不同胺基处理，得到碱性强弱不同的各种阴离子交换剂，如用三甲胺[$(CH_3)N$]胺化得到强碱性阴树脂（Ⅰ型），用二甲基乙醇基胺[$(CH_3)_2NC_2H_2OH$] 胺化也得到强碱性阴树脂（Ⅱ型）。聚苯乙烯用氯甲基醚处理后，用伯胺、仲胺胺化得到弱碱性阴树脂，如 $R\equiv NHOH$，$R=NH_2OH$ 等。

用丙烯酸甲酯或甲基丙烯酸甲酯与二乙烯苯直接聚合后，进行水解得到弱酸性阳树脂 R—COOH；它们的聚合物用多胺进行胺化，得到弱碱性阴树脂。

树脂分为凝胶型和大孔型。凝胶型树脂只有在充分吸水膨胀后，才显出网孔状，交换基团分布在网孔的各个部位。孔眼孔径平均在 1～2nm，只能通过直径很小的离子，直径较大的分子易堵塞孔眼，影响树脂的交换能力。

大孔型树脂在制造中，加入了致孔剂，因而形成大量的毛细孔道，它的孔径为 20～100nm，直径较大的分子通行无阻。大孔树脂具有较好的抗氧化性和较高的机械强度，还具有离子交换反应快的特点，但交换容量较低，再生时酸、碱用量较大。

二、离子交换树脂的分类

1. 按活性基团的性质分类

根据离子交换树脂所带活性基团的性质，可分为阳离子交换树脂和阴离子交换树脂。按活性基团上 H^+ 或 OH^- 电离的强弱程度，又可分为强酸性阳离子交换树脂和弱酸性阳离子交换树脂，强碱性阴离子交换树脂和弱碱性阴离子交换树脂。

此外，按活性基团的性质还可分为螯合性、两性以及氧化还原性树脂。

2. 按离子交换树脂的孔型分类

（1）凝胶型树脂。这种树脂是由苯乙烯和二乙烯苯混合物在引发剂存在下进行悬浮聚合得到的具有交联网状结构的聚合物，因这种聚合物呈透明或半透明的凝胶结构，所以称为凝胶型树脂。凝胶型树脂的网孔通常很小，平均孔径 1～2nm，且大小不一。在干态下，这些网孔并不存在，当浸入水中呈湿态时，它们才显示出来。

因凝胶型树脂孔径小，不利于离子运动，直径较大的分子通过时，容易堵塞网孔，再生时也不易洗脱下来，所以凝胶型树脂易受到有机物污染。

(2) 大孔型树脂。这类树脂的制备方法与凝胶型树脂的不同点，是在制备大孔结构高分子聚合物骨架时加入致孔剂，待聚合反应完成后，再将致孔剂抽提出来，这样便留下了永久性网孔。

大孔型树脂的特点，是在整个树脂内部无论干或湿、收缩或溶胀都存在着比凝胶型树脂更多、更大的孔（孔径一般为20～100nm），因此比表面积大（数百平方米/克），所以它具有抗有机物污染的能力，被截留在网孔中的有机物容易在再生过程中被洗脱下来。大孔型树脂由于孔隙占据一定空间，离子交换基团含量相应减少，所以交换容量比凝胶型树脂低一些。

大孔型树脂的交联度通常要比凝胶型的大，所以它的抗氧化能力较强，机械强度较高。对于凝胶型树脂来说，如果采用增大交联度的办法来提高机械强度，则因制成的树脂网孔过小，离子交换速度缓慢，而失去了应用意义。通常凝胶型树脂的交联度在7%左右，而大孔型树脂的交联度可达16%～20%。

3. 按单体种类分类

按合成树脂的单体种类不同，离子交换树脂还可分为苯乙烯系、丙烯酸系等。此外，还有酚醛系、环氧系、乙烯吡啶系和脲醛系等，但未在水处理领域中应用。

三、离子交换树脂的命名方法

离子交换树脂产品的型号是根据国家标准GB 1631—2008《离子交换树脂命名系统和基本规范》而制定的。

1. 名称

离子交换树脂的全名称由分类名称、骨架名称、基本名称依次排列组成。基本名称为离子交换树脂。大孔型树脂在全名称前加“大孔”两字。分类属酸性的在基本名称前加“阳”字；属碱性的在基本名称前加“阴”字。

2. 型号

离子交换树脂产品的型号由三位阿拉伯数字组成，第一位数字代表产品分类，第二位数字代表骨架组成，第三位数字为顺序号，用来区别活性基团或交联剂的差异。代号数字的意义见表3-1和表3-2。

凡属大孔型树脂，在型号前加“大”字的汉语拼音首位字母“D”；凡属凝胶型树脂，在型号前不加任何字母，交联度可在型号后用“×”符号连接阿拉伯数字表示。

表3-1　分类代号（第一位数字）

代　号	活性基团
0	强酸性
1	弱酸性
2	强碱性
3	弱碱性
4	螯合性
5	两　性
6	氧化还原性

表3-2　骨架代号（第二位数字）

代　号	骨架类别
0	苯乙烯系
1	丙烯酸系
2	酚醛系
3	环氧系
4	乙烯吡啶系
5	脲醛系
6	氯乙烯系

离子交换树脂型号图解如下：

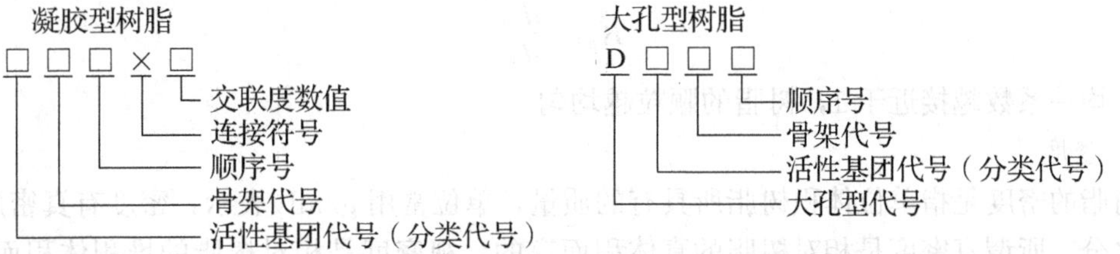

根据以上原则，水处理中常用的四种离子交换树脂全名称及型号分别为：强酸性苯乙烯系阳离子交换树脂，型号为 001×7；强碱性苯乙烯系阴离子交换树脂，型号为 201×7；大孔型弱酸性丙烯酸系阳离子交换树脂，型号为 D111、D113；大孔型弱碱性苯乙烯系阴离子交换树脂，型号为 D301、D302。

市场上供应的强酸性阳离子交换树脂，通常是钠型或氢型，弱酸性树脂为氢型，强碱性阴离子交换树脂为氯型，弱碱性树脂为游离碱型。

第二节　离子交换树脂的性能

随着原料和制造工艺的不同，树脂的物理性质、化学性质也不相同，即使同一产品也会有所差异。为表明树脂的性能，通常用一系列技术指标加以说明。

一、物理性能

1. 外观

在水处理应用中，离子交换树脂都是制成小球状，球状颗粒的树脂量占总量的质量分数称为圆球率。圆球率高，有利于树脂层中水流分布均匀和减少水流阻力。因此，圆球率越高越好。离子交换树脂的圆球率应在 90%以上。

离子交换树脂有透明的、半透明的和不透明的。通常凝胶型是透明的或半透明的，大孔型是不透明的。离子交换树脂依其组成的不同，呈现的颜色也各有差异。凝胶型苯乙烯系大都呈淡黄色，大孔苯乙烯系阳树脂一般呈淡灰褐色，大孔苯乙烯系阴树脂为白色或淡黄褐色色，丙烯酸系树脂呈白色或乳白色。此外，根据需要也可做成某种特定的颜色。

2. 粒度

离子交换树脂颗粒的大小对水处理工艺有较大的影响。树脂颗粒大小应适中，粒度分布应均匀。若颗粒太大，则交换速度慢；若颗粒太小，则水流阻力大，压力损失大。若颗粒大小不均，小颗粒夹在大颗粒之间，会使压力损失增加，也不利于树脂的反洗。反洗强度大，会冲走小颗粒；反洗强度小，又不能松动大颗粒。用于水处理的树脂颗粒粒径一般为 0.3～1.2mm。

离子交换树脂的颗粒大小不可能完全一样，所以一般不能简单地用一个粒径指标来表示。目前有关粒度的标准，除规定树脂粒度范围外，还要规定“有效粒径”和“均一系数”，有时还要限定大于或小于某粒径树脂的百分数。

有效粒径是指筛上保留 90%（体积）完全水化了的湿树脂样品的相应试验筛筛孔孔径（mm），用符号 d_{90} 表示。

均一系数是指筛上保留 40%（体积）树脂样品的相应试验筛筛孔孔径与保留 90%（体

积）树脂样品的相应试验筛筛孔孔径的比值，用符号 K_{40} 表示，即

$$K_{40}=\frac{d_{40}}{d_{90}}$$

显然，均一系数越接近于 1，树脂的颗粒越均匀。

3. 密度

树脂的密度是指单位体积树脂所具有的质量，单位常用 g/mL 表示，密度有真密度和视密度之分。所谓真密度是相对树脂的真体积而言的，视密度是相对树脂的堆积体积而言的。由于在水处理工艺中，树脂都是在湿状态下使用的，所以与水处理工艺有密切关系的是树脂的湿真密度和湿视密度。

（1）湿真密度。湿真密度是指树脂在水中充分溶胀后的真密度，其计算式为

$$\text{湿真密度}\ (\rho_z)=\frac{\text{湿树脂的质量}}{\text{湿树脂的真体积}}$$

湿树脂的真体积是指树脂在湿状态下的体积，此体积包括颗粒内部网孔的体积，但不包括树脂颗粒间的空隙。

树脂的湿真密度与其在水中所表现的水力学特性有密切关系，它直接影响到树脂在水中的沉降速度和反洗膨胀率，是树脂的一项重要实用性能。湿真密度值一般在 1.04～1.30g/mL 之间，阳树脂的湿真密度常比阴树脂的大。树脂的湿真密度随交换基团的离子型不同而改变，但对于同一批树脂，湿真密度与树脂粒径大小无关，这说明同一批树脂中，不同粒径树脂的内在结构是相同的。

（2）湿视密度。湿视密度是指树脂在水中充分溶胀后的堆积密度，其计算式为

$$\text{湿视密度}\ (\rho_s)=\frac{\text{湿树脂的质量}}{\text{湿树脂的堆积体积}}$$

湿视密度可用来计算交换器中装载的湿树脂质量，此值一般在 0.60～0.85g/mL 之间。树脂的湿视密度不仅与树脂的离子形态有关，还与树脂的堆积体积有关，即与大小颗粒混合的程度以及堆积密实程度有关。

树脂的密度与它的交联度的大小有关，交联度高，树脂的结构紧密，树脂的密度也越大。

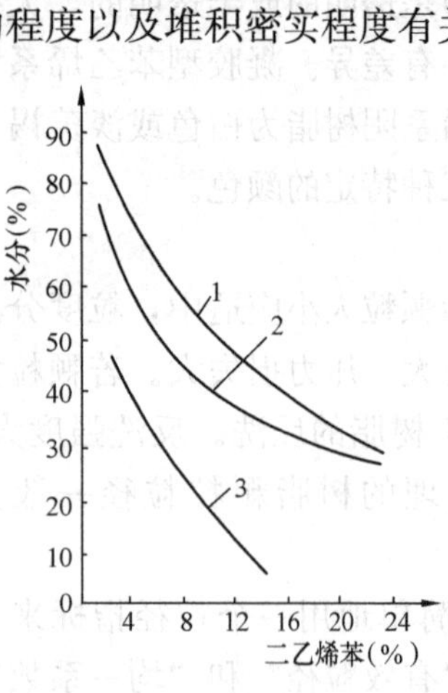

图 3-1　树脂含水率与交联度的关系
1—H 型磺酸苯乙烯树脂；
2—Na 型磺酸苯乙烯树脂；
3—H 型羧酸树脂

4. 含水率

树脂的含水率是指树脂骨架空间的含水量（除去树脂表面水分后）占湿树脂的质量的百分数，一般在 50%左右。

对于含有一定活性基团的离子交换树脂来说，因为它们的化合水大致相同，所以含水率可以反映树脂的交联度和空隙率的大小。如图 3-1 所示，树脂含水率大则表示它的空隙率大和交联度低；反之，则表示它的孔隙率小和交联度高。

5. 溶胀性和转型体积改变率

当将干的离子交换树脂浸入水中时，树脂的体积会膨胀，这种现象称为溶胀。

造成离子交换树脂溶胀现象的基本原因是活性基团上可交换离子的溶剂化作用。树脂的溶胀性取决于以下因素。

（1）树脂的交联度。交联度越大，溶胀性越小。

（2）活性基团。活性基团越易电离，树脂的溶胀性越强；活性基团越多或吸水性越强，溶胀性越大。

（3）溶液中离子浓度。溶液中离子浓度越大，则因树脂颗粒内部与外围水溶液之间的渗透压越小，树脂的溶胀性越小。

（4）可交换离子。一般情况下，可交换离子价数越高，溶胀性越小；对于同价离子，水合能力越强，溶胀性越大。强酸性阳离子交换树脂，不同可交换离子的溶胀性大小顺序为

$$H^+ > Na^+ > NH_4^+ > K^+ > Ag^+ \cdots, \quad H^+ > Mg^{2+} > Na^+ > Ca^{2+} \cdots$$

强酸 001×7 型阳树脂由 Na 型转为 H 型时，体积增大 5%～8%；由 Ca 型转为 H 型时，体积增大 12%～13%。

强碱性阴离子交换树脂，不同交换离子的溶胀性大小顺序为

$$OH^- > HCO_3^- \approx CO_3^{2-} > SO_4^{2-} > Cl^- \cdots$$

强碱性 201×7 型阴树脂由 Cl 型转为 OH 型时，体积增大 15%～20%。

弱型树脂转型体积改变也很明显，尤其是弱酸性树脂，由 H 型转为 Na 型时，体积增大 70%～80%；由 H 型转为 Ca、Mg 型时，体积增大 10%～30%。

因此，当树脂由一种离子型转为另一种离子型时，树脂的体积就会发生改变，此时树脂体积改变的百分数称为树脂转型体积改变率。

离子交换树脂的溶胀性对它的使用工艺有很大影响，例如，干树脂直接浸泡于纯水中时，由于颗粒的强烈溶胀，会发生颗粒破裂的现象。又如，在交换器运行的制水和再生过程中，由于树脂离子形态的反复变化，会引起颗粒的不断膨胀和收缩，多次的膨胀、收缩会促使颗粒破裂、发生裂纹和机械强度降低。

6. 物理稳定性

（1）机械强度。它是指树脂在各种机械力作用下，抵抗破坏的能力，包括耐磨性、抗渗透冲击性等。在实际应用中，由于摩擦、挤压以及周期性转型使其体积胀缩等，都有可能造成树脂颗粒的破裂而影响树脂的使用寿命。

国家标准规定采用磨后圆球率和渗磨圆球率来判断树脂的机械强度。此法是按规定称取一定量的湿树脂，放入装有瓷球的滚筒中滚磨，磨后的树脂圆球颗粒占样品总量的百分数即为树脂的磨后圆球率；若将树脂用酸、碱反复转型，然后用前述方法测得树脂的磨后圆球率，称为树脂的渗磨圆球率。该指标表示树脂的耐渗透压能力，目前常用它来评价大孔型树脂的机械强度。一般应保证每年树脂的耗损量不超过 3%～7%。

（2）耐热性。各种树脂所能承受的温度都有一定的最高极限，超过此温度，树脂的热分解就很严重。不同的树脂热稳定性不一样，一般规律是，阳树脂比阴树脂耐热性强，盐型树脂比氢型或碱型强，Ⅰ型强碱性树脂比Ⅱ型耐热性强，带弱碱基团的比带强碱基团的耐热性强，苯乙烯系强碱性阴树脂要比丙烯酸系强碱性阴树脂耐热性强。

阳树脂一般可耐 100℃或更高些的温度，如 Na 型苯乙烯系弱酸性阳树脂可在 150℃下使用，而 H 型时可在 100～120℃下使用；苯乙烯系强碱性阴树脂的使用温度不超过 50℃，弱碱性的可在 80℃下使用，丙烯酸系强碱性阴树脂的使用温度应低于 38℃。

二、化学性能

1. 离子交换反应的可逆性

离子交换反应是可逆的，如含有 Na^+ 的水通过 H 型树脂时，发生如下反应：

$$RSO_3H + Na^+ \rightleftharpoons RSO_3Na + H^+$$

当树脂上的可交换离子（H^+）完全被水中的离子（Na^+）置换（称为失效）后，此时，可用一定体积、一定浓度的稀盐酸或稀硫酸通过失效的树脂，以恢复树脂的再次具有置换水中离子的能力（称为再生），反应如下：

$$RSO_3Na + H^+ \rightleftharpoons RSO_3H + Na^+$$

这两种反应，实质上是下面可逆离子交换反应的平衡移动。当水中 Na^+ 和树脂上 H^+ 多时，反应向正方向移动；反之，则逆向移动。

$$RSO_3Na + H^+ \rightleftharpoons RSO_3H + Na^+$$

由于离子交换反应是可逆的，所以离子交换树脂在水处理工艺中能反复使用。

2. 酸、碱性和中性盐分解能力

H 型阳离子交换树脂和 OH 型阴离子交换树脂，如同酸碱那样，在水中可以电离出 H^+ 和 OH^-，这种性质称之为树脂的酸、碱性。根据电离能力的大小，离子交换树脂的酸、碱性具有强、弱之分。水处理工艺中，常用的强、弱型树脂如下：

（1）磺酸型强酸性阳离子交换树脂　$R—SO_3H$，适用范围　pH 值＝0～14。

（2）羧酸型弱酸性阳离子交换树脂　R—COOH，适用范围　pH 值＞6。

（3）季胺型强碱性阴离子交换树脂　$R\equiv NOH$，适用范围　pH 值＝0～12。

（4）叔、仲、伯胺型弱碱性阴离子交换树脂　$R\equiv NHOH$、$R=NH_2OH$、$R—NH_3OH$，适用范围　pH＜6。

强酸性 H 型阳树脂在水中电离出 H^+ 的能力较强，它很容易与水中其他阳离子进行交换反应；弱酸性 H 型阳树脂在水中电离出 H^+ 的能力弱，故当水中存在一定量 H^+ 时，交换反应就难以进行。例如，强酸性 H 型阳树脂在与中性盐如 NaCl、$CaCl_2$ 等交换时，其反应容易进行：

$$R—SO_3H + NaCl \rightleftharpoons R—SO_3Na + HCl$$

$$R(SO_3H)_2 + CaCl_2 \rightleftharpoons R(SO_3)_2Ca + 2HCl$$

而弱酸性 H 型阳树脂在与中性盐交换时，情况则相反，其反应正向进行困难，逆方向进行较容易：

$$R—COOH + NaCl \rightleftharpoons R—COONa + HCl$$

$$R(COOH)_2 + CaCl_2 \rightleftharpoons R(COO)_2Ca + 2HCl$$

强碱性 OH 型和弱碱性 OH 型阴树脂与中性盐（如 NaCl、Na_2SO_4 等）进行离子交换时，两者交换 Cl^- 或 SO_4^{2-} 的能力及向溶液中释放出 OH^- 的能力也有很大差别：

$$R\equiv NOH + NaCl \rightleftharpoons R\equiv NCl + NaOH$$

该反应较易进行，但下面的反应则难以进行：

$$R—NH_3OH + NaCl \rightleftharpoons R—NH_3Cl + NaOH$$

上述这种离子交换树脂与中性盐进行离子交换反应，同时在溶液中生成游离酸（或碱）的能力，称之为树脂的中性盐分解能力。显然，强酸性阳树脂和强碱性阴树脂具有中性盐分解能力，而弱酸性阳树脂和弱碱性阴树脂基本上无中性盐分解能力。

3. 离子交换的选择性

在离子交换水处理中，往往需要知道水中哪种离子优先被树脂交换，哪种离子较难被交换，即所谓选择性顺序。选择性顺序关系到各种离子在树脂层中的排列情况，根据这个顺序，可以判断水通过交换器时哪种离子最先容易泄漏于出水中。

离子交换选择性与树脂活性基团性质、交换离子的本性、浓度及温度有关。阳树脂吸着水中离子一般遵循下面两个规律：

(1) 离子带的电荷数越多，被吸着的能力越强；

(2) 带有相同电荷数的离子，原子序数越大，水合离子半径越小，越易被树脂吸着。

强酸性阳树脂，在稀溶液中对常见的阳离子吸着的顺序为

$$Fe^{3+} > Al^{3+} > Ca^{2+} > Mg^{2+} > K^{+} \approx NH_4^{+} > Na^{+} > H^{+}$$

弱酸性阳树脂，对 H^{+} 有特别强的亲和力，对 H^{+} 的选择性比 Fe^{3+} 还强，其选择性顺序为

$$H^{+} > Fe^{3+} > Al^{3+} > Ca^{2+} > Mg^{2+} > K^{+} \approx NH_4^{+} > Na^{+}$$

因此，弱酸性阳树脂用酸再生比强酸性阳树脂用酸再生容易，因而可用再生强酸性阳树脂后的废酸液对弱酸性阳树脂进行再生。

强碱性阴树脂在稀溶液中，对常见阴离子的选择性顺序为

$$SO_4^{2-} > NO_3^{-} > Cl^{-} > OH^{-} > HCO_3^{-} > HSiO_3^{-}$$

而弱碱性阴树脂的选择性顺序为

$$OH^{-} > SO_4^{2-} > NO_3^{-} > Cl^{-} > HCO_3^{-}$$

即弱碱性阴树脂对 HCO_3^{-} 交换能力很差，对 $HSiO_3^{-}$ 甚至不交换。因此，弱碱性阴树脂用碱再生比强碱性阴树脂用碱再生容易，甚至可用再生强碱性阴树脂后的废碱液对弱碱性阴树脂进行再生。

在浓溶液中，离子间的相互干扰较大，且水合半径的大小顺序与在稀溶液中有些差别，结果使得在浓溶液中各离子间的选择性差别较小，有时甚至出现相反的顺序。

4. 交换容量

交换容量是表示离子交换树脂交换能力大小的一项性能指标。

离子交换树脂的交换容量有两种表示方法：一种是质量表示方法，即单位质量离子交换树脂中可交换的离子量，通常用 mmol/g 表示；另一种是体积表示法，即单位体积离子交换树脂中可交换的离子量，这里的体积是指湿状态下树脂的堆积体积，通常用 mol/m^3 或 mmol/L 表示。

(1) 作为树脂基本性能的交换容量有全交换容量、中性盐分解容量和弱酸（或弱碱）基团交换容量。这种交换容量主要用于离子交换树脂的研究方面，对于同一品种的离子交换树脂来说，它是常数。

全交换容量是指单位质量或体积离子交换树脂中所有可交换离子的总量。

对于阴离子交换树脂，由于强碱性阴树脂中同时含有弱碱基团，弱碱性树脂中也同时含有强碱基团，所以还常用中性盐分解容量来表示其中强碱基团量的多少。所谓中性盐分解容量是指树脂能与中性盐进行交换反应的交换容量。全交换容量与中性盐分解容量之差，即为弱酸或弱碱基团交换容量。

(2) 作为树脂工艺性能的交换容量是工作交换容量。所谓工作交换容量是指树脂在具体工艺条件下实际发挥作用的交换容量，即树脂在工作状态下，交换至出水中允许泄漏的离子含量达到某一要求的数值时，交换器停止运行，此时树脂实际发挥的交换容量。影响工作交

换容量的因素很多，如进水中离子的浓度、交换终点的控制指标、树脂层高度和水流速度等。此外，为了节约再生剂的用量，交换剂并不能得到彻底再生，这也会对工作交换容量有很大的影响。

树脂的交换容量与树脂可交换离子形态有关，因为树脂上可交换离子形态不同时，树脂的体积和质量是不相同的，所以在表示交换容量时，应把树脂上可交换离子的形态阐述清楚。为了统一起见，阳树脂一般以 Na 型为准（也有以 H 型为准的），阴树脂以 Cl 型为准。必要时，应标明其离子形态。

5. 化学稳定性

(1) 对酸、碱的稳定性。离子交换树脂对酸、碱是稳定的，特别对非氧化性的酸更稳定。相对来说，树脂对碱的稳定性不如对酸高，尤其是缩聚型阳树脂对强碱是不稳定的，故这类树脂不宜长期浸泡于 2mol/L 以上的浓碱液中；阴树脂对碱液都不太稳定，特别是浓碱液，因此阴树脂应以较稳定的 Cl 型储存。

一般来说，阳树脂盐型比 H 型稳定，阴树脂 Cl 型比 OH 型稳定。

(2) 抗氧化性。不同类型的树脂抗氧化性能不一样。通常，交联度高的树脂抗氧化性好，大孔型树脂比凝胶型树脂抗氧化性好。

强氧化剂对树脂骨架和活性基团都能引起氧化反应，从而使交联结构降解，活性基团遭到破坏。因此，使用时应注意调整和提供适宜的介质条件，以避免因氧化而引起树脂的破坏，从而延长树脂的使用寿命。

第三节　离子交换动力学

离子交换平衡是在某种具体条件下离子交换能达到的极限情况。在实际应用中，水总是以一定速度流过树脂层，因此反应时间是有限的，不可能让离子交换达到平衡状态。为此，研究离子交换速度有重要的实际意义。

一、离子交换动力学过程

离子交换过程是在水中离子与离子交换树脂上可交换基团之间进行的。树脂上可交换基团不仅处于树脂颗粒的表面，而且大量的是处于树脂颗粒的内部，当树脂与水接触时，在树脂颗粒表面会形成一层不流动的水膜。因此，离子交换过程是比较复杂的，它不单是离子间交换位置，还有离子在水中和树脂颗粒内部的扩散过程。离子交换速度实质上是表示水溶液中离子浓度改变的速度，是一种动力学过程。

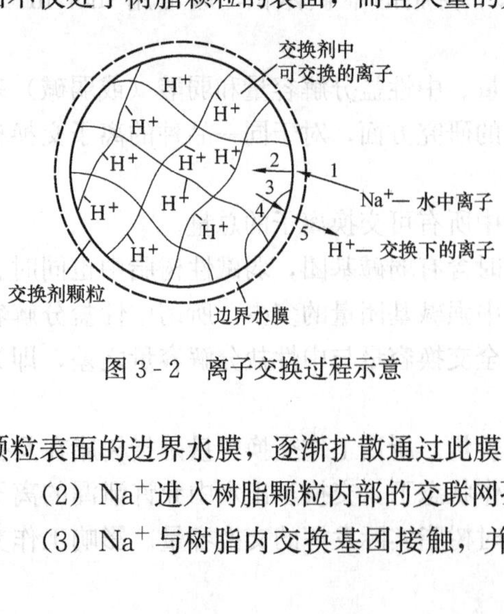

图 3-2　离子交换过程示意

离子交换动力学过程一般可分为五个步骤。现以 H 型强酸性阳离子交换树脂对水中 Na^+ 进行交换为例（见图 3-2）来说明。

(1) 首先，水中 Na^+ 在水中扩散，到达树脂颗粒表面的边界水膜，逐渐扩散通过此膜，如图 3-2 中 1 所示。

(2) Na^+ 进入树脂颗粒内部的交联网孔，并进行扩散，如图中 2 所示。

(3) Na^+ 与树脂内交换基团接触，并与交换基团上可交换的 H^+ 进行交换，如图中 3

所示。

(4) 被交换下来的 H^+ 在树脂颗粒内部交联网孔中向树脂表面扩散，如图中 4 所示。

(5) 被交换下来的 H^+ 扩散通过树脂颗粒表面的边界水膜，进入水溶液中，如图中 5 所示。

图 3-2 中，1、5 步是交换离子在边界水膜中的扩散，称为膜扩散；2、4 步是交换离子在树脂颗粒内网孔中的扩散，称为颗粒内扩散或简称内扩散。

二、离子交换速度的控制步骤

由于离子交换必须相继通过上述 5 个步骤才能完成，所以其中如有某一步骤的速度特别慢，则离子交换反应的大部分时间就消耗在这一步骤上，这个步骤称为速度控制步骤。

在前述的 5 个步骤中，步骤 3 属于离子间的化学反应，通常是很快的，它不是速度控制步骤。在水溶液是流动或搅动的条件下，离子在水溶液中的扩散通常也比较快，所以实际运行中离子交换速度的控制步骤常常是膜扩散或内扩散。

三、影响离子交换速度的因素

离子交换速度受许多条件的影响，若速度控制步骤不同，则对交换速度的影响也不同。

1. 溶液浓度

水中离子浓度是影响扩散速度的重要因素，离子浓度越大，扩散速度越快。水中离子浓度对膜扩散和内扩散有不同程度的影响，当水中离子浓度较大，例如在 0.1mol/L 以上时，膜扩散的速度已相当快，内扩散的速度却不能提高到与之相当的程度，这时交换速度主要受内扩散支配，即内扩散为控制步骤，这相当于交换器再生时的情况。若水中离子浓度较小，如在 0.003mol/L 以下时，膜扩散的速度就变得相当慢，支配着交换速度，成为控制步骤，这相当于交换器运行时的情况。

2. 树脂的交联度

树脂交联度越大，交换速度越慢，当水中有粒径较大的粒子存在时，对交换速度的影响更明显。但大孔型树脂网孔大，内扩散的速度要比凝胶型树脂快得多。

3. 树脂颗粒的大小

当树脂颗粒减小时，不论是膜扩散还是内扩散都会加快。颗粒越小，比表面积越大，水膜的面积也就越大，所以膜扩散速度相应增加。内扩散速度受颗粒大小的影响更大，因为颗粒越小，离子在颗粒内的扩散距离会相应缩短，所以，这两方面的因素都会加快离子交换速度。但颗粒也不宜太小，否则会增大水流过树脂的阻力。

4. 流速与搅拌速度

树脂颗粒表面的水膜厚度与水的搅动或流动状况有关，水搅动越激烈，水膜就越薄。因此，交换过程中提高水的流速或加强搅拌，可以加快膜扩散速度，但不影响内扩散。但是，水的流速也不宜过高，流速太大时，水流阻力也会迅速增加。

由于再生过程是受内扩散控制，增加再生流速并不能加快交换速度，却减少了再生液与树脂的接触时间，因此，再生过程多在较低的流速下进行。

5. 水温

提高水温能同时加快膜扩散速度和内扩散速度，因此提高水温对提高离子交换速度是有利的。离子交换设备运行时，一般将水温保持在 20～40℃。但水温也不宜过高，因为水温过高会影响树脂的热稳定性，尤其是强碱性阴树脂。

第四节 离子交换树脂的储存及预处理

一、离子交换树脂的储存

树脂在储存期间应采取妥善措施，以防止树脂失水、受冻和受热以及霉变，否则会影响树脂的稳定性，降低树脂的使用寿命和交换容量。如需长期储存树脂时，最好把树脂转变成盐型。

1. 防止树脂失水

新树脂出厂时含水量是饱和的，在运输过程和储存期间应防止树脂失水。如果发现树脂已失水变干，应先用10%NaCl溶液浸泡，再逐渐稀释，以免树脂因急剧溶胀而破裂。

2. 防止树脂受热、受冻

树脂储存时，环境温度以5～40℃为宜。温度过高，则容易引起树脂变质、交换基团分解和滋长微生物；若在0℃以下，会因树脂网孔中水分冰冻使树脂体积膨大，造成树脂胀裂。如果温度低于5℃，又无保温条件，这时可将树脂浸泡在一定浓度的食盐水中，以达到防冻的目的。NaCl溶液的浓度与冰点的关系见表3-3。

表3-3 NaCl溶液的浓度与冰点的关系

NaCl的百分含量（%）	10℃时的相对密度	冰点（℃）	NaCl的百分含量（%）	10℃时的相对密度	冰点（℃）
5	1.034	−3.1	20	1.153	−16.3
10	1.074	−7.0	33.5	1.180	−21.2
15	1.113	−10.8			

3. 防止霉变

使用过的树脂长期在水中存放时，表面容易滋长微生物，发生霉变，尤其是在温度较高的环境中。为此，必须定期换水或用水反冲洗，必要时也可用1.5%的甲醛溶液浸泡。

二、新树脂使用前的预处理

新树脂中常含有过剩的原料、反应不完全的低聚合物和其他杂质。除了这些有机物外，树脂中往往还含有铁、铅、铜等无机杂质。因此，新树脂在使用前必须进行预处理，以除去树脂中的可溶性杂质。

新树脂的预处理一般是用酸碱溶液交替浸泡或动态清洗，用稀盐酸除去其中的无机杂质（主要是铁的化合物），用稀氢氧化钠溶液除去有机杂质。如果树脂在运输过程中或储存期间脱了水，则不能将其直接放入水中，以防止因急剧溶胀而破裂，应先把树脂放在浓食盐水中浸泡一定时间后，再用水稀释使树脂缓慢溶胀到最大体积。对于阴离子交换树脂，由于它在过浓的食盐水中会上浮，不能很好地浸湿，故用10%食盐水浸泡较为合适。

工业水处理中树脂的用量都比较大，所以新树脂的预处理宜在离子交换器中进行。

1. 水洗

将新树脂装入交换器中，用清水反洗，以除去混在树脂中的机械杂质、细碎树脂粉末，以及溶解于水的物质。反洗时控制树脂层膨胀率50%左右，直至排水不呈黄色为止。阳树脂和阴树脂在酸、碱处理前都需先进行水洗。

2. 阳树脂的处理

将水洗后的阳树脂用树脂体积两倍的2%～4%NaOH溶液浸泡4～8h或小流量动态清洗，之后排掉。然后用除盐（或软化）水洗至排出液近中性为止。再通入约为树脂体积两倍的5%的HCl溶液，浸泡4～8h或小流量动态清洗后排掉。最后用清水洗至排水近中性。

3. 阴树脂的处理

将水洗后的阴树脂用约为树脂体积两倍的5% HCl溶液，浸泡4～8h，之后排掉，再用除盐水（或软化水）洗至排出液近中性。再通入树脂体积两倍的2%～4%NaOH溶液，浸泡4～8h后排掉。最后用软化水或除盐水洗至排水近中性。

树脂经上述处理后，阳树脂转为H型，阴树脂转为OH型，树脂的稳定性会显著提高。

预处理后的新树脂，经过一个周期运行失效后，第一次再生时，酸碱用量应为正常再生时的1～2倍。

三、树脂的鉴别和分离

1. 树脂的鉴别

在实际工作中，往往需要判别树脂的种类，下面介绍一种简单的鉴别方法。

第一步，区分阳树脂和阴树脂。

（1）取树脂样品2mL，置于30mL的试管中，用吸管吸去树脂层上部的水。

（2）加入1mol/L HCl5mL，摇动1～2min，将上部清液吸去，这样重复操作2～3次。

（3）加入纯水清洗，摇动后，将上部清液吸去，重复操作2～3次，以除去过剩的HCl。经上述操作后，阳树脂转变为H型，阴树脂转为Cl型。

（4）加入已酸化的10%$CuSO_4$（其中含1%H_2SO_4）5mL，摇动1min，放置5min。如树脂呈浅绿色，即为阳树脂，如树脂不变色则为阴树脂。

H型强酸性阳树脂与Cu^{2+}交换转变成Cu型树脂而呈浅绿色。H型弱酸性阳树脂由于羧基与Cu^{2+}能形成牢固的共价键，即使在酸性溶液中也能转变为Cu型树脂，所以呈浅绿色。强碱性阴树脂与Cu^{2+}无作用，因此不变色。弱碱性阴树脂可以与Cu^{2+}络合，也呈浅绿色，但在酸性溶液中不能与Cu^{2+}络合。将$CuSO_4$溶液酸化，就是为了防止弱碱性阴树脂与Cu^{2+}络合，干扰对阳树脂的鉴别。

弱酸性阳树脂的交换速度较慢，加入$CuSO_4$后，需放置一段时间，再进行观察。

第二步，区分强酸性阳树脂和弱酸性阳树脂。

经第一步处理后的树脂如显浅绿色，则用纯水充分清洗后，加入1mol/L氨水（$NH_3 \cdot H_2O$）溶液2mL，摇动1min，再用纯水充分清洗。如果树脂颜色转为深蓝色，则为强酸性阳树脂；如树脂颜色不变，则为弱酸性阳树脂。

加入$NH_3 \cdot H_2O$后，强酸性阳树脂中的Cu^{2+}成为深蓝色铜氨络离子$[Cu(NH_3)_4]^{2+}$，并仍被强酸性阳树脂吸着，因而使树脂呈深蓝色。弱酸性阳树脂中的Cu^{2+}不转成$[Cu(NH_3)_4]^{2+}$，所以树脂仍为浅绿色。

第三步，区分强碱性阴树脂和弱碱性阴树脂。

经第一步处理后，不变色的树脂即为阴树脂，再进行如下操作。

（1）加入1mol/L NaOH 5mL，摇动1min后，用倾泻法充分清洗。加入NaOH的目的是使阴树脂转成OH型，并清洗除去过剩的NaOH。

（2）加入酚酞5滴，摇动1min，用纯水充分清洗。如树脂呈红色，则为强碱性阴树脂。这是由于OH型强碱性阴树脂能电离出OH^-，使酚酞显红色。弱碱性树脂由于电离的OH^-少，碱性弱，所以酚酞不变色。

第四步，确定弱碱性阴树脂。

加入酚酞后，树脂不变色，应为弱碱性阴树脂。为了进一步加以肯定，操作如下：

（1）加入1mol/L HCl 5mL，摇动1min，使阴树脂转成Cl型，然后用纯水清洗2～3次。清洗除去过剩的HCl。

（2）加入5滴甲基红（或甲基橙），摇动1min，并用纯水充分清洗。如树脂成桃红色，则可确定为弱碱性阴树脂，如树脂不变色，则表示树脂无离子交换能力。这是因为Cl型弱碱性阴树脂有水解作用，反应如下：

$$RCl + H_2O \rightleftharpoons ROH + HCl$$

水解后，RCl树脂网孔中的水呈酸性，因此当甲基红渗入树脂颗粒网孔后即显桃红色（甲基红在酸性溶液中显桃红色）。

必须注意，上述操作是连续的，不能只取一步就确定是某种树脂。例如，不能只做第四步就确定它是弱碱性阴树脂，因为H型的强酸性或弱酸性树脂，其网孔中的水都呈酸性，因此加甲基红都显桃红色。

2. 不同树脂的分离

在使用中，有时会碰到不同类型的树脂混在一起，需要设法分离。常利用树脂密度的不同，用自下而上的水流将它们分开，或者将树脂浸泡在一种具有一定密度的溶液中，利用它们浮、沉性能的不同而分开。如用饱和食盐水浸泡，则强碱性阴树脂会浮在上面，强酸性阳树脂会沉于底部。如果混合的两种树脂密度差很小，则分离起来就比较困难，可通过某种方式（如树脂转型）来增大两种树脂间的密度差使其分离。

小　结

1. 常用苯乙烯系、丙烯酸系树脂的合成方法，采用不同的处理方法得到强酸性、强碱性树脂和弱型树脂。

2. 离子交换树脂采用三位数进行编号：第一位数为分类号，第二位数为骨架号，第三位数为顺序号，“X”表示凝胶型，“D”表示大孔型。

3. 用粒度、密度、耐磨性等表示树脂的物理性质。

4. 用离子交换的可逆性、酸碱性、中和与水解、交换容量等表示树脂的化学性能。

5. 树脂上可交换离子与水中同符号离子交换速度快慢决定于内外扩散及影响因素。

6. 树脂储存的方法及防止脱水的方法。

7. 用$CuSO_4$等溶液可鉴别强酸性、强碱性树脂。

思 考 题

1. 如何合成强酸（碱）型苯乙烯系阳（阴）树脂？

2. 树脂是如何编号的？

3. 树脂的物理性能有哪些？在水处理工艺中有什么作用？

4. 叙述离子交换树脂具有的使用价值。
5. 为什么弱性树脂不能分解中性盐？
6. 离子交换过程分为哪几步？
7. 影响离子交换速度的因素有哪些？
8. 树脂储存时，需要注意些什么？树脂脱水后应如何处理？
9. 新树脂在使用前应如何处理？

第四章

离子交换除盐

【内容提要】 本章主要介绍阳树脂与水中阳离子的交换过程，水的软化及软化除碱的方法，复床化学除盐的原理，酸（碱）耗的计算，强弱树脂联合应用的组合形式，适应的水质，树脂匹配的计算，交换装置结构及顺流、对流再生操作步骤，影响再生效果的因素，混床结构，再生操作等。

第一节 动态离子交换过程

工业上常用的是动态离子交换，即水在流动状态下完成离子交换过程。动态离子交换是在交换器（柱）中进行的。用动态离子交换处理水，不但可以连续制水，而且由于交换反应的生成物不断地被排除，因此离子交换反应进行得较为完全。下面以阳离子交换为例，讨论动态离子交换过程。

运行制水和交换剂再生是离子交换水处理中的两个主要阶段，运行制水是交换剂交换容量的发挥过程，再生是交换容量的恢复过程。

一、运行制水时树脂层中的离子交换

这里先研究只含有一种 Ca^{2+} 的水通过装有 RNa 树脂交换柱的交换。

水通过交换柱初期，水中 Ca^{2+} 首先与表层树脂中 Na^+ 进行交换，水中一部分 Ca^{2+} 转入树脂中，树脂中一部分 Na^+ 转入水中。当水继续向下流动时，这种交换继续进行，因此水中 Ca^{2+} 不断减少，Na^+ 不断增加。在流经一定树脂层后，水中原有的 Ca^{2+} 全部交换成 Na^+。之后，继续向下流的水所流过的树脂组成都不再发生变化，交换器（柱）出水中全为 Na^+，而 Ca^{2+} 含量等于零，如图 4-1（a）所示。

随着水不断通过，上部进水端树脂很快全部转为 R_2Ca，失去了继续交换的能力，交换进入下一层。这时在器（柱）中形成三个层区，如图 4-1（b）所示。上部 AB 层区为失效层，树脂全为 Ca 型，水流经该层区时，进水中 Ca^{2+} 含量不变；中部 BC 区为工作层（或称交换带），在这一层区中，从 B 到 C，Ca 型树脂逐渐减少至零，Na 型树脂则逐渐增加到 100%，交换反应在这一层区中进行，水流过工作层后，其中的 Ca^{2+} 全部被除去；下部 CD 层区为未工作层，树脂仍全为 Na 型。

随着流过水量的增加，失效层逐渐加厚，工作层不断下移，未工作层逐渐缩小。当未工作层缩小至零，即工作层移至最下部出水端时［见图 4-1（c）］，出水中便开始有 Ca^{2+} 泄漏，这称之为“穿透”。如再继续通水，出水中 Ca^{2+} 迅速增加，直至与进水中 Ca^{2+} 含量相等，此时树脂全部呈 Ca 型，如图 4-1（d）所示。至此，树脂不再具有与水中 Ca^{2+} 相交换的能力。

随着交换柱中树脂层态的变化，出水水质也相应变化，如图 4-2 中 *ABC* 曲线所示。

此曲线表示交换柱出水漏出的 Ca^{2+} 量与通过水量之间的关系，常称之为流出曲线。当 Ca^{2+} 开始泄漏时，即图中 *B* 点，称为穿透点。当出水中 Ca^{2+} 含量升至与进水 Ca^{2+} 含量完全

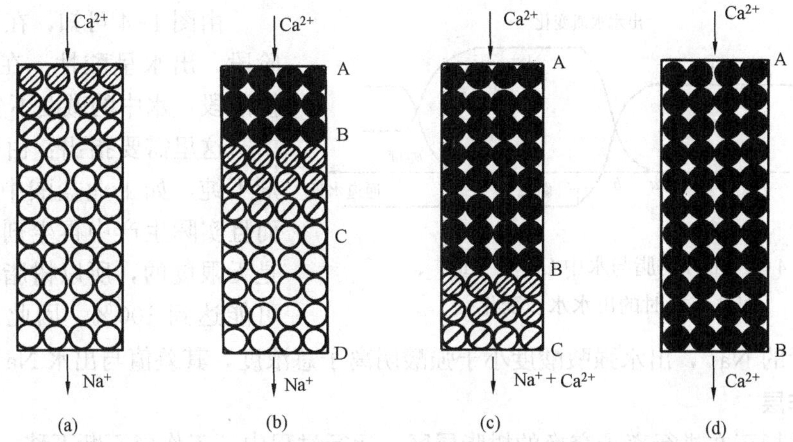

图 4-1 动态离子交换过程中树脂层态的变化

相等时，即图中 C 点，称为平衡点。

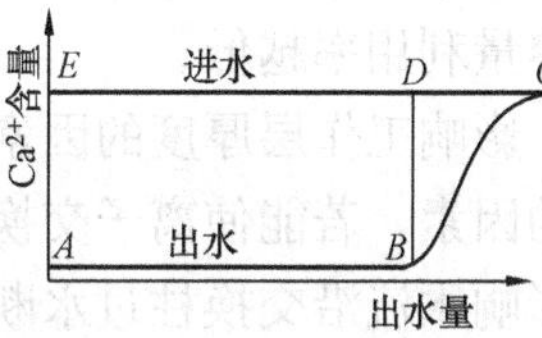

图 4-2 出水水质变化

天然水中通常含有 Ca^{2+}、Mg^{2+}、Na^+ 等多种阳离子和 HCO_3^-、$HSiO_3^-$、SO_4^{2-}、Cl^- 等多种阴离子，因此离子交换过程就不像只含一种离子那么简单。下面讨论同时含有上述多种离子的水，由上到下通过装有 RH 树脂交换柱的离子交换过程。

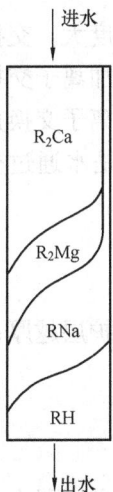

通水初期，水中各种阳离子都与树脂中 H^+ 进行交换，依据选择性顺序，最上层以最易被吸着的 Ca^{2+} 为主，自上而下依次排列的顺序大致为 Ca^{2+}、Mg^{2+}、Na^+。随着通过水量的增加，进水中的 Ca^{2+} 也与生成的 Mg 型树脂进行交换，使 Ca 型树脂层不断扩大；当被交换下来的 Mg^{2+} 连同进水中的 Mg^{2+} 一起进入 Na 型树脂层时，又会将 Na 型树脂层中的 Na^+ 交换出来，结果 Mg 型树脂层也会不断扩大和下移；同理，Na 型树脂层也会不断扩大和下移，逐渐形成 R_2Mg—Ca、RNa—Mg、RH—Na 的交换区域，如图 4-3 所示。图 4-3 中纵向代表树脂层高度，横向代表不同离子型树脂的相对量。当 RH—Na 交换区域移至最下端再继续通水时，则进水中选择性顺序居于末位的 Na^+ 首先穿透，泄漏于出水中，但树脂对 Ca^{2+}、Mg^{2+} 的交换仍是完全的。之后，RNa—Mg 交换区域移至最下端，Mg^{2+} 泄漏于出水中，最后泄漏的是 Ca^{2+}。

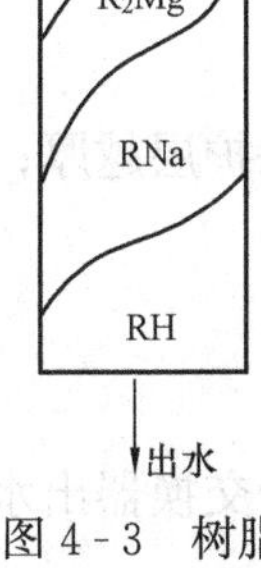

图 4-3 树脂层态分布

出水水质的变化如图 4-4 所示。通水初期，进水中所有阳离子均被交换成 H^+，其中一部分 H^+ 与进水中的 HCO_3^- 反应生成 CO_2 和 H_2O，其余以强酸酸度形式存在于水中，其值与进水中强酸阴离子总浓度相等。运行至 Na^+ 穿透时（a 点），出水中强酸酸度开始下降，之后随 Na^+ 泄漏量的增加，出水强酸酸度相应等量降低；当出水 Na^+ 浓度增加到与进水中强酸阴离子总浓度相等时（b 点），出水中既无强酸酸度，也无碱度。再之后开始出现碱度，当 Na^+ 浓度增加到与进水阳离子总浓度相等时（c 点），碱度也增加到与进水碱度相等，至此，H 离子交换结束，相继开始进行 Na 离子交换。当运行至硬度穿透时（d 点），出水 Na^+ 浓度又开始下降，最后进出水 Na^+ 浓度相等（e 点），硬度也相等，树脂全部转化为 Ca、Mg 型，树脂的交换能力消耗殆尽。

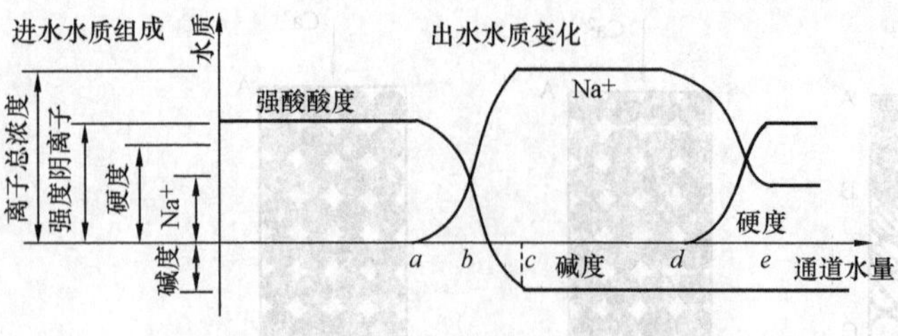

图 4-4　RH 树脂与水中 Ca^{2+}、Mg^{2+}、Na^+ 交换时的出水水质变化

由图 4-4 可知，在 H 离子交换阶段，出水呈酸性；在 Na 离子交换阶段，水中的碱度不变。

这里需要指出：由于工业再生剂不纯，如工业盐酸中含有 NaCl，而且实际生产中再生剂的用量也不是无限度的，所以树脂的再生度不可能达到 100%。因此 a 点前出水中仍含有微量的 Na^+，出水强酸酸度小于强酸阴离子总浓度，其差值与出水 Na^+ 浓度相等。

二、工作层

工作层是指正在进行离子交换的树脂层区。运行过程中，工作层不断下移，当它移至出水端时，欲除去的离子便开始泄漏于出水中。因此，工作层越厚，穿透点出现越早，树脂交换容量利用率越低。

影响工作层厚度的因素很多，这些因素大致可分为两个方面：一方面是影响离子交换速度的因素，若能使离子交换速度加快，则离子交换越容易达到平衡，工作层越薄；另一方面是影响水流沿交换柱过水断面均匀分布的因素，若能使水流均匀，则可降低工作层的厚度。归纳起来，这些因素有树脂种类、树脂颗粒的大小、空隙率、进水离子浓度、出水水质控制指标、水通过树脂层的流速以及水温等。

三、保护层

在实际运行中，为了保证一定的出水水质，当出水中泄漏离子达到一定含量时，需要停止运行。因此，在离子交换器的最下部，有一层不能发挥全部交换容量的交换剂层，它只起保护出水水质的作用，这部分交换剂层称为保护层。

在运行中，交换剂保护层厚度是一个对运行有影响的数据。如果保护层厚度大，交换剂的工作交换容量就小；反之，保护层薄，工作交换容量就大。由此可知，当增加离子交换剂层高度时，离子交换剂交换能力的平均利用率会提高。热力发电厂水处理用的离子交换剂层的高度，一般最低不小于 1.0m，有的高达 3.5m 以上。交换剂层过高的缺点是水通过交换剂层的压降太大，给运行带来困难。

影响保护层厚度的因素如下：

（1）水通过离子交换剂层的速度越大，保护层越厚；

（2）进水中要除去的离子浓度和其在交换后水中残留浓度的比值越大，保护层越厚；

（3）离子交换剂的颗粒越大，保护层越厚；

（4）保护层的厚度还与交换剂的空隙率和温度等因素有关。

四、工作交换容量和残余交换容量

在离子交换过程中，树脂交换的离子量等于水中离子的去除量，后者等于交换器出水体积与进出水中离子浓度降低量的乘积，即

$$Q = \int \Delta c \mathrm{d}V$$

式中　Q——树脂交换的离子量；

Δc——进出水中离子浓度差；

V——出水体积。

根据工作交换容量的定义，将上式中 Q 除以交换器中树脂的体积 V_R，即为树脂的工作交换容量。实际生产中，Δc 常用进水离子平均浓度和出水离子平均浓度之差求得，因此工作交换容量可用式（4-1）表示，即

$$q=\frac{c_J-c_C}{V_R}V \tag{4-1}$$

式中　q——树脂的工作交换容量，mol/m^3；

c_J——进水中离子的平均浓度，mmol/L；

c_C——出水中残留离子的平均浓度，mmol/L；

V——出水体积，m^3；

V_R——交换器中树脂的堆积体积，m^3。

对照图 4-2 可知，如果将穿透点 B 作为运行终点，那么图中面积 $ABDE$ 即为 Q 值，面积 $ABCDE$ 则表示全部可利用的交换容量，它的大小与树脂的再生度有关。由此可知，面积 $ABDE$ 与 $ABCDE$ 之比，就是树脂交换容量的利用率。面积 $ABCDE$ 所表示的交换容量除以树脂的体积，即为工作交换容量的极限值，称为极限工作交换容量。显然，极限工作交换容量也是取决于树脂的再生度。

图 4-2 中面积 BCD 表示运行终点时，保护层尚未发挥的交换容量，称为残余交换容量。残余交换容量与保护层厚度有关。

五、失效树脂的再生

树脂失去继续交换水中欲除去离子的能力时称为失效。实际生产中，通常运行至欲除去离子开始泄漏或超过某一指标时，即认为失效。失效树脂须经再生，才能恢复树脂的交换能力。恢复树脂交换能力的过程称为再生。再生所用的化学药剂称再生剂，根据离子交换树脂种类和离子交换目的不同，再生剂有 NaCl、HCl（或 H_2SO_4）和 NaOH。

再生方式可分为顺流式、对流式、分流式和复床串联再生。顺流式是指被处理水与再生液流动方向相同；对流式是指被处理水与再生液流动方向相反；分流式是指再生液从上、下两个方向进入树脂层；复床串联再生是指再生液先通过强型树脂，然后进入弱型树脂的再生方式。

树脂的再生是离子交换水处理工艺过程中最重要的环节，再生效果的好坏决定了出水水质和交换器运行周期的长短。

1. 再生剂用量

再生剂用量是影响再生效果的最直接的因素，它是指再生单位体积树脂所用纯再生剂的量，通常用符号 L 表示，单位为 g/L 或 kg/m^3。

因离子交换反应是可逆的，故失效树脂运行中所吸着的离子完全有可能由再生剂中带同类电荷的离子所取代。但实际上，再生反应只能进行到平衡状态，只用理论量的再生剂是不能使树脂的交换容量完全恢复的。因此，生产上再生剂的用量总要超过理论用量。

增加再生剂用量可以提高树脂的再生度，但当再生剂用量增加到一定程度后，再继续增加时，树脂的再生度增加的却不多。从经济角度考虑，再生剂用量不宜过高，最佳再生剂用量应通过试验确定。实际生产中，树脂并不是彻底再生的。

2. 再生剂比耗

如前所述，再生剂用量增加时，树脂的再生度提高，工作交换容量增大，但再生剂的利

用率降低，从而导致经济性差。生产上常用一些表示再生剂利用率的指标，如再生剂耗量 W（盐耗 W_Y、酸耗 W_S、碱耗 W_J）和再生剂比耗 R。

再生剂耗量 W 可按式（4-2）计算，即

$$W=\frac{G}{(c_J-c_C)\ V} \tag{4-2}$$

式中 W——恢复树脂 1mol 的交换容量所需纯再生剂的克数，g/mol；

G——一次再生所用纯再生剂的质量，g。

上式还可作如下变换，即

$$W=\frac{\dfrac{G}{V_R}}{(c_J-c_C)\ \dfrac{V}{V_R}}=\frac{L}{q} \tag{4-3}$$

式中 L——再生剂用量；

q——树脂的工作交换容量。

恢复树脂 1mol 的交换容量，实际用纯再生剂的量与理论量之比称为再生剂比耗，计算公式为

$$R=\frac{W}{M} \tag{4-4}$$

式中 M——再生剂的相对分子质量，g/mol。

由于再生剂的实际用量是超过理论量的，所以再生剂比耗 R 值总是大于 1。

第二节 水的阳离子交换

天然水经混凝澄清、过滤和吸附等预处理后，虽然除去了其中的悬浮物、胶体和大部分有机物，但水中的溶解盐类并没有改变，因此作为锅炉的补给水，还必须进一步处理。除去水中离子态杂质，目前最为普遍的方法是离子交换法，水处理中常用的离子交换有：Na 离子交换、H 离子交换和 OH 离子交换。根据应用目的的不同，它们组合成的水处理工艺有为除去水中硬度的 Na 离子交换软化处理，以及除去水中全部阴、阳离子的 H—OH 离子交换除盐处理。

本节讨论阳离子交换树脂的交换特性及在水处理中的应用。

一、酸性阳树脂的交换特性

强酸性阳树脂的—SO_3H 基团对水中所有阳离子均有较强的交换能力，与水中主要阳离子 Ca^{2+}、Mg^{2+}、Na^{+} 的交换反应为

$$2RH+\left.\begin{matrix}Ca\\Mg\end{matrix}\right\}(HCO_3)_2\longrightarrow R_2\left\{\begin{matrix}Ca\\Mg\end{matrix}\right.+2H_2CO_3$$
$$H_2CO_3\longrightarrow 2H_2O+2CO_2$$

对于非碱性水，还进行以下的交换反应：

$$2RH+\left.\begin{matrix}Ca\\Mg\end{matrix}\right\}SO_4\longrightarrow R_2\left\{\begin{matrix}Ca\\Mg\end{matrix}\right.+H_2SO_4$$

当水中有过剩碱度时，交换反应为

$$2RH+Na(HCO_3)_2\longrightarrow RNa+H_2CO_3$$
$$H_2CO_3\longrightarrow H_2O+CO_2$$

与水中中性盐的反应为

$$RH + NaCl \longrightarrow RNa + HCl$$

经与H离子树脂交换后，水中各种溶解盐类都转变成相应的酸，出水呈酸性。正因为如此，在水处理工艺流程中H离子交换不单独成系统，总是与其他处理工艺相配合，如与OH离子交换相配合用于水的除盐。

由于强酸性阳树脂电离出H^+的能力很强，所以它能较彻底地除去水中的阳离子，但将失效树脂恢复成H型则较为困难，为此必须用过量的强酸（HCl或H_2SO_4）进行再生。

二、弱酸性阳树脂的交换特性

弱酸性阳树脂的活性基团是羧酸基（—COOH），参与交换反应的可交换离子是H离子。弱酸性阳树脂对水中离子的选择性顺序为$H^+ > Ca^{2+} > Mg^{2+} > Na^+$，并且对$Ca^{2+}$、$Mg^{2+}$有很强的亲和力。弱酸性阳树脂之所以特别容易吸着$H^+$，是由于$(—COO)^-$与$H^+$结合所产生的羧酸基电离度很小的缘故。

弱酸性阳树脂的—COOH基团对水中的碳酸盐硬度有较强的交换能力，交换反应为

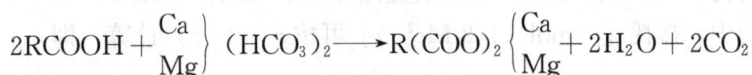

$$2RCOOH + \left.\begin{matrix} Ca \\ Mg \end{matrix}\right\} (HCO_3)_2 \longrightarrow R(COO)_2 \left\{\begin{matrix} Ca \\ Mg \end{matrix}\right. + 2H_2O + 2CO_2$$

反应中产生了H_2O并伴有CO_2逸出，从而促使了树脂上可交换离子H^+的继续离解，并与水中的Ca^{2+}、Mg^{2+}离子进行交换反应。

弱酸性阳树脂对水中的中性盐基本上无交换能力，这是因为交换反应产生的强酸抑制了弱酸树脂上可交换离子H^+的电离。但某些酸性稍强些的弱酸性树脂，例如D113也具有少量中性盐分解能力。因此，当水通过H型D113树脂时，树脂除与$Ca(HCO_3)_2$、$Mg(HCO_3)_2$和$NaHCO_3$起交换反应外，还与中性盐发生微弱的交换反应，使出水呈微量酸性，例如：

$$2RCOOH + \left.\begin{matrix} Ca \\ Mg \end{matrix}\right\} SO_4 \rightleftharpoons (RCOO)_2 \left\{\begin{matrix} Ca \\ Mg \end{matrix}\right. + H_2SO_4$$

$$RCOOH + NaCl \rightleftharpoons RCOONa + HCl$$

经弱酸性阳树脂H离子交换可以除去水中碳酸盐硬度，同时降低了水中的碱度，含盐量也相应降低。含盐量降低程度与进水水质组成有关，进水碳酸盐硬度高，含盐量降低的比例大；残留硬度与进水非碳酸盐硬度有关，进水非碳酸盐硬度大，交换反映出水非碳酸盐硬度也大。

弱酸性树脂的交换能力与强酸性树脂比较有局限性，但其交换容量比强酸性树脂高得多。此外，由于它与H^+的亲和力特别强，因而很容易再生，不论再生方式如何，都能得到较好的再生效果。

三、Na离子交换软化

用Na型树脂上Na^+置换水中硬度离子，这种除去水中硬度离子的处理工艺称为软化。强酸性阳树脂的H离子交换，尽管在除去水中全部阳离子的同时也除去了水中的Ca^{2+}、Mg^{2+}硬度离子，但如前所述，H离子交换的结果产生了酸度，出水呈酸性，无法使用。而Na离子交换反应为

$$2RNa + \left.\begin{matrix} Ca \\ Mg \end{matrix}\right\} \left\{\begin{matrix} (HCO_3)_2 \\ Cl_2 \\ SO_4 \end{matrix}\right. \longrightarrow R_2 \left\{\begin{matrix} Ca \\ Mg \end{matrix}\right. + \begin{matrix} 2NaHCO_3 \\ 2NaCl \\ Na_2SO_4 \end{matrix}$$

因此，如果离子交换水处理的目的只是为了软化，即除去水中硬度，那么只需用 Na 型树脂进行 Na 离子交换即可。这样，既能使水得到软化，又不会产生酸性水，且工艺简单。

将失效树脂直接用 NaCl 溶液处理，又可得到 RNa 型树脂，即

$$R_2\left\{\begin{matrix}Ca\\Mg\end{matrix}\right. + 2NaCl \longrightarrow 2RNa + \begin{matrix}CaCl_2\\MgCl_2\end{matrix}$$

这就是软化处理中树脂的再生过程。

钠离子交换降低了水中的硬度，但阴离子成分没有任何变化，所以碱度不变。

软化有一级软化和二级软化。一级软化即被处理水通过一个 Na 型离子交换器，出水硬度可降至 30μmol/L（1/2Me^{2+}）以下；二级软化为被处理水通过两个 Na 型离子交换器，即一级软化水的出水作为二级软化的进水，出水硬度可降至 5μmol/L 以下。

再生（逆流再生）时的盐耗［恢复树脂具有 1mol（1/2Me^{2+}）的离子交换能力所消耗的 NaCl 的量］，一级 Na 离子交换时盐耗（指 NaCl）为 150～200g/mol，二级 Na 离子交换时，第一级盐耗为 100～110g/mol，第二级盐耗为 250～350g/mol。

在实际运行中，盐耗［g/mol（1/2 Me^{2+}）］可按式（4-5）计算，即

$$盐耗=\frac{m}{V\ (H-H_c)} \tag{4-5}$$

式中　m——再生一次所用 NaCl 的量，g；

V——交换器的周期制水量，m^3（t）；

H——原水的硬度，mmol/L（1/2 Me^{2+}）；

H_c——出水中残留硬度，mmol/L（1/2 Me^{2+}）。

由于出水中 H_c 的值比 H 小得多，则 H_c 可省略，可得

$$盐耗=\frac{m}{VH} \tag{4-6}$$

因离子交换是按等物质的量进行的，每除去 1mol（1/2 Me^{2+}）硬度需用 58.8gNaCl（称为理论量），用实际盐耗与此理论量之比称为比耗。

钠离子交换的缺点是，它不能除去水中的碱度。进水中碳酸氢盐碱度，不论何种形式，经 Na 离子交换后，均转变为 $NaHCO_3$。而 $NaHCO_3$ 在热力系统中会受热分解，即

$$2NaHCO_3 \longrightarrow Na_2CO_3 + CO_2\uparrow + H_2O$$

生成的 Na_2CO_3 在锅内受到高温的作用又会进一步分解，即

$$Na_2CO_3 + H_2O \longrightarrow 2NaOH + CO_2\uparrow$$

分解的结果，一方面使炉水碱性过强，另一方面还会使凝结水系统发生 CO_2 腐蚀。

第三节　复　床　除　盐

除去水中各种溶解盐类的处理工艺称为除盐。原水只一次相继通过强酸性 H 型交换器和强碱性 OH 型交换器进行除盐称一级复床除盐。

图 4-5 所示为一典型的一级复床除盐系统，它由一个强酸性 H 型交换器、一个除碳器和一个强碱性 OH 型交换器串联而成。本节以此系统为例，介绍一级复床除盐原理、离子交换反应、水质变化、运行监督、失效树脂再生以及技术经济指标的计算等。

一、除盐原理

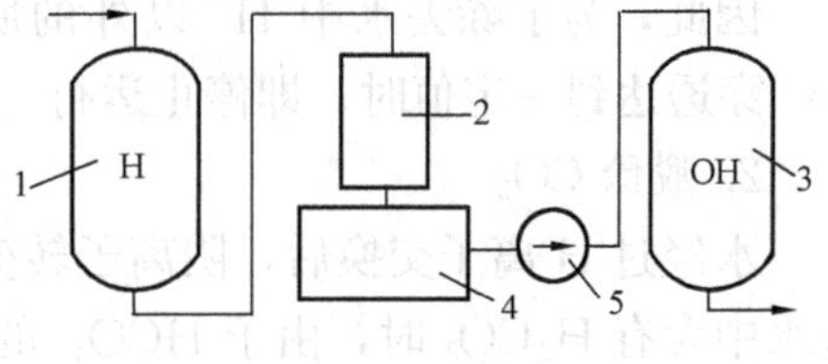

图 4-5　一级复床除盐系统

1—强酸性 H 型交换器；2—除碳器；3—强碱性 OH 型交换器；4—中间水箱；5—中间水泵

原水在强酸性 H 型交换器经 H 离子交换后，除去了水中所有阳离子。被交换下来的 H^+ 与水中的阴离子结合成相应的酸，其中与 HCO_3^- 结合生成的 CO_2 连同水中原有的 CO_2 在除碳器中被脱除。水进入强碱性 OH 型交换器后，以酸形式存在的阴离子与强碱性阴树脂进行交换反应，除去所有阴离子，置换出的 OH^- 与进水中的 H^+ 生成 H_2O，从而将水中溶解盐类全部除去制得除盐水。

二、运行中的交换反应及水质变化

1. 除去水中阳离子的交换反应

在复床除盐系统中，原水先进入强酸性 H 型交换器，除去水中的所有阳离子。对于 Ca^{2+}、Mg^{2+}、Na^+ 等阳离子和 HCO_3^-、SO_4^{2-}、Cl^- 等阴离子组成的水，其交换反应既有离子交换，也有中和反应，显然水中碱度的存在对 H 离子交换反应是有利的。反应如下：

$$R(SO_3H)_2+\left.\begin{matrix}Ca\\Mg\\Na_2\end{matrix}\right\}\left\{\begin{matrix}(HCO_3)_2\\SO_4\\Cl_2\\(HSiO_3)_2\end{matrix}\right.\longrightarrow R(SO_3)_2\left\{\begin{matrix}Ca\\Mg\\Na_2\end{matrix}\right.+\left\{\begin{matrix}2H_2O+2CO_2\\H_2SO_4\\2HCl\\2H_2SiO_3\end{matrix}\right.$$

含有多种离子的水通过强酸性 H 型树脂层时，尽管通水初期水中所有阳离子都参与交换，但之后由于 Ca^{2+}、Mg^{2+} 等高价离子已在树脂层上部被交换，并等量转为 Na^+，在树脂层下部是 H 型树脂与水中 Na^+ 的交换，即

$$2RH+Na_2\left\{\begin{matrix}(HCO_3)_2\\Cl_2\\SO_4\end{matrix}\right.\longrightarrow 2RNa+\left\{\begin{matrix}H_2CO_3\\2HCl\\H_2SO_4\end{matrix}\right.$$

经 H 离子交换后，水中各种阳离子都被交换成 H^+，其中的碳酸盐转变成 H_2CO_3，中性盐转变成相应的强酸。

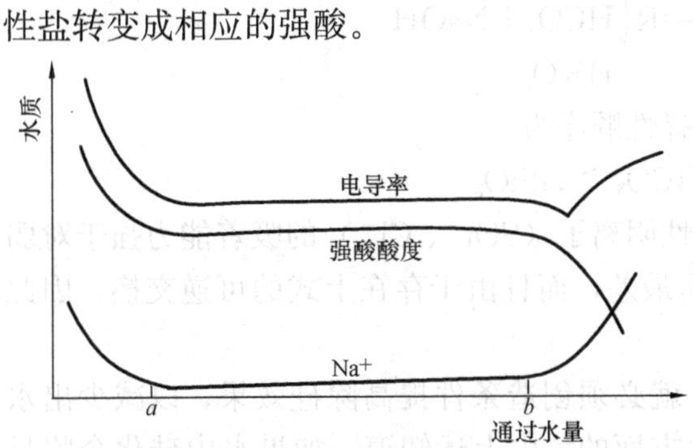

图 4-6　强酸性 H 型交换器出水水质变化

在实际生产中，树脂并未完全被再生为 H 型，因此运行时出水中总还残留有少量阳离子。由于树脂对 Na^+ 的选择性最小，所以出水中残留的主要是 Na^+。图 4-6 所示的是强酸性 H 型交换器从正洗开始到运行失效以后的出水水质变化情况。

在稳定工况下，制水阶段（*ab*）出水水质稳定，Na^+ 穿透（*b* 点）后，随出水 Na^+ 浓度升高，强酸酸度相应降低，电导率先略下降之后又上升。电导率的这种变化是因为尽管随 Na^+ 的浓度升高，H^+ 等量下降，但由于 Na^+ 的导电能力低于 H^+，所以共同作用的结果使水的电导率下降。当 H^+ 浓度降至与进水中 HCO_3^- 浓度等量时，即出水强酸酸度与进水碱度相等时，出水电导率最低。之后，由于交换产生的 H^+ 不足以中和水中的 HCO_3^-，所以随 Na^+ 和 HCO_3^- 浓度的升高，电导率又升高。

因此，为了除去水中 H^+ 以外的所有阳离子，除盐系统中强酸性 H 型交换器必须在 Na^+ 穿透达到一定值时，即停止运行，然后用酸溶液再生。

2. 脱除 CO_2

水经过 H 离子交换后，阴离子转变成相应的酸。其中 HCO_3^- 转变成了 H_2CO_3。当阴床进水中含有 H_2CO_3 时，由于 HCO_3^- 的吸着性能和 $HSiO_3^-$ 相似，都集中在下层树脂中，它的含量会影响除硅效果，从而影响出水中残留 $HSiO_3^-$ 的含量，影响出水水质。因此，在工业除盐系统中，一般都将经 H 离子交换的水先用除碳器除去 CO_2，再引入阴离子交换器。

阳床出水产生的游离 CO_2，连同进水中原有的游离 CO_2，可很容易地由除碳器除掉，以减轻 OH 离子交换器的负担，这就是在除盐系统中设置除碳器的目的。

经脱碳处理后水中游离 CO_2 的含量一般可降至 5mg/L 左右。

一般当原水中碱度大于或等于 50mg/L，就应设置除碳器。在原水碱度很低时或水的预处理中设置有石灰处理时，除盐系统中也可不设除碳器，水中的这部分碱度经过 H 离子交换后生成的 CO_2，由强碱 OH 离子交换器除去。

3. 除去水中阴离子的交换反应

在一级复床除盐系统中，强碱性 OH 型交换器是用来除去水中 OH^- 离子以外所有阴离子的。强碱 OH 型交换器总是设置在 H 离子交换器和除碳器之后，此时水中阴离子以酸的形式存在，因此强碱 OH 离子交换实质上是 OH 型树脂与水中无机酸酸根离子的交换，交换反应为

$$ROH + HCl \longrightarrow RCl + H_2O$$
$$2ROH + H_2SO_4 \longrightarrow R_2SO_4 + 2H_2O$$
$$ROH + H_2CO_3 \longrightarrow RHCO_3 + H_2O$$
$$ROH + H_2SiO_3 \longrightarrow RHSiO_3 + H_2O$$

由于经 H 离子交换的出水中含有微量的 Na^+，因此进入强碱性 OH 型交换器的水中除无机酸外，还有微量的钠盐，所以还有树脂与微量钠盐进行的可逆交换，交换反应为

$$ROH + Na\left\{\begin{matrix} Cl \\ HCO_3 \\ HSiO_3 \end{matrix}\right. \rightleftharpoons R\left\{\begin{matrix} Cl \\ HCO_3 \\ HSiO_3 \end{matrix}\right. + NaOH$$

强碱性 OH 型树脂对水中常见阴离子的选择性顺序为

$$SO_4^{2-} > Cl^- > HCO_3^- > HSiO_3^-$$

由此可知，强碱性 OH 型树脂对水中强酸性阴离子（SO_4^{2-}、Cl^-）的吸着能力强于对弱酸性阴离子的吸着能力，对 $HSiO_3^-$ 的吸着能力最差，而且由于存在上式的可逆交换，因此出水中有少量 $HSiO_3^-$，并呈微碱性。

要提高强碱性 OH 型交换器的出水水质，就必须创造条件提高除硅效果，以减少出水中硅的泄漏，这些条件包括水质方面的和再生方面的。由上述知道，如果水中硅化合物呈 $NaHSiO_3$ 形式，则用强碱性 OH 型树脂是不能将 $HSiO_3^-$ 完全去除的，因为交换反应的生成物是强碱 NaOH，逆反应很强；如果进水中阳离子只有 H^+，那么交换反应就与酸碱中和反应一样生成电离度很小的 H_2O，故除硅完全。随 H 型交换器 Na^+ 泄漏量的增加，OH 型交换器出水中硅的含量也越高。因此控制好强酸性 H 型交换器的运行，减少出水中 Na^+ 泄漏量，即减少强碱 OH 型交换器进水 Na^+ 量，就可以提高除硅效果。另外，强碱性Ⅰ型树脂

碱性比Ⅱ型树脂强，所以它的除硅能力也强。

一级复床除盐系统中，强碱性 OH 型交换器运行周期中出水水质变化有两种不同的情况，一是 H 交换器先失效，另一种是 OH 型交换器先失效。这两种情况都可以在强碱性 OH 型交换器出水水质变化曲线上反映出来。图 4-7（a）表示强酸性 H 型交换器先失效时的水质变化情况，图 4-7（b）表示强碱性 OH 型交换器先失效时的水质变化情况。

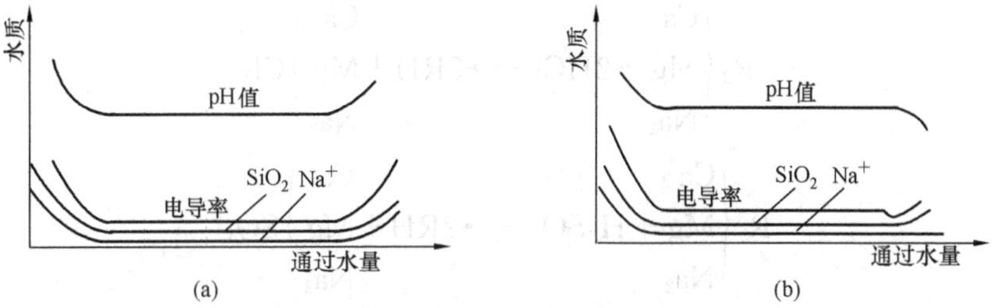

图 4-7 强碱 OH 型交换器出水水质变化
（a）强酸性 H 型交换器先失效；（b）强碱性 OH 型交换器先失效

当 H 型交换器先失效时，相当于 OH 型交换器进水中 Na^+ 含量增大，于是 OH 型交换器的出水中 NaOH 含量上升，结果是出水的 pH 值、电导率、SiO_2 和 Na^+ 含量均增大。

当 OH 型交换器先失效时，表现出的现象通常是出水中 SiO_2 含量增大，因 H_2SiO_3 是很弱的酸，所以在失效的初期，对出水 pH 值的影响并不很明显，但紧接着随 H_2CO_3 或 HCl 漏出，pH 值就会明显下降。至于出水的电导率往往会在失效点处先呈微小的下降，然后上升，这是因为 OH 型交换器未失效时，出水中通常含有微量 NaOH，而当 OH 交换器失效时，这部分 NaOH 被 Na_2SiO_3 所代替，所以电导率微小下降。当 OH^- 减小到与进水中 H^+ 正好等量时，电导率最低，这相当于酸碱滴定的终点。之后，由于出水中 H^+ 的增加，电导率急剧增大。

三、运行监督

运行监督的项目主要有流量、交换器进出口压力差、进水水质和出水水质。

1. 流量和进出口压力差

交换器应在规定的流速范围内运行，流量大意味着流速高。交换器进出口压力差主要是由水通过树脂层的压力损失决定的，流速越高、水温越低或树脂层越厚，水通过树脂层的压力损失越大。在正常情况下，进出口压力差是有一定规律的。当进出口压力差不正常升高时，往往是由于树脂层积污过多、进气或析出沉淀（如硫酸再生时析出 $CaSO_4$）等不正常情况导致。

2. 进水水质

进水中悬浮物应尽可能地在水的预处理中清除干净，进入除盐系统水中的浊度应小于 5mg/L（当 H 型交换器为顺流再生时）或 2mg/L（当 H 型交换器为逆流再生时）。此外，为了防止离子交换树脂氧化或被污染，还应满足以下条件：游离氯含量应在 0.1 mg/L 以下，铁含量应在 0.3mg/L 以下，化学耗氧量（$KMnO_4$ 法）应在 2mg/L（O_2）以下。

3. 出水水质

一般情况下，强酸性 H 型交换器的出水不会有硬度，仅有微量 Na^+。当交换器接近失效时，出水中 Na^+ 浓度增加，同时 H^+ 浓度降低，并因此出现出水酸度和电导率下降及 pH 值上升的现象。但用这后三个指标来确定交换器是否失效是很不可靠的，因为当进水水质或混凝剂加入量变化时，这三个指标的值也将相应发生变化。可靠的方法还是监测出水 Na^+ 浓度。

强碱性 OH 型交换器一般用测定出水 SiO_2 含量和电导率的方法监督出水水质。

四、交换器的再生

1. 强酸性 H 型交换器的再生

强酸性 H 型交换器失效后，必须用强酸进行再生，可以用 HCl，也可以用 H_2SO_4。再生时的交换反应为

$$R_2\left\{\begin{matrix}Ca\\Mg\\Na_2\end{matrix}\right. + 2HCl \longrightarrow 2RH + \left.\begin{matrix}Ca\\Mg\\Na_2\end{matrix}\right\}Cl_2$$

或

$$R_2\left\{\begin{matrix}Ca\\Mg\\Na_2\end{matrix}\right. + H_2SO_4 \longrightarrow 2RH + \left.\begin{matrix}Ca\\Mg\\Na_2\end{matrix}\right\}SO_4$$

由上式可知，当采用 H_2SO_4 再生时，再生产物中有易沉淀的 $CaSO_4$ 生成，因此，应采取措施，以防止 $CaSO_4$ 沉淀在树脂层中的析出。用 HCl 再生时不会有沉淀物析出，所以操作简单。用 HCl 再生时再生液浓度一般为 2%～4%，再生流速一般为 5～7m/h。

2. 强碱性 OH 型交换器的再生

失效的强碱性阴树脂一般都采用 NaOH 再生，不用 KOH（因价格较高），再生时交换反应为

$$R_2\left\{\begin{matrix}SO_4\\Cl_2\\(HCO_3)_2\\(HSiO_3)_2\end{matrix}\right. + 2NaOH \longrightarrow 2ROH + Na_2\left\{\begin{matrix}SO_4\\Cl_2\\(HCO_3)_2\\(HSiO_3)_2\end{matrix}\right.$$

为了有效除硅，强碱性 OH 型交换器除了再生剂必须用强碱外，还必须满足以下条件：再生剂用量应充足，提高再生液温度，增加接触时间。

试验表明：当再生剂用量达到某一定值后，硅的洗脱效果才明显，因此增加再生剂用量，不仅能提高除硅效果，而且能提高树脂的交换容量；提高再生液温度，可以改善对硅的置换效果，并缩短再生时间，但由于树脂热稳定性的限制，故再生温度也不宜过高，对于强碱性Ⅰ型树脂，通常再生温度为 40℃左右，Ⅱ型为（35±3）℃；提高再生接触时间是保证硅酸型树脂得到良好再生的一个重要条件，一般不得低于 40min，而且随硅酸型树脂含量增加，再生接触时间应越长。

强碱性 OH 型交换器再生液浓度一般为 1%～3%（浮动床为 0.5%～2%），再生流速小于或等于 5m/h（浮动床为 4～6m/h）。

此外，再生剂纯度对强碱性阴树脂的再生效果影响很大。工业碱中的杂质主要是 NaCl 和铁的化合物，强碱性阴树脂对 Cl^- 有较大的亲和力，Cl^- 不仅易被树脂吸着，而且吸着后不易被洗脱下来。因此，当用含 NaCl 较高的工业碱再生时，会大大降低树脂的再生度，导致工作交换容量下降，出水质量下降。

例如，目前的 30%工业碱液中规定的 NaCl 含量小于或等于 5%，42%工业碱液中 NaCl 含量小于或等于 2%，用这样的碱再生强碱性阴树脂时，最大再生度分别为 37%和 66%，可见再生剂纯度对再生效果影响之大。

五、技术经济指标

交换器的出水水质、工作交换容量以及再生剂比耗是离子交换树脂的主要工艺性能，又是用于水处理时的技术经济指标。

1. 出水水质

强酸性 H 型交换器的出水水质是指周期平均出水 Na^+ 浓度。出水 Na^+ 浓度主要取决于树脂的再生度，所以逆流再生 H 型交换器出水 Na^+ 浓度都很低，一般小于 50μg/L（长时间小于 20μg/L 左右）。强碱性 OH 型交换器出水水质是指周期平均出水 SiO_2 浓度。GB 12145—2008《火力发电机组及蒸汽动力设备水汽质量》规定一级复床（顺流再生）出水水质为电导率小于 10μS/cm、SiO_2 小于 100μg/L。一级复床除盐系统采用逆流再生时的出水水质，一般电导率为 1～8μS/cm，SiO_2 为 10～30μg/L，pH 值在 7～8 之间。因此，逆流再生交换器的出水水质优于顺流再生。

2. 工作交换容量和再生剂比耗的影响因素

实际生产中，交换器运行到终点时树脂并未完全失效，失效后的树脂也不能彻底再生的。因此，凡是影响残余交换容量和影响再生效果的因素都会影响工作交换容量，也都会影响再生剂比耗。

影响强酸性阳离子交换树脂工作交换容量和再生剂比耗的因素有水质条件、运行条件、再生条件以及树脂层高度。其中水质条件包括进水的离子总浓度、强酸阴离子浓度分率，进水硬度分率及钙硬度与总硬度的比值；运行条件包括流速、水温以及失效时 Na^+ 浓度；再生条件包括再生剂用量、再生流速和再生液浓度等。

上述各种因素中，再生剂用量和进水硬度是主要影响因素。进水钙硬度与总硬度之比较高或树脂层较低时，都会使工作交换容量降低；反之，则升高。但在通常范围内，它们对工作交换容量的影响较小。

影响强碱性阴离子交换树脂工作交换容量和再生剂比耗的因素也是水质条件、运行条件、再生剂和再生条件，以及树脂层高度等几个方面。这里的运行条件是指进水的阴离子总浓度、SiO_2 浓度以及 H_2SO_4 酸度的浓度分率；运行条件中失效离子浓度是指 SiO_2 浓度；再生剂和再生条件中还包括再生剂纯度、再生温度及再生时间等。

3. 工作交换容量和再生剂比耗的计算

交换器工作过程中的工作交换容量和再生剂比耗是根据运行数据按下述方法计算的。

(1) 强酸性 H 型交换器的工作交换容量。对于强酸性 H 型交换器中的阳树脂，工作交换容量计算公式如下：

$$q=\frac{(A+\overline{SD})\ V}{V_R} \qquad (4-7)$$

式中 q——工作交换容量，mol/m^3；

A——进水碱度，mmol/L；

$\overline{SD}$——出水平均酸度，mmol/L；

V——周期制水量，m^3；

V_R——交换器内的树脂体积（对于逆流再生系统，不包括压脂层树脂），m^3。

生产上强酸性 H 型交换器的工作交换容量一般在 800～1000mol/m^3 范围内，视条件不同而异。

（2）酸耗和比耗。酸耗可按下式计算：

$$W_S=\frac{m}{(A+\overline{SD})\ V} \tag{4-8}$$

式中 W_S——酸耗，g/mol；

m——一次再生所用的纯酸量，g。

再生剂比耗按式（4-9）计算，即

$$R_{HCl}=\frac{W_{HCl}}{36.5},\quad R_{H_2SO_4}=\frac{W_{H_2SO_4}}{49} \tag{4-9}$$

生产上逆流再生强酸性 H 型交换器的比耗一般在 1.1～1.5 之间，顺流再生的一般在 1.5～2.5 之间，H_2SO_4 再生比耗高于 HCl。比耗的倒数以百分数表示，就是再生剂利用率。

（3）强碱性 OH 型交换器的工作交换容量。对于强碱性 OH 型交换器中的阴树脂，其工作交换容量可根据式（4-10）计算，即

$$q=\frac{\left(\overline{SD}+\frac{[CO_2]}{44}+\frac{[SiO_2]}{60}+\frac{[Na^+]}{23}\times10^{-3}-\frac{[SiO_2]_C}{60}\times10^{-3}\right)V}{V_R} \tag{4-10}$$

式中 q——强碱性 OH 型交换器工作交换容量，mol/m^3；

$\overline{SD}$——进水平均强酸酸度，mmol/L；

$[CO_2]$——进水平均 CO_2 的含量，mg/L；

$[SiO_2]$——进水平均 SiO_2 的含量，mg/L；

$[Na^+]$——进水平均 Na^+ 的含量，μg/L；

$[SiO_2]_C$——出水平均 SiO_2 的含量，μg/L。

正常工作情况下，强碱性 OH 型交换器进水中 Na^+ 和出水中 SiO_2 已经非常少，在计算工作交换容量时，可忽略不计。此时工作交换容量计算式可近似表示为

$$q=\frac{\left(\overline{SD}+\frac{[CO_2]}{44}+\frac{[SiO_2]}{60}\right)V}{V_R} \tag{4-11}$$

（4）碱耗和比耗。碱耗可按式（4-12）计算，即

$$W_J=\frac{m}{\left(\overline{SD}+\frac{[CO_2]}{44}+\frac{[SiO_2]}{60}\right)V} \tag{4-12}$$

式中 W_J——碱耗，g/mol；

m——一次再生所用的纯碱量，g。

再生剂比耗为

$$R_{NaOH}=\frac{W_{NaOH}}{40} \tag{4-13}$$

式中 W_{NaOH}——再生剂碱耗，g/mol。

逆流再生强碱性 OH 型交换器的比耗一般为 1.3～1.8，顺流再生的比耗一般为 1.8～3.0。

工作交换容量和再生剂比耗是两个重要的技术经济指标。在进水水质和运行条件不变的情况下，工作交换容量越大，周期制水量也越多。比耗越高，再生剂利用率就越低，经济性就越差。

下面举一实例，介绍一级复床除盐系统中工作交换容量和再生剂比耗的计算方法。

【例 4-1】 某一级复床除盐系统由强酸性 H 型交换器、除碳器和强碱性 OH 型交换器组成。已知 H 型交换器直径 2.0m，树脂层高 1.6m；OH 型交换器直径 2.0m，树脂层高 2.0m。又知 H 型交换器进水碱度 2.4mmol/L，出水的强酸酸度 1.1mmol/L、Na^+ 浓度 23μg/L；除碳器出水残留 CO_2 含量 5mg/L；OH 型交换器进出水中 $HSiO_3^-$（以 SiO_2 表示）分别为 12 mg/L 和 60μg/L。若 H 型交换器一次再生用 30%工业 HCl（密度 ρ=1.149g/cm^3）0.8m^3，一个运行周期产水量为 1463m^3；OH 型交换器一次再生用 30%工业 NaOH（密度 ρ=1.328g/cm^3）0.38m^3，一个运行周期产水量为 1580 m^3。

试分别计算该系统 H 型交换器、OH 型交换器中树脂的工作交换容量、酸耗和碱耗以及再生剂比耗各为多少？

解

1. H 型交换器

(1) 工作交换容量 q 为

$$q=\frac{Q}{V_R}=\frac{(A+\overline{SD})\ V}{\frac{\pi d^2}{4}h}=\frac{(2.4+1.1)\ \times 1463}{\frac{3.14\times 2.0^2}{4}\times 1.6}=1000\ (\text{mol/m}^3)$$

(2) 酸耗 W_{HCl} 为

$$W_{HCl}=\frac{m}{Q}=\frac{V_{HCl}\rho w}{(A+\overline{SD})\ V}=\frac{0.8\times 1.149\times 30\%\times 10^6}{(2.4+1.1)\ \times 1463}=54.87\ (\text{g/mol})$$

(3) HCl 的比耗为 R_{HCl} 为

$$R_{HCl}=\frac{W_{HCl}}{36.5}=\frac{54.87}{36.5}=1.50$$

2. OH 型交换器

(1) 工作交换容量 q 为

$$q=\frac{Q}{V_R}$$

$$=\frac{\left(A+\frac{[CO_2]}{44}+\frac{[SiO_2]}{60}+\frac{[Na^+]}{23}\times 10^{-3}-\frac{[SiO_2]_C}{60}\times 10^{-3}\right)V}{\frac{\pi d^2}{4}h}$$

$$=\frac{\left(1.1+\frac{5}{44}+\frac{12}{60}+\frac{23}{23}\times 10^{-3}-\frac{60}{60}\times 10^{-3}\right)\times 1580}{\frac{3.14\times 2.0^2}{4}\times 2.0}=355\ (\text{mol/m}^3)$$

(2) 碱耗 W_{NaOH} 为

$$W_{NaOH}=\frac{m}{Q}$$

$$=\frac{V_{NaOH}\rho w}{\left(A+\frac{[CO_2]}{44}+\frac{[SiO_2]}{60}+\frac{[Na^+]}{23}\times 10^{-3}-\frac{[SiO_2]_C}{60}\times 10^{-3}\right)V}$$

$$=\frac{0.38\times 1.328\times 30\%\times 10^6}{\left(1.1+\frac{5}{44}+\frac{12}{60}+\frac{23}{23}\times 10^{-3}-\frac{60}{60}\times 10^{-3}\right)\times 1580}=67.78\ (\text{g/mol})$$

(3) NaOH 的比耗 R_{NaOH} 为

$$R_{NaOH}=\frac{W_{NaOH}}{40}=\frac{67.78}{40}=1.69$$

第四节　强弱型树脂联合应用的复床除盐

在这种除盐系统中，除了使用强酸性阳离子交换树脂和强碱性阴离子交换树脂之外，还使用了弱酸性阳离子交换树脂和（或）弱碱性阴离子交换树脂。在除盐系统中，强弱型树脂联合应用有多种组合方式，图 4-8 所示为常见的几种复床串联方式。

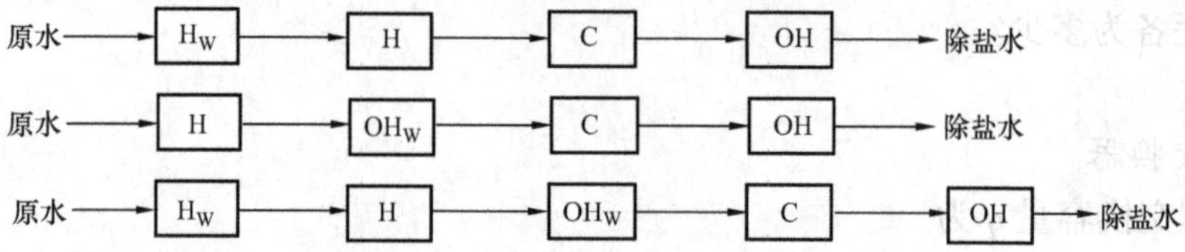

图 4-8　强弱型树脂联合应用的几种常见工艺流程

H—强酸性 H 交换器；H_W—弱酸性 H 交换器；C—除碳器；

OH—强碱性 OH 型交换器；OH_W—弱碱性 OH 型交换器

在上述流程中，强、弱型树脂是复床形式。此外，还可以是双层床、双室双层床、双室双层浮动床的联合应用床型。如图 4-9 所示，图中 R_S 代表强型树脂，R_W 代表弱型树脂。

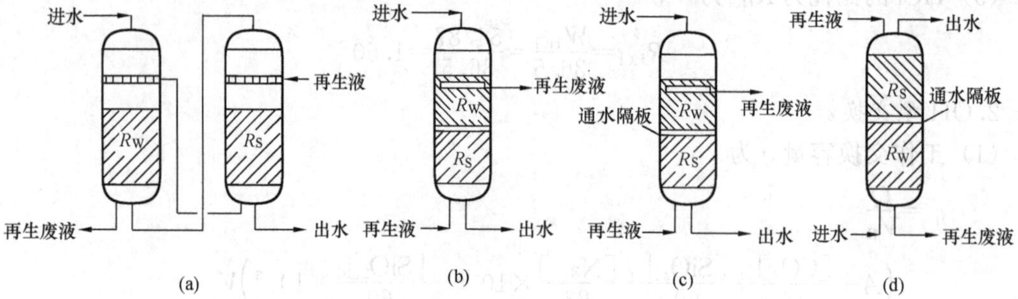

图 4-9　强酸性树脂联合应用的床型

（a）复床串联；（b）双层床；（c）双室双层床；（d）双层双室浮动床

弱酸性 H 型树脂主要用来除去水中的碳酸盐硬度，利用它的交换容量大、易于再生的特点，但要求进水中碳酸盐硬度应占有较大的比例。

由弱碱性 OH 树脂对水中常见阴离子的选择性顺序可知，OH 型弱碱性阴树脂只能与强酸阴离子起交换反应，对弱酸阴离子 HCO_3^- 交换能力很弱，对更弱的 $HSiO_3^-$ 则无交换能力。而且由于树脂上的活性基团在水中离解能力很低，若进水的 pH 值较高，则水中 OH^- 会抑制交换反应的进行，所以弱碱性 OH 树脂对强酸阴离子的交换反应也只能在酸性溶液中进行。在中性溶液中，弱碱性 OH 树脂不与强酸阴离子交换。因此，用弱碱性 OH 树脂处理水时，一般要求在进水 pH 值较低的条件下进行。

弱碱性树脂具有较高的交换容量，但交换容量发挥的程度与运行流速及水温有密切的关系，流速过高或水温过低都会使工作交换容量明显降低。

由于弱碱性树脂在对阴离子的选择性顺序中，OH^- 居于首位，所以弱碱性树脂极容易用碱再生成 OH 型。另外，大孔型弱碱性树脂具有抗有机物污染的能力，运行中吸着的有机物可以在再生时被洗脱下来。因此，若在强碱性阴树脂之前设置大孔型弱碱性树脂，既可以减轻强碱性阴树脂的负担，又可以减少树脂的有机物污染。

一、联合应用的水质条件

1. 水质条件

强、弱型树脂联合应用的优点只有在一定的水质条件下才能得以发挥。根据弱型树脂的交换特性，强、弱型阳树脂联合应用适用的水质条件是，碳酸盐硬度较高（如大于3mmol/L），且进水硬碱比（硬度与碱度之比）以1.0～1.5为宜。强、弱型阴树脂联合应用，适用于处理强酸性阴离子含量较高（如大于2～3mmol/L）或有机物含量较高的水。

2. 强、弱型树脂的配比

在强、弱型树脂联合应用中，两种树脂应保持合适的比例，以便两种树脂具有相同的运行周期，各自的交换容量得以充分发挥。两种树脂的比例可根据进水水质和它们各自的工作交换容量来计算。

（1）强、弱型阳树脂的体积比。根据运行周期或周期制水量相等的原则有

$$V=\frac{q_R V_{R,R}}{H_T-\alpha}=\frac{q_Q V_{R,Q}}{c_Y-H_T+\alpha} \tag{4-14}$$

所以

$$\frac{V_{R,Q}}{V_{R,R}}=\frac{q_R\ (c_Y-H_T+\alpha)}{q_Q\ (H_T-\alpha)} \tag{4-15}$$

式中 V——周期制水量，m^3；

$V_{R,R}$，$V_{R,Q}$——弱酸性树脂和强酸性树脂的体积，m^3；

q_R，q_Q——弱酸性树脂和强酸性树脂的工作交换容量，mol/m^3；

c_Y——进水中阳离子总浓度，mmol/L；

H_T——进水中碳酸盐硬度，mmol/L；

α——弱酸性树脂层出水中碳酸盐硬度泄漏量，mmol/L。

（2）强、弱型阴树脂体积比计算如下：

因为

$$V=\frac{q_R V_{R,R}}{c_Q-\alpha}=\frac{q_Q V_{R,Q}}{c_R+\alpha} \tag{4-16}$$

所以

$$\frac{V_{R,Q}}{V_{R,R}}=\frac{q_R\ (c_R+\alpha)}{q_Q\ (c_Q-\alpha)} \tag{4-17}$$

式中 V——周期制水量，m^3；

$V_{R,R}$，$V_{R,Q}$——弱碱性树脂和强碱性树脂的体积，m^3；

q_R，q_Q——弱碱性树脂和强碱性树脂的工作交换容量，mol/m^3；

c_Q、c_R——进水中强酸阴离子和弱酸阴离子浓度，mmol/L；

α——弱碱性树脂层出水中平均强酸酸度泄漏量，mmol/L。

二、联合应用工艺中的运行和再生

在强、弱型树脂联合应用工艺中，运行时水先流经弱酸性树脂层，除去水中绝大部分碳酸盐硬度，再流经强酸树脂层时，一方面除去残留的碳酸盐硬度，同时除去水中的其他阳离子；再生时，再生液先流经强酸性树脂层，使强酸性树脂得到充分再生，而未被利用的酸再流经弱酸性树脂层时，被弱酸性树脂充分利用。

同样，在强、弱型阴树脂联合应用工艺中，运行时经H离子交换的水先流经弱碱性阴树脂层，除去水中的强酸阴离子，再流经强碱性阴树脂层时，除去水中其他阴离子（包括弱碱性树脂层运行终期时允许漏过的少量强酸性阴离子），尤其充分发挥强碱性阴树脂的除硅能力；再生时，再生液先流经强碱性树脂层，使强碱性树脂得到充分再生，而未被利用的碱再流经弱酸性树脂层时，被弱碱性树脂充分利用。

因此，强、弱型树脂的联合应用，不仅会提高树脂的平均工作交换容量，保证更好的出水水质，同时也会降低再生剂比耗。

1. 运行中的水质变化及水质监督

下面以复床串联形式的联合应用工艺为例，介绍弱酸性H型交换器和弱碱性OH型交换器运行时的水质变化和水质监督。

（1）弱酸性H型交换器出水。弱酸性H型交换器每周期运行自始至终出水水质都在变化着，所以其出水水质是指一个运行周期中的平均水质。

水经弱酸性H离子交换后，水中硬度降低了，与其对应的碱度也降低了。出水中残留硬度和残留碱度与进水中硬碱比（硬度与碱度之比）有密切关系。运行初期出水有微酸性，说明弱酸性树脂对中性盐有微弱的分解能力，硬碱比越大，出水酸度维持时间越长。在进水硬碱比小于1即碱性水条件下，运行开始出水有酸度的时间很短，之后大部分时间有碱度，这是因为水中有过剩碱度。在该水质条件下，因为水中Ca^{2+}、Mg^{2+}均以碳酸盐硬度形式存在，所以去除较彻底，穿透时间迟。在进水硬碱比大于1即非碱性水条件下，运行初期出水有酸度的时间较长，这是因为有少量中性盐参与交换。由于进水中有非碳酸盐硬度，所以制水一开始就有硬度漏出。在进水硬碱比等于1的情况下，出水介于上述两者之间，运行初期硬度很低，直至碱度穿透后硬度才明显漏出。

因此，就整个周期而言，无论上述哪种水质情况，弱酸性树脂交换的基本上都是碳酸盐硬度。在除盐系统中，为了充分发挥弱酸性树脂的交换容量，进水中碳酸盐硬度应占较大的比例。

弱酸性H型交换器主要用来除去水中的碳酸盐硬度，可以用出水碱度或硬度的变化作为运行的水质控制指标。

系统中的强酸性H型交换器总是放在弱酸性H型交换器之后，这时的强酸性H型交换器的作用是进一步除去水中的阳离子。只是进水中Ca^{2+}、Mg^{2+}含量较低，因为大部分Ca^{2+}、Mg^{2+}已在弱酸性H型交换器中被除去。此时可充分发挥强酸树脂的除Na^{+}的能力。

（2）弱碱性OH型交换器出水。弱碱性OH型交换器出水水质是指出水中的强酸酸度。

在除盐系统中，弱碱性OH型交换器总是放在H型交换器之后，用来在酸性条件下除去水中的强酸阴离子，如SO_4^{2-}、NO_3^-、Cl^-等。由于弱碱性树脂中总含有少量强碱基团，所以运行的初期也交换部分弱酸性阴离子，但在后期它们会被进水中强酸阴离子替代。

尽管就整个交换周期而言，弱碱性OH型交换器并没有交换CO_2，但水中CO_2含量的多少对弱碱性树脂工作交换容量有较大的影响。因为进水pH值的变化与水中CO_2的释放有关，当CO_2释放时，水的pH值下降，在CO_2释放过程中，水的pH值维持在4.4～4.6之间。显然，CO_2释放时的低pH条件更有利于弱碱树脂对强酸阴离子的交换。

当强酸阴离子穿透后，出水中出现了强酸酸度，电导率升高，之后强酸酸度和电导率急剧上升，因此，可用出水中强酸酸度或电导率作为弱碱性 OH 型交换器运行终点时的水质控制指标。

2. 弱型树脂的再生

失效的弱型树脂很容易再生，不论采用何种方式，都能得到较好的再生效果。弱酸性树脂用强酸作再生剂时，比耗一般为 1.05～1.10，弱碱性树脂用强碱作再生剂时，比耗一般为 1.20 左右。

弱型树脂的再生通常都是与强型树脂串联进行的，即再生液先流经强型树脂，再流经弱型树脂，用强型树脂排液（也称再生废液）中未被利用的酸或碱再生弱型树脂。采用这种方式再生时，再生剂的用量是按下述原则确定的：再生剂的总量除保证恢复强型树脂工作交换容量的理论用量外，剩余量应能满足弱型树脂的需要。

3. 强、弱型树脂联合应用工艺中胶态硅的析出和防止

下面以阴双层床为例来说明这个问题。

出现这一问题的原因是，在阴双层床再生过程中易发生硅化合物浓度过大和 pH 值偏低的情况，因而引起胶态硅化合物自水中析出。

阴双层床运行时，上层弱碱性阴树脂基本上不交换硅酸，水中硅化合物大部分被下层强碱性阴树脂吸收。再生时，再生液由下向上首先通过强碱性树脂层，于是便将强碱性阴树脂中大量硅化合物洗脱至溶液中，从而使溶液中硅化合物浓度很大。当此溶液继续向上流动时，因为其中的再生剂逐渐被再生反应消耗，特别是当流经弱碱性阴树脂层时，由于再生反应很容易进行，所以 pH 值迅速降低，从而提供了析出胶态硅化合物的条件，因此，胶态硅化合物就会在弱碱性阴树脂层中析出。

制水时，胶态硅化合物随进水逐渐转变成硅酸而流至强碱性阴树脂层中造成硅污染，或者胶态硅化合物泄漏，最终使交换器提前失效或出水硅含量增大。

为防止硅化合物在弱碱性阴树脂中析出，可采取在再生初期用较低浓度（1%～2%）和较高流速（6～12m/h），提高再生液温度（35～40℃），以及选用适宜的 NaOH 比耗（1.2～1.4）等措施，以防止胶态硅化合物的析出，并且还可提高有机物的去除效果。

第五节　离子交换装置及运行操作

在生产实践中，水的离子交换处理是在被称为离子交换器的装置中进行的，也有将装有交换剂的交换器称为床，交换器内的交换剂层称为床层的。离子交换器装置的种类很多，固定床离子交换器是目前火力发电厂水处理中用得较广泛的一种装置。所谓固定床是指交换剂在交换器内固定不动、水流动，并在一个设备中先后完成制水、再生等过程的装置。此外，还有移动床、流动床和连续床离子交换器。移动床是指交换器中的交换剂层在运行中是不断移动的，即定期地排出一部分已失效的树脂和补进等量的再生好的新鲜树脂。再生过程是在另一专用设备中进行的。因为在移动床系统中，交换和再生是分别在专用设备中同时进行，所以供水基本上是连续的。流动床工艺就是力图使离子交换呈完全连续状态，交换塔中的树脂和再生塔中的树脂呈循环状态，交换塔中的树脂可能不一定完全失去交换能力即被送入再生塔再生。

固定床离子交换器按水和再生液的流动方向分为顺流再生式、对流再生式（包括逆流再生离子交换器和浮床式离子交换器）和分流再生式。按交换器内树脂的状态又分为单层床、

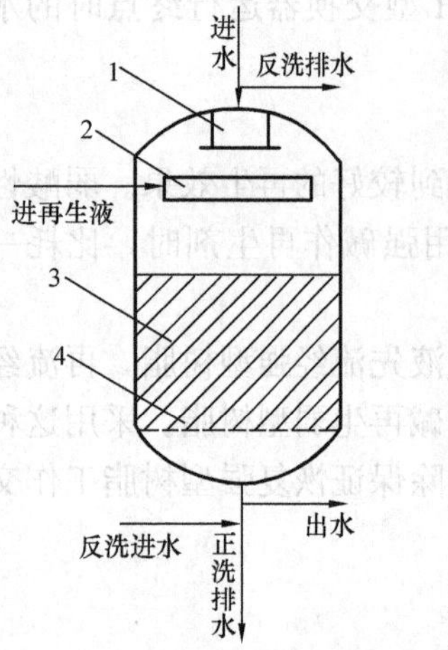

图 4-10 顺流再生离子交换器的内部结构

1—进水装置；2—再生液分配装置；3—树脂层；4—排水装置

双层床、双室双层床、双室双层浮动床、满室床和混合床。按设备的功能又分为阳离子交换器（又称为阳床，包括钠离子交换器和氢离子交换器）、阴离子交换器（阴床）和混合离子交换器（混床）。

一、顺流再生离子交换器

顺流再生离子交换器是离子交换装置中应用最早的床型，这种设备运行时，水流自上而下通过树脂层；再生时，再生液也是自上而下通过树脂层，即水和再生液的流向相同。

1. 交换器的结构

交换器的主体是一个密封的圆柱形压力容器，容器上设有人孔、树脂装卸孔和用来观察树脂状态的窥视孔。体内设有进水装置、排水装置和再生液分配装置。交换器中装有一定高度的树脂，树脂层上面留有一定的反洗空间（称水垫层），如图 4-10 所示。外部管路系统如图 4-11 所示。

（1）进水装置。进水装置的作用是均匀分布进水于交换器的过水断面上，所以也称布水装置，它的另一个作用是均匀收集反洗排水。由于这种设备运行时树脂层上方有较厚的水垫层，因此对进水装置要求不高，常用的进水装置见图 4-12。

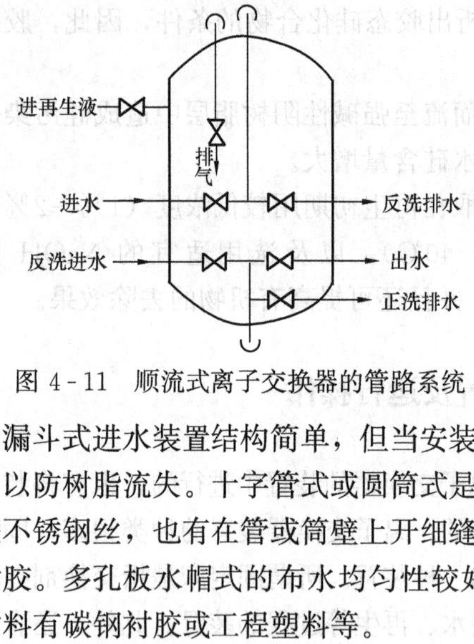

图 4-11 顺流式离子交换器的管路系统

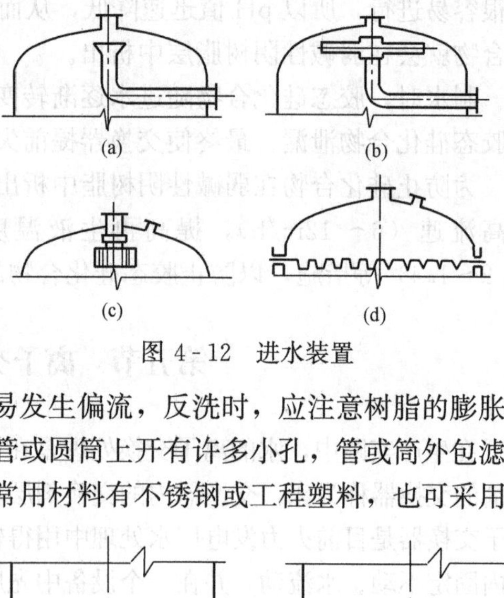

图 4-12 进水装置

漏斗式进水装置结构简单，但当安装倾斜时易发生偏流，反洗时，应注意树脂的膨胀高度，以防树脂流失。十字管式或圆筒式是在十字管或圆筒上开有许多小孔，管或筒外包滤网或绕不锈钢丝，也有在管或筒壁上开细缝隙的。常用材料有不锈钢或工程塑料，也可采用碳钢衬胶。多孔板水帽式的布水均匀性较好，孔板材料有碳钢衬胶或工程塑料等。

（2）排水装置。排水装置的作用是均匀收集处理好的水，也起均匀分配反洗进水的作用，所以也称配水装置。一般对排水装置集水的均匀性要求较高，常用的排水装置如图 4-13 所示。

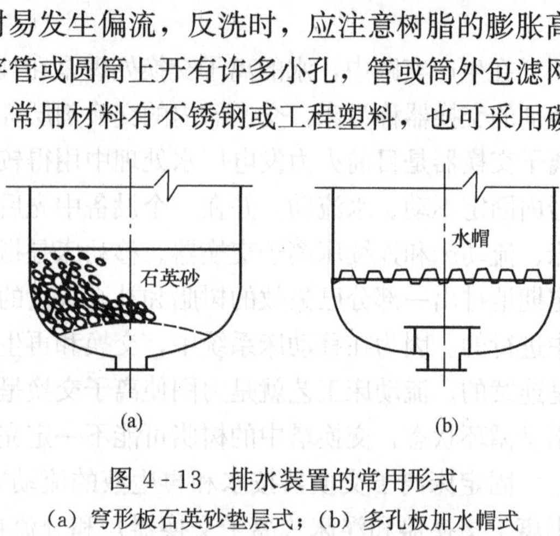

图 4-13 排水装置的常用形式

(a) 穹形板石英砂垫层式；(b) 多孔板加水帽式

在穹形孔板石英砂垫层式的排水装置中，穹形孔板起支撑石英砂垫层的作用，常用材料有碳钢衬胶、不锈钢等。石英砂垫层的级配和厚度见表4-1。石英砂的成分为SiO_2，含量大于或等于99%，使用前应用5%～10%的HCl浸泡8～12h，以除去其中的可溶性杂质。

表4-1　石英砂垫层的级配和厚度

柱　径（mm）	设备直径（mm）			柱　径（mm）	设备直径（mm）		
	≤1600	1600～2500	2500～1200		≤1600	1600～2500	2500～1200
1～2	200	200	200	8～16	100	150	200
2～4	100	150	150	16～32	250	250	300
4～8	100	100	100	总厚度	750	850	950

（3）再生液分配装置。应能保证再生液均匀地分布在树脂层面上，常用的再生液分配装置如图4-14所示。

小直径交换器可不专设再生液分配装置，由进水装置分配再生液，大直径交换器一般采用母管支管式。再生液分配装置距树脂层表面200～300mm，在管的两侧下方45°开孔，孔径一般为$\phi6$～$\phi8$。

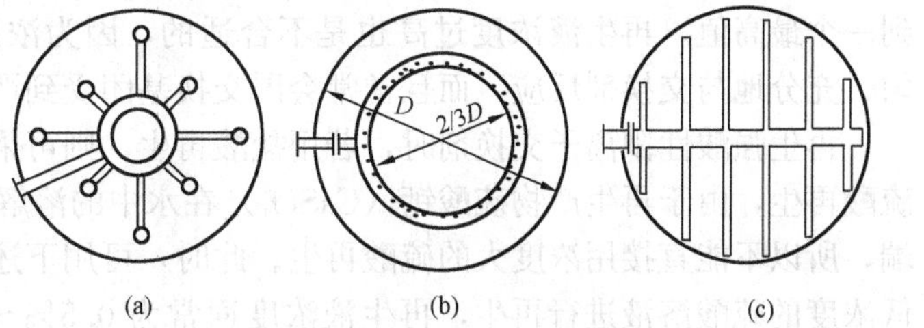

图4-14　再生液分配装置
（a）辐射式；（b）圆环式；（c）母管支管式

此外，在树脂层上方至进水装置之间有一定的反洗空间，这是为了在反洗时使树脂层有膨胀的余地，并防止细小颗粒被反洗水带走，高度一般相当于树脂层高度的60%～80%。当这一空间充满水时，称水垫层，水垫层在一定程度上可以防止进水直接冲击树脂层表面造成凹凸不平，从而使水流在交换器断面上均匀分布。

2．交换器的运行

顺流再生离子交换器的运行通常分为五步，从交换器失效后算起为反洗、进再生液、置换、正洗和制水。这五个步骤组成交换器的一个运行循环，称运行周期。

（1）反洗。交换器中的树脂失效后，在进再生液之前，常先用水自下而上进行短时间强烈的反冲洗。反洗的目的如下。

1）松动树脂层。在交换过程中带有一定压力的水自上而下通过树脂层，树脂层被压实。为了使再生液在树脂层中均匀分布和充分包围树脂，需在再生前进行反洗，以充分松动树脂层。

2）清除树脂上层中的悬浮物、碎粒。在交换过程中，上层树脂还兼有过滤作用，水中的悬浮物被截留在这一层中，使水通过时的阻力增大。另外，在运行中产生的树脂碎屑也会使进水阻力增大，影响水流通过。反洗可以清除这些悬浮物和碎屑，这一步骤对处于最前级阳离子交换器尤为重要。

反洗水的水质应不污染树脂。对于阳离子交换器可用清水，阴离子交换器可用阳离子交换器的出水，或者采用该交换器上次再生时收集起来的正洗水。

对于不同种类的树脂，反洗强度可由试验求得，一般应控制在既能使污染树脂层表面的杂质和树脂碎屑被带走，又不使完好的树脂颗粒跑掉，而且树脂层又能得到充分松动。经验表明，反洗时使树脂层膨胀率为50%～60%效果较好。反洗要一直进行到排水不浑浊为止，一般需10～15min。

反洗也可以依据具体情况在运行几个周期后定期进行。这是因为有时在交换器中悬浮物的累积并不很快，而且树脂层并不是一下子压得很实，所以有时没必要每次再生前都要进行反洗。

（2）进再生液。进再生液前，先将交换器内的水放至树脂层表面以上100～200mm处，然后用一定浓度的再生液以一定流速自上而下流过树脂层。再生是离子交换器运行操作中很重要的一环。影响再生效果的因素很多，如再生剂的种类、纯度、用量、浓度、流速、温度等。

1）再生方式。顺流式再生的优点是装置简单、操作方便；缺点是再生效果不理想。

2）再生剂用量。对于H离子交换剂，如为强酸性阳树脂，那么它的再生剂比耗一般为2～3，如为弱酸性的则稍大于理论量即可。

3）再生液浓度。再生液的浓度对再生程度也有较大的影响。当再生剂量一定时，在一定范围内，浓度越高，再生程度越高；当浓度达某一值时，再生后交换剂的交换容量可恢复到一个最高值。再生液浓度过高也是不合适的，因为浓度过高、再生液的体积小，不能均匀、充分地与交换剂反应，而且常常会因交换基团受到严重压缩使再生效果下降。

再生强酸性阳离子交换剂时，若用盐酸再生，则可采用较高的浓度（5%～10%），若用硫酸再生，由于再生产物硫酸钙（$CaSO_4$）在水中的溶解度较小，有沉淀在交换剂层中的弊端，所以不能直接用浓度大的硫酸再生。此时，可用下述方法进行再生。第一种方法是：用低浓度的硫酸溶液进行再生，再生液浓度通常为0.5%～2%，这种方法比较简单，但要用大量稀硫酸，再生时间长、自用水量大，再生效果也较差。第二种方法是：分步再生，先用低浓度、高流速的硫酸液进行再生，然后逐步增加浓度、降低流速进行再生。分步再生可分为两步法、三步法和四步法，见表4-2。另外，也可设计成酸液浓度是连续不断缓慢增大的方式，即逐渐开大进酸门，以达到先稀后浓的目的。

表4-2　硫酸分步再生法

两步法再生			三步法再生			四步法再生		
酸量（占硫酸总量）	浓度（%）	空间流速[m³/（m³·h）]	酸量（占硫酸总量）	浓度（%）	空间流速[m³/（m³·h）]	酸量（占硫酸总量）	浓度（%）	空间流速[m³/（m³·h）]
1/2	2	8	1/3	2	12	1/4	0.5	16
1/2	4	4	1/3	4	8	1/4	1.0	12
			1/3	6～8	4	1/4	2.0	8
						1/4	5.0	4

先用低浓度的目的是降低再生液中$CaSO_4$的过饱和度，使它不易析出；先采用高流速的原因是因为$CaSO_4$从饱和到析出沉淀物常需要经过一段时间，故加快流速可以防止$CaSO_4$沉淀在树脂层中析出。

相对来说，由于用盐酸再生时不会有沉淀物析出，所以操作比较简单。

4）再生液流速。再生液流速是指再生液通过交换剂层的速度，它是影响再生程度的一个重要因素。维持适当的流速，实质上就是使再生液与交换剂之间有适当的接触时间，以保证再生反应的进行。

表示再生液流速的方法有两种：线速度和空间流速。线速度计算如下：

$$v = \frac{q_V}{S}$$

式中 v——线速度，m/h；

q_V——通过交换器的水量，m^3/h；

S——交换器截面积，m^2。

空间流速是指单位体积的交换剂在单位时间内通过的液体体积，单位为 $m^3/(m^3 \cdot h)$。

上述任何一种流速的表示方法，都不是交换剂颗粒间再生溶液的真正流速，只是反映相对流速。

再生时，控制一定的再生液流速是非常重要的，特别是当再生液的温度很低时，更不宜提高流速。有时，因加快流速缩短了再生时间，即使将再生剂的用量成倍增加，也难得到良好的再生效果。再生液的流速最好不要小于 3m/h，通常以 4～8m/h 为适宜。对于阳树脂，再生流速可采用偏上限的；对于阴树脂，再生流速可偏于下限。

5）再生液温度。再生液的温度对再生程度也有很大影响，因为提高再生液的温度，能同时加快内扩散和膜扩散。如把 HCl 预热到 40℃，再生 H 型交换剂时，就能大大改善对树脂中铁及铁氧化物的清除程度，同时还能减少运行时的漏 Na^+ 量。阴树脂再生时，所用再生液的温度，对再生程度的影响比阳树脂更大。研究结果表明，在动态阴离子交换过程中，硅酸氢根（$HSiO_3^-$）在树脂层中的分布情况与其他阴离子有所不同，虽然它主要是被下层（出水端）的阴树脂吸着，但是在最上层的树脂中也吸着少量硅酸氢根，即硅酸氢根在树脂层中的分布区域很广。另外，在再生时，树脂层中的硅酸氢根被置换出来的速度也是比较缓慢的。提高再生液的温度可以改善对硅酸的置换效果并缩短再生时间。实践证明，再生和清洗的最优温度：对于Ⅰ型强碱性阴树脂为 35～50℃，Ⅱ型为（35±3)℃。

但是，由于交换剂热稳定性的限制，再生液的温度不宜过高，否则，易使交换剂的交换基团分解，促使交换剂变质和影响交换剂的交换容量。

6）再生剂的种类和纯度。不同的再生剂对离子交换剂的再生程度有不同的影响，如再生 H 型交换剂可用盐酸，也可以用硫酸。一般来说，盐酸的再生效果好。但采用硫酸作再生剂时，只要很好地掌握再生条件，也可以得到满意的再生效果。选择再生剂时，要作技术经济分析比较，如盐酸和硫酸，盐酸虽然再生效果较好，但价格较高，对设备管道腐蚀性强，对防腐要求较高。硫酸虽然存在一定的缺点，但价格便宜，易于防腐。再生 OH 型交换剂一般用 NaOH，不用 KOH，因为 KOH 价格较高。

再生剂的纯度对交换剂的再生程度和出水水质影响很大。如果再生剂质量不好，含有大量杂质离子，再生程度就会降低，出水水质也要受到影响。如再生阴树脂时，NaOH 的纯度对阴树脂的再生过程影响更大。工业碱中的杂质，主要是氯化物、碳酸化合物和铁的化合物。强碱阴树脂对 Cl^- 有较大的亲和力（比对 OH^- 的大 15～25 倍），所以不宜使用含有较多 Cl^- 的碱来再生，因为 Cl^- 不仅易被树脂吸着，而且不易被洗脱出去。当采用含有较多 Cl^- 的碱来再生时，树脂的工作交换容量就会降低，运行周期缩短，出水水质下降。

例如：某厂用含 1.23%Cl^- 的工业液体碱再生时，阴离子交换器周期出水为 560t；用含 Cl^- 大于 4.5%的工业液体碱再生时，周期出水量仅为 350～400t，而且除盐水的硅含量由小于 10μg/L 上升到 20μg/L 左右。

碱中铁化合物一般是由制碱和运输过程中的铁质容器溶入的，有的液体碱带橘红色，这说明其中含铁量较高。

(3) 置换。当全部再生液进完后，树脂层中仍有正在反应的再生液，而树脂层表面至计量箱之间的再生液则尚未进入树脂层。为了使这些再生液全部通过树脂层，须用水按再生液流过树脂的流程及流速通过交换器，这一过程称为置换，它实际上是再生过程的继续。置换水一般用配再生液的水，水量为树脂层体积的1.5～2倍，以排出液离子总浓度下降到再生液浓度的10%～20%以下为宜。

(4) 正洗。置换结束后，为了清除交换器内残留的再生液和置换出的离子，应用运行时的进水自上而下清洗树脂层，流速为10～15m/h。正洗一直进行到出水水质合格为止。正洗水量一般为树脂层体积的3～10倍，因设备和树脂不同而有所差异。

(5) 制水。正洗合格后即可投入正常运行阶段，即制水阶段，一级阳离子交换器运行的流速一般控制在20～30m/h。此流速与进水水质、交换剂的性质有关，如进水中离子浓度越大，则流速应控制得越小。每个离子交换器的最优运行条件可通过调整试验来确定。

3. 工艺特点

顺流再生离子交换器运行失效后、再生前和再生后树脂层状态分布如图4-15所示。

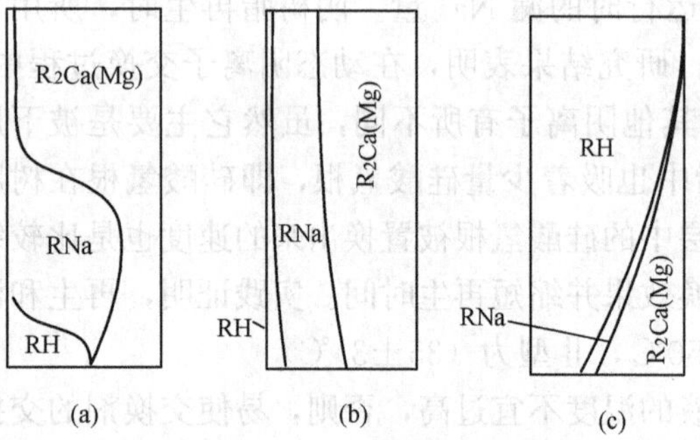

图4-15　顺流再生氢离子交换器树脂层态

(a) 失效后；(b) 再生前；(c) 再生后

分析图4-15 (a) 可知，当运行失效时，进水中离子依据树脂对它们的选择顺序依次沿水流方向分布，最下部树脂的交换容量未能得到充分利用，还存在部分H型树脂。顺流再生离子交换器再生前树脂需进行反洗。试验表明，经反洗后各离子型树脂在床层中基本呈均匀分布状态，如图4-15 (b) 所示。再生时，由于再生液自上而下通过树脂层，故上部树脂层首先接触新鲜再生液从而得到比较充分的再生，由上而下树脂的再生度逐渐降低，下部未得到再生的主要是Ca、Mg型树脂，也有少量Na型树脂，如图4-15 (c) 所示。在再生的初期，一部分被再生下来的高价离子流经下部树脂层时，会将下部树脂中的低价离子置换出来，使这部分树脂转为较难再生的高价离子型，底部未失效的H型树脂也会因再生产物通过而转为失效态，这样会造成树脂再生困难，并多消耗再生剂，所以顺流再生的再生效果差。若再生前树脂未经反洗，即仍为失效后的层态［见图4-15 (a)］，则上述情况更为突出。

交换器中树脂的再生通常是不彻底的，必然是在再生液进口处再生得较为彻底，出口处不彻底。在顺流再生中，由于进水流向与再生液流向相同，与出水相接触的正好是再生最不完全的部分，因此，即使在进水处水质已经处理得很好，当它流至出水处时，又与再生不完全的树脂进行交换重新使水质变差。

由于树脂对Ca^{2+}、Mg^{2+}的选择性比Na^{+}大得多，以及离子交换平衡的浓度效应，在低浓度溶液中交换生成的H^{+}置换下来的Ca^{2+}、Mg^{2+}的量微乎其微。一般来说，在出水处Ca、Mg型树脂含量小于60%的情况下，出水硬度近于零。

顺流再生离子交换器的设备结构简单，运行操作方便，工艺控制容易，对进水悬浮物含量要求不很严格（浊度小于或等于5mg/L）。

这种交换器通常适应于下述情况：①对经济性要求不高的小容量除盐装置；②原水水质较好的情况，以及Na^{+}比值较低的水质；③采用弱型树脂时。

二、逆流再生离子交换器

为了克服顺流再生中出水端树脂再生度低的缺点，现在广泛采用对流再生工艺，即运行时水流方向与再生时再生液流动方向相对进行的水处理工艺。习惯上将运行时水自上而下、再生时再生液自下而上的对流水处理工艺称为逆流再生工艺，采用逆流再生工艺的装置称逆流再生离子交换器。将运行时水由下向上流动、再生时再生液由上向下流动的对流水处理工艺称为浮动床水处理工艺。这里先介绍逆流再生离子交换器。

由于逆流再生工艺中再生液及置换水都是从下而上流动的，如果不采取措施，流速稍大时，就会发生与反洗那样使树脂层扰动的现象，有利于再生的层态会因此而被打乱，这种现象通常称为乱层。若再生后期发生乱层，则会将上层再生差的树脂或多或少地翻到底部，这样就必然失去逆流再生工艺的特点。为此，在采用逆流再生工艺时，必须从设备结构和运行操作采取措施，以防发生乱层现象。

1. 交换器的结构

逆流再生离子交换器的内部结构和管路系统如图 4-16 和图 4-17 所示。与顺流再生离子交换器结构不同的地方是，在树脂层表面处设有中间排液装置，以及在中间排液装置上面加有压脂层。

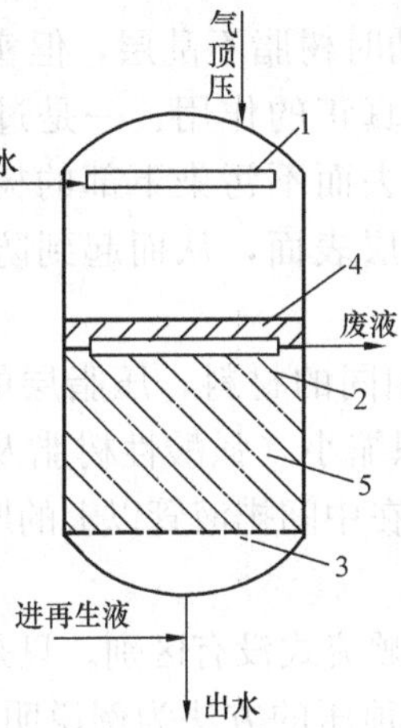

图 4-16　逆流再生氢离子交换器结构

1—进水装置；2—中间排液装置；3—排水装置；4—压脂层；5—树脂层

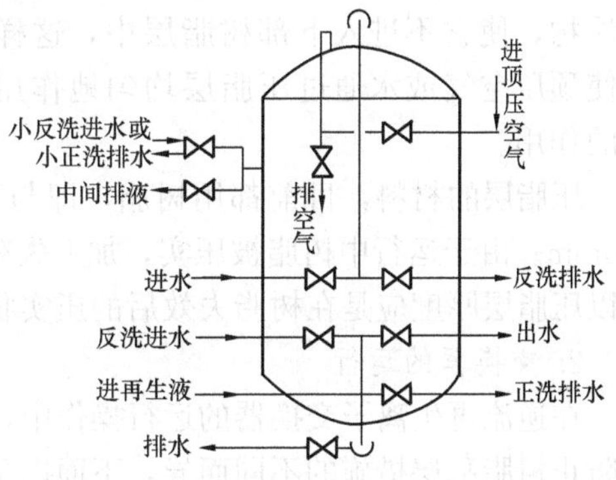

图 4-17　气顶压逆流再生离子交换器管路系统

(1) 中间排液装置。该装置的作用主要是使向上流动的再生液废液和清洗水能均匀地从该装置排走，不会因为有水流流向树脂层上面的空间而扰动树脂层。其次，它还兼作小反洗的进水装置和小正洗的排水装置。目前常用的形式是母管支管式，其结构如图 4-18 (a) 所示。支管用法兰与母管连接，支管距离一般为 150～250mm，支管上开孔或开缝隙并加装网套。网套一般内层采用 0.5mm×0.5mm 聚氯乙烯塑料窗纱，外层用 60～70 目的不锈钢丝、涤纶丝网（有良好的耐酸性能，适应于 HCl 再生的 H 离子交换器）、锦纶丝网（有良好的耐碱性能，适应于 NaOH 再生的 OH 离子交换器）等，也有在支管上设置排水帽的。对于大直径的交换器，常采用碳钢衬胶母管和不锈钢支管，小直径的交换器，支母管均采用不锈钢。

此外，常用的中排装置还有插入管式，如图 4-18 (b) 所示，插入树脂层的支管长度一般与压脂层厚度相同，这种中排装置能承受树脂层上下移动时较大的推力，不易弯曲、断裂。图 4-18（c）所示为支管式的中排装置，一般适用于较小直径的交换器，支管的数量可根据交换器直径的大小选择。

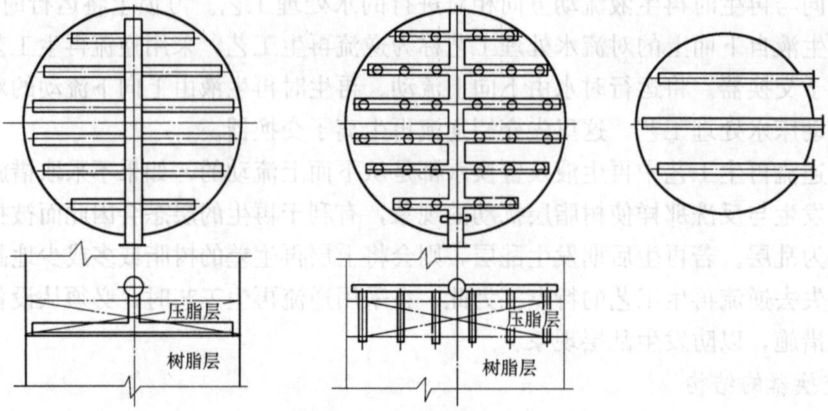

图 4-18 中间排液装置

(a) 母管支管式；(b) 插入管式；(c) 支管式

（2）压脂层。设置压脂层的目的是在溶液向上流动时树脂不乱层，但实际上压脂层产生的压力很小，并不能靠自身起到压脂作用。压脂层真正的作用：一是过滤掉进水中的悬浮物，使它不进入下部树脂层中，这样便于将其洗去而不污染下部的树脂层；二是可以使顶压空气或水通过压脂层均匀地作用于整个树脂层表面，从而起到防止树脂向上窜动的作用。

压脂层的材料，目前都用树脂，即与下面树脂层相同的材料，压脂层的厚度为 150～200mm。由于运行中树脂被压实，加上失效转型后体积缩小（强酸性树脂及强碱性树脂），所以压脂层厚度应是在树脂失效后的压实状态下能维持在中间排液管以上的厚度。

2. 交换器的运行

在逆流再生离子交换器的运行操作中，制水过程和顺流式没有区别。只是在再生操作时为防止树脂乱层措施的不同而异，下面以采用压缩空气顶压的方法为例说明逆流再生操作，如图 4-19 所示。

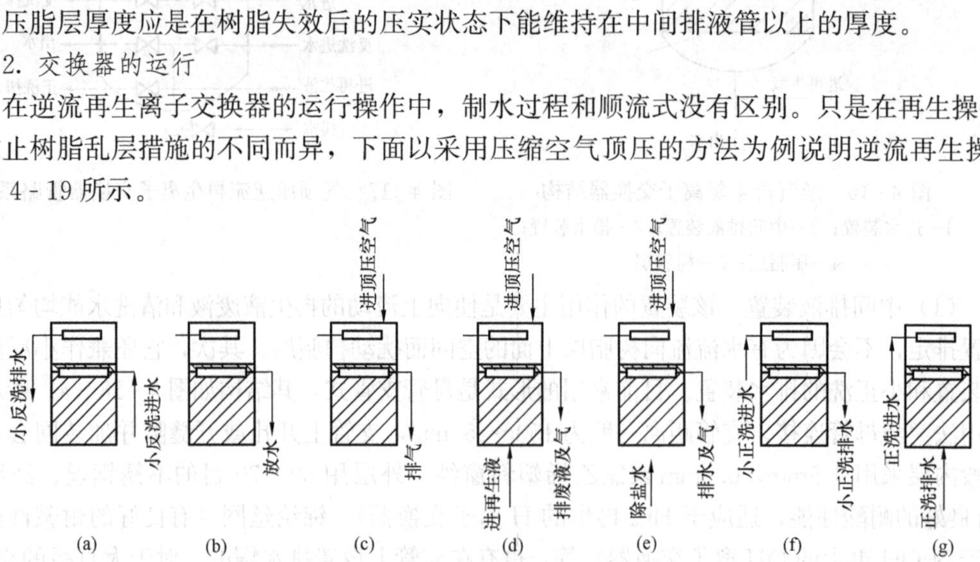

图 4-19 逆流再生操作过程示意

(a) 小反洗；(b) 放水；(c) 顶压；(d) 进再生液；(e) 逆流清洗；(f) 小正洗；(g) 正洗

（1）小反洗 [见图 4-19（a）]。为了保持有利于再生的失效树脂层不乱，不能像顺流再生那样，每次再生前都对整个树脂层进行反洗，而只对中排上面的压脂层进行反洗，以松动树脂层和冲洗掉运行时积聚在压脂层中的污物。小反洗用水为该级交换器的进口水，流速按压脂层膨胀50%～60%控制，反洗一直到排水澄清为止。系统中的第一个交换器，一般为15～20min，串联其后的交换器一般为5～10min。

（2）放水［见图4-19（b）］。小反洗后，待压脂树脂沉降下来后，打开中排放水门，放掉中排装置以上的水，使压脂层处于无水状态。

（3）顶压［见图4-19（c）］。从交换器顶部送入压缩空气，一般连接在设备的空气管上，使气压维持在0.03～0.05MPa。用于顶压的空气应经过除油净化。

（4）进再生液［见图4-19（d）］。在顶压的情况下，开启再生用喷射器，将喷射器中水的流速调节到交换器中水的上升流速为4～7m/h。当有适量的空气随同交换器出水一起从中装置排出时，开启进再生剂的阀门，通过调节计量箱上的阀门的开度调节再生剂吸入的流量，控制再生液进入交换器内的浓度，进行再生。

（5）逆流清洗（也称置换）［见图4-19（e）］。当再生液进完后，关闭再生剂计量箱上的出口门，按再生液的流速和流程继续用稀释再生剂的水进行清洗，直至排出的废液达到一定标准为止［如阳床排除废液浓度小于10mmol/L（OH^-）］。清洗时间一般为30～40min，清洗水量为树脂体积的1.5～2倍。

逆流清洗结束后，应先关闭进水门，然后再停止顶压，打开放气管上的阀门，应防止乱层。在逆流清洗过程中，应使气压稳定。

（6）小正洗［见图4-19（f）］。再生后压脂层中往往有部分残留的再生废液和置换出的离子，如不清洗干净，将影响运行时的出水水质。小正洗时，水从上部进入，从中间排液管排出，阳树脂流速一般为10～15m/h，阴树脂为7～10m/h，时间为5～10min。小正洗用水为运行时进口水。此步骤也可用小反洗的方式进行。

（7）正洗［见图4-19(g)］。最后按一般运行方式用进水自上而下进行正洗，流速为10～15m/h，直到出水水质合格，即可投入运行。

交换器经过多周期运行后，下部树脂也会受到一定程度的污染，因此必须定期地对整个树脂层进行大反洗。由于大反洗扰乱了树脂层，所以大反洗后再生时，再生剂用量应比平时增加50%～100%。大反洗的周期应视进水的浊度而定，一般为10～20个周期。大反洗用水为运行时的进口水。

大反洗前应进行小反洗，松动压脂层和去除其中的悬浮物。进行大反洗的流量应由小到大，逐步增加，以防止损坏中排装置。

水顶压法就是用压力水代替压缩空气，使树脂层处于压实状态。再生时将压力为0.05MPa的水以再生流量的0.4～1倍引入交换器顶部，通过压脂层后，与再生废液一起由中排装置排出。水顶压法的操作与气顶压法基本相同。

3. 无顶压逆流再生

为了保持再生时树脂层稳定，逆流再生离子交换器必须采用空气顶压或水顶压，这不仅增加了一套顶压设备和系统，而且操作也比较麻烦。研究指出，如果将中排装置上的孔开得足够大，使这些孔的水流阻力较小，并且在中排装置以上仍装有一定厚度的压脂层，那么在无顶压情况下，逆流再生操作时就不会出现水面超过压脂层的现象，因而树脂层就不会发生扰动，这就是无顶压逆流再生。

研究结果表明，对于阳离子交换器来说，只要将中排装置的小孔流速控制在0.1～0.15m/s和压脂层厚度保持在100～200mm之间，就可在再生液流速为7m/h时不需要任何顶压措施，树脂层也能保持稳定，并能达到逆流再生的效果。对于阴离子交换器来说，因阴树脂的湿真密度比阳树脂小，小孔流速控制在不超过0.1m/s，再生液上升流速为4 m/h时，树脂层也是稳定的。但是，由于孔阻力减小，则排液均匀性就差一些，因此无顶压逆流再生的中排装置的水平度更为重要。

无顶压逆流再生的操作步骤与顶压再生操作步骤基本相同，只是不进行顶压。

4. 工艺特点

逆流再生交换器运行失效后，各离子在树脂层中的分布规律与顺流再生交换器基本上是一致的，如图4-20（a）所示，不同的是再生前的层态及再生后的层态。

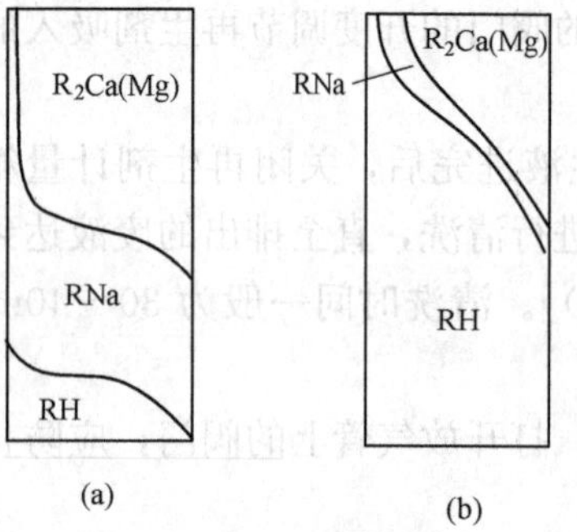

图4-20 逆流再生氢离子交换器树脂层态

(a) 失效后（即再生前）；(b) 再生后

由于逆流再生离子交换器再生前仅对压脂层进行小反洗，所以树脂层仍保持着运行失效时的层态，见图4-20（a）。这种层态对再生液由下而上通过树脂层的再生极为有利，例如对于强酸性H离子交换器来说，新鲜的酸液首先接触底部未失效的树脂层，酸中H^+未被消耗，进一步向上流入Na型树脂层区，将Na型树脂再生为H型树脂，再生液中尚未被消耗的H^+以及被置换出来的Na^+继续向上流动与Mg型树脂接触，将树脂转为H型和Na型，含有H^+和Na^+的再生液和被置换下来的Mg^{2+}继续通过Ca型树脂，使Ca型树脂得到再生，有文献称此为"挂钩效应"。由于再生液中的H^+不是直接接触最难再生的Ca型树脂，而是先接触容易再生的Na型树脂并依次进行排代，这样就大大提高了H型树脂的转换率，所以，在相同条件下，再生效果比顺流式好。由于出水端树脂的再生度最高［如图4-20（b）所示］，所以运行时，可获得很好的出水水质。

与顺流再生相比，逆流再生工艺具有以下优点。

（1）对水质适应性强。当进水含盐量较高或Na^+比值较大而顺流工艺达不到水质要求时，可采用逆流再生工艺。

（2）出水水质好。由逆流再生离子交换器组成的除盐系统，强酸性H离子交换器出水Na^+含量低于100μg/L，一般在20～30μg/L或更低；强碱性OH离子交换器出水SiO_2低于50μg/L，一般在10～20μg/L之间或更低，电导率通常低于2μS/cm。

（3）再生剂比耗低。比耗一般为1.5左右。视水质条件的不同，再生剂用量比顺流式节约50%～100%，因而废酸、废碱排放量也少。

（4）自用水率低。一般比顺流式低30%～40%。

但逆流再生设备和运行操作较复杂一些，对进水浊度要求较严，一般浊度应小于或等于2mg/L，以减少大反洗次数。

三、分流再生离子交换器

1. 交换器结构

分流再生离子交换器的结构与逆流再生离子交换器基本相似，只是将中排装置设置在树脂层表面下 400～600mm 处，不设压脂层，交换器的结构如图 4-21 所示。

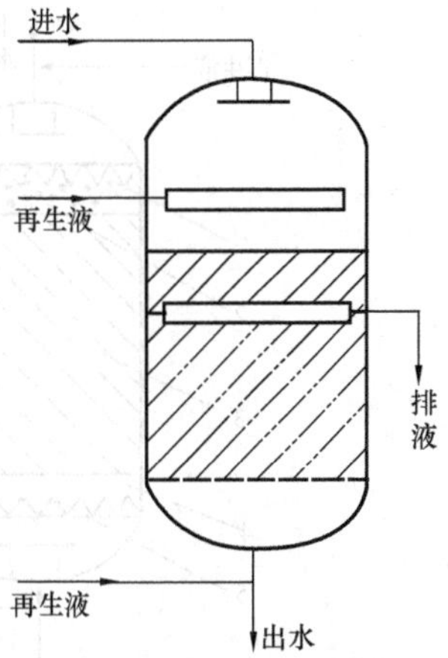

图 4-21 分流再生交换器结构示意

2. 工作过程

交换器失效后，先进行上部反洗，水由中排液装置进入，由交换器顶部排出，使中排管以上的树脂层得以反洗。然后进行再生，再生液分两段，小部分自上部，大部分自下部同时进入交换器，废液均从中排装置排出。置换的流程与进再生液相同。在这种交换器中，下部树脂层为对流再生，上部树脂层为顺流式再生。

3. 工艺特点

(1) 分流再生流过上部的再生液可以起到顶压作用，所以无需另外用水或空气顶压；中排管以上的树脂起到压脂层的作用，并且也能获得再生，所以交换器中树脂的交换容量利用率较高。

(2) 分流再生离子交换器运行失效和再生后的树脂层态如图 4-22 所示。由于再生液从交换器的上、下端进入，所以两端树脂都能够得到较好的再生，最下端树脂的再生度最高，从而保证了运行出水的水质，见图 4-22 (a)。运行失效后的层态与顺流再生床型和逆流再生床型基本相同，见图 4-22 (b)。尽管每周期对中排管以上的树脂进行反洗，但中排管以下的树脂层仍保持着逆流再生的有利层态，所以可取得较好的再生效果。

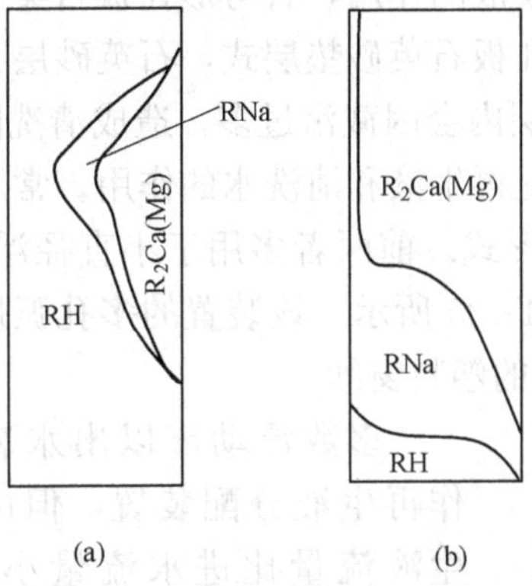

图 4-22 分流再生交换器的树脂层态

(a) 再生后；(b) 失效时

(3) 用 H_2SO_4 进行再生时，这种再生方式可以有效地防止 $CaSO_4$ 沉淀在树脂层中析出。因为分流再生时，可以用两种不同浓度的再生液同时对上、下树脂层进行再生。由于上部树脂层中主要是 Ca 型树脂，最易析出 $CaSO_4$ 沉淀，为此可用较低浓度的 H_2SO_4 溶液以较高流速进行再生除去 Ca^{2+}，加之含有 Ca^{2+} 的水流经树脂层的距离短，所以可防止 $CaSO_4$ 沉淀在这一层树脂层中析出。而下部树脂层中主要是 Mg 型和 Na 型树脂，故可以用最佳浓度的 H_2SO_4 溶液和最佳流速进行再生。

四、浮床式离子交换器

采用浮动床水处理工艺运行的设备称浮床式离子交换器，也简称浮动床或浮床。

浮动床的运行是在整个树脂层被托起的状态下（称成床）进行的，离子交换反应是在水向上流动的过程中完成的。树脂失效后，停止进水，使整个树脂层下落（称落床），于是可进行自上而下的再生。

1. 交换器的结构

浮动床本体结构如图 4-23 所示，管路系统如图 4-24 所示。

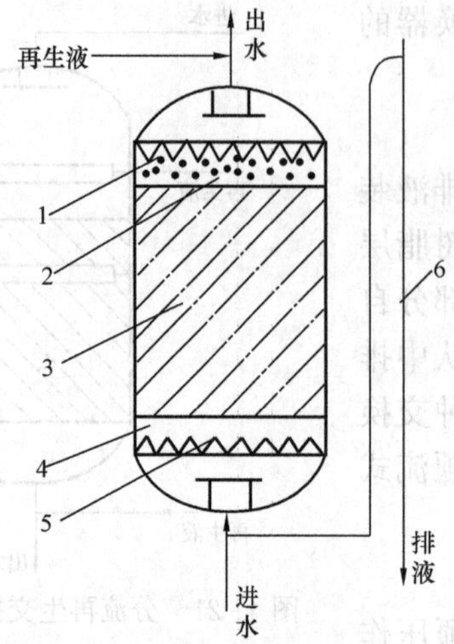

图 4-23 浮动床本体结构示意

1—顶部出水装置；2—惰性树脂层；3—树脂层；4—水垫层；5—下部进水装置；6—倒 U 形排液管

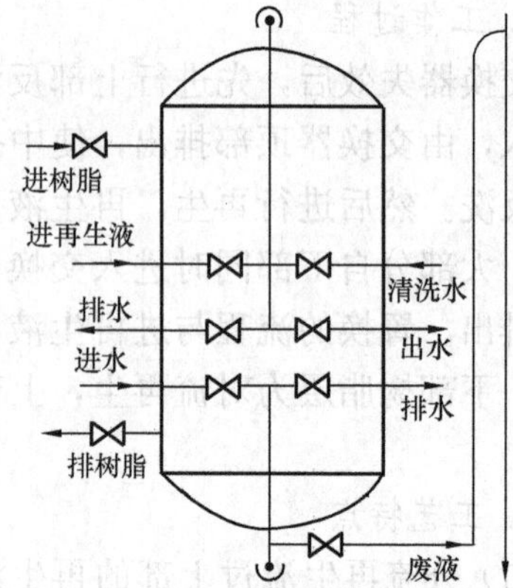

图 4-24 浮动床管路系统

(1) 底部进水装置。该装置起分配进水和汇集再生废液的作用，有穹形孔板石英砂垫层式、多孔板加水帽式。大、中型设备用得最多的是穹形孔板石英砂垫层式，石英砂层在流速 80m/h 以下不会乱层，但当进水浊度较高时，石类砂垫层内会因截污过多，造成清洗困难。

(2) 顶部出水装置。该装置起收集处理好的水、分配再生液和清洗水的作用。常用的有多孔板夹滤网式、多孔板加水帽式和弧形母管支管式等形式。前两者多用于小直径浮动床；大直径浮动床多采用弧形母管支管式的出水装置，如图 4-25 所示。该装置的多孔弧形支管外包有 40～60 目的滤网，网内衬一层较粗的起支撑作用的塑料窗纱。

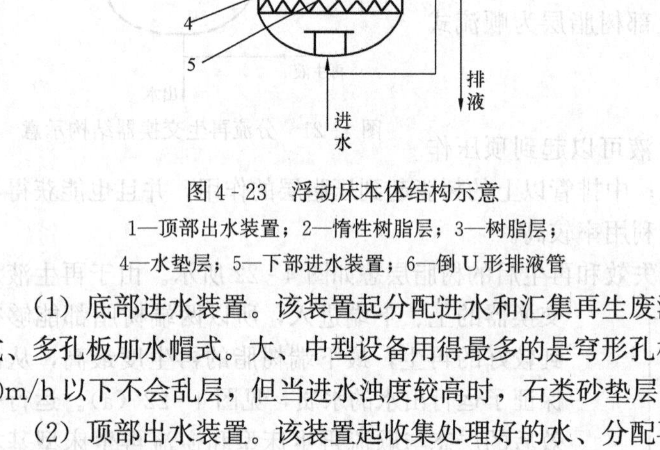

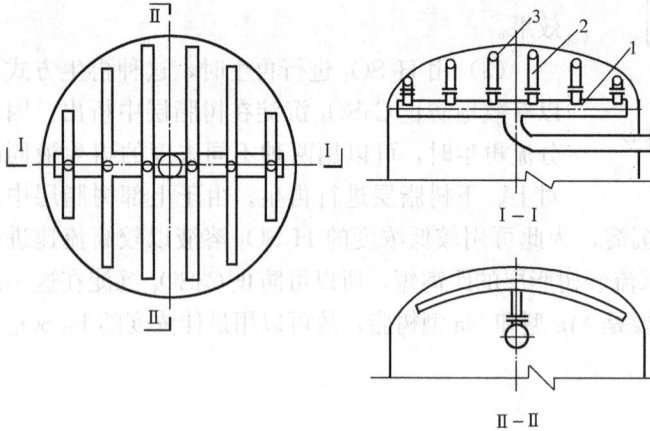

图 4-25 弧形母管支管式出水装置

1—母管；2—支撑短管；3—弧形支管

多数浮动床以出水装置兼作再生液分配装置，但由于再生液流量比进水流量小得多，故这种方式很难使再生液分配均匀。为此，通常在树脂层面以上填充 200mm 高、密度小于水、粒径为 1.0～1.5mm 的惰性树脂层，以改善再生液分布的均匀性。

(3) 树脂层和水垫层。运行时，树脂层在上部，水垫层在下部；再生时，树脂层在下部，水垫层在上部。

为了防止成床或落床时树脂乱层，浮动床内树脂基本上是装满的，水垫层很薄。

水垫层的作用：一是作为树脂层体积变化时的缓冲高度；二是使水流和再生液分配均匀。水垫层不宜过厚，否则在成床或落床时，树脂会乱层，这是浮动床最忌讳的；若水垫层厚度不足，则树脂层膨胀时会因没有足够的缓冲高度，而使树脂受压、挤碎以及水流阻力增大。合理的水垫层厚度，应是树脂在最大体积（水压实）状态下，以0～50mm为宜。

（4）倒U形排液管。浮动床再生时，如废液直接由底部排出容易造成交换器内负压而进入空气。因交换器内树脂层以上空间很小，空气会进入上部树脂层并在那时积聚，使这里的树脂不能与再生液充分接触。为解决这一问题，常在再生排液管上加装如图4-23所示的倒U形管，并在倒U形管顶开孔通大气，以破坏可能造成的虹吸，倒U形管顶应高出交换器上封头。

2. 运行

浮动床的运行过程：制水→落床→进再生液→置换→下流清洗→成床，上流清洗→制水。上述过程构成一个运行周期。

（1）落床。落床分自然落床和压力落床。自然落床是当运行至出水水质达到失效标准时，关闭出、入口门2～3min，停止制水，靠树脂自身重力从下部起逐层下落，在这一过程中同时还可起到疏松树脂层、排除气泡的作用。压力落床是关入口门，开下部排水门，利用出口水的压力强迫树脂整齐下落，时间约1min。两种落床方式相比较，压力落床速度快，床层的扰动小，适用于水垫层稍高和阀门有程序控制或远方操作的设备。自然落床速度慢，适用于水垫层低的设备。

（2）进再生液。一般采用水射器输送。先启动再生专用泵（也称自用水泵），调整再生用水流速达到要求时，再开启再生计量箱出口门，调整再生液浓度，进行再生。

（3）置换。待再生液进完后，关闭计量箱出口门，继续按再生流速和流向进行置换，置换时间一般为15～30min，置换水量为树脂体积的1.5～2倍。

（4）下流清洗。置换结束后，开清洗水门，调整流速至10～15m/h进行下流清洗，一般需15～30min。

（5）成床、上流清洗。进水以20～30m/h的较高流速将树脂托起，并进行上流清洗，直至出水水质达标时，即可转入制水。

浮动床运行流速7～60m/h，失效标准一般为：强酸性H型浮动床，出口Na^+含量达50～100μg/L；Na型浮动床；出口水硬度达10～30μmol/L。

为了提高浮动床的出水水质和及时指示运行终点，应设置体内取样装置。

3. 树脂的体外清洗

由于浮动床内树脂是基本装满的，没有反洗空间，故无法进行体内反洗。当树脂需要反洗时，需将部分或全部树脂转移到专用清洗设备中进行清洗。经清洗后的树脂再送回交换器中进行下一个周期的运行。清洗周期取决于进水中悬浮物含量的多少和设备在工艺流程中的位置，一般是10～20个周期清洗一次。清洗方法有两种。

（1）水力清洗法。将约一半的树脂输送到体外清洗罐中，然后在清洗罐和交换器串联的情况下进行水反洗，反洗时间通常为40～60min。

（2）气—水清洗法。将树脂全部输送到体外清洗罐中，先用经净化过的压缩空气擦洗5～10min，然后再用水以7～10m/h流速反洗至排水透明为止。该法清洗效果好，但清洗罐容积要比交换器大一倍左右。

清洗后的再生，也应像逆流再生离子交换器那样增加50%～100%的再生剂用量。

4. 工艺特点

（1）浮动床成床时，流速应突然增大，不宜缓慢上升，以便成床状态良好。在制水过程中，应保持足够的水流速度，不得过低，以避免出现树脂层下落的现象。为了防止低流速时树脂层下落，可在交换器出口设回流管，当系统出力较低时，可将部分出水回流到该级之前的水箱中。此外，浮动床在制水周期中不宜停床，尤其是后半期，否则会导致交换器提前失效。

（2）由于浮动床制水时与再生时的流向相反，因此，与逆流再生离子交换器一样，可以获得较好的再生效果，无疑再生后树脂层中的离子分布，对保证运行时出水水质也是非常有利的。

（3）浮动床除了具有对流再生工艺的优点外，还具有水流过树脂层时压头损失小的特点。这是因为它的水流方向与重力方向相反，在相同流速下，与水流自上而下相比，树脂层的压实程度较小。因而水流阻力也小，这也是浮动床可以高流速运行和树脂层可以较高的原因。

（4）浮动床体外清洗增加了设备和操作的复杂性，为了不使体外清洗次数过于频繁，对进水浊度应严格要求，一般应小于或等于 2mg/L。

五、双层床和双室床

双层床和双室床都是属于强、弱型树脂联合应用的离子交换器。双层床运行时，进入阳双层床的水先流经弱型阳树脂，除去水中的碳酸盐类的阳离子，反应如下：

$$R(COOH)_2 + Ca(HCO_3)_2 \longrightarrow R(COO)_2Ca + 2H_2O + 2CO_2\uparrow$$

$$R(COOH)_2 + Mg(HCO_3)_2 \longrightarrow R(COO)_2Mg + 2H_2O + 2CO_2\uparrow$$

这样，不产生反离子 H^+，不影响弱酸性阳离子树脂上 H^+ 的电离，交换反应进行得较彻底。对于水中中性盐类，弱酸性树脂不进行离子交换，因为产生的反离子 H^+ 抑制了弱酸性阳离子树脂上 H^+ 的电离。然后水再经过强酸性阳树脂，除去水中所有其他阳离子。水经过除碳器除去水中 CO_2 后，再用泵打入阴双层床中。进入阴双层床的水，先经过弱碱性阴树脂，除去水中强酸阴离子，反应如下：

$$R(NH_3OH)_2 + H_2SO_4 \longrightarrow R(NH_3)_2SO_4 + 2H_2O$$

$$RNH_3OH + HCl \longrightarrow RNH_3Cl + H_2O$$

弱碱性阴树脂只能吸着 SO_4^{2-}、Cl^-、NO_3^- 等强酸根离子，对弱酸根 HCO_3^- 的吸着能力很弱，对更弱的 $HSiO_3^-$ 则不能吸着。不仅如此，而且弱碱性 OH 型树脂对于这些酸根的吸着是有条件的，那就是吸着过程只能在酸性溶液中进行，或者说只有当这些酸根成为相应的酸时才能被吸着。至于在中性溶液中，弱碱性 OH 型树脂不能与之交换。

然后水再经过强碱性阴树脂，除去水中弱酸阴离子，反应如下：

$$R{\equiv}NOH + H_2CO_3 \longrightarrow R{\equiv}NHCO_3 + H_2O$$

$$R{\equiv}NOH + H_2SiO_3 \longrightarrow R{\equiv}NHSiO_3 + H_2O$$

这样，可充分发挥强碱性阴树脂除硅的能力。

1. 双层床

在复床除盐系统中的弱型树脂，总是与相应的强型树脂联合使用。为了简化设备，可以将它们分层装填在同一个交换器中，组成双层床的形式。装填弱酸性阳树脂和强酸性阳树脂的称为阳双层床，装填弱碱性阴树脂和强碱性阴树脂的称为阴双层床。

在双层床式的离子交换器中，通常是利用弱型树脂的湿真密度比强型树脂小的特点，使弱型树脂处于上层，强型树脂处于下层。在交换器运行时，水的流向自上而下先通过弱型树脂层，后通过强型树脂层；而再生时，再生液的流向自下而上先通过强型树脂层，后通过弱型树脂层。因此，双层床离子交换器属逆流再生工艺，具有逆流再生的特点。双层床的结构与工作过程如图4-26所示。

为了使双层床中强型树脂和弱型树脂都能发挥它们的长处，它们应能较好地分层。为此对所用树脂的密度、颗粒大小都有一定的要求。树脂生产厂家可提供适用于双层床的专用配套离子交换树脂。

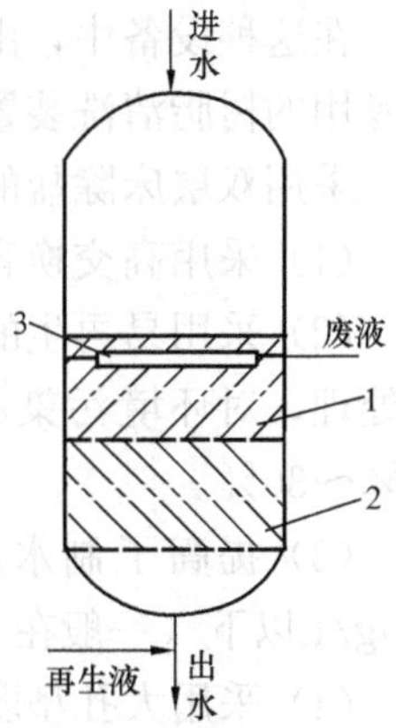

图4-26 双层床结构示意

1—弱型树脂层；2—强型树脂层；3—中间排水装置

双层床的运行和再生操作与逆流再生离子交换器相同。

2. 双室双层床

双层床中强型树脂和弱型树脂虽然由于密度的差异，能基本做到分层，但要做到完全分层是很困难的。若在两种树脂交界处有少量树脂相混杂，对运行效果的影响并不大；若混层范围大，则混入强型树脂中的弱型树脂不能发挥交换作用，混入弱型树脂中的强型树脂得不到再生，使运行效果大大下降。

双室双层床是将交换器分隔成上、下两室，弱型树脂和强型树脂各处一室，强型树脂在下室，弱型树脂在上室，这样就避免了树脂混层带来的问题。上、下两室间装有双向水帽的多孔隔板，或在两块多孔板中间夹60目涤纶布，以沟通上、下两室的水流。双室双层床如图4-27所示。

在此种设备中，由于下室中是装满树脂的，所以不能在体内进行清洗，需另设体外清洗装置。双室双层床的运行和再生操作与双层床相同。

3. 双室双层浮动床

在双室双层床中，如果将弱型树脂放下室，强型树脂放上室，运行时采用水流自下而上的浮动床方式，则这种设备称为双室双层浮动床，如图4-28所示。

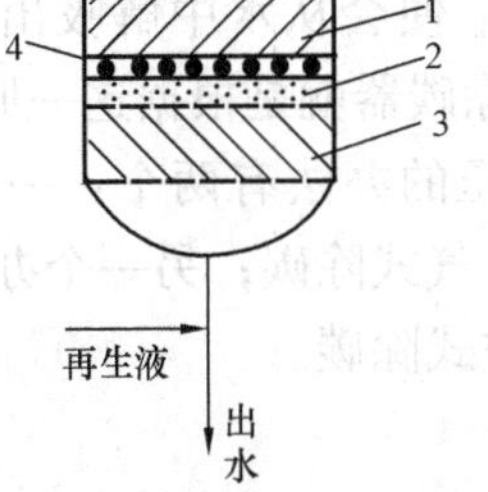

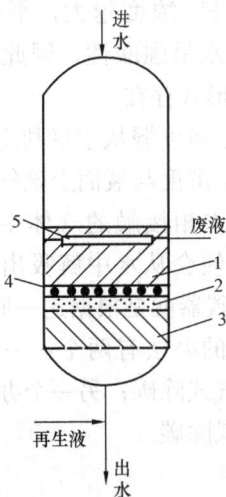

图4-27 双室双层床结构示意

1—弱型树脂层；2—惰性树脂层；3—强型树脂层；4—多孔板；5—中间排液装置

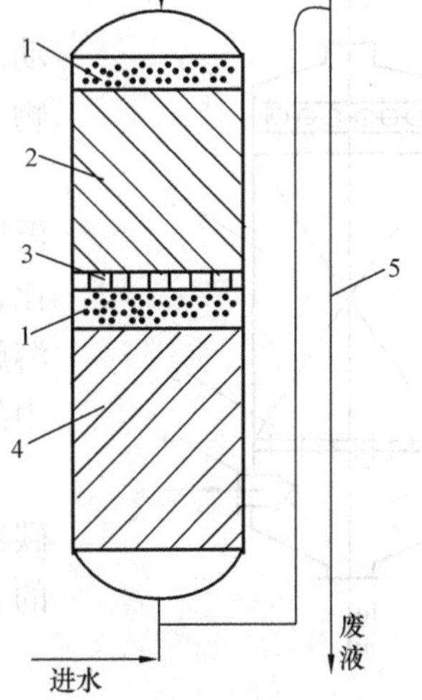

图4-28 双室双层浮动床结构示意

1—惰性树脂层；2—强型树脂层；3—多孔板；4—弱型树脂层；5—倒U形排液管

在这种设备中，由于上、下室中是基本装满树脂的，所以不能在体内进行清洗，需要另设专用的树脂清洗装置。双室双层浮动床的运行和再生操作与普通浮动床相同。

采用双层床除盐的优点如下所述。

（1）采用高交换容量的弱型树脂，提高了设备的平均工作交换容量。

（2）采用易再生的弱型树脂，再生液可得到充分利用，废酸、废碱排放量减少，从而易于处理，对环境污染小；运行费用降低，比单一树脂类型逆流再生设备的酸碱费用降低25%～30%。

（3）提高了制水质量，该系统的出水质量：Na^+ 含量在 20μg/L 以下，SiO_2 含量在50μg/L以下（一般在 10μg/L 左右）。

（4）采用大孔型弱碱性树脂，对有机物具有良好的吸收和解析作用，减缓了对强碱性树脂的污染。

（5）适用于含盐量较高的水。

双层床的适用范围为：阳床进口水的碳酸盐硬度与阳离子物质的量浓度之比等于 0.48～0.85；阴床进水的二氧化硅含量与强碱阴离子摩尔浓度之比小于 0.97。

双层床中，弱型树脂的用量取决于进水水质，但至少为双层床总高度的30%，最好为40%～50%。弱、强型树脂两层的总高度不低于 1.6m，弱型树脂不低于 0.5m。运行流速为15～20m/h。

第六节　除　碳　器

H 离子交换器出水中的游离 CO_2 通常是用除碳器除去的。

一、除碳器的工作原理

水中碳酸化合物有以下平衡关系：

$$H^+ + HCO_3^- \rightleftharpoons H_2CO_3 \rightleftharpoons CO_2 + H_2O$$

由上式可知，水中 H^+ 浓度越大，平衡越易向右移动。经 H 离子交换后的水呈强酸性，因此水中碳酸化合物几乎全部以游离 CO_2 形式存在。

CO_2 气体在水中的溶解度服从于亨利定律，即在一定温度下，气体在水中的溶解度与液面上该气体的分压成正比，因此，只要降低与水相接触的气体中 CO_2 的分压，溶解于水中的游离 CO_2 便会从水中解吸出来，从而将水中的游离 CO_2 除去。除碳器就是根据这一原理设计的。

降低 CO_2 气体分压的办法有两个：一个办法是在除碳器中鼓入空气，即大气式除碳；另一个办法是从除碳器的上部抽真空，即真空式除碳。

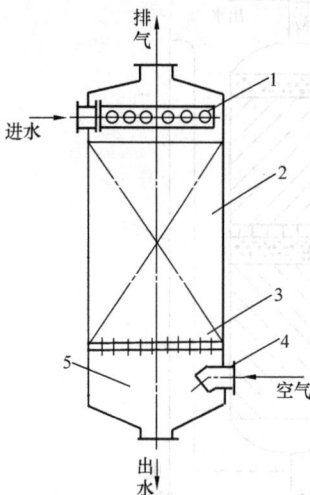

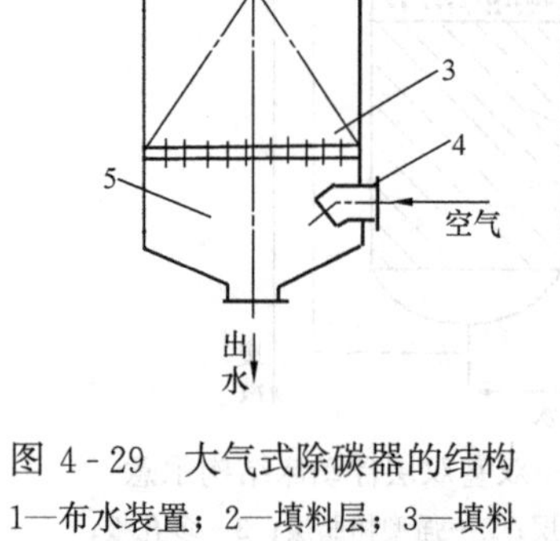

图 4-29　大气式除碳器的结构

1—布水装置；2—填料层；3—填料支撑；4—风机接口；5—风室

二、大气式除碳

1. 除碳器结构

大气式除碳器的结构如图 4-29 所示。本体是一个圆柱形不承压容器，用钢板衬胶或塑料制成。筒体分为三部分，筒体上部为有布水装置，中间为填料室，下部为进风室。以前填料室内的填料可以是瓷环（也称拉希环），近几年逐渐被塑料多面空心球代替。塑料填料质轻、强度高、装卸方便，工艺性能与瓷环相同，除碳效果也与瓷环相近。除碳器风机一般都采用高效离心式风机。

2. 工作过程

除碳器工作时，水从上部进入，经布水装置淋下，通过填料层后，从下部排入水箱。用来除 CO_2 的空气是由风机从除碳器底部送入，通过填料层后由顶部排出。

在除碳器中，由于填料的阻挡作用，从上面流下来的水被分散成许多小股水流、水滴或水膜，以增大空气与水的接触面积。由于空气中 CO_2 的量很少，它的分压约为大气压力的0.03%，所以当空气和水接触时，水中 CO_2 便会析出并被空气带走，排至大气。

在温度为20℃，水中 CO_2 与空气中 CO_2 达平衡时，水中 CO_2 应为0.5mg/L，但在实际设备中，它们尚未达到平衡，所以通过大气式除碳后，一般可将水中的 CO_2 含量降为5mg/L左右。

3. 影响除 CO_2 效果的工艺条件

当处理水量、原水中碳酸化合物和出水中 CO_2 含量要求一定时，影响除 CO_2 效果的工艺条件如下：

（1）水温。除 CO_2 效果与水温有关，水温越高，CO_2 在水中的溶解度越小，因此除碳效果越好。

（2）水和空气的流动工况及接触面积。水和空气的逆向流动以及比表面积大的填料能有效地将水分散成线状、膜状或水滴状，从而增大了水和空气的接触面积，也缩短了 CO_2 从水中析出的路程和降低了阻力。填料体积的多少取决于处理水量、需除去的 CO_2 量和填料的性能。

（3）风量和风压。风机的风量和风压是根据处理水量、填料类型等因素决定的。通常，当用 $\phi25\times25\times3$（外径×高度×壁厚）瓷环做填料、淋水密度为 $60m^3/(m^2\cdot h)$ 时，每处理 $1m^3$ 的水需空气量为 $15\sim30m^3$，填料层阻力为200～400Pa/m；而用轻质的 $\phi50$ 塑料多面空心球时，填料层阻力为120～140Pa/m。

三、真空式除碳

真空式除碳器是利用真空泵或喷射器从除碳器上部抽真空，使水达到沸点而除去溶于水中的气体。这种方式不仅能除去水中的 CO_2，而且能除去溶于水中的 O_2 和其他气体，因此能防止后面的阴树脂氧化和管道的氧腐蚀。

通过真空式除碳器后，水中 CO_2 可降至3mg/L以下，残余 O_2 低于0.03mg/L。

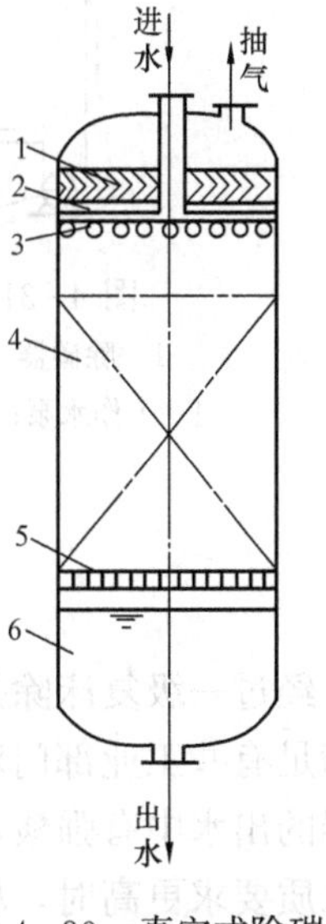

图4-30　真空式除碳器基本构造
1—收水器；2—布水管；3—喷嘴；4—填料层；5—填料支架；6—存水区

1. 结构

真空式除碳器的基本构造如图4-30所示。由于除碳器是在负压下工作，所以要求外壳具有良好的密闭性和足够的强度。壳体下部设存水区，存水区容积应根据处理水量及停留时间决定，也可在下方另设卧式水箱（见图4-31）以增加存水的容积。真空式除碳器所用的填料与大气式的相同。

2. 提高除碳效率的途径

采用喷淋成雾或在填料表面形成薄水膜的办法来增大水、气接触面积，增加填料层高度，提高真空度、尽快抽除水中解吸出来的气体，在可能的情况下提高水温等，都有利于提高除碳效果。

3. 真空除碳系统

该系统由真空除碳器及真空系统组成。

真空状态可用水射器、蒸汽喷射器或真空机组形成。图 4-31 所示为水射器真空系统，图4-32所示为真空机组的真空系统。

真空式除碳器内的真空度使输出水泵吸水困难，为保证水泵的正常工作条件，一般设计成高位式系统和低位式系统的布置方式。

（1）高位式系统。提高除碳器布置位置，增大除碳器内水面与水泵轴线的高度差，以满足输出水泵吸水所需要的正水头，如图 4-31 所示。

（2）低位式系统。在水泵上增设一个水射器，以水射器的抽吸能力克服除碳器内的负压，维持输出水泵吸水所需要的正水头，如图 4-32 所示。

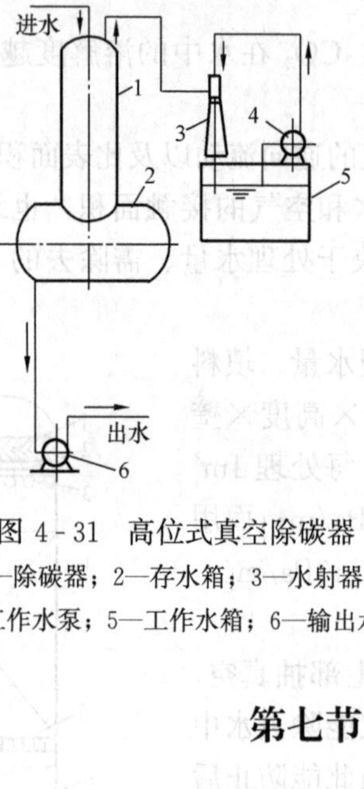

图 4-31　高位式真空除碳器

1—除碳器；2—存水箱；3—水射器；4—工作水泵；5—工作水箱；6—输出水泵

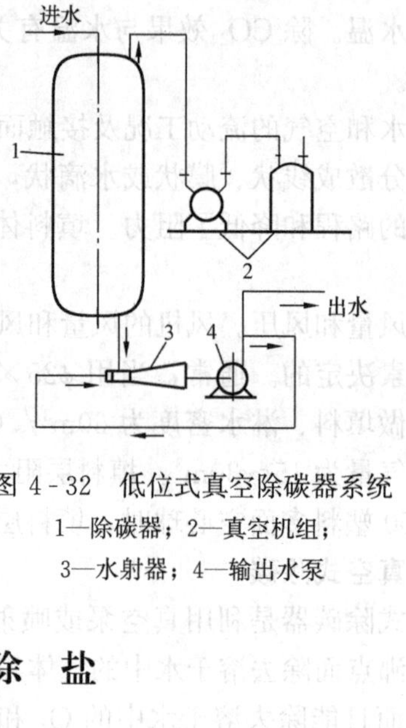

图 4-32　低位式真空除碳器系统

1—除碳器；2—真空机组；3—水射器；4—输出水泵

第七节　混床除盐

经过一级复床除盐处理过的水，虽然水质已经很好，但通常还达不到非常纯的地步，不能满足有些工业部门对水质的要求。其主要原因是位于一级复床除盐系统首位的 H 离子交换器的出水中有强酸，离子交换的逆反应倾向比较明显，以至出水中仍残留少量 Na^+。当对水质要求更高时，尽管可以采取增加级数的办法来提高水质，但增加了设备的台数和系统的复杂性。为了解决这一问题，采用混合床（简称混床）除盐是一种有效办法。

所谓混床除盐就是将阴、阳树脂按一定比例均匀混合装在同一台交换器中，水通过混床能完成许多级阴、阳离子交换过程。

对于由不同类别树脂组成的混床，出水水质是不同的，如表 4-3 所示。

表 4-3　不同类别混床出水水质比较

混床类别	强酸强碱混床	强酸弱碱混床	弱酸强碱混床	弱酸弱碱混床
阳树脂	强酸性	强酸性	弱酸性	弱酸性
阴树脂	强碱性	弱碱性	强碱性	弱碱性
出水电导率（μS/cm）	0.1	1～10	1	100～1000
出水 SiO_2（mg/L）	0.02～0.1	不变	0.02～0.15	不变

对水质要求很高时，混床中所用树脂都必须是强型的，弱酸性、弱碱性树脂的混床出水水质很差，一般不采用。

混床按再生方式分体内再生和体外再生两种。体外再生混床将在第六章凝结水处理中讲述，本节介绍的混床均是指体内再生的由强酸性树脂和强碱性树脂组成的混床。

一、除盐原理

混床离子交换除盐，就是把阴、阳离子交换树脂放在同一个交换器中，在运行前，先把它们分别再生成 OH 型和 H 型，然后混合均匀。混床可以看成是由许许多多阴、阳树脂交错排列而组成的多级式复床，如以阴、阳树脂混匀的情况推算，复床级数可达 1000～2000 级。

在混床中，由于运行时阴、阳树脂是相互混匀的，所以阴、阳离子交换反应几乎是同时进行的。或者说，水中阳离子交换和阴离子交换是多次交互进行的，因此经 H 离子交换所产生的 H^+ 和经 OH 离子交换所产生的 OH^- 都不会累积起来，而是马上互相中和生成 H_2O，这就基本上消除了反离子的影响，使交换反应进行得十分彻底，出水水质很好。混床交换反应可用下式表示：

$$2RH+2R'OH+\left.\begin{matrix}Ca\\Mg\\Na\end{matrix}\right\}\left\{\begin{matrix}SO_4\\Cl_2\\(HCO_3)_2\\(HSiO_3)_2\end{matrix}\right.\longrightarrow R_2\left\{\begin{matrix}Ca\\Mg\\Na_2\end{matrix}\right.+R_2'\left\{\begin{matrix}SO_4\\Cl_2\\(HCO_3)_2\\(HSiO_3)_2\end{matrix}\right.+2H_2O$$

为了区分阳树脂和阴树脂的骨架，式中将阴树脂的骨架用 R′表示，以示区别。

混床中树脂失效后，应先将两种树脂分离，然后分别进行再生和清洗。再生清洗后，再将两种树脂混合均匀，投入运行。

在高参数、大容量锅炉的发电厂中，由于锅炉补给水的用量较大和原水含盐量较高，如果单独使用混床，再生将过于频繁，所以混床都是串联在复床除盐系统之后使用的。只有在处理凝结水时，由于凝结水中离子浓度低，才单独使用混床。此外，在半导体、集成电路、医药等工业部门常常单独使用混床制取除盐水。

二、设备结构

混床离子交换器的本体是个圆柱形压力容器，有内部装置和外部管路系统。

器内主要装置有上部进水装置、下部配水装置、进碱装置、进酸装置及压缩空气装置，在体内再生混床中部的阴、阳树脂分界处设有中间排液装置。混床结构如图 4-33 所示。管路系统如图 4-34 所示。

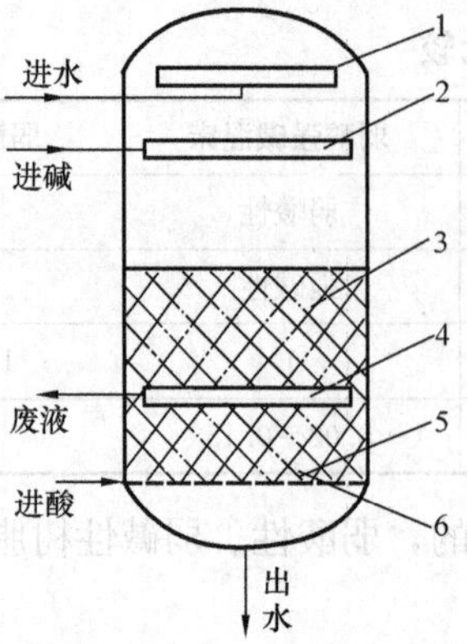

图 4-33 混床结构示意

1—进水装置；2—进碱装置；3—树脂层；4—中间排液装置；5—下部配水装置；6—进酸装置

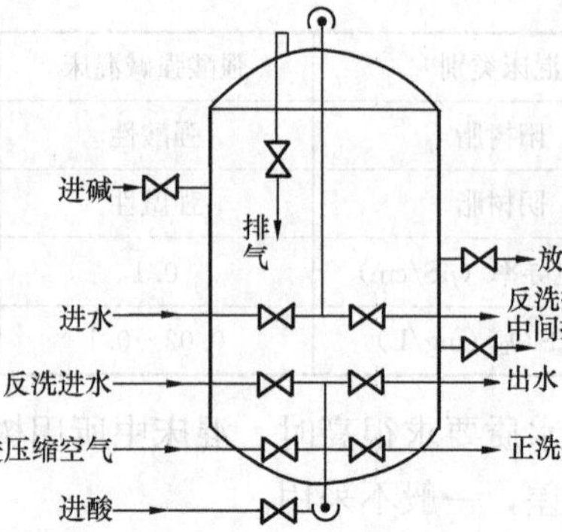

图 4-34 混床管路系统示意

三、混床中树脂

为了便于混床中阴、阳树脂分离，两种树脂的湿真密度差应大于 15%，为了适应高流速运行的需要，混床使用的树脂应机械强度高、颗粒大小均匀。

确定混床中阴、阳树脂比例的原则是使两种树脂同时失效，以获得树脂交换容量的最大利用率。不同树脂的工作交换容量不同，各系统中混床进水水质条件不同，对出水水质要求也有差异，应根据具体情况确定混床中阴、阳树脂的比例。

一般来说，混床中阳树脂的工作交换容量为阴树脂的 2～3 倍。若单独采用混床除盐，则阴、阳树脂的体积比应为（2～3）：1；若用于一级复床之后，因混床进水 pH 值在 7～8 之间，所以阳树脂的比例应比只用混床时高些，目前国内采用的强碱性阴树脂与强酸性阳树脂的体积比通常为 2：1。

四、运行操作

由于混床是将阴、阳树脂装在同一个交换器中运行的，所以在运行上有许多特殊的地方。下面讨论一个周期中各步操作。

1. 反洗分层

混床离子交换除盐装置运行操作的关键问题之一，就是如何将失效的阴、阳树脂分开，以便分别通入再生液进行再生。在火力发电厂水处理中，目前都是用水力筛分法对阴、阳树脂进行分层。这种方法就是借反洗的水力将树脂悬浮起来，使树脂层达到一定的膨胀率，利用阴、阳树脂的湿真密度差，达到分层的目的。阴树脂的密度较阳树脂的小，分层后阴树脂在上，阳树脂在下，所以只要控制适当，就可以做到两层树脂之间有一明显的分界面。

反洗开始时，流速宜小，待树脂松动后，逐渐加大流速到 10m/h 左右，使整个树脂层的膨胀率在 50%～70%，维持 10～15min，一般即可达到较好的分离效果。

两种树脂能否分层明显，除与阴、阳树脂的湿真密度差、反洗水流速有关外，还与树脂的失效程度有关，树脂失效程度大的容易分层，否则就比较困难，这是由于树脂在吸着不同的离子后，密度不同，沉降速度不同所致。

对于阳树脂，不同离子型的密度排列顺序为 $H^+ < NH_4^+ < Ca^{2+} < Na^+ < K^+$

对于阴树脂，不同离子型的密度排列顺序为 $OH^- < Cl^- < CO_3^{2-} < HCO_3^- < NO_3^- < SO_4^{2-}$

由上述排列顺序可知，失效程度大的容易分层，反之，则困难。当交换器运行到终点时，如底层尚未失效的树脂较多，则未失效的阳树脂（H 型）与已失效的阴树脂（SO_4 型）密度差较小，分层就比较困难。

为了便于分层，可在分层前先通入 NaOH 溶液，将阴树脂再生成 OH 型，阳树脂再生成 Na 型，使两者间的密度差增大，从而加快阴、阳树脂的分层。另外，新的 H 型和 OH 型树脂有时还有互相粘结的现象（即抱团），使分层困难，可在分层前先通入 NaOH 溶液以破坏抱团现象。

此外，有一种称作三层混床的，可以改善分离效果，即加入一种湿真密度介于阴、阳树脂之间的惰性树脂，只要粒度和密度合适，就可做到反洗后惰性树脂正好处于阴、阳树脂之间的中排管位置处，这样就可以避免再生时阴、阳树脂因接触对方的再生液而造成交叉污染，以提高混床的出水水质。

2. 再生

混床的再生通常有体内再生、体外再生和阴树脂外移再生三种方法。在热力发电厂中一般不用第三种方法，下面只介绍体内再生方法。体内再生，就是树脂在交换器内部进行再生的方法。根据进酸、碱和冲洗步骤的不同，它又可分为两步法和同时再生法。

所谓两步法是指酸、碱再生液不是同时进入交换器，而是分先后进入。它又分为碱液流过阴、阳树脂的两步法和碱、酸分别通过阴、阳树脂的两步法。

在大型装置中，一般都采用酸、碱分别单独通过阳、阴树脂层的两步法，两步法再生操作过程如图 4-35 所示。

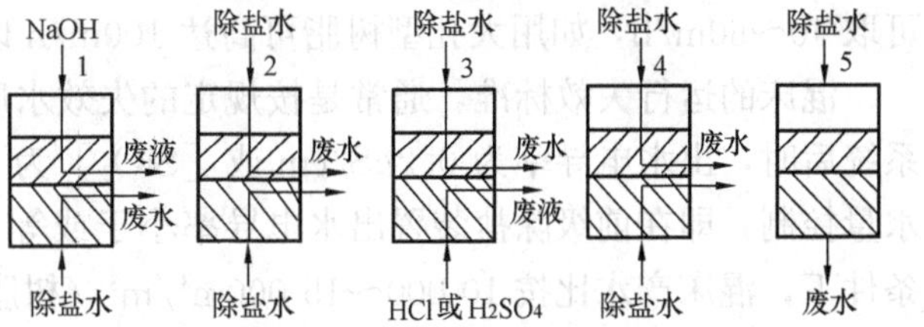

图 4-35　酸碱分别通过阳阴树脂再生示意图

1—阴树脂再生；2—阴树脂清洗；3—阳树脂再生、阳树脂清洗；4—阳、阴树脂各自清洗；5—正洗

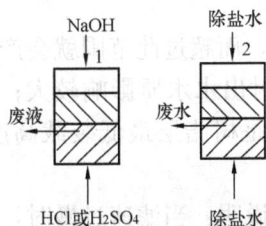

具体操作是在反洗分层后，将交换器中的水放至树脂表面上约 100mm 处，从上部送入碱液再生阴树脂，废液从阴、阳树脂分界处的中排管排出，并按同样的流程进行阴树脂的清洗，直至排水的 OH^- 降至 0.5mmol/L 以下。在上述再生和清洗过程中，可用少量水自下部通过阳树脂层，以减轻碱液对阳树脂的污染。然后，由底部进酸再生阳树脂，废液也由中排管排出。此时，为了防止酸液进入已经再生好的阴树脂层造成阴树脂的污染，需要继续自上部通以小流量的水清洗阴树脂。阳树脂的清洗流程也与再生时相同，清洗至排水的酸度降到 0.5mmol/L 以下为止。然后进行整体正洗，即从上部进水，底部排水，一直洗至排出水电导率小于 1.5μS/cm 为止。在正洗过程中，有时为了提高正洗效果，可以进行一次 2～3min 的短时间反洗，以消除死角处的残液。

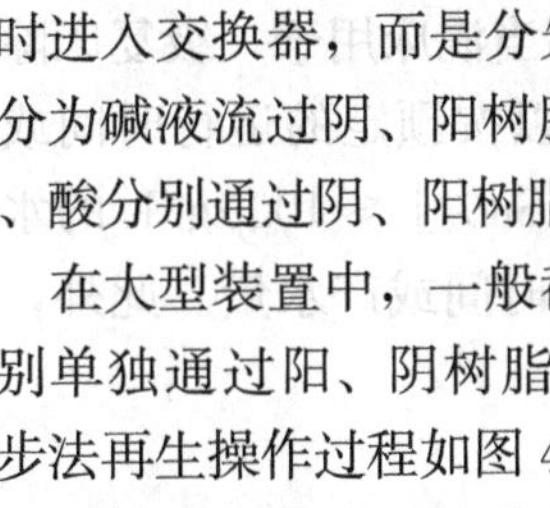

图 4-36　同时再生法示意

1—阴、阳树脂同时再生；

2—阴、阳树脂分别清洗

体内再生的另一种方法是同时再生法。再生时，由混床上、下同时送入碱液和酸液，并接着进清洗水，使之分别经阴、阳树脂层后，由中排管同时排出。此法再生时间的长短取决于阴树脂的再生时间。实践证明，若要使这种再生方法得到满意的结果，必须有精心设计的再生系统。采用此法时，若酸液进完后，碱液还未进完时，下部仍应以同样流速通入清洗水，以防止碱液串入下部从而污染已经再生好的阳树脂。同时再生法的操作过程如图 4-36 所示。

3. 阴、阳树脂的混合

树脂经再生和清洗后，在投入运行前必须将分层的树脂重新混合均匀。通常用从底部通入压缩空气的方法搅拌混合。这里所用的压缩空气应经过净化处理，以防止其中有油类杂质污染树脂。压缩空气压力一般采用0.1～0.15MPa，流量为2.0～3.0m^3/（m^2·s）。混合时间视树脂是否混合均匀为准，一般为0.5～1.0min，时间过长易磨损树脂。

为了获得较好的混合效果，混合前应把交换器中的水面下降到树脂层表面100～150mm处。此外，为防止树脂在沉降过程中重新分离而影响混合程度，除了必须通入适当的压缩空气，并保持一定的时间外，还需要足够大的排水速度，迫使树脂迅速降落，避免树脂在沉降过程中重新分离。树脂沉降时，采用顶部进水对加速混合树脂沉降也有一定的效果。

4. 正洗

混合后的树脂层，还要用除盐水以10～20m/h的流速进行正洗，直至出水合格后（如SiO_2含量低于20μg/L，电导率低于0.2μS/cm），方可投入运行。正洗初期，由于排出水浑浊，可将此水排入地沟，待排水变清后，可回收利用。

5. 制水

混合床的运行制水与普通固定床相同，只是它可以采用更高的流速，通常对凝胶型树脂可取40～60m/h，如用大孔型树脂可高达100m/h以上。

混床的运行失效标准，通常是按规定的失效水质标准控制，即当混床用于一级复床除盐系统后时，出水电导率为0.2μS/cm或［SiO_2］为20μg/L；也可以按预定的运行时间或产水量控制，即在前级除盐装置出水电导率小于或等于10μS/cm、［SiO_2］≤100μg/L的水质条件下，混床产水比按10 000～15 000m^3/m^3（树脂）来估算运行时间或产水量。此外，也有按进出口压力差控制的。

五、运行特点

混床与复床相比有以下优缺点。

1. 优点

（1）出水水质高。用强酸性和强碱性树脂组成的混床，混床出水中残留的含盐量在1.0mg/L以下，电导率在0.2μS/cm以下，残留的SiO_2在20μg/L以下，pH值接近中性。

（2）出水水质稳定。工作条件的变化一般对混床出水水质影响不大。

混床经再生清洗后开始制水时，出水电导率下降极快，这是由于残留在树脂中的再生剂和再生产物立即被混合后的树脂吸着的原因。

进水的含盐量和树脂的再生程度，对出水电导率的影响一般不大，而与交换器的工作周期有关。混床出水电导率的最低值，通常可达到0.1μS/cm以下。

树脂层高度和滤速在一定的范围内时，对出水电导率影响不大，而超过此范围就会产生一定的影响。实验结果证明：当树脂层高度低于600mm时，滤速对出水水质影响较大；当高于600mm时，滤速的影响就比较小。因此，一般认为600mm是树脂层最低装载高度，实际设计时常取600～1800mm之间。

滤速过快和过慢对混床出水水质的影响，可由离子交换速度来说明：当滤速过慢时，树脂颗粒表面的边界水膜比较厚，离子扩散通过此水膜缓慢，影响总的离子交换速度；如果加快滤速，可使树脂颗粒表面的边界水膜减薄，加快离子交换的总速度，使出水水质相应提高。但是滤速过快时，会因水中离子来不及扩散到树脂颗粒内部进行交换就被水流带走，而使出水水质下降，而且此时因保护层厚度增大，树脂的工作交换容量也要降低。

（3）间断运行对出水水质影响较小。无论是混床还是复床，当交换器停止工作后再投入运行时，开始时的出水水质都会下降，要经过短时间的运行后才能恢复到原来的水平。这可能是由于离子交换设备本身及管道材料对水质污染的结果。恢复正常所需要的时间，混床只要3～5min，而复床则需要10min以上。

（4）交换终点明显。混床在运行末期失效前，出水电导率上升很快，这不仅有利于运行监督，而且有利于实现自动控制。

（5）混床设备较少。混床设备比复床少，且装置集中。

2. 缺点

（1）树脂交换容量的利用率低。

（2）树脂损耗率大。

（3）再生操作复杂，需要的时间长。

（4）为保证出水水质，常需投入较多的再生剂。

第八节　离子交换除盐系统

本节介绍由各种离子交换工艺及离子交换设备组成的除盐系统及再生系统。

一、主系统

为了充分利用各种离子交换工艺的特点和各种离子交换设备的功能，在水处理应用中，常将它们组成各种除盐系统。

1. 组成除盐系统的原则

（1）系统的第一个交换器是H离子交换器。这是为了提高系统中强碱性OH离子交换器的除硅效果或使其后的弱碱性OH离子交换能顺利进行。同时，这样设置也比较经济，因为第一个交换器由于离子交换过程中反离子的影响，交换能力不能得到充分发挥，而阳树脂交换容量大，性质稳定，且价格比阴树脂便宜，所以它放在前面比较合适。更主要的是，如果第一个是OH交换器，运行时会在交换器中析出Mg（OH）$_2$、$CaCO_3$沉淀物，反应如下：

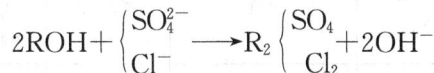

$$2ROH+\left\{\begin{matrix}SO_4^{2-}\\Cl^-\end{matrix}\right.\longrightarrow R_2\left\{\begin{matrix}SO_4\\Cl_2\end{matrix}\right.+2OH^-$$

生成的OH^-立即与水中Ca^{2+}、Mg^{2+}反应生成沉淀：

$$Mg^{2+}+2OH^-\longrightarrow Mg(OH)_2\downarrow$$

$$Ca^{2+}+HCO_3^-+OH^-\longrightarrow CaCO_3\downarrow+H_2O$$

生成的Mg（OH）$_2$、$CaCO_3$会沉积在树脂颗粒表面，阻碍水与树脂接触，影响交换器的正常运行。

（2）要求除硅时在系统中应设置强碱性OH离子交换器。因为只有强碱性阴树脂才能起除硅作用。对于除硅要求高的水，应采用二级强碱性OH离子交换器或带混床的系统。

（3）对水质要求很高时，应在一级复床后设混床。

（4）除碳器应设在H离子交换器之后、强碱性OH离子交换器之前。这样可以有效地将水中HCO_3^-转成CO_2的形式除去，以减轻强碱性OH离子交换器的负担和降低碱耗。

（5）当原水中强酸阴离子含量较高时，在系统中应增设弱碱性OH离子交换器，利用弱碱性树脂交换容量大、容易再生等特点，提高系统的经济性。弱碱性OH离子交换器应放在强碱性OH离子交换器之前。

（6）当原水中碳酸盐硬度较高时，在系统中应增设弱酸性H离子交换器。弱酸性H离子交换器应放在强酸性H离子交换器之前。

（7）强、弱型树脂联合应用时，视情况可采用双层床、双室双层床、双室双层浮动床。

2. 常用的离子交换除盐系统

表4-4列出了常用的离子交换除盐系统及适用情况，并对表中各系统的特点作出分析。

表4-4 常用的离子交换除盐系统及适用情况

序号	系统组成	出水水质		适用情况
		电导率（25℃，μS/cm）	SiO_2（mg/L）	
1	H—C—OH	<10（5）	<0.1	补给水率高的中压锅炉
2	H—C—OH—H/OH	<0.2	<0.02	高压及以上汽包炉、直流炉
3	H_W—H—C—OH	<10（5）	<0.1	（1）同本表系统1；（2）进水碳酸盐硬度大于3mmol/L
4	H_W—H—C—OH—H/OH	<0.2	<0.02	（1）同本表系统2；（2）进水碳酸盐硬度大于3mmol/L
5	H—C—OH—H—OH	<1	<0.02	高含盐量水，前级阴床可用强碱性Ⅱ型树脂
6	H—C—OH—H—OH—H/OH	<0.2	<0.02	同本表系统2、5
7	H—OH_W—C—OH或H—C—OH_W—OH	<10（5）	<0.1	（1）同本表系统1；（2）进水强酸阴离子含量大于2mmol/L，或进水有机物较高
8	H—C—OH_W—H/OH或H—OH_W—C—H/OH	<0.2	<0.05	进水强酸阴离子含量较高，但SiO_2含量低
9	H—C—OH_W—OH—H/OH或H—OH_W—C—OH—H/OH	<1	<0.02	（1）同本表系统2；（2）进水强酸阴离子含量大于2mmol/L，或进水有机物较高
10	H_W—H—OH_W—C—OH或H_W—H—C—OH_W—OH	<10（5）	<0.1	（1）同本表系统1；（2）进水碳酸盐硬度、强酸阴离子都高
11	H_W—H—OH_W—C—OH—H/OH或H_W—H—C—OH_W—OH—H/OH	<0.2	<0.02	（1）高压及以上汽包炉、直流炉；（2）进水碳酸盐硬度、强酸阴离子都高
12	RO—H/OH	<0.1	<0.02	极高含盐量水
13	RO或ED—H—C—OH—H/OH	<0.1	<0.02	高含盐量水和苦咸水

注 1. 表中符号：H—强酸性H离子交换器；H_W—弱酸性H离子交换器；OH—强碱性OH离子交换器；OH_W—弱碱性OH离子交换器；H/OH—混合离子交换器；C—除碳器；RO—反渗透装置；ED—电渗析器。
2. 凡有括号者，括号外为顺流再生工艺的出水电导率，括号内为对流再生工艺的出水电导率。

表中系统1、3、7、10属一级复床除盐系统，其中系统1是由一个强酸性H离子交换器、除碳器和一个强碱性OH离子交换器组成的典型一级复床除盐系统。系统3、7、10是在系统1的基础上增设了弱酸性或（和）弱碱性离子交换器。如将系统3与系统1相比，增设了弱酸性H离子交换器，故系统3适用于处理碳酸盐硬度较高的水，因为弱酸性树脂可以使HCO_3^-转变成H_2CO_3，这样就减轻了强酸性阳树脂的负担。系统7是在系统1上增设了弱碱性OH离子交换器，故系统7适用于处理强酸性阴离子和有机物含量较高的水。系统10是系统1上同时增设了弱酸性H离子交换器和弱碱性OH离子交换器，因而它适于处理碳酸盐硬度以及强酸阴离子含量都高的水。

系统2、4、6、8、9、11都设有混床，所以该系统出水质量高。系统2是典型的一级复床加混床系统，系统4、9、11分别是在系统3、7、10的基础上增加了混床，因此它们除了适用于3、7、10所适用的水质以外，还具有出水水质优良的特点。系统5、6的特点是适用于处理高含盐量水，系统6由于加了混床，所以水质会更好些。系统8的前级中仅有弱碱性OH离子交换器，所以此系统适用于处理强酸阴离子含量高而SiO_2含量低的水。系统12、13设置了反渗透装置或电渗析器，起了预脱盐的作用，所以适用于处理含盐量高的水，系统13的后续处理采用了一级复床加混床系统，所以该系统适用于处理含盐量更高的水，如苦咸水，而且还可制得高质量的水。

二、复床除盐系统的组合方式

复床除盐系统的组合方式一般分为单元制和母管制。

1. 单元制

图4-37（a）为单元制组合方式的一级复床除盐工艺流程图，图中符号的意义与表4-8中的相同。

该组合方式适用于进水中强、弱酸阴离子比值稳定，交换器台数不多的情况。单元制系统中，通常OH离子交换器中树脂的装载体积富余10%～15%，其目的是让H离子交换器先失效，泄漏的Na^+经过OH离子交换器后，出水中生成NaOH，导致出水电导率显著升高，便于运行监督。此时，只需监督复床除盐系统中OH离子交换器出水的电导率和SiO_2含量即可，当电导率或SiO_2显示失效时，H离子交换器和OH离子交换器同时停止运行，分别进行再生后，再同时投入运行。

这种组合方式易自动控制，但系统中OH离子交换器中树脂的交换容量往往未能充分利用，故碱耗较高。

2. 母管制

图4-37（b）为母管制组合方式的一级复床除盐工艺流程图。该组合方式适用于进水中强、弱酸阴离子比值变化较大，交换器台数较多的情况。在此组合方式中阳、阴离子交换器分别监督，失效者从系统中解列出来进行再生，与此同时，将已再生好的备用交换器投入运行。此组合方式运行的灵活性较大。

三、再生系统

离子交换除盐装置的再生剂是酸和碱，在用离子交换法除盐时，必须有一套用来储存、配制、输送和投加酸、碱的再生系统。常用的酸有工业盐酸和工业硫酸，常用的碱是工业烧碱。

桶装固体碱一般干式储存，液态的酸、碱常用储存罐储存。储存罐有高位布置和低位

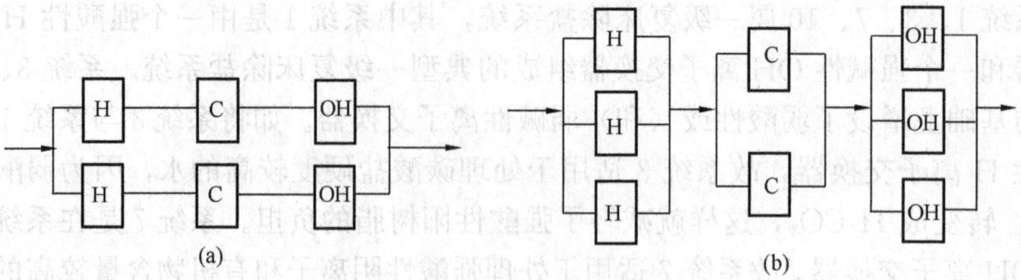

图 4-37 复床系统的组合方式

（a）单元制；（b）母管制

（地下）布置，当低位布置时，运输槽车中的酸、碱靠自身的重力卸入储存罐中；当高位布置时，槽车中的酸、碱是用酸碱泵送入储存罐中的。

液态再生剂的输送常用方法有压力法、负压法和泵输送法。压力法是用压缩空气通到密闭的酸、碱储存罐中挤压酸、碱的输送方法，这种方式由于储存罐要在压力下运行，所以一旦设备发生漏损就有溢出酸、碱的危险；负压输送法就是将计量箱抽成真空，使酸、碱在大气压力下自动流入，此法因受大气压的限制，输送高度不能太高；用泵输送比较简单易行，但泵必须能耐酸或耐碱。

将浓的酸、碱稀释成所需浓度的再生液，常用的配制方法有容积法、比例流量法和水射器输送配制法。容积法是在溶液箱（槽、池）内先放入定量的稀释水，再放入定量的再生剂，搅拌成所需浓度；比例流量法是通过计量泵或借助流量计按比例控制稀释水和再生剂的流量，在管道内混合成所需浓度的再生液；水射器输送配制法是用压力、流量稳定的稀释水通过水射器，在抽吸和输送过程中配制成所需浓度的再生液，这种方法大都直接用在再生液投加的时候，即在配置的同时，将再生液投加到交换器中。

下面介绍几种酸、碱再生系统。

1. 盐酸再生系统

图 4-38（a）所示为储存罐为高位布置，再生剂靠储存罐与计量箱之间的位差，将一次的用量卸入计量箱（应有适当的剩余量）。再生时，首先打开水射器压力水门，调节再生流速，然后再开计量箱上的出口门，调节再生液浓度，与此同时将再生液送入交换器中。图 4-38（b）所示为储存罐低位布置，利用负压输送法将酸送入计量箱中，也可以采用泵输送的办法。图 4-38（c）所示为同时设有高位储存罐和低位储存罐的再生系统，将低位罐中酸送到高位罐可用泵输送，也可用负压输送（如图中虚线框内的抽负压系统）。

为防止酸雾，盐酸再生系统中的储存罐、计量箱的排气口应设酸雾吸收器。

2. 硫酸再生系统

浓硫酸在稀释过程中会放出大量的热量，所以硫酸一般采用二级配制方法，即先在稀释箱中配成 20%左右的硫酸，再用水射器稀释成所需浓度并送入交换器中，图 4-39 所示为负压输送的硫酸再生系统。

3. 碱再生系统

用于再生阴离子交换器的碱有液体的，也可用固体的。液体碱浓度一般为 30%～42%，其配制、输送与盐酸再生系统相同。

固体碱通常含 NaOH 在 95%以上，使用时先将固体碱溶解成 30%～40%的浓碱液，存入碱液储存罐，使用时再配成所需浓度的再生液，图 4-40 为这种类型的系统。也可先将固

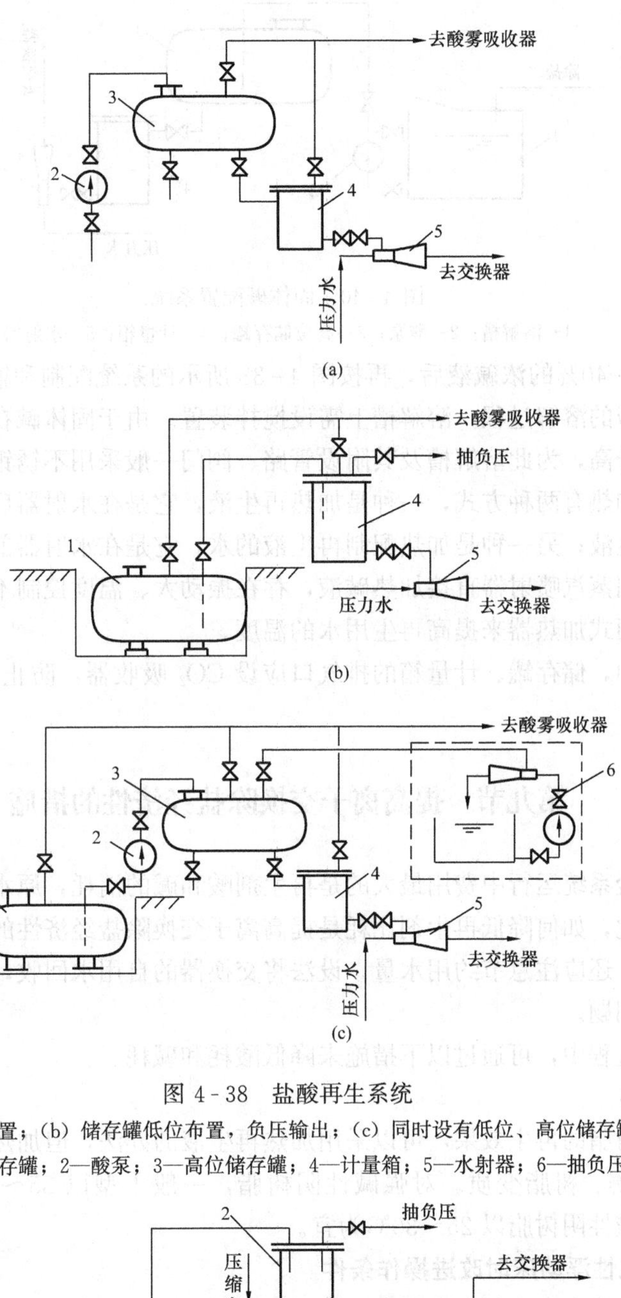

图 4-38 盐酸再生系统

(a) 储存罐高位布置；(b) 储存罐低位布置，负压输出；(c) 同时设有低位、高位储存罐的再生系统

1—低位储存罐；2—酸泵；3—高位储存罐；4—计量箱；5—水射器；6—抽负压系统

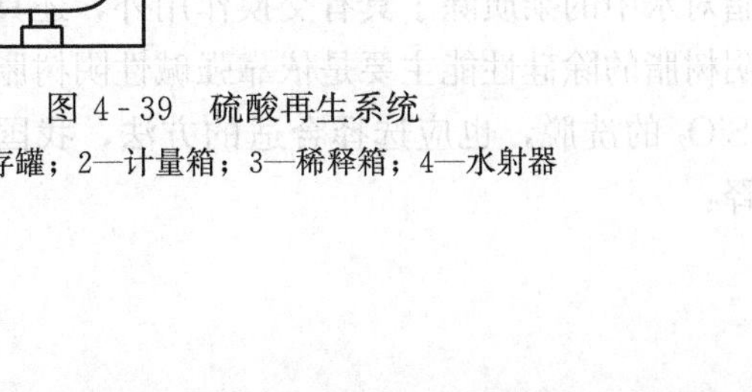

图 4-39 硫酸再生系统

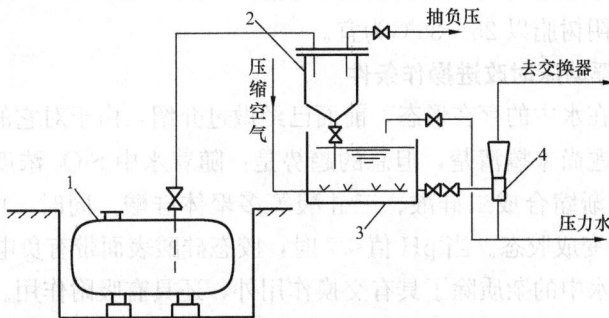

1—储存罐；2—计量箱；3—稀释箱；4—水射器

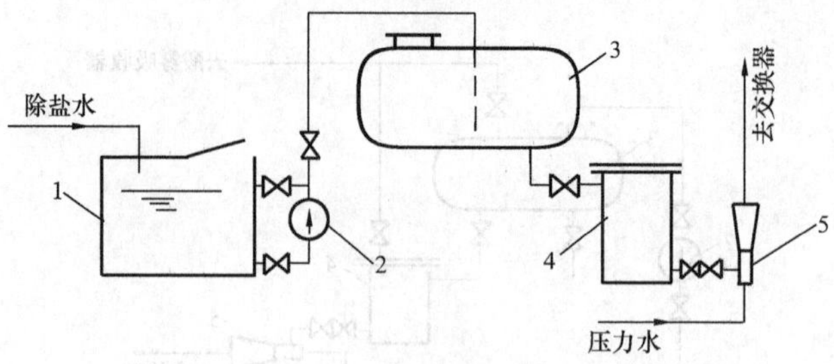

图 4-40　固体碱配置系统

1—溶解槽；2—酸泵；3—高位储存罐；4—计量箱；5—水射器

体碱溶解成30%～40%的浓碱液后，再按图4-38所示的系统配制和输送。

为加快固体碱的溶解过程，溶解槽上需设搅拌装置。由于固体碱在溶解过程中放出大量热量，溶液温度升高，为此溶解槽及其附设管路、阀门一般采用不锈钢材料。

碱再生液的加热有两种方式，一种是加热再生液，它是在水射器后增设蒸汽喷射器，用蒸汽直接加热再生液；另一种是加热配制再生液的水，它是在水射器前增设加热器，用蒸汽将压力水加热。用蒸汽喷射器直接加热碱液，存在振动大、温度控制不便的缺点，因此现在加热方式多用表面式加热器来提高再生用水的温度。

碱再生系统中，储存罐、计量箱的排气口应设 CO_2 吸收器，防止空气中 CO_2 进入储存罐和计量箱。

第九节　提高离子交换除盐经济性的措施

离子交换除盐系统运行中费用最大的是再生剂酸和碱的消耗，原水中含盐量越多，这种费用就越大。因此，如何降低再生剂比耗是提高离子交换除盐经济性的主要措施；其次，在用水量比较大时，还应注意节约用水量，设法将交换器的自用水回收，以防止环境污染、解决排酸、排碱等问题。

在离子交换过程中，可通过以下措施来降低酸耗和碱耗。

一、碱液加热

为了提高阴树脂的再生效果，可以采用加热再生液的办法，但加热温度不宜过高，否则会使交换基团分解、树脂变质。对强碱性阴树脂，一般Ⅰ型以35～50℃、Ⅱ型以（35±3)℃为宜，对弱碱性阴树脂以25～30℃为宜。

二、应用强碱性浮动床时改进操作条件

关于硅酸化合物在水中的存在形态，前面已经做过介绍，由于对它的研究工作存在的困难较多，至今许多问题尚未搞清楚，但总的趋势是：随着水中 SiO_2 浓度的增大或pH值的降低，单分子硅酸逐渐缩合成二硅酸、三硅酸等多聚体硅酸。同时，由于聚合度的增加，SiO_2 也会从溶解态转变成胶态。当pH值<7时，胶态硅酸表面带有负电荷。

离子交换树脂对水中的杂质除了具有交换作用外，还具有吸附作用。基于上述分析，可以推论出强碱性阴树脂的除硅性能主要是依靠强碱性阴树脂表面的吸附作用。这样，对于强碱性阴树脂层中 SiO_2 的洗脱，也应选择合适的方法，我国某些电厂是采用热除盐水冲洗，原理可作如下解释：

(1) 除盐水中 SiO_2 浓度很低，而树脂层表面 SiO_2 浓度很高，由这种浓度差所产生的动力，使 SiO_2 很容易从树脂上解吸下来。

(2) 用除盐水冲洗的过程中，树脂层中的酸性水逐渐排出，pH 值也随之升高，可使树脂层中的硅化合物由难溶的多聚体转变成较易溶解的低分子型。

(3) 加热除盐水，有利于硅化合物的解吸，温度越高，SiO_2 的洗脱率也会越高，但温度不能太高，以免影响树脂的使用寿命。

先用除盐水冲洗，也可使失效阴床树脂层中的酸性水被稀释至接近中性，避免了直接用碱液再生时由于中和反应而增加碱液的消耗。

此外，由于浮动床制水时水是从下向上流动的，树脂层中若存留有空气，它会随着上升水流排出床体外。这为排空再生液，提高树脂的再生度和排空清洗水，降低自用水耗，创造了条件。

综上所述，强碱性阴浮动床建议采用如下操作条件。

(1) 热除盐水清洗。运行至失效的交换器，先用 35～40℃的热除盐水，由上向下通过树脂层，通过的水量为树脂体积的 2～3 倍，流速为 5～7m/h。

(2) 碱液再生。以 $1m^3$ 树脂 18kg 固体 NaOH 的碱耗标准，配成 0.7%～0.8%浓度的 NaOH 溶液，加热至 35～40℃，以 5m/h 的再生液流速进行再生。

(3) 排空再生液。如设备再生后不立即投入制水，可在排空再生液后留作备用。

(4) 顺流清洗。用阳床出水自下而上清洗树脂层，至排水水质符合出水水质要求后，投入制水。

三、增设弱酸性、弱碱性离子交换器和采用双层床交换器

在系统中增设弱型树脂可以节约再生用酸和碱的量，采用双层床可以节省离子交换设备、降低酸碱耗、有利于防止有机物污染（弱碱性树脂采用大孔型）、废酸碱浓度低易于进行中和处理等长处。但在使用双层床时，必须注意下面几个问题：

(1) 强酸性树脂与弱酸性树脂组成的双层床，最好用盐酸再生。如用硫酸再生，在交换剂层中，容易析出 $CaSO_4$ 沉淀。

(2) 强碱性树脂与弱碱性树脂组成的双层床，要注意防止胶体硅的沉积。因为制水时，强碱性阴树脂吸着了大量硅酸。再生时，由于碱液首先接触这一层树脂，因此在废碱液中含有大量硅的化合物。当这种废液接触弱碱性树脂时，因弱碱性阴树脂吸着了 OH^-，使废液的 pH 值下降，有可能形成部分胶体硅酸。一旦形成胶体硅酸沉积在弱碱性阴树脂层中，将使再生后的清洗产生困难，影响出水水质。且在下一周期制水时它又可能被强碱性阴树脂吸着，从而减少了设备的周期制水量。

(3) 采用双层床时，所用水源的水质必须稳定，否则会使经济性及出水水质降低。这是因为双层床中两种树脂的比是固定的，当水质变动时它不能自动适应。

实践表明：阴双层床存在问题较多，使用的已经减少；阳双层床在水源水质稳定条件下使用情况较好。

四、采用对流再生式

如前所述，当用固定床式离子交换器时，对流再生的运行方式要比顺流式优越，在除盐系统中也是这样。将强酸性 H 型交换器做成对流式运行时，它的优越性最显著，特别是当原水含盐量较大时。至于强碱性 OH 型交换器，当采用对流再生运行方式时，有些单位也

取得了与 H 型交换器相似的经验，即可以大幅度提高出水水质和降低碱耗；有的单位则认为没有强酸性 H 型交换器的效果显著。究其原因，可能与强碱性阴树脂对 $HSiO_3^-$ 的吸着性能有关。前面已经讲过，当强碱性阴树脂失效时，它吸着的 $HSiO_3^-$ 大都集中在交换剂层的出水一端，当对流再生时，必须将这些 $HSiO_3^-$ 赶出另一端才能排除。但 $HSiO_3^-$ 的吸着和解吸的速度都比较缓慢，此时必须找到合适的再生条件，才能将 $HSiO_3^-$ 充分排掉，否则就会使部分 $HSiO_3^-$ 在交换剂层中上下转移，影响再生效果和出水水质。

总的说来，采用对流再生，对于强酸性、强碱性交换器都可节约再生剂用量，提高出水水质。

五、提高淡化高含盐量水的经济性措施

对于含盐量很高的苦咸水或海水来说，如采用一般的离子交换法除盐，再生剂用量太大，很不经济。例如，当含盐量超过 1000mg/L 时，用离子交换法除盐就没有蒸馏法经济。对于含盐量大的水，除了蒸馏法，还可采用其他处理方法，如以电渗析或反渗透作为先期处理，除去大部分盐类，然后再进一步用离子交换除盐，进行深度处理。

六、回收再生废液和清洗水及废液处理

在除盐系统的运行中，设法降低酸、碱用量不仅可以提高经济性，而且可以减轻环境污染。如果酸、碱用量多了，则势必造成酸、碱废液排放量增加，轻者侵蚀下水道和地基，重者会造成河水或其他水源的污染，影响农作物的生长和人类健康。为此，做好废液回收工作和处置好排废液问题，是离子交换除盐系统运行中很重要的一项工作。

当用顺流式固定床交换器时，再生强酸性或强碱性树脂的废液均应加以回收利用。在开始排废酸和废碱时，由于其中再生产物较多，不宜应用，可排掉，但在废液中再生出的离子含量高峰过去后，可将废液回收储存于专设的回收箱中，供下次再生时作初步再生用。至于究竟应排除多少废液后方能开始回收，可通过连续测定废液中有关离子浓度的试验来决定。

交换器再生后正洗用水的量是很大的。一般对于 H 型树脂，约为树脂体积的 7 倍；强碱性 OH 型阴树脂约为树脂体积的 10 倍；弱碱性 OH 树脂的正洗水量更大。这些清洗水常采用的是纯水或该交换器的前一级交换装置的出水，因此回收部分清洗水加以利用也是一种节约措施。清洗水的用途有两种：一是将它送至除盐系统的某一部分，作为某一交换器的进水，送回除盐系统进行处理；二是将它收集起来作为下次再生时的反洗用水。

下面谈一下废液的处置问题。

离子交换除盐系统中废液和废水的量很大，一般约相当于系统处理水量的 10%。因此，应采取适当措施，将这些废液加以处理，合格后才能排除。为了防止污染环境，废液处理后的 pH 值不应超过 6～9。

关于离子交换除盐系统排废酸和废碱的问题，首先应着眼于尽可能地降低酸和碱的用量，以减少排出的酸量和碱量。然而事实上，即使采取了上述措施，仍不可避免在废液中带有酸或碱。为此，还应做好废酸和废碱的处置问题，现将目前处置的经验介绍一下。

1. 排至需要酸的地方

在离子交换除盐系统中，通常的情况是排出的废酸量比废碱量多，为此，处置酸性水是主要的。在热力发电厂中，酸性水可以排至密闭式循环水系统中，用作循环水加酸处理的药品，或者排至电厂的冲灰系统中，利用冲灰系统中水的碱性来中和。

将酸性水排至循环水中，可以起到防止凝汽器铜管内结垢的作用，从经济上来说是比较合算的。但此时应注意以下一些问题：酸量不足时，应增添新鲜的酸液；不能使循环水含盐量太高；排碱问题应统筹安排。

将酸性水排至冲灰系统时，应考虑以下这些问题：

(1) 将废酸和废碱先中和至微酸性后再排入；

(2) 估算每次再生后废液的酸度和水力除灰水的水质和水量，看排酸时能否完成中和作用，并使中和后的冲灰水仍呈微碱性；

(3) 冲灰系统中的水容量是否够大，如冲洗系统中的灰浆池，当排酸时会不会出现溢水现象。

此外，不论将废液排至何处，对某些管道、部件和有可能与酸性水相接触处，还应采取防腐措施，以防止因排废液时不能立刻混匀而产生局部酸性腐蚀。

2. 酸碱中和处理

将离子交换系统排放的废酸和废碱进行中和，至合格后再排放。必须注意，用这种方法时，要将它们中和均匀，中和用的设备要设置好。图4-41所示为三池式中和系统，系统中设有酸池、碱池和中和池。在酸池和碱池内有搅拌措施，中和池之后设有石灰石过滤器以中和水中残存的酸。三池式中和系统的运行情况为：除盐系统中排放出的废酸和废碱先储放于酸池和碱池中，需要排除时，将池内溶液搅匀并分析其中酸碱的浓度，然后根据酸碱浓度按一定的流量比例排至中和池，再流经石灰石过滤器，最后至排水井。

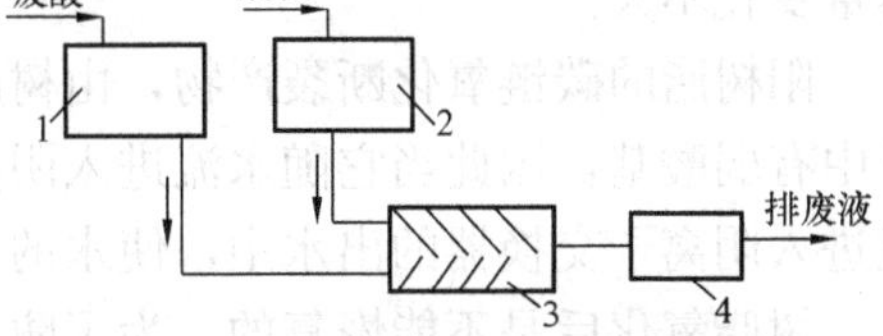

图4-41 三池式中和系统

1—酸池；2—碱池；3—中和池；4—石灰石过滤器

此外，也有将中和系统做成两池式的，它比三池式少一个酸池。此时，先将废碱液储存起来，当除盐系统排酸时，将此废碱同时排放至中和池。用此种方式时，由于除盐系统每次排废酸时，酸液浓度是在不断地变动的，所以控制较困难，中和后的排水有可能出现微酸性或微碱性。还有的只采用一个中和池，即将废酸和废碱排至一个大池中，经混合后排去，实践得知，这样不易使排水始终呈中性，会有时呈酸性，有时呈碱性。

3. 利用弱酸性树脂处理

弱酸性树脂处理废酸和废碱溶液的方法是将废酸和废碱液交替地通过弱酸性树脂。当酸液通过时，它转变成H型，把水中的酸除去，当碱液通过时，树脂将H^+放出，使水中的碱中和，树脂本身变成盐型。由于弱酸性树脂的交换容量大，所以用这种方法比较经济。用此法可以将出水的pH值保持在6～9。

第十节 离子交换树脂的变质、污染和复苏

在离子交换水处理系统的工作过程中，离子交换树脂常常会渐渐改变其性能，究其原因，一是树脂的化学结构受到破坏，即变质；二是受到外来杂质的污染。由前一种情况所造成的树脂性能改变，是无法恢复的；由后一种情况所造成的树脂性能改变，可以采取适当措施，清除这些污染物，从而使树脂性能得到恢复。

一、变质

树脂在应用中变质的主要原因是受氧化剂的氧化作用。如水中的游离氯、硝酸根以及溶

解氧。当温度高时，树脂受氧化剂的作用更严重，若水中有重金属离子时，能起催化作用致使树脂氧化加剧。

总的来说，阴树脂的稳定性比阳树脂差，所以它对氧化剂和高温的抵抗能力也差，但由于它们在除盐系统中的位置不同，所以受氧化的程度也不同。

1. 阳离子交换树脂的变质

在除盐系统中，H 型交换器处于首位，所以阳离子交换树脂受氧化剂侵害的程度最为强烈。

关于树脂的氧化过程，一般认为阳树脂的氧化结果使苯环间的碳链断裂。氧化作用最容易发生在叔碳原子上，所以凡是与苯环、羧基或酰胺基直接相连的碳链中的碳原子最易发生反应。

阳树脂氧化后，颜色变淡、树脂体积变大，因此易碎和体积交换容量降低，但质量交换容量变化不大。

阳树脂的碳链氧化断裂产物，由树脂上脱落下来以后，变为可溶性物质。这些可溶性物质中有弱酸基，因此当它随水流进入阴离子交换器时，首先被阴树脂吸着，吸着不完全时，就进入阴离子交换器的出水中，使水的质量降低。

树脂氧化后是不能恢复的。为了防止氧化，在以自来水为阳离子交换器进水，或预处理加氯时，应设法控制阳离子交换器进水游离氯低于 0.1mg/L。除去水中游离氯常用的方法是在阳离子交换器之前设置活性炭过滤器，另一种是投加亚硫酸钠。

大孔型强酸性阳树脂，在抗氧化性和机械强度方面都比较好，而交换容量、再生效率、漏钠量均与凝胶型树脂相差不多。

2. 阴离子交换树脂的变质

总的来说，阴树脂的化学稳定性比阳树脂差，所以它对氧化剂和高温的抵抗力也较差。但阴离子交换器在除盐系统中一般都布置在阳离子交换器之后，水中强氧化剂都消耗在氧化阳树脂上了，无形中对阴树脂起了保护作用，所以一般只是溶解于水中的氧对阴树脂起氧化作用。

阴树脂的氧化常发生在胺基上，而不是像阳树脂那样在碳链上，最易遭受侵害的部位是用树脂分子中的氮。当季铵型强碱性阴树脂受到氧化侵害时，它的季氮逐渐转变成叔、仲、伯氮，造成碱性减弱，最终降为非碱性物质。

因此，强碱性阴树脂在氧化变质过程中，表现出来的是交换基团的总量和强碱性交换基团的数量逐渐减少，且后者下降的速度大于前者。这是因为阴树脂氧化的初期，季胺基团在大多数情况下变成能进行强酸阴离子交换的弱碱性基团。由于弱碱性基团易于再生，所以在氧化初期一般没有交换容量下降的情况。氧化变质的速度开始时大，随后逐渐降低，约两年后氧化速度基本稳定。这是因为，各种季胺基团的稳定性不同，在新树脂中可能含有加快树脂降解速度的杂质，这些杂质在使用过程中渐渐被除掉了。

运行时提高水温会使树脂的氧化速度加快。Ⅱ型强碱性阴树脂比Ⅰ型易受氧化。防止阴树脂氧化可采用真空除气（即真空除碳器），这对应用Ⅱ型强碱性阴树脂时更有必要。

二、污染

由运行经验得知，离子交换树脂受水中杂质污染是影响树脂长期可靠运行的主要问题，污染有多种原因，下面分别加以叙述。

1. 悬浮物污染

原水中的悬浮物会堵塞在树脂颗粒间的空隙中，这一方面增大了床层水流阻力，另一方面会覆盖在树脂颗粒表面，阻塞颗粒中微孔的通道，降低了树脂的交换容量。

防止这种污染，主要是加强原水的预处理，以减少水中悬浮物含量，交换器进水中的悬浮物含量越少越好，特别是对于不易进行反洗的浮床设备。

此外，为了清除树脂层中的悬浮物还必须做好交换器的反洗工作，必要时可采用空气擦洗法。

2. 铁化合物的污染

铁化合物污染在阳离子交换器和阴离子交换器中都可能发生，在阳离子交换器中，易于发生离子性污染，这是由于阳树脂对 Fe^{3+} 的亲和力强，所以它吸着了 Fe^{3+} 后就不易再生下来，变成不可逆交换。当原水的预处理不当，而有胶态 $Fe(OH)_3$ 进入 H 型树脂层内时，在酸性溶液的作用下，有可能发生 Fe^{3+} 的污染。

在阴床中，易于发生胶态和悬浮态 $Fe(OH)_3$ 的污染。这是因为再生阴树脂用的碱中常含有铁的氧化物，特别是工业液碱，因此在阴床再生时它们易形成 $Fe(OH)_3$ 沉淀物。

铁化合物在树脂层中积累，会降低树脂交换容量，也会污染出水水质。树脂的铁污染通常用目视检查就可以发现，一般是树脂颜色变深，有时树脂中水分含量在短期内迅速增加，也说明存在着金属污染物，因为它促进氧化，加速解链。

消除铁化合物的方法，通常是用加有抑制剂的高浓度盐酸（如 10%～15%）长时间与树脂接触，如 5～12h，也可用柠檬酸、氨基三乙酸、EDTA 等络合剂进行处理。当金属污染物已聚积于树脂结构内时，常需用酸处理。

值得说明的是，由于工业盐酸含铁量较高，当酸洗被铁污染的阴树脂时，不仅不能清洗出树脂中的铁，相反还会交换到该树脂上去。因此，酸洗被铁污染的阴树脂要用化学纯的盐酸。

如果阴树脂既被有机物污染，又被铁离子及铁的氧化物污染，则应先除去铁离子及铁的氧化物，而后再除去有机物。

3. 硫酸钙的析出

当用硫酸再生 H 离子交换器时，如果操作条件不当，有可能在树脂层中析出 $CaSO_4$ 沉淀物。此时，发生的现象有：再生后清洗困难，洗出液中总是有硬度，因为沉淀出的 $CaSO_4$ 在不断地溶解；树脂的交换容量降低，原因是树脂的部分孔网被 $CaSO_4$ 堵塞。

树脂层中一旦有 $CaSO_4$ 沉淀形成，则由于这些沉淀物不易被清除干净，在下次再生时常常又有 $CaSO_4$ 沉淀物形成。这是因为残留的沉淀物成为 $CaSO_4$ 的结晶核心，使析出 $CaSO_4$ 的过饱和阶段消失，所以即使再生条件已有改进，只要有 $CaSO_4$ 的过饱和度，便会立即出现沉淀物。

一旦发现 $CaSO_4$ 析出时，可采用 10%HCl 浸泡 1～2 天，或改用盐酸再生数次。

4. 胶态硅的污染

胶态硅污染发生在强碱性阴树脂交换器中。其现象是，树脂中硅含量增大，用碱液再生时这些硅不易被洗脱下来。结果往往导致阴离子交换器的除硅效率下降。

正常情况下，强碱性阴树脂一般不能交换天然水中的胶态硅酸，但当天然水通过强碱性阴离子交换器后，胶体硅酸仍有相当数量地减少，估计这与树脂的机械过滤及吸附有关。发生胶态硅污染的原因是再生不充分，或树脂失效后没有及时再生。若再生用的碱量不充分，再生液流经树脂层时先是发生硅化合物被再生下来的过程，随后当再生液继续流动时，因再生液中 OH^- 减少，pH 值下降，甚至出现酸性，再生下来硅化合物会因水解而转化成硅酸。如果硅酸浓度较大，就会形成胶态硅酸。反应式如下：

$$RHSiO_3 + 2NaOH \longrightarrow ROH + Na_2SiO_3 + H_2O$$

$$Na_2SiO_3 + H_2O \longrightarrow H_2SiO_3 + NaOH$$

这种污染在对流式离子交换器中较容易发生，因为硅化合物常集中在树脂层的出水端。在对流式设备的再生过程中，这些硅化合物必须流经整个树脂层，所以易于在再生液的流出端形成胶态硅化合物。当这些硅化合物积累量较多时，便会出现污染现象。

还有资料认为，强碱性阴树脂的胶态硅污染，可能是由于吸着的硅酸离子间聚合和部分脱水形成高聚物沉积于树脂中。这可由硅酸型阴树脂放置两天半以上时，它的电导率降低40％来证明，所以强碱性阴离子交换器不宜在失效状态下存放。

一旦发现析出胶态硅，可用稀的温碱液浸泡溶解。

三、阴树脂的有机物污染及复苏处理

有机物对强碱性阴树脂的污染是应用离子交换树脂以来所发生的严重问题之一。

1. 天然水中的有机物

天然水中的有机物种类很多，它们有两种不同的来源，一种是自然界生态循环中形成的，另一种是人类生产活动中造成的。

人类生产活动中排入水中的有机物因各种工业过程不同而异，对于此类有机物的问题必须针对具体情况进行专门研究，这里不讨论。

来自生态循环的有机物主要是腐殖质。腐殖质来自土壤中，它是由动植物腐烂而分解出的一些产物，以腐殖酸和富维酸为主，但种类很多，至今已发现六千多种。腐殖质的分子结构较复杂，相对分子质量很大，且不同来源的腐殖质会有不同的分子结构。在腐殖质的分子结构中有许多苯环，带有羧酸基（— COOH）、羟基（— OH）等许多官能团。

2. 污染机理和污染后的症状

有机物污染是指离子交换树脂吸附了有机物后，在再生和清洗时不能将它们解吸下来，以致树脂中的有机物量越积越多的现象。

凝胶型强碱性阴树脂之所以易受有机物污染，是由于它的高分子骨架属于苯乙烯系，是憎水性的，而腐殖酸和富维酸也是憎水性的，因此两者之间的分子吸引力很强，难以在用碱液再生时解吸出来。由于腐殖酸或富维酸的分子很大，以及凝胶型树脂结构的不均匀性，因此一旦大分子有机物进入树脂中后，容易卡在树脂凝胶结构的许多缠结部位。随着时间的增长，被卡在树脂中的有机物越来越多，这些有机物一方面占据了阴树脂上的交换位置，另一方面有机物分子上带负电荷的酸根离子与强碱性阴树脂之间发生离子交换作用。

在强碱性阴树脂被有机物污染的过程中，会发生再生后清洗用水量逐渐增大的现象。这是由于树脂吸附的有机物分子上有弱酸基团（— COOH），所以这些截留下来的有机物，就好像在阴树脂上增添了弱酸基团，起了阳离子交换树脂的作用。于是在用碱再生时，发生下面交换反应：

$$R'COOH + NaOH \longrightarrow R'COONa + H_2O$$

在正洗和制水过程中，又发生下面的水解反应：

$$R'COONa + H_2O \longrightarrow R'COOH + NaOH$$

这样就会有 NaOH 不断漏出，要使全部—COONa 因水解而恢复至—COOH 则需要大量清洗水。

另外，树脂的工作交换容量降低也是有机物污染的现象。这有两种可能的原因：一是活性基团被有机物遮盖，二是因正洗水量加大，正洗水中阴离子消耗了一部分交换容量。

此外还可能由于在运行时有机物泄漏，而出现水的电导率逐渐上升和 pH 值逐渐下降（可降至 5.4～5.7）。也会因碱性基团受有机物污染而使除硅能力下降，以致在运行中提前漏硅。

被污染的树脂常常颜色变暗，原先透明的变成不透明，并可以嗅到一种气味。若将此树脂浸泡在碱性食盐水或酸溶液中，这些溶液会变成有颜色的。

目前尚无关于强碱阴树脂被有机物污染程度的确切判断标准。有资料提出这样一个简易判别方法：将 50mL 被污染的树脂装入锥形瓶中，用除盐水摇动洗涤 3～4 次，以除去树脂表面污物，然后加 10%的 NaCl 溶液，剧烈摇动 5～10min 后观察食盐水的颜色，按溶液色泽判别污染程度。其大致关系见表 4-5。

表 4-5　溶液色泽与树脂污染程度的大致关系

色 泽	无色透明	淡草黄色	琥珀色	棕色	深棕或褐色
污染程度	不污染	轻度污染	中等污染	重度污染	严重污染

3. 污染的防止

防止有机物污染的基本措施是在除盐系统之前将水中有机物除去。但有机物的种类很多，现在还没有可将其全部除去的方法，因此，还需要合理地选择树脂，并在运行中采取适当的防护措施。

（1）加强水的预处理。胶态有机物可用混凝、沉淀的办法除去，也可以用超滤法滤去，或加氯破坏有机物，然后再用活性炭吸附去除残留的氯和有机物。

（2）采用抗有机物污染的树脂。丙烯酸系强碱性阴树脂的高分子骨架是亲水性的，所以它和有机物之间的分子引力比较弱，进入树脂中的有机物在用碱再生时，能较顺利地被解吸出来。它能更有效地克服有机物被树脂吸着的不可逆倾向，提高了有机物在树脂中的扩散性，因此具有良好的抗有机物污染能力。

（3）设弱碱性阴离子交换器。弱碱性阴离子交换树脂对有机物的亲合力比强碱性阴树脂小，而且弱碱性阴树脂在运行时吸附的有机物在再生时容易被洗脱下来。所以，为了防止有机物污染，可以在除盐系统中的强碱性阴树脂前设大孔型弱碱阴树脂的交换器，也可将它与强碱性阴树脂做成双层床或双室床。

四、有机物污染的复苏处理

离子交换树脂被有机物污染后，可以用适当的方法处理，使它恢复原有的性能，这称为复苏处理。一般在树脂受到中等程度污染时就需要进行复苏处理。

研究发现，复苏液使树脂收缩程度大者，复苏效果好。这是因为当树脂体积缩小时，降低了树脂颗粒周围溶液中反离子向树脂颗粒内的渗透压，使依赖分子吸引力结合在树脂骨架上的有机物分子容易在复苏液的作用下"剥离"出来。同时还发现，被有机物污染的阴树脂的复苏，除了必须破坏有机物与树脂骨架间的范德华力外，还要求复苏液保持一定的碱性。在酸性条件下，有机物中腐殖质以极难电离的弱有机酸存在，分子引力大；而在碱性条件下，有机物以钠盐形式存在，增大了有机物的溶解性。

由此可见，树脂的收缩度和复苏液的酸碱性是影响阴树脂复苏效果的两个主要因素，所以阴树脂的复苏以采用碱性氯化钠溶液为好。

对于不同水质污染的阴树脂，复苏液的配比不同，常用两倍以上树脂体积的5%～12% NaCl和1%～2%NaOH溶液，浸泡16～48h复苏被污染树脂，对于Ⅰ型强碱性阴树脂，溶液的温度可取40～50℃，Ⅱ型强碱性阴树脂应不超过40℃。最适宜的处理条件应通过试验确定。采用动态循环法复苏效果更好些。

第十一节 设备的防腐蚀

采用离子交换除盐的水处理系统时，酸和酸性水对水处理设备和管道的腐蚀是一个重要问题。除盐设备能否安全可靠地运行，作好防腐蚀工作也是关键的一环。

我国离子交换除盐设备定型产品中，阴、阳离子交换器本体，混床离子交换器本体，管道、阀门和酸箱等，多半是采用橡胶衬里来进行防腐蚀的。各单位自行制造或改装的水处理设备，有的采用橡胶衬里，有的采用玻璃钢衬里进行防腐蚀。对于交换器内部的进水装置、出水装置、中间排液装置，有的用不锈钢制造，有的用塑料制造，也有的用碳钢制造，以衬胶防腐蚀。

再生系统中输送酸、碱溶液的管道和喷射器常用碳钢制造，内部衬胶防腐蚀，也可用质量好的塑料制造。由于水与浓硫酸混合时要发热，故稀释硫酸的喷射器不宜用上述材料，可用耐酸陶瓷或玻璃钢制造。酸、碱计量箱常用碳钢衬胶或衬软质聚氯乙烯结构。

除碳器多用碳钢衬胶结构或用硬聚氯乙烯制作。

有的用衬软聚氯乙烯塑料，有的涂沥青漆，有的衬环氧玻璃钢来防止地沟腐蚀。

下面对各种防腐蚀材料的使用条件简单地加以介绍。

一、橡胶衬里

橡胶分天然橡胶和合成橡胶两大类，水处理设备衬里用的是天然橡胶，就是把橡胶板按一定的工艺要求敷设在水处理设备和管道的内壁上，以隔绝酸及酸性水同金属表面的接触，保护金属免受腐蚀。

橡胶衬里可以长期使用的温度与所采用的橡胶种类有关：硬橡胶衬里的使用温度为0～65℃，软橡胶、半硬橡胶及软硬橡胶复合衬里的使用温度为－25～75℃。一般橡胶衬里的使用压力小于或等于0.6MPa，真空小于或等于80kPa。常用橡胶牌号见表4-6。

表4-6 常用橡胶牌号

类别	硬胶	半硬胶	软胶
牌号	402-1 509	403	407

聚硫橡胶也是一种优良的防腐蚀材料，它能耐碱和稀酸。液态聚硫橡胶施工方便，用浸渍、涂刷和喷涂都可以。某些液态聚硫橡胶可在室温下固化。

二、环氧树脂涂料

环氧树脂涂料是由环氧树脂、有机溶剂、增韧剂、填料等配制而成的，使用时再加入一定量的固化剂。自配环氧树脂时，可参考表 4-7 中所列的两种配方，常用的环氧树脂有 601、604、634、6101 等几种；常用的有机溶剂为丙酮；常用的增韧剂有苯二甲酸二丁酯、邻苯二甲酸二丁酯、磷酸三苯酯等；填料有瓷粉、石墨粉、石英粉、辉绿岩粉等。常用的固化剂有两种，一种是冷固型固化剂，另一种热固型固化剂。冷固型固化剂就是当加入该种固化剂后，环氧树脂在常温下就能固化，一般用的是乙二胺（或多酸胺）；热固型固化剂就是使用这种固化剂时，环氧树脂需在较高温度下进行固化，常用的是间苯二胺。

表 4-7　自配环氧树脂涂料参考配方

组　成	质　量　比	
	冷固型	热固型
环氧树脂（6101）	100	100
间苯二胺		14～16
乙二胺	6～8	
邻苯二甲酸二丁酯	10	
丙酮（或乙醇）	适量（20～30）	适量（30～35）
填料（石墨粉、石英粉、辉绿岩粉）	25～30	25～30

环氧树脂涂料的使用温度为 90～100℃，其优点为：有良好的耐腐蚀性能（特别是耐碱性），较好的耐磨性，与金属和非金属（除聚氯乙烯，聚乙烯外）有极好的附着力，涂层有良好的弹性和硬度，收缩率也小。若在其中加入适量的呋喃树脂，可以提高其使用温度。

三、玻璃钢

用玻璃纤维增强的塑料俗称玻璃钢，它是用合成树脂作粘结材料，以玻璃纤维及其制品（如玻璃布等）为增强材料，按照各种成型方法（如手糊法、模压法、层压法、缠绕法等）制成。

常用的水处理设备的玻璃钢衬里是环氧玻璃钢，就是把环氧树脂涂料配好后，在设备内壁涂一层涂料铺一层玻璃布，这样连续铺涂数层干燥后而成。

配制玻璃钢的环氧树脂，常用的有 6101、634 两种，但也有用 637 的。

所需的增韧剂、有机溶剂、填料、固化剂的量，可采用表 4-7 热固型配方中所列数值。

常用的玻璃布是无碱无捻粗纱方格布。

环氧玻璃钢的使用温度小于 90～100℃（仅供参考），其优点是：机械强度高、收缩率小、耐腐蚀和黏结力强；缺点是耐温性较差。

四、聚氯乙烯塑料

1. 硬聚氯乙烯塑料

硬聚氯乙烯塑料是目前水处理设备中应用最广泛的一种塑料，它可在真空度较高的条件下使用。

硬聚氯乙烯塑料设备使用温度为 －10～50℃，硬聚氯乙烯塑料管道使用温度为 －15～60℃。

硬聚氯乙烯塑料设备及管道安装在室外时，尤其在炎热的南方，应采取防止阳光直接照射的措施，并在外层涂反光性强涂料（如银粉漆、过氯乙烯磁漆），以延长使用寿命。

硬聚氯乙烯塑料的优点是耐蚀性能良好，除强氧化剂（如浓硝酸、发烟硫酸等）外，能耐大部分酸、碱、盐类溶液的腐蚀，有一定的机械强度，以及加工成型方便，焊接性能良好等。

2. 软聚氯乙烯塑料

软聚氯乙烯塑料具有较好的耐温性、耐冲击性、一定的机械强度及良好的弹性、施工方便等优点；缺点是容易老化，故不宜用于直接阳光照射的场所。目前在除盐系统中，多在地沟防腐蚀中用软聚氯乙烯作衬里。

五、工程塑料

工程塑料一般是指具有某些金属性能，能承受一定的外力作用，并有良好的机械性能，不易变形，而且在高、低温下仍能保持优良性能的塑料，目前通常所说的工程塑料，主要指的是聚酰胺、聚碳酸酯、聚甲醛、氯化聚醚、ABS树脂，DAP和DAIP树脂、聚芳砜、聚芳酯、聚酰亚胺等。

工程塑料的优点很多，如抗腐蚀性、耐磨性、润滑性和柔曲性良好，电气性能也较好，工作温度范围较宽等。因此，近年来在各种工业部门的应用发展很快。水处理设备防腐蚀中已经使用的聚碳酸酯、聚砜、聚四氟乙烯等。

六、不锈钢

不锈钢按用途可分为两组。一组是在空气中能耐腐蚀的，称为不锈钢。常用的有1Cr13、2Cr13、3Cr13、4Cr13等，统称铬钢。铬钢符号的意义是Cr代表含元素铬，Cr前面的数字表示含碳量（千分含量），Cr后的数字表示含铬量（百分含量），如1Cr13表示含碳量0.1%左右、含铬量13%左右的铬钢。另一组是在强腐蚀性介质中不受腐蚀的钢，称为耐酸钢，常用的有镍铬钢，如1Cr18Ni9、1Cr18Ni9Ti、Cr18Ni12Mo2Ti或Cr18Ni12Mo3Ti，它们都是奥氏体钢，是非磁性材料。

1. 铬钢

铬钢在各种浓度的硝酸中，在浓硫酸中，在过氧化氢及其他氧化性介质中，都是十分稳定的，但不能耐盐酸、稀硫酸及氯化物水溶液的腐蚀，也不能耐沸腾温度下的磷酸以及高浓度磷酸的腐蚀。它在碱溶液中，只有当温度不高时才能耐腐蚀。亚硫酸能破坏铬钢。

2. 镍铬钢

1Cr18Ni9和1Cr18Ni9Ti两种镍铬钢，在浓度小于或等于95%的硝酸中，当温度低于75℃时是最稳定的，在硫酸及盐酸中不稳定，在磷酸中，只有当温度低于100℃及磷酸浓度不高于60%时才能耐腐蚀，在苛性碱中，除熔融状态外，都是稳定的。在室温时，有机酸对镍铬钢不起作用；在其他有机介质中，镍铬钢大都是稳定的。在碱金属及碱土金属的氯化物溶液中，即使呈沸腾状态，它们也是稳定的。

硫化氢、一氧化碳、室温下干燥的氯气、300℃以下的二氧化硫、二氧化碳（不论是干燥或潮湿状态以及高温下），对它们均无破坏作用。

Cr18Ni12Mo2Ti和Cr18Ni12Mo3Ti两种含钼成分的镍铬钢，在浓度<50%的硝酸中，浓度小于50%的硫酸和20%的盐酸中（室温）及苛性碱中耐腐蚀性均高，并能有效地抑制氯离子的点蚀。

由于不锈钢在不同的条件下，对酸碱的耐蚀性能不一样，故在除盐设备中选用不锈钢作为防腐蚀材料时，要慎重考虑。

小　结

1. 阳树脂运行时，树脂分为失效层、工作层和保护层，保护层只起到保护出水水质的作用。

2. 水的软化处理，软化分为一级、二级软化，软化—除碱分为并联和串联系统。

3. 由阳床—除碳器—阴床组成复床除盐系统，再生剂用量、再生液浓度、流速、水温、再生剂纯度等是影响再生效果的因素。

4. 采用强、弱型树脂联合组成的复床系统可提高再生剂利用率，提高制水质量。

5. 顺流再生交换器的结构比较简单，运行由反洗、再生、置换、正洗和制水组成循环。

6. 逆流再生交换器的结构中有中排装置和压脂层，运行有小反洗、放水、顶压、再生、置换、小正洗、正洗组成循环。

7. 分流再生工艺的特点和交换器结构。

8. 浮动床交换器的结构及特点，运行由落床、再生、清洗、成床、清洗、制水组成循环。

9. 强弱联合处理时，有双层床、双室双层床、双室双层浮床。

10. 除碳器有大气式和真空式两种，它是利用亨利定律达到除去水中 CO_2 的。

11. 混床是将阳、阴树脂于同一设备并混合均匀，使许多级复床除盐于同一设备中，混床结构较复杂，运行操作由反洗、分别（或同时）再生阳、阴树脂，分别（或同时）清洗等步骤组成。

12. 除盐系统组成的原则和常用的除盐系统、制水质量、除盐系统组合方式。

13. 树脂污染的原因及处理方法，除盐系统防腐措施。

思　考　题

1. 叙述 RH 与 Na^+ 交换的过程，RH 与 Ca^{2+}、Mg^{2+}、Na^+ 交换的过程。

2. 工作层、保护层的厚度与哪些因素有关？

3. 什么叫软化？软化处理的方式有几种？

4. 软化—除碱的目的是什么？运行方式有几种？

5. 简述复床除盐的原理。

6. 什么叫顺流再生和对流再生？什么叫反洗？反洗的作用是什么？

7. 什么叫酸（碱）耗和比耗？

8. 叙述影响再生效果的因素。

9. 逆流再生操作由哪些步骤组成？设备中压脂层的作用是什么？

10. 逆流再生比顺流再生有哪些优点？

11. 阴双层床中，SiO_2 在弱碱性树脂中沉积的原因是什么？如何防止？

12. 什么叫混床？混床制水有哪些特点？

13. 叙述酸、碱分别再生阳、阴树脂的操作步骤。

14. 设除碳器的条件及其工作原理是什么？

15. 树脂受铁、有机物污染后有哪些特点？如何处理？

16. 一台交换器的直径为1000mm，树脂层高度为1500mm，试计算应装置多少千克001×7型树脂？树脂的包装为25kg/桶，问需要购买多少桶？（湿视密度为0.8g/mL）

17. 一台阳离子交换器，直径为3000mm，树脂层高度为1600mm，工作交换容量为800mol/m^3，问再生一次用31%（比耗1.5）的工业盐酸多少立方米？再生时，盐酸浓度为4%，再生流速为5m/h，求进酸时间。

第五章

水的其他除盐方法

【内容提要】本章主要介绍蒸馏法制备蒸馏水的原理和方法；电渗析预脱盐的原理；反渗透脱盐的原理，设备结构。超低压螺旋式反渗透的结构、运行操作。

除了用离子交换法可去除水中溶解的盐类外，还有许多对水进行除盐的方法。这些方法中，在热力发电厂得到应用的有蒸馏法和膜分离法。其中膜分离法在热力发电厂水处理中的应用又主要以反渗透为主。

第一节 用蒸馏法制取淡水

一、概况

当将含有盐类的水溶液加热到沸腾时，水便开始大量蒸发成水蒸气，盐类则留在溶液中，再将蒸汽冷凝，便得到蒸馏水，这种制取纯水的方法称为蒸馏法。蒸馏法除盐又称蒸发法除盐，是最早被人们采用的除盐技术。早期只是用于少量的蒸馏水生产，近几十年来已逐渐用于大型电厂、大型工业锅炉供水和海水、苦咸水的淡化等领域。另外，也可利用化工厂、炼油厂和冶炼厂等的废热来生产工业脱盐水，这不仅适用于沿海地区，也适用于内地。因此，蒸馏法除盐已形成了一门新兴的水处理技术和产业。

二、蒸馏法制取淡水

蒸馏法制取锅炉补给水的工艺流程如图5-1所示。

在热力发电厂中，常常不是直接用燃料燃烧放出的热量作为制取蒸馏水的热源，而是利用汽轮机抽汽（称为一次蒸汽）在一个称为蒸发器的热交换器中将水加热蒸发，得到蒸汽（称为二次蒸汽）在冷凝器中凝结成蒸馏水，即淡水。蒸发装置的给水，一般是经过预处理和软化后的水。一次加热蒸汽来自汽轮机的低压段抽汽，经加热给水后自身变成疏水，回到疏水系统。

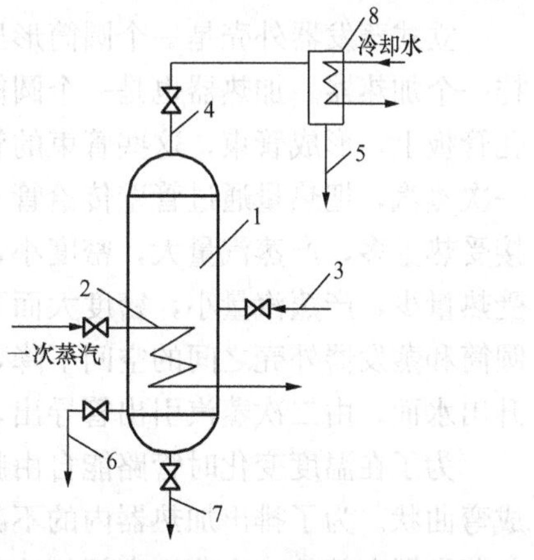

图5-1 蒸馏法制取锅炉补给水的工艺流程
1—蒸发器外壳；2—受热部件；3—给水导入管；4—二次蒸汽引出管；5—蒸馏水引出管；6—排污；7—放空管；8—冷凝器

冷凝器中的冷却水从冷凝器的顶部引入，与上升的水蒸气接触换热。蒸发装置内的水浓缩到一定程度后成了浓盐水。为防止受热面上结垢和腐蚀需进行排污。

因为这种制取淡水的方法与化工工艺中的蒸馏过程相似，故称蒸馏法除盐。蒸发器实质上就是一个热交换器，它由加热室和分离室组成。加热室是将给水加热使水沸腾汽化，分离室是将汽化的蒸汽分离冷凝。

三、蒸馏法特点

（1）从热功效率考虑，蒸馏过程的操作温度不宜超过140℃，即蒸馏法除盐的热源是低压蒸汽。一般设计最高温度不超过130℃，蒸馏过程的最小功为5.42kW·h/m^3，所以蒸馏法除盐适合利用低位热能，既可制水又可节能。一方面可以利用热电厂低压段抽汽制水，另一方面又可利用工业余热制水。

（2）蒸馏法与膜分离法不同，蒸馏法一级蒸发就可得到蒸馏水，而且水质很好，含盐量可降至5～10mg/L以下，膜分离法则需两级以上。

（3）蒸馏法除盐能处理的原水水质比其他除盐方法更加广泛，原水含盐量从几百毫克/升到几万毫克/升都适应。当含盐量处于中、低等的情况下，蒸馏法的耗能量一般高于膜法，但对于高含盐量的苦咸水或海水，目前还是蒸馏法最为经济，所以蒸馏法曾一度是装置数量和产量最多、单机容量最大的淡化方法。

（4）蒸馏装置正在向节能化方向发展。目前的大中型蒸馏厂多采用电水联产的方案。电水比值可根据不同情况进行调整，一般为10MW电配以4000～5000t/d的产水量。

第二节 蒸 发 装 置

根据二次蒸汽是否用来作为另一个蒸发器的加热蒸汽，蒸发过程可分为单级和多级蒸发。单级蒸发的工艺流程如图5-1所示，二次蒸汽在冷凝器中冷却，所得凝结水从下部排出，送至热力系统作为锅炉补给水，但二次蒸汽的热能未予充分利用。蒸发过程的装置主要包括蒸发器、冷凝器和除沫器。

一、蒸发器

蒸发器有立式和卧式两种，其结构和原理基本相同，图5-2所示为立式蒸发器的内部结构和外部管路系统。由于立式蒸发器占地面积小、布置方便，在大型蒸发装置中采用较多。

立式蒸发器外壳是一个圆筒形压力容器，外壳内装有大约一半被加热的给水，水面下悬挂一个加热器。加热器也是一个圆筒，筒内有许多管子，管子两端分别胀接在加热器上下多孔管板上，形成管束，这些管束的管壁就是蒸发器的主要传热面。在管束之间的间隙内引入一次蒸汽，把热量通过管壁传给管子内的水和加热器圆筒与外壳之间的水。由于管子内的水接受热量多，产蒸汽量大，密度小，呈沸腾状而急速上升。而加热器圆筒与外壳之间的水接受热量少，产蒸汽量小，密度大而下降，这样就构成了一个自然循环：较冷的水顺着加热器圆筒和蒸发器外壳之间的空间下降，然后在管内一边受热和沸腾、一边上升。产生的蒸汽上升出水面，由二次蒸汽引出管导出，送入冷凝器冷却。

为了在温度变化时管路能自由膨胀，一次蒸汽的引入管和二次蒸汽凝结水的引出管均做成弯曲状。为了排出加热器内的不凝结气体，在加热器下半部的中心处设有一根排气管，它与蒸发器上部的二次蒸汽空间相连接，管上装有阀门调节排气（汽）流量，使不凝结气体和少量一次蒸汽一起排出。蒸发器的给水一般是经软化处理的水，以防结垢，由水位调节器调节补水量。在加热器的外壳下部装有一根放水管，用于定期排污和放水用。在加热器圆筒与外壳之间还装有连续排污管，以保证给水水质。

在二次蒸汽形成和分离过程中，会携带一定数量的直径大小不同的水滴，从而导致二次

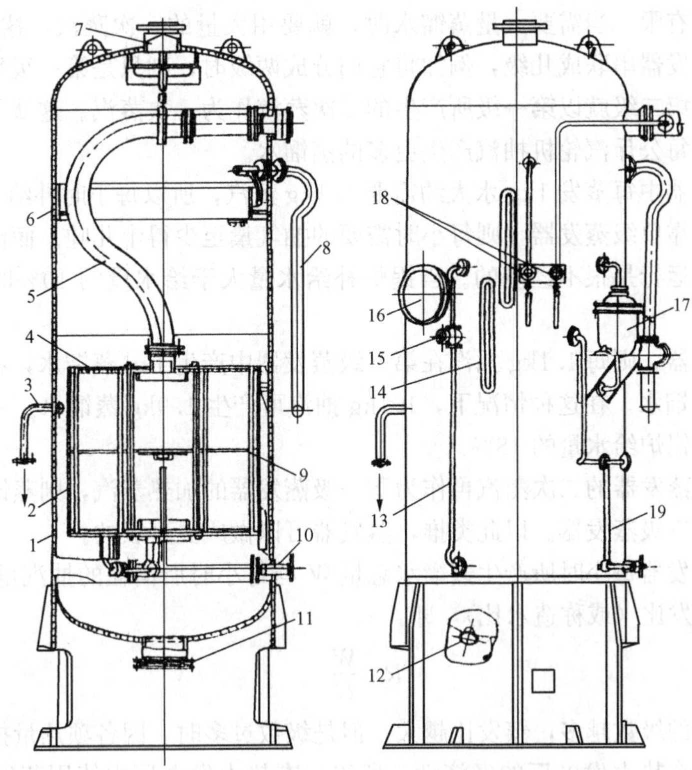

图 5-2 立式蒸发器

1—蒸发器外壳；2—加热器管束；3—连续排污管；4—管板；5—加热蒸汽（一次蒸汽）引入管；6—泡沫破坏装置；7—二次蒸汽引出管；8—软化水引入管；9—隔板；10——一次蒸汽凝结水引出管；11、16—人孔；12—定期排污；13—从加热器到二次蒸汽空间的排气管；14—蒸汽室水位计；15—阀门；17—水位调节器；18—压力表；19—凝结水水位计

蒸汽的凝结水水质恶化。为此，在蒸发器上部汽空间设置了不同类型的汽水分离装置和蒸汽清洗装置。

蒸汽清洗装置多采用多孔板式，它位于汽空间上部，给水首先进入多孔板上面，并形成50～60mm 厚的水层，当蒸发出来的二次蒸汽由下向上通过水层时得到清洗，清洗水通过溢流管流入蒸发器的水容积内。当要求蒸馏水的水质较高时，可在多孔板上面再设置第二级多孔清洗板，两层清洗板之间的间距为 800～1000mm。清洗水的含盐量控制不大于 2000～3000mg/L。

汽水分离装置多采用百叶窗式，百叶窗安置在清洗装置上方 600～800mm 处。运行经验表明，设有百叶窗的蒸发器，二次蒸汽的水分含量比无百叶窗的低 85%左右。

在有的蒸发器中还设有泡沫破坏装置。二次蒸汽上升出水面，经泡沫破坏装置进行汽水分离，以提高二次蒸汽的品质。另外，在蒸发器本体中还设有水位自动控制装置，以便在运行中严格控制水位，因为二次蒸汽的品质在一定程度上还取决于能否保持正常水位。

二、蒸发器出力与蒸发器级数的关系

1kg 一次蒸汽所能产生的蒸馏水量主要决定于它的压力，而此压力是和汽轮机抽汽的压力以及设备所能承受的压力有关，不可能很高。如果采用单级蒸发器，则 1kg 一次蒸汽所能产生的蒸馏水量很有限。当需要大量蒸馏水时，就要用大量的一次蒸汽，这是很不经济的。为此，可将几个蒸发器串联成几级，例如将它们分成两级时，则只是第一级采用汽轮机抽汽作为一次蒸汽，而第二级就以第一级所产生的二次蒸汽作为一次蒸汽。这就是所谓的多级式蒸发器，它可以使每公斤汽轮机抽汽产生更多的蒸馏水。

通常，在蒸发器中每蒸发 1kg 水大约需要 1.1kg 蒸汽，所以每小时补给水量超过 10t 的发电厂，若完全依靠单级蒸发器，则每小时需要的抽气量至少得十几吨。而汽轮机的抽气量太大，对汽轮机的运行是很不经济的。当锅炉补给水量大于给水量的 10%时，不宜采用单级蒸发器。

如用二级蒸发器，则每 1.1kg 抽汽在第一级蒸发器中产生 1kg 蒸馏水，在第二级蒸发器中产生约 0.9kg 蒸馏水。在这种情况下，1.1kg 抽汽可产生 1.9kg 蒸馏水。一般用二级蒸发器时，供水量可达锅炉给水量的 18%。

如果将第二级蒸发器的二次蒸汽再作为下一级蒸发器的加热蒸汽，则蒸馏水产量又可增加，这种系统称为三级蒸发器。以此类推，蒸发器可以做成更多级的。

一般把各级蒸发器每小时所产生蒸馏水总量 W 与每小时所消耗的抽汽量 D 之间的比值 R 称作蒸发器的蒸发比（或称造水比），即

$$R=\frac{W}{D} \tag{5-1}$$

显然，蒸发器的级数越多，蒸发比越大。但是级数过多时，因各项热量损失和设备投资的增加，会影响整个热力发电厂的经济性，所以，在热力发电厂中使用蒸发器制备补给水时，凝汽式电厂一般不超过两级，而热电厂有时需要 6 级。

三、蒸发器的水质和经济性

在热力发电厂中，为了提高经济性，通常把蒸发器二次蒸汽的凝结过程安置在给水回热系统中，在这里二次蒸汽把热量传给主凝结水，本身凝结成水。二次蒸汽的凝结可以在热力系统中原有的加热器中进行，也可在专设的凝结器中进行，二者都使用主凝结水作为冷却介质。

在中压发电厂中，通常不采用专设的二次蒸汽凝结器，而将二次蒸汽凝结于抽汽参数比蒸发器一次蒸汽低一级的低压加热器内。在这种系统中，汽轮机机组热效率约降低 1.0%～1.5%左右。

如果蒸发器装设专用凝结器，那么最好把这个凝结器连接在参数相近的加热器之间。在这种情况下，只是增加了一些设备的外部散热损失和蒸发器连续排污的热损失，所以发电厂的热经济性稍有降低。

由于蒸发器总是在高于大气压力下工作的，实际上它相当于一个低压锅炉，因此会发生结垢、蒸汽污染等问题。所以不能用原水直接供给蒸发器，而必须用软化水。软化水的水质应符合以下标准：硬度不大于 20μmol/L，溶解氧不大于 20μg/L。此外，对于表压力为 0.8MPa 以上的蒸发器，还必须对蒸发器内的水进行磷酸盐处理，磷酸根（PO_4^{3-}）的含量一般为 5～20mg/L。对于采用锅炉排污水作为蒸发器补充水的，磷酸根含量不受此限，有时要高些。

对于单纯使用蒸发器的新建电厂，在投运启动时由于没有汽轮机抽汽，所以不能制取蒸馏水，只能使用软化水。这也是它的一个缺点。

用蒸发器制取补给水，适合于下列情况的热力发电厂：

(1) 对给水水质要求较高，因而对补给水水质要求也较高；

(2) 水源的水质很差，若用化学水处理需要很复杂的系统，且运行费用很高；

(3) 锅炉补给水率不大。

第三节　闪　蒸

因为蒸发器像一个低压锅炉，有结垢的可能，所以进水需要经过化学处理，比较复杂。为此，人们又从实践中研究出另一种类型的蒸发器，即闪蒸装置。

闪蒸的原理是预先将水在一定压力下加热到一定温度，然后将加热后的水注入一个压力较低的容器中。这时，由于注入水的温度高于此容器中压力下的沸腾温度，一部分水就汽化为蒸汽并使温度降低（此过程称为“扩容”或“闪蒸”），一直到水和蒸汽都达到该压力下的沸腾温度为止。如果不断将此蒸汽取出，同时不断注入经预热的水，就可以连续制取蒸馏水。

一、闪蒸的特点

闪蒸装置一般都是做成多级式的，也就是说，使压力逐级下降，从而使闪蒸过程一步步地进行。闪蒸蒸发器工作原理如图 5-3 所示。

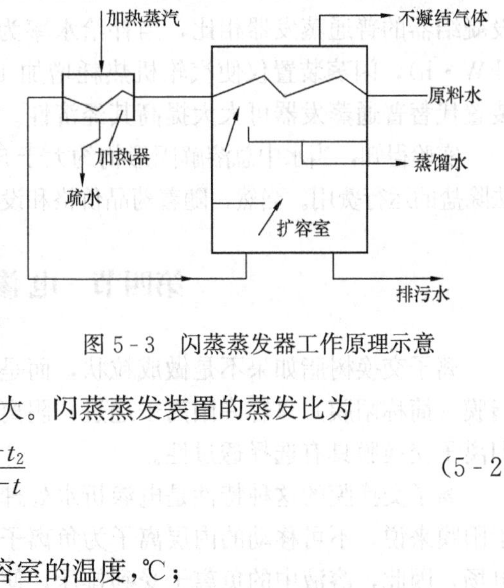

图 5-3　闪蒸蒸发器工作原理示意

前面已经讲过，蒸发器的蒸发比随着蒸发器级数的增加而增加，但闪蒸装置的级数不同时，其蒸发比变化不大。各级闪蒸室内压力均保持一定值，且逐级降低，进入每一级的水，相对于该级的压力来说都是过热的，因而都有一部分水变成蒸汽，其余水的温度则保持在该压力下的饱和温度。流经各级扩容蒸发器的是同一股水，因此当原水加热到一定温度时，对于末级而言，过热程度为一定值，所以产生的蒸汽量有一定的限度，无论级数如何变化，二次蒸汽产量变化都不大。闪蒸蒸发装置的蒸发比为

$$R=\frac{t_1-t_2}{t_1-t} \tag{5-2}$$

式中　R——闪蒸蒸发装置的蒸发比；

t_1——原水经加热器加热后进入第一级扩容室的温度，℃；

t_2——末级排放浓盐水的温度，℃；

t——加热器入口处水的温度。

由式 (5-2) 可知，我们可以改变一次蒸汽的参数，从而改变进入一级闪蒸室中水的参数，但当一次蒸汽参数选定以后，整个闪蒸装置的蒸发比也就基本确定了。

二、闪蒸装置的水质和经济性

在级数很多的闪蒸装置中，各级之间的压力降都很小，不需要装设喷嘴等节流装置，所以在闪蒸过程中，汽和水的流动比较平稳。这样，由于蒸汽带水而污染蒸馏水的可能性大大降低，再加上装有汽水分离装置等措施，因此闪蒸装置的出水水质要比普通蒸发器好，可以

与离子交换法出水水质相媲美。

由于闪蒸装置的工作温度较低（一次加热蒸汽的最高温度一般为110～130℃），它的汽化过程也不在加热面上进行，而且管内含盐水可以维持适当的流速，所以即使不加化学药品，结垢现象也比普通蒸发器轻微得多。

此外，为了防止含盐水在凝结器或加热器的传热面上结垢，可将各凝结器含盐水侧的压力保持高于其最高温度所对应的饱和蒸汽压（即不沸腾）。这个措施的根据是碳酸氢盐的热分解和碳酸根的水解导致碳酸钙和氢氧化镁水垢的形成，其反应式为

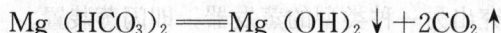

$$Ca(HCO_3)_2 = CaCO_3\downarrow + CO_2\uparrow + H_2O$$

$$Mg(HCO_3)_2 = Mg(OH)_2\downarrow + 2CO_2\uparrow$$

由于这两个分解反应是可逆的，在上述压力下 CO_2 不能从水中逸出，所以分解反应不能进行。这样，碳酸氢盐的分解仅仅在含盐水进入第一级闪蒸室压力降低时才发生。为了不使这时产生的 CO_2 进入闪蒸装置内引起腐蚀，通常装设一个初步闪蒸室，使分解产生的 CO_2 气体直接从这里抽出。在闪蒸室中所形成的沉淀物不会变成水垢，因为这里没有受热面，这些沉淀物是在水中形成的，所以，它们随着含盐水通过各级闪蒸室，最后由排污排走一部分，使含盐水中沉淀物保持在一个适当的浓度。因此，如果在运行过程中控制得很好，则有可能直接将原水作为闪蒸装置的给水。

闪蒸装置和普通蒸发器一样，也可纳入热力发电厂的给水回热系统。闪蒸装置与不带专设凝结器的普通蒸发器相比，当补给水率为1%时，普通蒸发器使汽轮机热耗增加约29kJ/(kW·h)，闪蒸装置仅使汽轮机热耗增加17kJ/(kW·h)。对于大容量机组来说，用闪蒸装置代替普通蒸发器可大大提高其经济性。

实验得知，当水中总溶解固形物约大于500mg/L时，闪蒸装置的运行费用就低于离子交换法除盐的运行费用。当然，随着药品价格和设备情况等的不同，这种比较结果也会有所变动。

第四节 电渗析水处理技术

离子交换树脂如果不是做成粒状，而是制成膜状，则它就具有以下特性：阳离子交换树脂膜（简称阳膜）只容许阳离子透过，阴离子交换树脂膜（简称阴膜）只容许阴离子透过，即离子交换膜具有选择透过性。

离子交换膜的这种特性是电渗析水处理工艺的基础，它与树脂活性基团的结构有关。对于阳膜来说，不可移动的内层离子为负离子，在阳膜的孔眼内有由于这些负离子而产生的负电场，因此，溶液中的负离子受到排斥，使它们不能通过。而阳离子遇到阳膜时可以进入膜的孔眼内。此时，它可以穿过孔眼，也可以将阳膜上原有的阳离子排代下来。同理，阴膜的内层为阳离子，所以它产生正电场，排斥阳离子，容许阴离子进入。

在直流电场作用下，利用离子交换膜的选择透过性，把带电组分与非带电组分分离的技术称为电渗析。

一、离子交换膜

（一）离子交换膜的种类

离子交换膜的种类较多。按膜的结构可分为异相膜、均相膜和半均相膜；按活性基团可分为阳离子交换膜和阴离子交换膜；按材料性质又可分为有机离子交换膜和无机离子交

换膜。

1. 异相膜

离子交换树脂粉末和黏合剂混合均匀后，涂在合成纤维或玻璃布上，经压榨均匀、平坦即成薄膜，因膜中含有活性基团的离子交换树脂被粘合剂分割成不连续相，故称异相膜或非均相膜。这类膜制造容易，但膜电阻较大，耐温性和选择性较差。

2. 均相膜

用离子交换树脂直接制成的薄膜，或者在高分子膜基上直接接上活性基团而制成的膜。因膜中离子交换活性基团分布均匀，故称为均相膜。这类膜选择性高，耐温性好和膜电阻小，目前应用最为广泛，但制作工艺较复杂。

3. 半均相膜

成膜高分子材料与离子交换基团结合得比较均匀，但它们之间并没有形成化学结合，此膜的外观结构和性能介于异相膜与均相膜之间。

（二）对离子交换膜的性能要求

1. 选择性

一般要求阳膜对阳离子的迁移数大于 0.9，而对阴离子的迁移数小于 0.1，阴离子交换膜对阴离子的迁移数大于 0.9，而对阳离子的迁移数小于 0.1。

2. 化学稳定性

离子交换膜应具备较强的耐氧化、耐酸碱、耐一定高温、耐辐射和抗腐蚀、抗水解的能力。

3. 机械强度

离子交换膜是在压力下工作的，因此膜的机械强度是一个很重要的指标。一般要求膜的曝破强度在 0.2～1MPa。

4. 膜电阻

离子交换膜的导电性能常用单位面积的膜电阻来表示，称面电阻（$\Omega \cdot cm^2$）。对于同一种离子交换膜来说，膜电阻的大小取决于离子交换膜中可移动粒子的成分和水溶液的温度。阳膜以 H 型的膜电阻最小，阴膜以 OH 型最小。至于温度的影响，与电解质溶液一样，温度升高，膜电阻降低。降低膜电阻，可降低电渗析的电能消耗，降低制水成本。可通过减少膜厚度、提高交换容量和降低膜的交联度来降低膜电阻。

5. 交换容量

交换容量以每克干膜或每克湿膜所含交换基团的量［mmol/g（干）或 mmol/g（湿）］表示。交换容量高的膜，导电性好，但机械强度低。

6. 溶胀性

膜在干态与湿态、不同介质或同一介质不同浓度时面积（或尺寸）不同，溶胀性小的膜，尺寸稳定性好，使用时不易弯曲和胀缩变形。

此外，膜应当光滑平整、无针孔、厚度合适均匀、有一定弹性。

二、电渗析的物理化学过程

（一）电渗析基本原理

图 5-4 为电渗析结构示意图。阳膜和阴膜交替排列在正负两个电极之间，相邻两膜用隔板隔开（图中未画），水在隔板间隙流动。

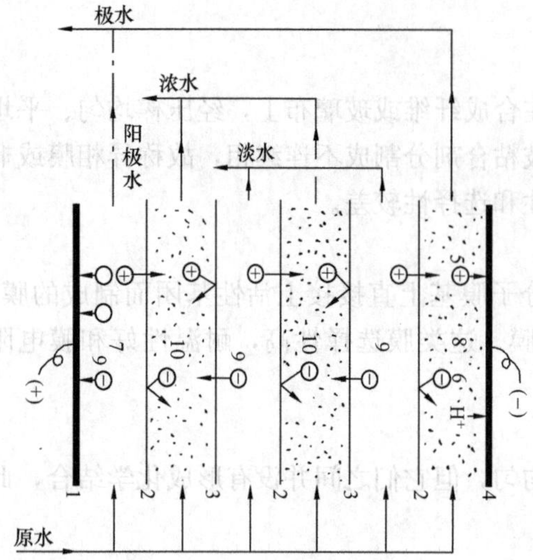

图 5-4　电渗析结构示意

1—正极（＋）；2—阳膜；3—阴膜；4—阴极（－）；5—阳离子⊕；6—阴离子⊖；7—阳极室；8—阴极室；9—淡水室；10—浓水室

当盐水进入各室后，在直流电场作用下，阳离子移向阴极，阴离子移向阳极，由于离子交换膜的选择透过性，淡水室中阳离子和阴离子分别顺利通过右侧阳膜和左侧阴膜进入两边浓水室中，而浓水室中离子迁移则相反，阳离子和阴离子分别受到阴膜和阳膜的阻挡不能进入两边的淡水室中，淡水室和浓水室中的水分子由于不带电荷仍保留在各自水室中。随着这一过程的进行，淡水室中离子浓度下降，浓水室中离子浓度上升。因此，利用电渗原理可实现水的淡化和浓缩。

电渗析分离物质的依据：离子交换膜选择透过某些特定组分排斥其他组分，外加直流电场提供了荷电物质迁移的动力。

（二）电极反应

电极反应随电解质的种类、电极材料以及电流密度等条件的不同会有较大的差异。假设电极是惰性的，电解质为食盐水溶液，则阳极主要为释氧和释氯，阴极反应主要为释氢。

1. 阳极反应

阳极反应按下式进行：

$$2Cl^- - 2e \longrightarrow Cl_2\uparrow \text{（释氯）}$$

$$4OH^- - 4e \longrightarrow 2H_2O + O_2\uparrow \text{（释氧）}$$

上述反应使阳极室 pH 值下降，产生的氯气溶于水生成 HCl 和初生态［O］、［Cl］，所以应注意阳极和阳极室附近膜的腐蚀问题。

2. 阴极反应

阴极反应按下式进行：

$$2H^+ + 2e \longrightarrow H_2\uparrow \text{（释氢）}$$

由于阴极室 H^+ 减少，水呈碱性，$CaCO_3$ 和 $Mg(OH)_2$ 等沉淀物可能在阴极表面上形成水垢。

为了保证电渗析器正常安全运行，应及时排出极水中的电极反应产物（包括气体）。

（三）膜堆中的物理化学过程

膜堆中发生的物理化学过程如图 5-5 所示。

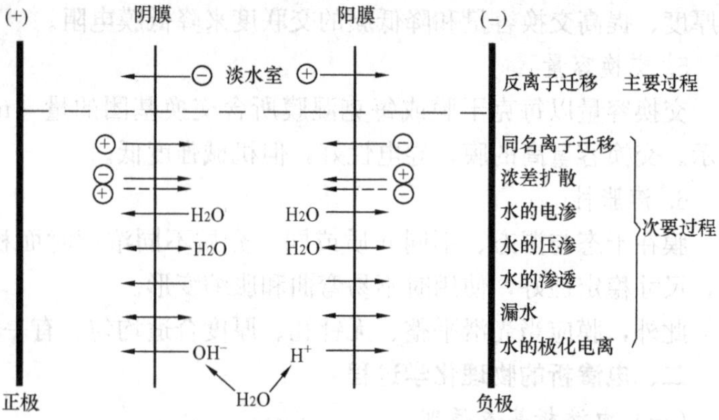

图 5-5　膜堆中发生的物理化学过程

1. 反离子迁移

此迁移是与膜上固定基团电荷相反的离子迁移过程。由于离子交换膜的选择透过性，故反离子迁移是主要过程，它也是脱盐过程。

2. 同名离子的迁移

此迁移是与膜上固定基团电荷符号相同的离子迁移过程，即两侧浓水室中的阳离子穿过阴膜、阴离子穿过阳膜进入淡水室的过程。这是因为离子交换膜的选择性不能达到100%，这一过程使淡水质量下降。

3. 浓差扩散

由于浓水室电解质浓度比淡水室中的高，在浓差作用下，电解质从浓水室向淡水室扩散，使淡水质量下降。

4. 水的渗透

由于淡水室中水的化学位比浓水室水的化学位高，水会渗透进入浓水室中，淡水产量下降。

5. 水的电渗析

上述离子迁移的同时携带一定数量的水化水分子一起迁移。

6. 水的压渗

当浓水室和淡水室存在压力差时，水会从压力高的一侧向压力低的一侧渗漏。因此，操作时应注意保持淡水室与浓水室两侧压力平衡。

7. 水的电离

当外加电流较大而超过电渗析器所具有的最大电流输送能力时，可造成淡水室中水分子电离生成 H^+ 和 OH^-。

8. 漏水

组装不严密，浓水隔板与淡水隔板装错，膜破裂等原因，使浓水室与淡水室连通，浓水与淡水互串。

(四) 电渗析器的极化

1. 极化的原因

电渗析器的极化包括膜的极化、阳极极化和阴极极化。后两者与电解池中电极的极化一样，符合一般电极极化的规律。膜的极化符合浓差极化规律，又称浓差极化。极化是造成电渗析器故障的主要原因之一。电渗析开始工作后阳膜和阴膜极化示意见图5-6。

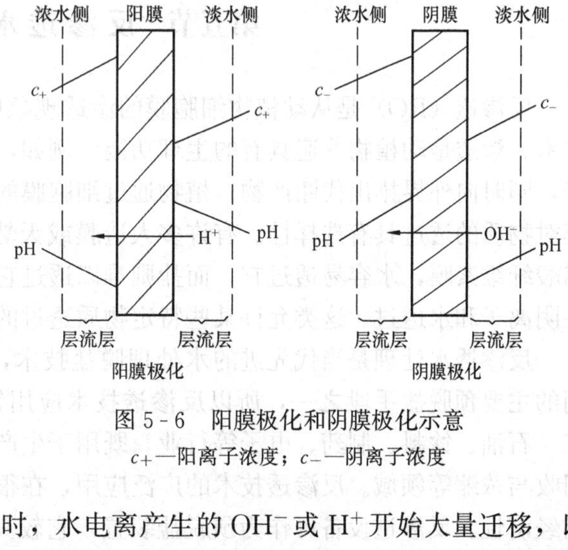

图5-6 阳膜极化和阴膜极化示意

c_+—阳离子浓度；c_-—阴离子浓度

随着外加电流的增加或电渗析过程进行，淡水侧膜表面离子浓度不断下降，当离子浓度下降至接近 10^{-7} mol/L（即水电离产生的 OH^- 或 H^+ 浓度的数量级）时，水电离产生的 OH^- 或 H^+ 开始大量迁移，以补充其他离子输送电荷的不足，与此对应外加电流密度称极限电流密度，它表示电渗析器在一定条件下最大输送电荷的能力。

电渗析器发生极化的原因是：外加电流密度超过了极限电流密度，膜存在对阳离子与阴离子的选择性透过差异，膜表面存在层流层使膜的淡水侧表面处离子得不到及时补充。

2. 极化的危害

（1）电耗增加。一部分电能消耗在与脱盐无关的水电离之上。

（2）脱盐率降低。极化区产生较大的极化过电位，削弱了外加电动势，引起电流密度变小，脱盐率下降。

（3）结垢。淡水室阳膜表面处，水电离产生 H^+ 透过阳膜进入浓水室，使淡水室阳膜表面呈碱性，有可能促使 $CaCO_3$ 和 $Mg(OH)_2$ 等沉淀物的生成。阴膜极化后，淡水室阴膜处水电离产生的 OH^- 穿过膜进入浓水室，导致浓水侧阴膜表面处 pH 值上升，同时溶液中 Ca^{2+} 和 Mg^{2+} 等阳离子在向阴极方向迁移过程中被阴膜阻挡，在阴膜表面处富集，加之由淡水室迁移至浓水侧阴膜表面处的 HCO_3^- 和 SO_4^{2-} 等阴离子来不及扩散而浓度增加，这些因素的共同作用，在阴膜表面可能生成 $CaCO_3$、$CaSO_4$ 和 $Mg(OH)_2$ 等沉淀物。这些沉淀物会覆盖膜表面，引起膜电阻增加，水流通道变窄，严重时可迫使电渗析器停止运行。

3. 防止极化的方法

实用的方法主要有以下几点。

（1）控制外加电流密度低于极限电流密度。

（2）强化传质过程，提高极限电流密度。例如适当提高水温、导入气泡搅拌、软化进水、选用搅拌效果好的隔板、采用离子传导隔网等。

（3）定期酸洗。

（4）解体清洗。

（5）加阻垢剂。

（6）倒换电极极性运行。

（7）在浓水和极水中加酸，抑制碳酸钙垢的形成。

第五节　反渗透水处理技术

反渗透（RO）是从动植物细胞膜的渗透现象中得到启发而开发出来的一门新的水处理技术。渗透是动植物普遍具有的生理功能。例如，动物通过细胞膜的渗透作用从外界吸收营养，同时向外界排出代谢产物；植物通过细胞膜的渗透作用从土壤中吸收水分和养料。细胞膜对物质的透过具有选择性。有许多人造膜或天然膜对于物质的透过也具有选择性。例如，醋酸纤维素膜，水容易透过它，而盐则难以透过它；阳离子交换膜允许阳离子透过，而不允许阴离子和水透过。这类允许某些特定物质透过的膜称半透膜。

反渗透水处理是当代先进的水处理脱盐技术，除盐率可高达95%以上，是高含盐水采用的主要预脱盐手段之一，所以反渗透技术应用领域越来越广泛。它广泛应用于电力、化工、石油、饮料、制药、电子等行业，既用于生产除盐水、饮用水，也用于废水处理、物质回收与浓缩等领域。反渗透技术的广泛应用，在很大程度上是由于它的操作的简单性和运行的经济性。反渗透设备可作为预脱盐装置，它较其他预脱盐装置，如蒸发器、电渗析器等，有着独到的特点和优势。它的使用，极大地延长了离子交换设备的再生周期，减少了酸碱的排放量，有利于环境保护。同时也降低了运行人员的劳动强度，提高了水处理工艺的运行水平和自动化程度。

一、反渗透原理

在一定温度下，如果将淡水和盐水用一种只能透过水而不能透过溶质的半透膜隔开，则由于淡水中水的化学位比盐水中水的化学位高，所以，从热力学观点看，水分子会自动地从化学位高的淡水室通过半透膜向化学位低的盐水室转移，这一过程称为渗透，如图 5-7（a）所示。这时，虽然盐水室中的溶质的化学位比淡水室中的高，但由于膜的半透性，难以发生溶质的迁移过程。随着渗透过程的进行，盐水一侧的液面逐渐升高并产生液位差，即产生压力，从而抑制淡水室中的水进一步向盐水室渗透。最后，当盐水室的液面与淡水室液面差达到一定高度（H）时，此时，通过半透膜进入盐水室和通过半透膜离开盐水室的水量相等，即达到动态平衡状态，如图 5-7（b）所示。此时，盐水室和淡水室中水的化学位相等。平衡时，淡水室与盐水室之间的液面差 H 所产生的静压力称为渗透压差。如果把淡水换成纯水，则此压差就表示盐水的渗透压。

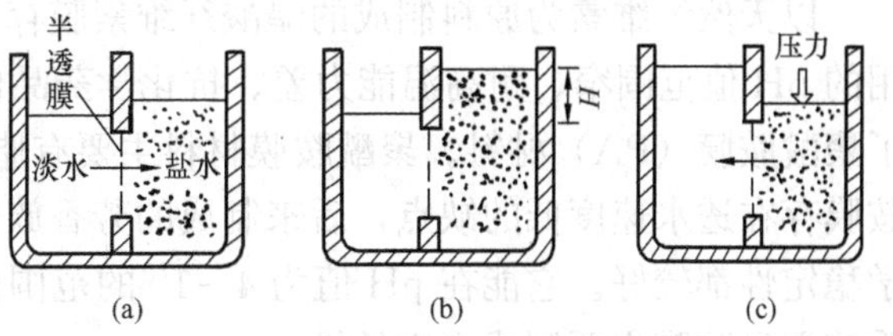

图 5-7 反渗透原理

（a）正常渗透；（b）渗透平衡；（c）反渗透

渗透压是溶液的一种固有特性，它随温度的升高和溶质浓度的增大而增大。渗透压可按下式进行测算：

$$\Pi = RT\sum c_i$$

式中 Π——渗透压，kPa；

R——常数，取 8.3kPa·L/(mol·K)；

$\sum c_i$——各离子浓度总和，mol/L；

T——热力学温标，K。

根据这一原理，如果在盐水室侧外加一个比渗透压更高的压力，则可以将盐水中的纯水挤出来，即变成盐水室中的水向纯水中渗透，其渗透方向与自然渗透方向相反［见图 5-1（c）］，这就是反渗透的原理。

二、半透膜

良好的半透膜应具备以下特点：透水率大，脱盐率高；机械强度大；耐酸、耐碱、耐微生物的侵袭；使用寿命长；制取方便，价格较低。

现在，可用作反渗透膜材料的高分子物质很多，这里仅介绍几种常用的半透膜。

1. 醋酸纤维素膜（CA）

此膜具有透水率大、脱盐率高和价格便宜的特点。

此膜的制造方法为用溶剂溶解醋酸纤维素，加发孔剂，制成膜后，蒸去溶剂，并经一定的热处理而成。所用溶剂为丙酮，也有用二氧六环的。发孔剂有高氯酸镁［$Mg(ClO_4)_2$］、氯化锌［$ZnCl_2$］及甲酰胺等。

这样制成的膜是由表层和多孔层（底层）两部分组成的。表层（厚为 0.1～0.2μm）具有相当细密的微孔结构（孔径小于 5nm），这就是半透膜；下面一层呈海绵状多孔结构，厚度为表面层的 200～500 倍，孔较大（孔径约 40nm），有弹性，起支撑表层的作用。醋酸纤维素膜适用于 pH 值为 3～7 的溶液（长期使用范围为 pH 值 4.5 左右），常用于卷式反渗透器。

2. 聚酰胺膜

以天然纤维素为原料制成的醋酸纤维素膜存在着一些不足之处，如易受微生物分解、适用的 pH 值范围窄、耐高温能力差、抗化学药品侵蚀能力弱等。为解决这些问题，人们开发了聚酰胺膜（PA）材料。聚酰胺膜材料主要有脂肪族聚酰胺和芳香族聚酰胺。脂肪族聚酰胺膜存在透水速度低的缺点，后来制成的芳香族聚酰胺膜的透水性、除盐率、机械强度和化学稳定性都较好。它能在 pH 值为 4～10 的范围内使用（长期使用范围为 pH 值 5～9）。芳香族聚酰胺膜主要制成中空纤维。

3. 复合膜

复合膜的特征是用两种以上膜材料复合而成。该膜由三层组成，最上面一层（表层）是超薄脱盐层（厚约 0.2μm），中间是多孔的聚砜内夹层，最下面（底层）是聚酯支撑网层。由于聚酯支撑层（厚约 120μm）不很平坦和多孔，不能用来直接支撑脱盐层，因而在其上浇筑一层聚砜微孔层（厚约 40μm，表面孔径约 0.015μm），用于直接支撑脱盐层。该膜适用于 pH 值为 2～10 的溶液。此膜可用于卷式反渗透器。复合膜的透水率、脱盐率和流量衰减方面的性能优越，操作压力可大大降低（常规复合膜为 1.6MPa，超低压复合膜为 1.0MPa，而醋酸纤维素膜为 2.8MPa），不易水解，透盐率稳定，而醋酸纤维素膜透盐率随时间增长而增加。

三、反渗透膜的脱盐原理

反渗透的脱盐机理，目前有多种见解，现分述如下。

1. 氢键理论

研究认为，反渗透膜看作是一种具有高度有序矩阵结构性的聚合物。它具有与水等溶剂形成氢键的能力。在压力作用下，与氢键结合进入膜的水分子能够由上一个氢键断裂而转移到下一个位置形成另一个新的氢键。这些分子通过一连串形成氢键和断裂而不断移位，直至离开膜表面致密活性层进入多孔支撑层。由于多孔层的大量毛细管含有水，水流畅通流出膜外汇集流出，产生源源不断的淡水。剩在膜表面的盐类随浓水带走。

2. 选择性吸附理论

与氢键理论完全不同，它把反渗透看作是一种微细多孔结构物质。根据吉布斯吸附理论，当含有盐类的水溶液与反渗透膜表面接触时，膜具有选择吸附纯水而排斥水溶液中盐分的化学特殊性。也即膜表面有亲水性的原因，可在膜表面形成厚度为 1 个水分子厚（0.5nm）的纯水层。在施加的压力作用下，纯水层中水分子便不断通过反渗透膜，盐类被膜排斥，化合价越高的离子被排斥的越远。透过膜表层的纯水进入多孔支撑层汇集流出。被排斥的盐类被浓水带走。

膜表皮层有大小不同的极细孔隙，当其中的孔隙为纯水层厚度的一倍（约 1nm）时，称为膜的临界孔径。当膜表层孔径在临界范围以内时，孔隙周围的水分子就会在反渗透压力的推动下，通过膜表层的孔隙源源不断地流出纯水，达到脱盐的目的。当膜的孔隙大于临界孔径时，透水性增加，但盐分容易从孔隙中漏过，导致脱盐率下降。

四、原水中各种物质透过膜的规律性

1. 可溶性盐

反渗透膜虽然对水中盐类有排斥作用，但在压力和流量的冲击下，仍有少量离子透过膜，所以反渗透膜的脱盐率不是 100%。特别是气体首先穿透膜进入到产水中。所以，在脱盐后，必须进行除二氧化碳，特别是后续需经进行阴、阳离子交换时。

水中离子透过膜的规律是：1 价＞2 价＞3 价；同价离子水合半径小的大于水合半径大的。

2. 溶解性气体

水中二氧化碳、氧气、硫化氢等气体透过率是 100%。

3. HCO_3^- 和 F^- 透过率

HCO_3^- 和 F^- 透过率随 pH 值升高而降低。

五、反渗透水处理装置

由于反渗透膜的产水率是有限的，所以在设计设备时为了提高出力，必须使设备内有很大的反渗透面积。为达到此目的，有多种设计方式，主要有板框式、管式、卷式和中空纤维式，但常用于水处理的主要是卷式和中空纤维式。

1. 板框式

板框式反渗透器是最初设计的反渗透装置。它由几块或几十块承压板组成。承压板的两侧覆盖有微孔支撑板和反渗透膜。当将这些板叠合装配好后，装入密封的耐压容器中，即构成反渗透器。这种装置比较牢固、运行可靠，单位体积中膜的表面积比管式的大，但比空心纤维式小，安装和维护费用较高。

2. 管式

管式反渗透器是将半透膜敷设在微孔管的内壁或外壁进行反渗透。图 5-8 所示为半透膜涂在管子内壁的管束式反渗透器。在此种设备中，压力下的盐水进入管内，渗透出的水在管束间集合后导出，所以称为内压型。它做成管束状是为了增大单位设备容器中的渗透面积。此外，也可将膜涂在外壁，做成外压型，此时，设备外壳必须耐压。

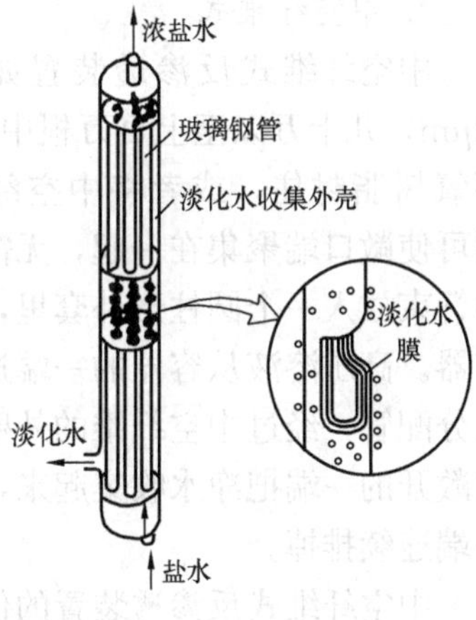

图 5-8 内压型管束式反渗透

管式反渗透器有膜面易清洗的优点，但在装置中，膜的填装密度不如螺旋卷式和中空纤维式。

3. 螺旋卷式（简称卷式）

螺旋卷式反渗透器的结构如图 5-9 所示，它的叶片由两张平展开的膜和一张聚酯织物组成，聚酯织物在两张膜中间，叶片一端胶接起来形成袋装，另一端与带孔的 PVC 管粘接。两块袋状膜之间有隔网（盐水隔网）隔开。隔网的作用，一是给水通道，二是起加强给水通道水流紊动作用，降低浓差极化。然后把这些膜和网卷成一个螺旋卷式反渗透元件，将此元件装在密

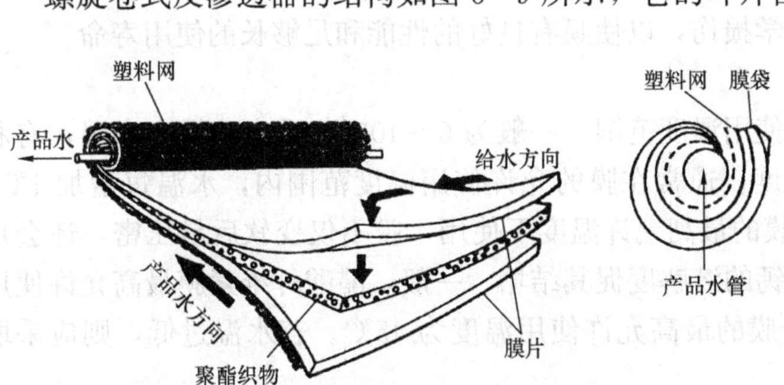

图 5-9 卷式膜元件展开图

闭的容器内即成反渗透器。膜组件外形见图5-10。

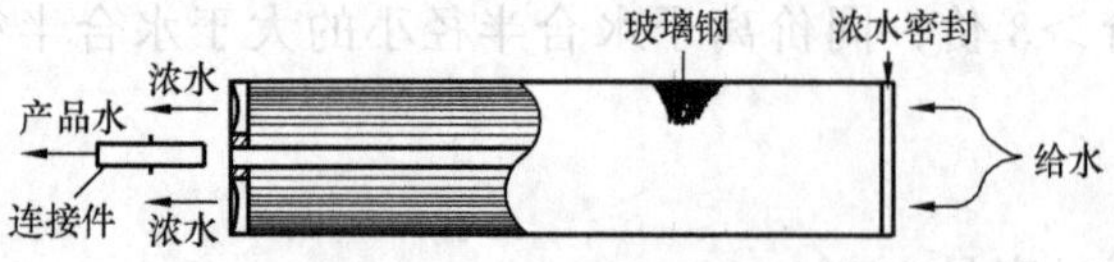

图5-10　膜组件外形图

此种反渗透器运行时，压力给水进入此容器后，进入第一个膜元件，通过盐水隔网的通道至反渗透膜，一部分给水渗透过膜进入袋状膜的内部，通过袋内的多孔支撑网，流向袋口，随后由中心管汇集并送出。另一部分给水沿着膜元件长度方向继续流动至第二个膜元件，这一过程依次进行。给水每通过一个膜元件时，给水浓度增大，流过最后一个膜元件时，给水成为浓水，并排出压力容器。

螺旋卷式的优点是结构紧凑，占地面积小；缺点是容易堵塞，清洗困难，因此对原水的预处理要求较严。

4. 中空纤维式

中空纤维式反渗透装置如图5-11所示。在这种装置中有（外径为85μm、内径为42μm）几十万以至上百万根中空纤维，组成一个圆柱形管束，纤维管一端敞开，另一端用环氧树脂封住，或者将中空纤维管做成U形，则可使敞口端聚集在一起，无需封另一端。将这种管束放入一个圆柱形外套里，此外套为一压力容器。高压溶液从容器的一端送至设于中央的多孔分配管，经过中空纤维的外壁，从空心纤维管束敞开的一端把净水收集起来，浓水从容器的另一端连续排掉。

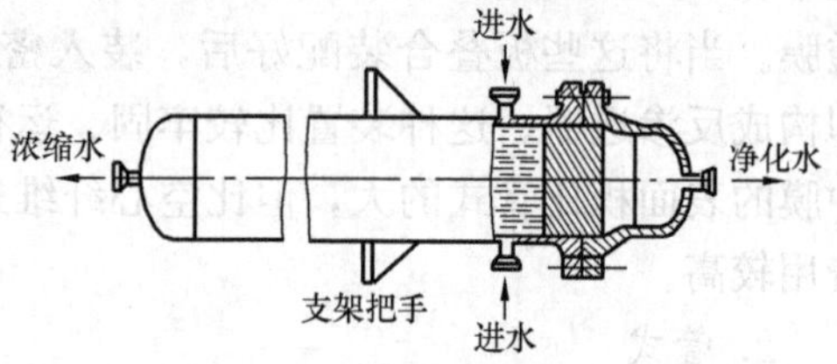

图5-11　中空纤维式反渗透装置

中空纤维式反渗透装置的优点：一是单位体积中膜的表面积大，因而单位体积的出力也大；二是膜不需要支撑材料，纤维本身可以受压而不破裂。缺点是：不能处理含悬浮物的溶液，对原水的预处理要求很严。

六、反渗透预处理

合适的预处理对反渗透装置长期安全运行是十分重要的。有了满足反渗透进水水质要求的预处理，就可以确保出水流量维持稳定；脱盐率维持在某一值上的时间长；回收率可以不变；运行费用做到最低；膜的使用寿命较长等。具体来说，预处理应做到：防止膜表面上污染，即防止悬浮物、微生物、胶体物质等附着在膜表面上或污堵元件水流通道；防止膜表面上结垢；确保膜免受机械损伤和化学损伤，以使膜有良好的性能和足够长的使用寿命。

1. 温度调整

任何反渗透膜都有一个合适的使用温度范围，一般为0～40℃。适当地提高水温，有利于降低水的黏度，增加膜的透过速度。通常在膜的允许使用温度范围内，水温每增加1℃，水的透过速度约增加2%；在高于膜的最高允许温度下使用，膜不仅变软后易压密，还会加快醋酸纤维素膜的水解和降低碳酸钙的溶解度促其结垢。一般，醋酸纤维素膜最高允许使用温度为40℃，芳香聚酰胺膜和复合膜的最高允许使用温度为45℃。若水温过低，则应采取加热措施。

2. pH值调整

反渗透膜必须在允许的pH范围内使用，否则可能造成膜的永久性破坏。例如醋酸纤维素在碱性和酸性溶液中都会发生水解，而丧失选择性透过能力。当原水需要加酸降低 pH 值时，常用 H_2SO_4，因为 SO_4^{2-} 不易透过膜，加之 H_2SO_4 比较便宜。但是，当水中的 Ba^{2+}、Ca^{2+} 等离子浓度较高，有可能生成 $BaSO_4$、$CaSO_4$ 沉淀，最好用 HCl。生产实际中，为了防止 $CaCO_3$ 的析出，也需要往原水中加酸，降低水的 pH 值。醋酸纤维素膜加酸后 pH 值一般控制在5.5～6.2。一般，天然水的 pH 值为 6～8，处于聚酰胺膜所要求的范围内，而高于醋酸纤维素膜所要求的值，故对于聚酰胺膜，原水加酸的目的是防止 $CaCO_3$ 垢的生成，而对于醋酸纤维素膜，原水加酸的目的不仅是为了防止碳酸盐垢，而且是为了防止膜的水解。

3. 除去悬浮物和胶体

在反渗透系统中，用来衡量反渗透器进水水质的一个很有用的指标是污染指数 FI，也可称为淤塞指数 SDI。FI 测定方法是：在一定压力下将水连续通过一个小型超滤器（滤膜孔径 0.45μm），将开始通水时流出 500mL 水所需要的时间（t_0）下来，通水 15min 后，再次测定流出 500mL 水所需要的时间（t_{15}）。据此，按式（5-3）计算污染指数FI，即

$$FI=\left(1-\frac{t_0}{t_{15}}\right)\times\frac{100}{15} \tag{5-3}$$

在上述过程中，凡是粒径大于 0.45μm 的微粒大都被截留在膜面上，引起透水速度下降，过滤同等体积的水所需要的时间延长，所以 $t_0/t_{15}<1$。水中固体颗粒越多，t_0/t_{15} 值越小，FI 越大；当水污染很严重时，$t_{15}\rightarrow+\infty$，FI 值趋近极限值 6.7；当水中杂质尺寸小于 0.45μm 时，$t_0\approx t_{15}$，FI 接近于 0。

一般卷式膜组件要求 FI＜4，中空纤维素膜组件要求 FI＜3。

为了满足反渗透装置对 FI 的要求，常在预处理系统中设置多层滤料过滤器、细沙过滤器和精密过滤器等深度过滤装置。多层滤料过滤器又称多介质过滤器。细沙过滤器常用粒径为 0.3～0.5mm 石英砂，层高为 800～1000mm，滤速约为 5m/h，精密过滤器常用滤元孔径为 5μm 过滤器（俗称 5μm 过滤器），是预处理系统中的最后一道处理工序，对反渗透装置起保护作用，又称保安过滤器。

FI 是衡量水中胶体和悬浮物等固体颗粒含量，与普通的浊度仪测定相比，是从不同角度反映水质情况，但污染指数比浊度要准确得多。由于浊度仪主要工作原理是用光敏法和比色法来确定水中微粒含量，一般以 mg/L 表示，1mg/L 称为 1 度。但对于不感光的胶体和微粒，浊度仪则无能为力了。

4. 可溶性硅酸的控制

大多数原水中含 1～100mg/L 的溶解性硅（常以 SiO_2）表示。原水进入反渗透装置被浓缩后，SiO_2 有可能达到过饱和状态，聚合成不溶性胶态硅酸沉积在膜表面。浓水中允许的 SiO_2 含量取决于 SiO_2 的溶解度。SiO_2 的溶解度随水温递增，在 pH=7 的条件下，水温 25℃和 40℃时 SiO_2 的溶解度分别为 120mg/L 和 160mg/L；pH 值高的水中 SiO_2 的溶解度也高；当进水中有共存金属氢氧化物时，SiO_2 更易沉积。为了使 SiO_2 不在反渗透装置中沉积，一般要求浓水中 SiO_2 的浓度小于其所在条件下的溶解度。浓水中 SiO_2 的浓度近似等于进水中 SiO_2 的浓度与浓缩倍率的积，增加水的回收率，浓缩倍率随之增加，浓水中 SiO_2 的浓度也增加。因为在温度和 pH 值一定的条件下，SiO_2 的溶解度基本为一个定值，所以为了保证浓水中 SiO_2 不沉积，允许的水回收率与进水 SiO_2 的浓度存在着一定的制约关系。如对于 pH=7 近似中性的水源，回收率为 75% 的反渗透系统，水温在 20℃和 40℃时允许的

进水 SiO_2 浓度分别为 18mg/L 和 42mg/L。如果进水中 SiO_2 的浓度超过允许值，则应在预处理系统中考虑防止 SiO_2 沉积的措施，例如提高水温、提高 pH 值、石灰软化原水和降低水的回收率等。

5. 防止结垢

反渗透装置运行时，水中绝大部分盐类保留在浓水中，导致浓水含盐量上升，例如水的回收率为 75%，即进水经反渗透浓缩后体积减少至原来的 25%时，浓水中盐的浓度也大致增加至进水的 4 倍（忽略透过反渗透膜的部分盐类）。盐类的这种浓缩是反渗透装置结垢的主要原因。反渗透装置结垢的物质主要是难溶盐类。对于苦咸水或海水作为水源的反渗透系统，有可能产生结垢的物质一般为 $CaCO_3$、$CaSO_4$、$BaSO_4$、$SrSO_4$、SiO_2 和 CaF_2 等。对于特定的水质和系统，这些物质是否结垢，视浓水中它的离子积是否超过了该条件下它的溶度积，如果超过而又没有采取任何防垢措施，则有可能结垢。

（1）防止碳酸钙垢的生成。由于反渗透膜对水中 CO_2 的透过率几乎为 100%，同时由于盐类物质的浓缩和 pH 值的升高，会导致 Ca^{2+} 离子浓度升高，而 pH 值的升高会引起水中 HCO_3^- 转化成 CO_3^{2-}，这样就极容易导致碳酸钙在反渗透膜上析出，损坏膜元件，造成反渗透膜透水率和脱盐率下降。

对于碳酸钙垢的预防，可通过降低回收率、加酸调节水的 pH 值或投加阻垢剂等措施来实现。阻垢剂加入量按供应商提供的数据加入。

（2）防止硫酸盐垢的生成。在海水反渗透处理中，通常不会出现硫酸盐结垢问题。但在苦咸水反渗透系统中，则应对此加以重视。一般情况下，需要对反渗透浓水中 $CaSO_4$ 结垢倾向进行计算，特殊情况下，还需做 $BaSO_4$ 和 $SrSO_4$ 结垢倾向的计算。

防止硫酸盐垢的方法，是在给水中加入阻垢剂。

6. 防止铁锰沉积

Fe、Mn 和 Cu 等过渡金属有时会成为氧化还原反应的催化剂，它们存在时，会加快膜的氧化和衰老，故一般应尽量除去水中这些物质。胶态铁锰（如氢氧化铁和氧化锰）还可引起膜的堵塞。铁的允许浓度随 pH 值和溶解氧量而有所不同，通常为 0.1～0.05mg/L。如果配水管使用了易腐蚀的钢管而且进水中又有较充足的氧时，那么配水管铁的溶出会影响膜装置运行，这时应考虑管道防腐。

对于地表水，经加氯、澄清、过滤后，水中铁锰含量一般是合格的；对于地下水，特别是富含铁锰的地下水，应采取除去铁锰的措施，例如：曝气原水，使铁生成 $Fe(OH)_3$ 沉淀，然后利用接触氧化过滤法加以除去；加 Na_2SO_3 除去溶解氧，以阻止铁锰氧化，使其保持溶解状态。

另外，还应注意天然水中钡和锶的含量，如果天然水中钡和锶的含量超过 0.015mg/L，水中含有硫酸根时，就会生成难以清除的硫酸钡和硫酸锶水垢。因此国标规定天然水中钡和锶的含量应不超过 0.015mg/L。

7. 杀菌处理

水中有机物一般是微生物的饵料，因此含有微生物和有机物的水进入反渗透装置后，由于水的浓缩，膜的浓水侧表面上的溶解有机物和微生物浓度同时增加，从而微生物繁殖趋快，造成膜的生物污染。生物污染会严重影响膜性能，表现特征主要是运行初期反渗透装置第一段的压差升高，慢慢第二段及整个后续段压差升高，严重时还可导致膜元件变形并发生机械损伤，同时通水量下降。由于微生物产生的黏状物的黏度和附着力较大，因此若反渗透装置中发生了生物污染，一般很难除去，故在设计反渗透的预处理系统时应高度重视微生物的去除问题。对于醋酸纤维素膜，微生物（如细菌）的侵蚀会使醋酸纤维素高分子中的乙酰基破坏，引起膜的脱盐率下降，要求对进水彻底杀菌。对于复合膜，虽然不受细菌侵蚀，但细菌粘泥会造成膜元件的污堵。

防止微生物侵蚀的通用方法是对原水进行杀菌处理。常用的杀菌剂为氯化物，如 Cl_2，此外还有 H_2O_2、O_3 和 $KMnO_4$ 等。一般很少用紫外线杀菌，因为它没有残余消毒能力。加氯点尽可能安排在靠前工序中，以便有足够接触时间，使水在进入膜装置之前完成消毒过程。允许进入膜装置的水中余氯量视膜材料有所不同，当膜材料为醋酸纤维素时，要求水中余氯量为 0.2～1mg/L；当膜材料为复合膜（主要是芳香聚酰胺膜）时，加氯消毒后应除去残余氯，使余氯量为零。消除余氯的方法主要有两种。

（1）还原法。将 Na_2SO_3 或 $NaHSO_3$ 投加到原水中，进行脱氯。

（2）吸附法。用活性炭可彻底除去余氯。活性炭除氯不仅是一种物理吸附，而且对余氯的水解和产生新生态氧也起一定的催化作用，从而提高了对余氯的除去效果。脱氯后会消耗一些活性炭。

8. 除去溶解性有机物

有机物不仅是微生物的饵料，而且当其浓缩到一定程度后，可以溶解有机膜材料，使膜性能劣化。水中有机物种类繁多，不同的有机物对反渗透膜的危害也不一样，因而在反渗透预处理设计时，很难给出一个定量指标，但如果水中总有机碳（TOC）的含量超过了 2mg/L 时，则应引起足够的重视。

除去水中有机物的方法有投加氧化剂如 Cl_2、$NaClO_2$、H_2O_2、O_3 和 $KMnO_4$ 等氧化有机物，或用活性炭吸附有机物。

9. 反渗透进水水质

（1）卷式醋酸纤维素膜。此膜组成的反渗透器对进水水质要求如表 5-1 所示。

（2）中空纤维式聚酰胺膜。此膜组成的反渗透器对进水水质要求如表 5-2 所示。

（3）常规卷式复合膜。此膜组成的反渗透器对进水水质要求如表 5-3 所示。

（4）超低压卷式复合膜。此膜组成的反渗透器对进水水质要求如表 5-4 所示。

表 5-1 卷式醋酸纤维素膜对进水水质的要求

项 目	建议值	最大值
FI	<4	4
浊度（FTU）	<0.2	1
含铁量（mg/L）	<0.1	0.1
游离氯（mg/L）	0.2～1	1
水温（℃）	25	40
水压（MPa）	2.5～3.0	4.1
pH 值	5～6	6.5

表 5-2 中空纤维式聚酰胺膜对进水水质的要求

项 目	建议值	最大值
FI	3	3
浊度（FTU）	0.2	0.5
含铁量（mg/L）	<0.1	0.1
游离氯（mg/L）	0	0.1
水温（℃）	25	40
水压（MPa）	2.4～2.8	2.8
pH 值	4～11	11

表 5-3 常规卷式复合膜对进水水质的要求

项 目	建议值	最大值
FI	<4	5
浊度（FTU）	<0.2	1
含铁量（mg/L）	<0.1	0.1
游离氯（mg/L）	0	0.1
水温（℃）	25	45
水压（MPa）	1.0～1.6	4.1
pH值	2～11	11

表 5-4 超低压卷式复合膜对进水水质的要求

项 目	建议值	最大值
FI	<4	<5
浊度（FTU）	<0.2	1
含铁量（mg/L）	<0.1	0.1
游离氯（mg/L）	0	0.1
水温（℃）	25	45
水压（MPa）	1.05	4.1
pH值	3～10	10

七、反渗透装置的运行和清洗

（一）膜组件的选用

一个或多个膜元件组合起来，放置在压力容器组件（简称PV组件）内，构成一个脱盐部件，称为膜组件。膜组件是反渗透脱盐的基本单元。膜组件的长度根据需要而确定［如直径203.2mm（8in）的PV组件内可放置1～8个膜元件］，它影响RO装置设计的多个方面，例如组装框架的大小，系统的水力分布，高压泵规格选择等。

常用的压力容器直径有53.5mm（2.5in）、101.6mm（4in）和203.2mm（8in），进水形式有端部进水和侧面进水，RO外壳为玻璃钢或不锈钢。

（二）反渗透系统膜组件的排列组合

1. 合理排列组合的意义

膜组件的排列组合合理与否，对膜元件的使用寿命有至关重要的影响。若膜组件少了，则将造成单个膜元件的水通量过大，从而缩短膜元件的使用寿命。如果排列组合不合理，则将造成某一段内膜元件的水通量过大，另一段内的膜元件的水通量过小，不能充分发挥其作用，这样，将造成水通量过大的膜元件的污染速度加快，造成膜元件的清洗频繁，甚至这些膜元件很快不能再使用而需要更换，造成经济损失。

在没有浓水循环的情况下，通常采用2∶1排列获得75%的系统回收率（每段回收率为50%），这是为了满足单个膜元件最低浓水流量与渗透水量之比为6∶1的要求。

2. 膜元件的排列组合—系数法

为了使反渗透达到给定的回收率，同时保持给水在装置内的每个组件中处于大致相同的流动状态，必须将装置内的组件分为多段锥形排列，段内并列，段间串联。组件的排列形式有一级、二级和多级。所谓一级是指原水经一次加压反渗透分离，二级是指经过二次加压反渗透分离。在同一级中，排列相同的组件组成一个段。火力发电厂以一级二段（或一级三段）常用，见图5-12～图5-15。

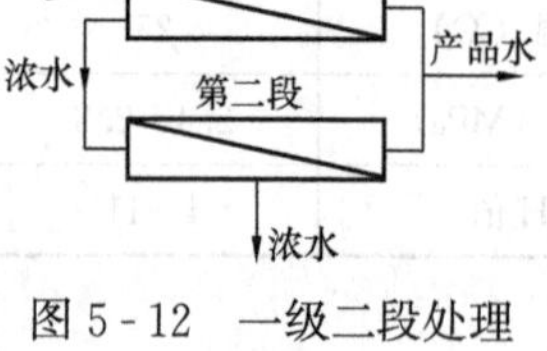

图5-12 一级二段处理

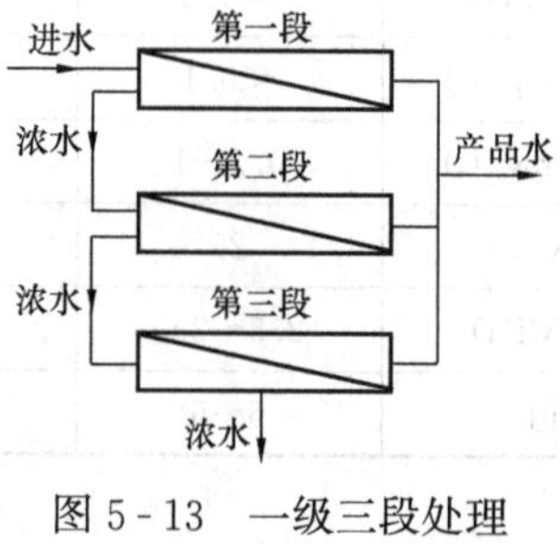

图5-13 一级三段处理

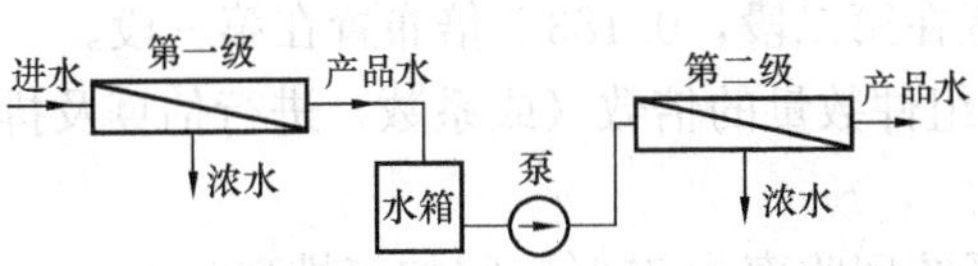

图 5-14　二级二段处理（每级各一段）

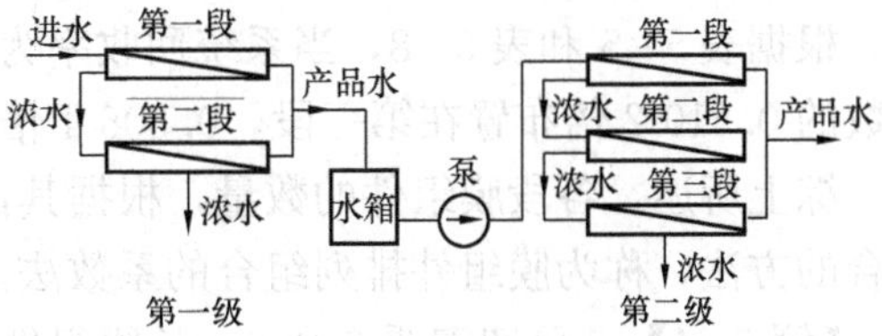

图 5-15　二级五段处理（第一级为二段，第二级为三段）

常用的几种排列组合方式有以下几种：

一般来说，水流经过内装 4 个 1016mm 长（40in）膜元件的膜组件（称水流过 4m 长），回收率可达 40%，如表 5-5 所示。水流经内装 6 个 1016mm 长膜元件的膜组件［装 1524mm（60in）长膜元件时，需 4 个膜组件］，回收率可达 50%，见表 5-6。

因此，要达到 75%的回收率，水流必须流过 12m 长，即对 4m 长的膜组件（即内装 4 个 1016mm 长膜组件），必须有三段，方可达到 75%的回收率；对 6m 长的膜组件，必须有两段，方可达到 75%的回收率。计算如下：

设进水流量为 q，因 6m 长的膜组件回收率可为 50%，则第一段浓水流量为 $\frac{1}{2}q$，第二段浓水流量为 $\frac{1}{4}q$，因此水经过两段处理的回收率 Y 为

$$Y=\frac{\text{进水流量}-\text{浓水流量}}{\text{进水流量}}\times 100\%=\frac{q-\frac{1}{4}q}{q}\times 100\%=\left(1-\frac{1}{4}\right)\times 100\%=75\%$$

由类似计算可得表 5-5 和表 5-6。

表 5-5　对 4m 长的膜组件，水流过的长度与回收率的关系

系统回收率（%）	40	64	78.4	87
水流过的长度(m)	4	8	12	18

表 5-6　对 6m 长的膜组件，水流过的长度与回收率的关系

系统回收率（%）	50	75	87.5
水流过的长度（m）	6	12	18

根据表 5-6，当系统回收率为 50%时，膜组件的排列仅需并联。当需系统回收率为 75%时，因第一段的出力为第二段的 2 倍（见表 5-7），因而膜组件的总数的 2/3 应布置在第一段，1/3 布置在第二段。4m 长膜组件的每段回收率见表 5-8。

表 5-7　6m 长膜组件的每段回收率

段　数	第一段	第二段	第三段
每段相对于系统的回收率（%）	50	25	12.5

表 5-8　4m 长膜组件的每段回收率

段　数	第一段	第二段	第三段
每段相对于系统的回收率（%）	40	24	14.4

根据表5-5和表5-8，当系统回收率为75%时，以同样方法可计算得到：应把膜组件总数的0.510 2倍布置在第一段，0.306 1倍布置在第二段，0.183 7倍布置在第三段。

综上所述，各段膜组件的数量，根据其占膜组件数量的倍数（或系数）进行估算及排列组合的方法，称为膜组件排列组合的系数法。

【例5-1】 已知需要6个6m长膜组件，系统回收率为75%，问如何排列？

解 由表5-6和表5-7可知，第一段所需要膜组件数6×2/3=4，第二段所需要膜组件数6×1/3=2。

由此可采用4-2排列，即第一段有4个膜组件采用并联，第二段有2个膜组件采用并联，然后两段串联起来。

【例5-2】 某电厂2台60m³/h的反渗透装置，系统回收率为75%，经计算每套装置共需膜组件19个，每个组件内装DOW公司生产的BW30—400型膜元件，试计算膜组件的排列组合。

解 根据表5-5和表5-8可得：

第一段所需膜组件数19×0.510 2=9.69

第二段所需膜组件数19×0.306 1=5.82

第三段所需膜组件数19×0.183 7=3.49

考虑到给水浓度随着段数增加而增大，故可采用9—6—4排列。

（三）反渗透装置的运行

反渗透系统调试完毕后，即可移交生产运行。下面以某厂使用醋酸纤维素膜为例（见图5-16），说明反渗透装置的启动、运行和停机保护的步骤。

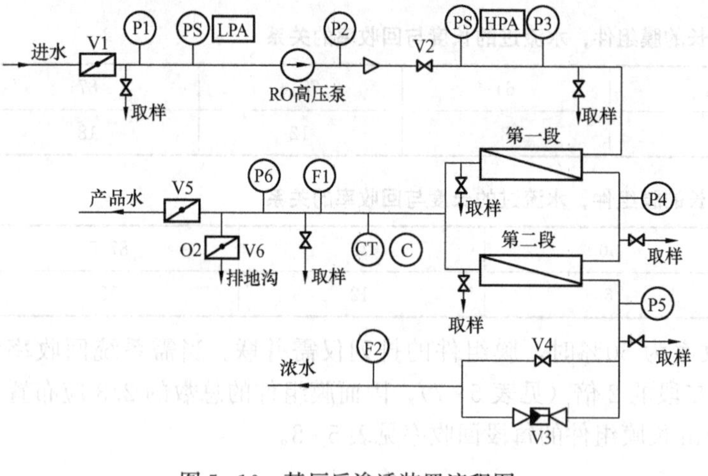

图5-16 某厂反渗透装置流程图

1. 启动与运行

启动与运行步骤如下：

（1）反渗透设备运行前的各项准备工作已完毕。

（2）反渗透设备进水pH值为5～6，温度（25±2）℃，残余氯含量0.2～1mg/L，FI值小于4等，已符合运行条件。

（3）一旦预处理系统运行达到稳定状态，即可按下列步骤启动高压泵和运行反渗透装置：

1）打开阀门V1，关闭阀门V2、V4、V5，打开阀门V3、V6。

2）按下启动按钮，启动高压泵，当高压泵运行达额定转速数秒后，将慢慢打开阀门V2，使压力慢慢升高，一直升高到压力表P3指示为2.6MPa。

3）调节阀门V3、V2、V1，使压力表P3维持在2.6MPa。

4）当反渗透设备出水水质合格后，打开阀门V5，关闭阀门V6，向系统输送产品水。

（4）反渗透设备投入运行后，监测反渗透设备各有关指标如余氯量、pH值等，不合格时应及时调整，使运行处于平稳状态。

2. 运行监督

(1) 每隔2h记录压力表P1、P2、P3、P4、P5、P6的读数。

(2) 每隔2h记录产品水流量表、浓水流量表的读数和产品水电导率表的读数。

(3) 每隔2h记录反渗透设备进水pH值、进水电导率值、进水温度值、残余氯含量(监测探头设在保安过滤器的出水管道上，在控制盘上读出)。

(4) 每隔1h监测反渗透设备进水pH值，每隔2h监测反渗透设备进水残余氯和阻垢剂的含量，每隔4h监测反渗透设备进水FI值。

(5) 发现问题，及时处理。

3. 反渗透设备的停运

(1) 反渗透设备停运前，应先打开产品水排地沟阀门V6，关闭阀门V5、V2、V3。

(2) 按下按钮，停高压泵。

(3) 打开阀门V2、V4。

(4) 停阻垢剂加药泵，HCl、NaClO泵仍运行。

(5) 低压冲洗反渗透设备10min后关闭进水阀V1、V4、V6。

4. 反渗透设备短期停用保护

若停机7d以内，则应采用以下停机保护措施。

(1) 用pH值为5.5±0.5、残余氯含量为0.1～0.5mg/L的水冲洗系统。

(2) 一旦系统充满该溶液，关闭所有进出口阀，确保系统充满氯化水。

(3) 当系统温度大于20℃时，应每2天重复一次水冲洗步骤；当系统温度低于20℃时，应每7天重复一次水冲洗步骤。

当系统正常停机时，关阻垢剂加药泵，用pH值为5.5±0.5、残余氯含量为0.1～0.5mg/L的水低压冲洗10min后，让该水充满反渗透系统，即达到短期停机保护目的。

5. 反渗透设备长期停机保护

当停机超过7d时，应采用以下停机保护措施。

(1) 用0.5%～0.7%的甲醛溶液（pH值调至5～6）冲洗系统。当反渗透设备排放的浓水含有0.5%的甲醛时，冲洗过程即可结束。冲洗流速与清洗流速相同时，冲洗时间大约30min。

(2) 一旦系统充满溶液，关闭所有进出口阀门。该措施应每30d重复一次。该保护措施可利用清洗系统设备来完成。

(四) 反渗透设备的清洗

在正常运行条件下，反渗透膜可能被无机物垢、胶体、微生物、金属氧化物等污染，这些物质沉积在膜表面上将会引起反渗透装置出力下降或脱盐率下降，因此，为了恢复良好的透水和除盐性能，需对膜进行化学清洗。

清洗条件应根据膜制造商提供的清洗导则进行，如果膜制造商未提供清洗导则，则应遵循下列原则，即凡是具备下列条件之一的情况，均需要对膜元件进行清洗。

(1) 标准渗透水流量下降10%～15%。

(2) 标准系统压差增加10%～15%。

(3) 标准系统脱盐率下降1%～2%或产品水含盐量明显增加。

(4) 已证实有污染或结垢发生。

1. 清洗药剂

不同的膜生产厂商对各类污染物所采用的药剂有不完全一致的要求。具体清洗配方或专利清洗液向膜制造商索取。但是总的来说，酸清洗除去无机沉淀物如 Fe、$CaCO_3$，pH 值调至 2～4；碱清洗液除去有机物、微生物，一般 pH 值调至 10～12，见表 5-9。

表 5-9 清洗药剂的选择

污染物	防止方法	清洗药剂
金属氧化物 $CaCO_3$	给水酸化控制运行回收率	柠檬酸 pH 值=2.5～3.5
$CaSO_4$	运行中加阻垢剂	柠檬酸 pH 值=2.5～3.5
有机物	预处理中除去	EDTA+Na_3PO_4 pH 值=10～12
微生物细菌	预处理中除去 给水加氯杀菌	0.5%～1%甲醛

2. 清洗系统

一般清洗系统由清洗泵、清洗箱、5μm 保安过滤器、所需的管道、阀门、清洗软管和控制仪表（如 pH 计、温度计、流量表）等组成。特殊要求时，清洗箱可装上加热装置。清洗流程如图 5-17 所示。

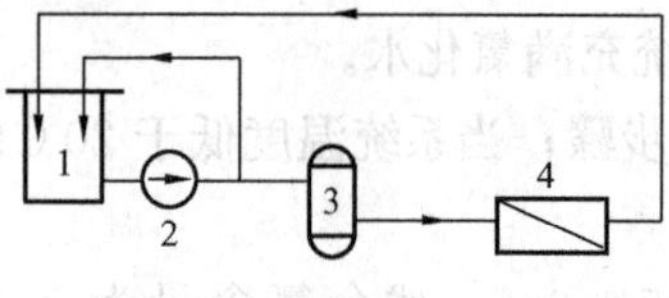

图 5-17 清洗系统流程示意
1—清洗箱；2—清洗泵；
3—保安过滤器；4—反渗透装置

3. 清洗要求

对多段反渗透装置，原则上清洗应分段进行，清洗水流方向与运行方向相同。当污染比较轻微时，可以多段一起进行清洗。

膜元件污染严重时，清洗液在最初几分钟可排地沟，然后再循环。一般情况下，清洗液可不排地沟，直接循环。

在清洗膜元件时，有关的清洗系统应用水冲洗干净，以免污染膜元件，应认真检查有关阀门是否严密。

清洗过程中应监测清洗温度、pH 值、运行压力以及清洗液颜色的变化。系统温度一般不应超过 40℃，运行压力以能完成清洗过程即可，压力容器两端压降不应超过 0.35MPa（单个膜元件压降不应超过 0.69Pa）。在清洗循环过程中，清洗液 pH 值升高较多时，需加酸使 pH 值恢复到设定值。清洗液 pH 值升高，说明酸在溶解无机垢。

一般情况下，清洗每一段循环时间可为 1.5h，污染严重时应延长时间，清洗完毕后，应用反渗透出水冲洗反渗透装置，时间不少于 20min。当污染严重时，清洗第一段的溶液不要用来清洗第二段，应重新配制清洗液。为提高清洗效果，可以让清洗液浸泡膜元件，但时间不应超过 24h。

4. 清洗液的配制

清洗液原则上应用反渗透装置的出水配制。清洗剂应充分溶解并混合均匀。对于固体清洗药品如柠檬酸，因为其溶解度有限，所以，可以在一个小容器内先搅拌溶解后，再倒入清洗箱内，一般应用 $NH_3 \cdot H_2O$ 而不是用 NaOH 来调节清洗液的 pH 值。由于氨水对人体器官有明显的刺激作用，要求清洗药间有良好的通风设备。

八、反渗透系统常见故障与处理方法（见表5-10）

表5-10　反渗透系统常见故障及处理方法

故障	原因	处理方式
给水SDI高	过滤器运行时间长	应按期化学清洗
	原水水质变化污染过滤器	查明原因，缩短清洗周期或加强预处理
	超滤断丝内漏	修理或更换组件
	保安过滤器滤芯污堵	更换保安过滤器滤芯
高压泵入口压力低，低压停车	原水泵压力低，流量小	调整原水泵出口阀门
	原水泵叶轮有杂物	清理原水泵叶轮
	保安过滤器出入口压差大	更换保安过滤器滤芯
	前置系统装置个别阀门未开	检查清除
	过滤器出口压力正常，但保安过滤器入口压力低	过滤器产水母管管道混合器滤网入污堵，应清理
反渗漏进水压力高	高压泵出口阀门开度大	调整出口阀门至正常压力
	进水温度升高	视情况关小加热蒸汽阀
	反渗透污堵	化学清洗
	反渗透膜结垢	化学清洗或更换元件
产水回收率低	进水流量大	调小高压泵出口阀
	浓水阀门开度大	关小浓水排放阀门
脱盐率降低，产水电导率升高	原水水质变化，电导率大	查明原因，采取措施
	预处理装置故障	检查预处理装置
	进水SDI超标	过滤器故障，检查清除
	膜污堵	化学清洗
	膜结垢	清洗或更换元件
	进水温度突然升高	调整加热器使水温在规定值
防爆膜爆裂	产水阀门误关或未开	查明原因，更换防爆膜
	进水流量波动大	调整高压泵节流阀门
	产水阀门开度小	开大产水阀门开度
膜压差升高	膜污染	化学清洗
	保安过滤器泄漏	查漏消除
	膜结垢	化学清洗
产水量上升，电导率升高	膜破损	查出更换膜元件
	内连接密封件损坏	查容器内元件电导
	刚清洗完毕	运行2～3d恢复
	进水温度升高	调整加热器

续表

故障	原因	处理方式
低压停车	原水泵故障	检查原水泵或切换
	超滤和盘式过滤器同时反洗	调整反洗周期
	保安过滤器滤芯污堵	更换滤芯
	盘式过滤器反洗后排水阀门未自动关闭	检查更换，或暂时人工强制关闭（可关反洗排水手动总阀，听到自动关闭声后，再开排水总阀门）
产水量逐渐下降	膜污染或结垢	化学清洗
超滤膜组件爆裂（启动或超滤反洗时）	原水泵压力过高，超过 0.35MPa	更换原水泵
	超滤产水阀门打开速度快	延长超滤产水阀门开启时间

第六节 连续电除离子技术

一、概述

连续电除离子技术是采用电能脱盐，称为电除离子（Electrodeionization，EDI）技术。

电除离子可以连续制取高纯水，所以也可称为 CDI 或 CEDI（英文 Continuous Deionization 的缩写）。对电渗析技术（ED）大家是熟知的，EDI 是将电渗析所用的选择性阳、阴离子交换膜间填充特殊混合的离子交换树脂，成为填充床电渗析，这样就将电渗析和混床两者的优点结合起来，形成深度脱盐技术。

填充床电渗析制取出的高纯水达到或高于混床的水平，却又不需用酸碱再生，同样是利用电能脱盐却又是电渗析远达不到的纯水水质。在重视环境的今天，如将反渗透法（RO）处理高含盐量水再加上 EDI 连续制取超纯水，就更加体现连续去除离子技术的优点。

二、工作原理

EDI 装置由淡水（给水）室（D 室）、浓水室（C 室）和电极室（E 室）组成。给水淡水室内填充混合离子交换树脂，因而该室的宽度要大于浓水室，给水中离子由该室除去。淡水室和浓水室之间装有阴离子交换膜或阳离子交换膜，给水室中的阳、阴离子在两端电极的作用下不断定向移动，通过阳、阴离子交换膜进入浓水室，水在直流电能的作用下分解成 H^+、OH^-，使淡水室混合离子交换树脂经常处于再生状态，始终存有交换容量，而浓水室中的浓水不断被排走。EDI 装置在通电状态下，可以不断制出纯水，内部填充的树脂不需要使用酸、碱再生。EDI 装置每个制水单元均由一组树脂、离子交换膜和隔网组成。每个制水单元并联起来，组成一个完整的 EDI 装置。EDI 装置的工作原理如图 5-18 所示。

EDI 装置之所以在类似电渗透器结构的淡水室中填充树脂，是因为在一般的电渗析过程中，当给水（淡水）室中溶液的浓度极低时，溶液电阻增大，耗电量增加，效力下降，以至无法制取纯水。

填充树脂的电渗析，由于离子交换树脂的导电能力比一般低浓度水的电导率高 2～3 个数量级，树脂颗粒不断发生交换作用而构成“离子通道”，使淡水室内电导率大大地增大，从而减弱了电渗析器的极化现象，提高了电渗析器的极限电流，达到高度淡化。

此外，当淡水室内填充树脂后，淡水室中的流体流速比普通电渗析中的流速大许多，树脂又起到搅拌水流的作用，促进了离子扩散，改善了水力学状况，促进了淡水室内电导率的增大，极限电流密度也提高了，并提高了产品水的纯度。

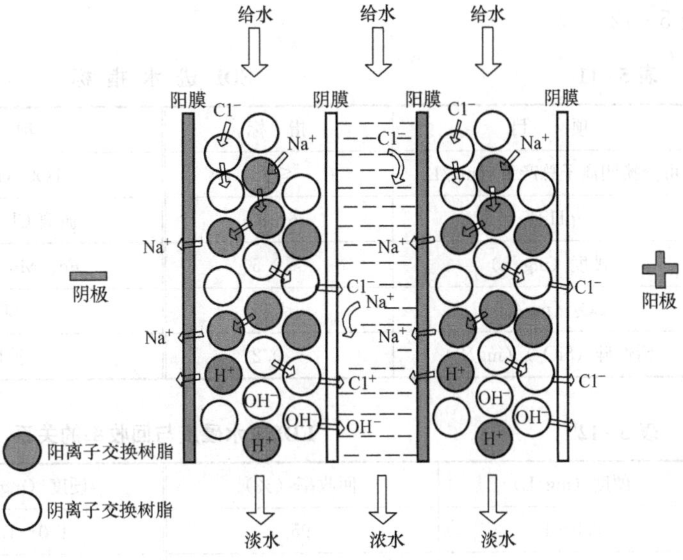

图 5-18　EDI 工作原理图

EDI 提高了运行中的极限电流，电流效应也提高了。

EDI 在运行电流超过极限电流时，膜和树脂附近的界面层会产生极化，使水电离产生 H^+、OH^-，这些离子部分迁移到浓水室，大部分使淡水室中阳、阴离子交换树脂得到再生，保持树脂的交换能力。在填充树脂的电渗析过程中，同时有给水中的盐分进行电渗析过程和在混合树脂的交换脱盐过程，还有再生反应使水质变坏的过程发生，此三种过程同时存在。实践证明，只要选择适当的运行工况，就能保证既可制得高质量的纯水又能使树脂再生。

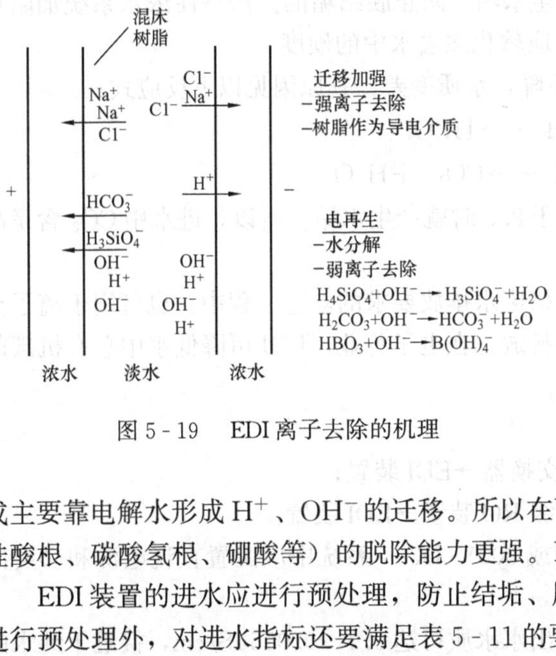

图 5-19　EDI 离子去除的机理

EDI 结构分为板框式和卷式，使用最多的是板框式结构。根据淡水室厚度不同，板框式 EDI 又分为宽室单元和窄室单元的 EDI，宽室单元的淡水室宽度为 8～10mm，窄室单元的宽度为 2～3mm。宽室 EDI 流量可达 550gfd [gfd 为加仑/（平方英尺·天），1gfd = 1.70L/（m^2·h）]，窄式EDI 流量为 150gfd。在 EDI 的淡水区可分为两部分，上部分（进水端）为加强传递区，下部分（出水端附近）为电离区。在加强传递区，电流的形成主要靠阳、阴离子的迁移；在电离区，电流的形成主要靠电解水形成 H^+、OH^- 的迁移。所以在下部树脂的再生程度更高，对弱酸离子（如硅酸根、碳酸氢根、硼酸等）的脱除能力更强。EDI 离子去除的机理见图 5-19。

EDI 装置的进水应进行预处理，防止结垢、胶体和悬浮物的堵塞。EDI 装置除了对进水进行预处理外，对进水指标还要满足表 5-11 的要求。

由表 5-11 可知，EDI 装置用于处理反渗透出水制取超纯水，要求进水硬度小于 1.0mmol/L（$CaCO_3$）。

如果进水硬度大于 1.0mmol/L（$CaCO_3$），回收就会降低。回收率与进水硬度的关系见

表5-12。

表5-11 EDI 进 水 指 标

项目	指标	项目	指标
可交换阴离子总产量（mg/L）	≤8	TOC（mg/L）	＜0.3
pH值	6～9	游离Cl（mg/L）	0.05
硬度（mg/L）	≤0.5	Fe、Mn（mg/L）	＜0.01
CO_2（mg/L）	＜3	SDI	＜1.0
活性硅（SiO_2）（mg/L）	＜0.2	浊度	＜1.0

表5-12 EDI进水硬度与回收率的关系

硬度（mg/L）	回收率（%）	硬度（mg/L）	回收率（%）
0.5～1	95	1.0～1.5	85
0.5～1.5	90	1.5～2.0	80

当进水硬度不能满足要求时［硬度小于1.0mmol/L（$CaCO_3$）］，可用软化除去硬度。软化器的进水是反渗透的出水，软化器的运行周期会很长，再生用NaCl的量会很低。另外，EDI的进水应先经过紫外线消毒，使微生物的污染降至最低程度。

在运行时，水中钙、镁离子进入浓水室会在阳膜表面富集，淡水室内阴膜极化产生的OH^-透过阴膜造成浓水室表面有一个高pH值层面，会造成浓水表面结垢趋势明显增加。当pH大于9时，钙、镁盐类便结晶析出产生水垢。防止膜结垢的方法是往浓水系统加阻垢剂。所以，当原水硬度不能满足此条件时，应软化除去水中的硬度。

进水中CO_2含量高时，会造成产水量下降，水质变差，其原因见以下反应式：

$$CO_2 + OH^- \longrightarrow HCO_3^-$$

$$HCO_3^- + OH^- \longrightarrow CO_3^{-} + H_2O$$

如果进水中含有残余硬度，当pH值大于8.5时就产生水垢。所以，进水中CO_2含量高时，应在反渗透后设除碳器。

EDI装置可应用于制取高纯水、或有严格废水排放要求的新建工程中。也可用于离子交换系统的改造，以降低酸碱用量，减少废水排放。在电子行业，EDI可降低水中总有机碳的含量。

EDI应用的典型水处理系统流程如下：

（1）原水→预处理→RO装置→钠离子交换器→EDI装置；

（2）原水→预处理→一级RO装置→二级RO装置→EDI装置。

EDI装置的正常运行电压为600V(DC)或300V(DC)，系统中应配置直流电源和必要的控制仪表，同时还应有安全保护措施。

EDI装置的进水为反渗透出水时，它的出水水质可达0.1～0.055μS/cm，接近于纯水的理论电导。

三、EDI常见故障及处理方法

EDI常见故障及处理方法如表5-13所示。

表 5-13　**EDI 常见故障及处理方法**

故　障	原　因	处理方法
1. 组件压降大 2. 组件压降小 3. 产水量下降	1. 流量大或污染 2. 流量小： （1）组件污染或阀门开度小 （2）进水压力低	1. 调整流量或清洗组件 2. 调大流量 （1）清洗组件或开大阀门 （2）泵出口阀门开度小、调大
产水水质差，电阻小	（1）进水水质变化，电导率升高 （2）进水 pH 值低，CO_2 含量高 （3）组件接线烧蚀，电阻大 （4）组件不通电（个别） （5）总电流太小 （6）个别组件电流正常，但产水电阻小 （7）浓水压力高 （8）组件阴、阳膜污染	（1）RO 系统产水不合格，找 RO 系统的原因 （2）调大进碱量，提高 pH 值至 8.0 （3）检修处理 （4）接点烧断，更换接点 （5）调大装置电流 （6）电极室内有空气，拔下极水管，放净空气 （7）调整浓水压力 （8）化学清洗浓水室
浓水电导低	（1）浓水排放量大 （2）进水电导率明显下降 （3）加药泵系统故障	（1）调整浓水排放量 （2）浓水中增加食盐 （3）查加药系统
浓水流量低	（1）浓水泵内有空气 （2）组件严重污染 （3）旁路阀开度大	（1）排浓水泵内空气 （2）化学清洗组件 （3）关小旁路阀
浓水排放量小	阀门故障	更换阀门
自动状态不启动	（1）浓水泵不启动 （2）浓水系统内存有大量空气 （3）浓水流量低 （4）旁路阀开度大	（1）先手动，查出原因再恢复自动 （2）排浓水泵内空气 （3）若产水阀未全开，重新全开 （4）关小旁路阀
整流器间歇	整流器内部温度高	清理风扇
总电流变小	（1）组件污染 （2）组件电极线断电	（1）化学清洗组件 （2）检修组件
总电压升高	组件污染	化学清洗组件；加大总电流；提高浓水电导率，加盐

小　　结

1. 蒸馏法是利用蒸汽加热盐水得到蒸馏水的方法。

2. 电渗析利用阳、阴膜只允许阳、阴离子透过的特点进行预脱盐。电渗析脱盐的设备结构及运行方式。

3. 反渗透即在盐水侧加压，使水透过半透膜（只允许水透过）进行预脱盐。国内使用最多的超低压螺旋式反渗透装置的结构和运行方式。

思考题

1. 蒸馏法是如何进行脱盐的？一般如何运行？
2. 试述电渗析脱盐的原理。电渗析脱盐对进水有什么要求？
3. 反渗透是如何脱盐的？对进水有什么要求？
4. 反渗透膜有几种？它们的结构如何？
5. 画出螺旋式膜元件的结构，并说明脱盐过程。
6. 画图说明超低压反渗透器的运行组合有几种形式。

第六章

凝结水处理

【内容提要】本章主要介绍高参数机组的凝结水处理所用的覆盖过滤器、混床除盐阳和阴树脂的分层方法。

电厂的凝结水由汽轮机凝结水及各种疏水组成，热电厂中还含有从热用户返回的凝结水。凝结水是锅炉给水中最优良的水，也是数量最大的水，所以保证凝结水的质量是给水质量合格的前提。但凝结水在运行中易被漏入的冷却水、金属腐蚀产物等污染。

凝汽器不严密，会漏入含有大量杂质的冷却水，给凝结水带来各种盐类物质（离子态杂质）、悬浮物质及硅化合物和有机物；凝结水系统、疏水系统设备和管道腐蚀带来的金属腐蚀产物；热用户返回水带来的金属腐蚀产物和溶解物质及其他杂质（如油脂）。由于以上原因，会导致凝结水污染，引起给水质量不良。这样的给水进入锅炉内会引起锅炉的结垢和腐蚀。

高压和超高压汽包锅炉，凝结水一般不作净化处理。对于疏水和热用户返回水，质量很差时，应进行相应处理。直流锅炉和亚临界汽包锅炉，由于对给水水质要求较高，凝结水必须进行净化处理。

凝结水的净化处理有覆盖过滤器、混床，树脂覆盖过滤器、混床及单独空气擦洗高速混床等系统。在凝结水处理系统中，先进行过滤除去水中悬浮态、胶态金属腐蚀产物，然后再用混床除去离子态杂质。混床采用有 H－OH 型和 NH_4－OH 型。

第一节 凝结水的过滤

一、覆盖过滤器

1. 工作原理

覆盖过滤器是将粉末状滤料覆盖在特制的多孔管件（称为滤元）上，形成一个薄层的滤膜。水从管外通过滤膜和管孔进入管内，进行过滤。因覆盖在滤元上的薄膜起过滤作用，故称覆盖过滤器。

覆盖过滤器所用的滤料应具备化学稳定性好、多孔隙的性能。覆盖过滤器的滤料也可称为助滤剂，因铺膜时此滤料是随水流一起进入过滤器的，好像助滤剂一样。常用的滤料为棉质纤维素纸浆，它是将干的纸浆板粉碎，并通过 30 目的筛子过筛制成的。如用活性炭（100～200 目）作助滤剂，则可将水中的含油量从10mg/L降至 5mg/L。因活性炭化学稳定性好、多孔吸附力强，具有良好的除油效果。一般只需将活性炭在纸浆覆盖的滤元上再覆盖 2～3mm 厚即可。有的电厂用煤粉作助滤剂，对返回水除油，也取得良好的效果。

2. 结构

覆盖过滤器的结构如图 6-1 所示。覆盖过滤器的本体是钢制圆筒，底部为锥形，体内

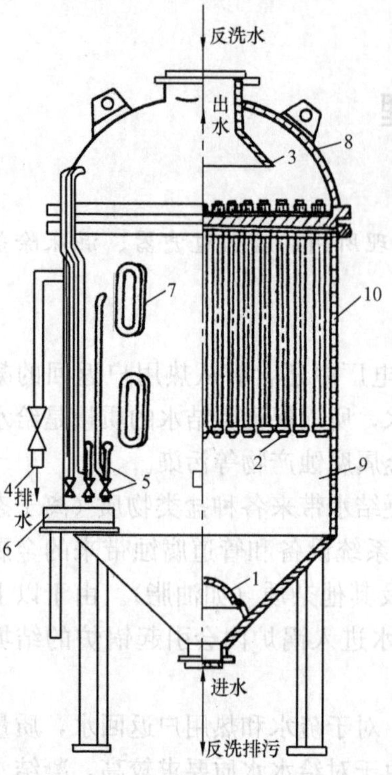

图 6-1 覆盖过滤器的结构示意

1—水分配罩；2—滤元；3—集水漏斗；4—放气管；5—取样管及压力表；6—取样槽；7—观察孔；8—上封头；9、10—本体

上部沿水平方向装有一块多孔板，孔呈菱形四角排列，用来固定滤元。滤元是用不锈钢管或工程塑料管制成的。管的外侧刻有许多纵向齿槽。槽内开有许多直径为3mm的小圆孔。孔距上部大，孔数少，孔距下部小，孔数多，目的是使各部进水均匀。齿棱上刻有螺纹（螺距为0.7～0.8mm），沿螺纹绕上直径为0.4～0.5mm的不锈钢丝，即组成滤元。滤元上部管口敞开，用作出水，管口有螺纹，用来将滤元固定在多孔板上；滤元下端有一段不开齿槽的螺纹管，用来拧上半球形螺帽封闭下部管口。滤元直立吊装在多孔板上，下端用钢条焊接成网孔用来固定滤元。滤元间距离在覆盖滤料后净距不小于25mm。多孔板与滤元应连接严密、防止漏水，多孔板的上部是出水区，出水口在上封头的顶端。多孔板的下部为进水区，进水口在圆锥形的底部。进水口处装有蘑菇形状的水分配罩，罩上开有许多小孔。

覆盖过滤器在投运后，在集水漏斗与上封头之间会聚集空气，此空间称为上气室。多孔板下，会形成另一个聚集空气的区域，称为下气室。在下气室的筒体上装有放气管，该管上装有快开的放气门。

在覆盖过滤器中，各滤元的表面都是过滤面积，它与堆放粒状滤料的过滤器相比，具有生产率大的特点，在相同出力的情况下，其体积要小得多。

3. 运行

覆盖过滤器的运行分为：铺膜、过滤和去膜三步。铺膜是先在铺料箱中加入一定量的水，放进滤料，启动铺料泵，将铺料箱中的水和滤料循环搅拌成均匀的2%～4%的悬浊液，将此液通过满水的过滤器进行铺膜（见图6-2中虚线所示的专用滤料循环门及管路）。铺膜前先将循环门打开3～5min，使滤料悬浊液经筒体和铺料箱进行大循环，待整个系统中滤料悬浊液的浓度均匀后，再让悬浊液通过滤元进行铺膜。

铺膜流速应通过试验选定（对干视密度为0.25～0.35g/cm^3，流速可选2～3m/h）。铺膜经过一段时间后，从观察孔中看到滤元上已均匀地覆盖着滤膜时，为压实滤膜，可将流速提至5～8m/h，这样还可将沉积在设备死角处的滤料搅动起来。在铺膜时，悬浊液的流动应平稳上升，不能过快或过慢，如过快，滤元上的滤膜形成上厚下薄的不匀现象；如过慢，会形成上薄下厚的现象。

滤膜的厚度为3～5mm为宜，滤料用量约为每平方米过滤面积0.5～1.0kg。滤膜压实后，铺料泵还应继续运行，流速维持在3m/h左右，以防滤膜脱落。

过滤时，先用大流量的水冲洗过滤器至出水不带滤料，随后进行凝结水的过滤，滤速为6～12m/h。滤速太大滤膜会很快压实，压降迅速上升，运行周期缩短；滤速太小可能使滤元上滤膜脱落。

过滤初期的压力损失为0.01～0.05MPa，当的压力损失达0.15～0.3MPa，或出水含铁量超过规范时即可停运进行去膜。

去膜采用“自压缩空气爆膜法”，即先关出水门，进水门仍开着，利用进水压力压缩上下气室中空气，3～5min后，待器内各部压力均匀时，关进水门，然后突然迅速全开空气门和排渣门，进行爆膜和排渣。此时，由于压缩在筒体内的压缩空气突然膨胀，多孔板上面的一些水从滤元内部压挤出来，打碎滤膜并使滤膜脱落和排走。然后用反洗水将滤元冲洗干净，以便重新铺膜。

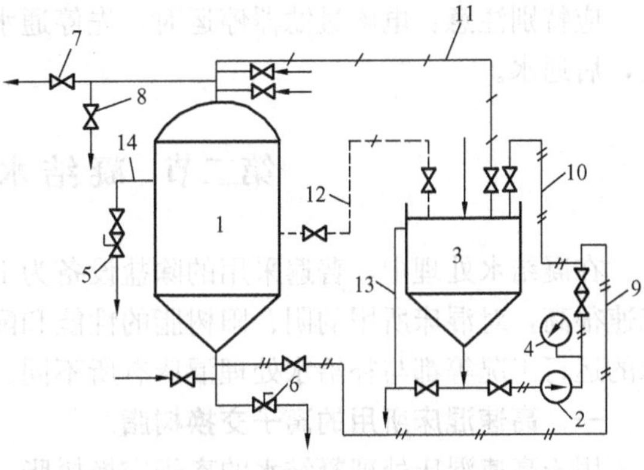

图 6-2　覆盖过滤器的运行系统

1—覆盖过滤器；2—铺料泵；3—铺料箱；4—压力表；5—快开放气门；6—排渣门；7—出水门；8—旁路放水门；9—铺料母管；10—滤料循环管；11—回浆管；12—滤料大循环管；13—溢流管；14—放空气管

覆盖过滤器的运行系统如图 6-2 所示。

机组启动时，凝结水含铁量达 500～3000μg/L，经覆盖过滤器过滤后，出水含铁量一般在10～30μg/L。机组正常运行时，进水含铁量小于 50μg/L，过滤后的出水含铁量在 10μg/L 以下。

二、电磁过滤器

电磁过滤器是利用电磁场作用，除去水中含铁物质和某些非铁磁性物质，除铁率可达 90%。

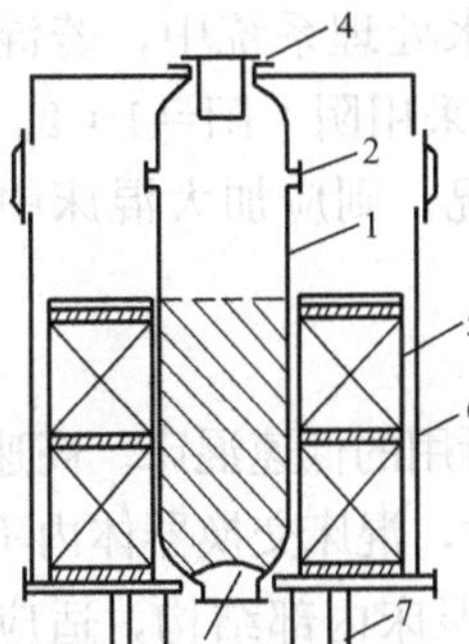

图 6-3　电磁过滤器结构示意

1—通水筒体；2—窥视孔；3—进水装置；4—出水装置；5—电磁线圈；6—屏蔽罩；7—过滤器支座

1. 结构

电磁过滤器的结构如图 6-3 所示。筒体是奥氏体钢制成的，壁上有对开的两个窥视孔，筒体下部是过滤层，层内装有直径为 6～6.5mm 软磁体制的铁球，层高 1m。进水装置为缝隙式，并起支撑铁球的作用。出水装置为直筒插入式，直筒段开条形缝隙槽，直筒下端圆板上开有许多直径为 5mm 的小孔，防止冲洗时，铁球被冲出。筒体外绕有线圈，筒体与线圈间有一薄层的绝热层，防止高温凝结水传热给线圈，造成线圈温度过高。线圈外套有屏蔽罩，减少漏磁和使线圈抽风散热。

2. 运行

运行时，先给电磁过滤器的线圈通直流电，产生磁场，铁球被磁化，并产生很强的磁感应强度。处理水自下而上通过铁球层，水中含铁物质被磁化了的铁球吸住，水得到净化。当出水含铁量超过规定值时，停止电磁过滤器的运行，进行清洗，除去铁球表面吸附的铁化合物。

清洗时，电磁过滤器先停止通水，再断直流电，进行铁球去磁。铁球退磁后，用大流量的水自下而上地冲洗铁球（冲洗水的流速约为运行水流速的 80%），使球滚动并相互摩擦，将铁球上吸附的铁化合物洗脱，随水流流出过滤器，时间为 20～60s。清洗时，凝结水从旁路通过，凝结水暂不处理。

应特别注意：电磁过滤器停运时，先停通水，后切断电源；运行时，先向电磁过滤器送电，后通水。

第二节 凝结水的除盐混床

在凝结水处理中，普遍采用的除盐设备为 H—OH 型混床。由于凝结水处理混床的运行流速很高，对混床所用的阴、阳树脂的性能和配比有一定要求，混床的结构与再生方式，混床的运行工况等都与补给水处理混床有所不同。

一、高速混床所用的离子交换树脂

用于高速混床处理凝结水的离子交换树脂，有特定的性能要求。在物理性能方面，树脂的机械强度必须较高，与补给水除盐系统中的树脂相比，树脂的粒度应该大而且均匀，有良好的水力分层性能，这是因为所处理凝结水的水量很大和含盐量低。混床运行流速很高，一般为80～100m/h，更高些的为110～120m/h，国外最高的可达130～150m/h。此种高速混床运行时，树脂颗粒受压而破碎是个严重问题，所以要求树脂的机械强度好。至于要求颗粒大且均匀是为了减少水流通过树脂层的压降，高速混床的运行压降，一般不超过0.2MPa。在化学性能方面，要求树脂有较高的交换速度和较高的工作交换容量，这样才可适应混床运行流速高、运行周期长的要求。因此，一般认为，大孔型树脂比凝胶型树脂更适用于凝结水处理。

凝结水处理用的混床中阴、阳树脂的配比，也与补给水处理用的混床不同。因为电厂凝结水中常含有 NH_3，它会消耗阳树脂的交换容量。在凝结水处理系统中，若混床前有前置阳床，树脂的配比可采用阴：阳＝1：1；若无前置阳床，则采用阴：阳＝1：2。若出现凝汽器经常泄漏或冷却水含盐量很高（如海水、苦咸水）的情况，则应加大混床中阴树脂的比值，例采用阴：阳＝3：2。

二、高速混床的结构特点

用于凝结水除盐的高速混床在结构上不同于补给水制备所用的低速混床。高速混床的结构特点与其采用的体外再生方式密切相关。因为采用体外再生时，混床交换器体内不需设中间排水装置，这就简化了混床内部结构，适应高流速通水运行的要求。若在交换器体内安设中间排水装置，在高流速通水的运行条件下，会造成较大的压力损失，且中间配水装置也容易损坏。采用体外再生，高速混床就不需设置酸、碱管道，交换器的管路系统就较简单了，这样就可避免因偶然发生的事故使酸、碱液漏入凝结水中。此外，因采用体外再生方式和利用运行时的高速通水条件，高速混床交换器的高度就可降低，使之便于在主厂房中布置。

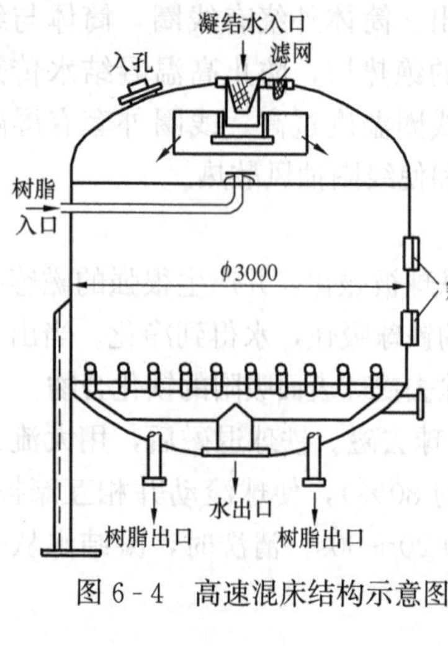

图6-4 高速混床结构示意图

对高速混床内部结构的主要要求是，进水装置和排水装置应能保证水的分配均匀，排脂装置应能排尽交换器内的树脂，安装、检修都比较方便。

高速混床的内部结构如图6-4～图6-6所示。这几种结构的高速体外再生混床，我国均已在生产中应用。图 6-4 的底部排水装置是由一根母管和母管两侧连有的几十根支管构成，支管上绕不锈钢钢丝。图 6-5 中的底部排水装置是由许多高强度水帽构成。为了保持树脂面的平整，上部设有一根旋流水管。图 6-6 所示的混床为球形外壳，可在 3.3MPa 压力下运行，适用于中压凝结水系统中应用。

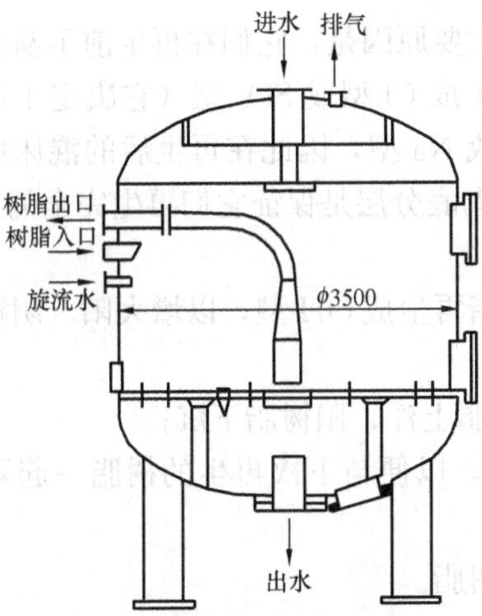

图 6-5 内装水帽的高速混床结构示意

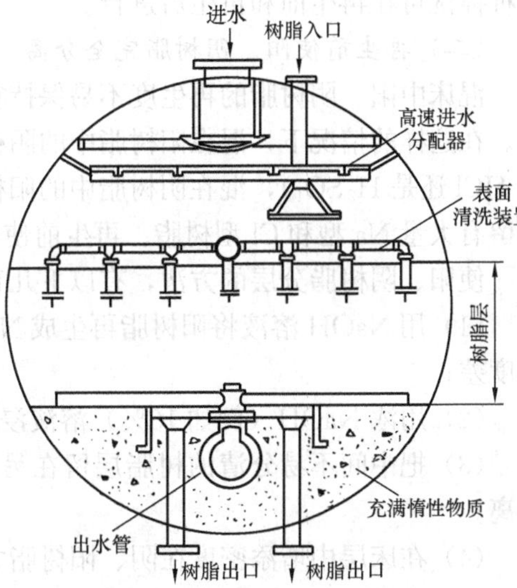

图 6-6 球形高速混床结构示意

三、高速混床的运行特性

用 H—OH 型混床处理凝结水，可以使出水的电导率在 0.1μS/cm 以下，通常可达 0.06～0.08μS/cm。我国各电厂高速混床运行监督指标有两个：出水电导率和出水 SiO_2 含量。其中任何一个指标超过限值，即电导率（25℃）＞0.5μS/cm 或［SiO_2］＞10μg/L 时，应将混床停运、进行再生。

在机组正常运行工况下，高速混床的出水含铁量小于 5μg/L，除铁效率在 50%以上。在机组起动工况下，高速混床的除铁效率一般都在 90%以上，除铜效率高于 60%。

H—OH 型高速混床的缺点是把不该除去的 NH_3 也除去了（用于调节给水的 pH 值而投加的 $NH_3 \cdot H_2O$）。由于凝结水中的 NH_3 与其他杂质相比，其量较大，所以 H—OH 型混床的交换容量会被 NH_3 大量消耗掉，这对混床的运行是不利的。

四、高速混床的体外再生工艺

要使高速混床出水水质达到很高的纯度，所需解决的问题有很多，例如离子交换树脂的质量、再生剂的纯度和再生工艺等。这里仅就体外再生工艺作简要介绍。在此种系统中，一般是 2～3 台混床，配备一套体外再生系统。

（一）空气擦洗

凝结水处理系统中，若混床前没有前置过滤设备，凝结水直接进入混床，则树脂床层本身就是一个过滤器，即混床既是除盐设备也充当过滤装置。为此，应该有一定的措施以保证及时地将截留下来的污物清除掉，不让它们影响离子交换树脂的物理化学性能。通常采用空气擦洗的方法，方法如下：

此法为重复地用通空气—正洗—通空气—正洗—……的方法进行床层的擦洗。每次通空气的时间为1min，正洗为2min。重复擦洗的次数视树脂层污染程度而定，通常约为6～30次。从混床底部通入压缩空气的目的是疏松床层，用水从上向下正洗可使脱落下的污物自底部排走。

在空气擦洗用的设备中，可用长柄配水帽做成配水系统。为了保持床层中没有污染物，此种擦洗可在再生前和再生后进行。

（二）再生前使阳、阴树脂完全分离

混床中阳、阴树脂的再生度不易保持很高的一个主要原因是，它们在再生前不易分离完全。在这样的情况下，混在阳树脂中的阴树脂便被再生成Cl型或SO_4型（它决定于再生剂是HCl还是H_2SO_4），混在阴树脂中的阳树脂被再生成Na型，因此在再生后的混床中必然保留有大量Na型和Cl型树脂。再生前使阳、阴树脂彻底分层是保证它们再生完全的前提。

使阳、阴树脂分层的方法，有以下几种：

（1）用NaOH溶液将阳树脂再生成Na型，阴树脂再生成OH型，以增大阳、阴树脂的密度差；

（2）用浓NaOH（例如16%）溶液浸泡，使阴树脂上浮，阳树脂下沉；

（3）把中间不易分清的树脂层留在另外的设备中，以便与下次再生的树脂一起再进行分离；

（4）在床层中增添密度在阴、阳树脂之间的惰性树脂。

（三）再生工艺过程

下面介绍利用上述方法而设计的几种工艺过程。

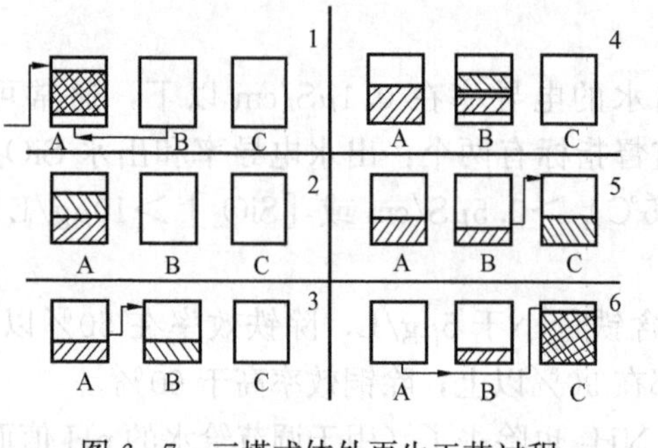

图6-7 三塔式体外再生工艺过程
A—阳树脂再生分离塔；B—阴树脂再生分离塔；C—树脂储存塔

1. 三塔式体外再生法

再生系统由阳再生分离塔、阴再生分离塔、储存塔组成。其再生工艺过程如图6-7所示。其操作步骤如下。

（1）失效树脂及上次再生时留下的Na型树脂移送到A塔。

（2）这批树脂经反洗后分成两层。

（3）阴树脂和分界面上的混合树脂移送到B塔。

（4）再生阳、阴树脂，并用浮洗法分离B塔中阳、阴树脂。

（5）阴树脂移送到C塔，Na型阳树脂留于B塔，并清洗A、C塔中的树脂。

（6）阳树脂移送到C塔，将C塔中阳、阴树脂混合和冲洗后即处于备用状态。

2. 混脂塔方案（简称“T塔”方案）

在体外再生系统中，当失效的混合树脂在阳再生分离塔中反洗分层时，在阳、阴树脂分界面处，会有一层“混脂层”（这是因细粒和破碎的阳树脂混杂在阴树脂中引起的）。此“混脂层”树脂体积约占混床树脂总体积的15%～20%。将此“混脂层”视做中间隔离层，就可使阴、阳树脂分离良好，在输送“混脂层”上面的阴树脂层时，不会携带“混脂层”下面的阳树脂。然后再将此“混脂层”取出，输送入“混脂塔”，且不参加再生。这也就使阳再生塔的阳树脂中不残留阴树脂，从而保证了阴、阳树脂的良好分离。

(1) T塔式三塔再生工艺如图6-8所示。再生系统由两个阳再生分离塔和一个阴再生塔组成。阳再生分离塔结构如图6-9所示。阴再生塔的结构如图6-10所示。在再生操作中总有一个阳再生分离塔作为混脂塔和树脂储存塔用。此方案可减少塔数，因而节省投资、减少占地面积、便于布置。具体再生操作步骤如下。

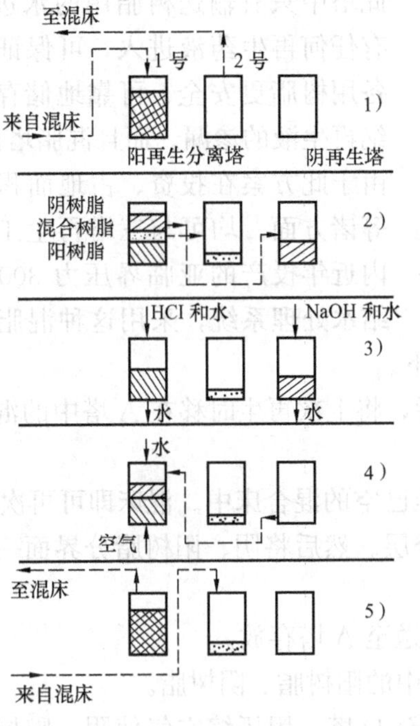

图6-8　T塔式三塔再生工艺示意

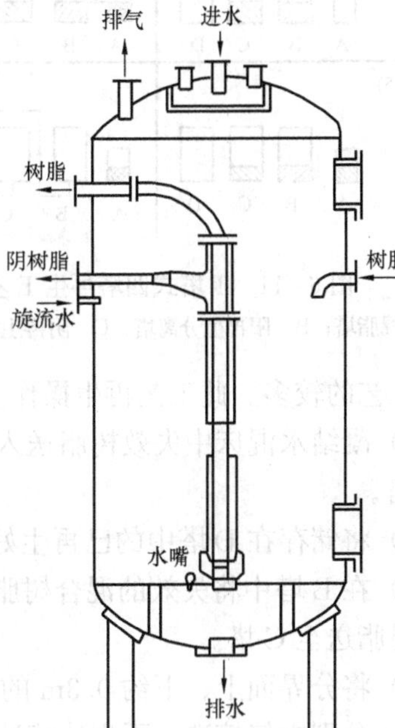

图6-9　阳再生分离塔结构

1) 树脂输送。某台混床（如2号混床）失效后，将失效树脂输送至1号阳再生分离塔，然后将2号阳再生分离塔（树脂贮存塔）中已再生好的树脂输送至已空的2号混床中。混床即可再次投运。

2) 树脂分离。失效树脂在1号阳再生分离塔中进行反洗分层，然后将阴树脂输送至阴再生塔，再将混脂层树脂送至“混脂塔”（即已空的2号阳再生分离塔）。

3) 空气擦洗、再生、清洗。阳、阴树脂分别在1号阳再生分离塔和阴再生塔内进行空气擦洗，再分别用HCl和NaOH进行再生，然后清洗好。

4) 树脂的混合和正洗。将再生后且清洗好的阴树脂送入装有再生好的阳树脂的1号阳再生分离塔中。用压缩空气使阴、阳树脂混合，再用水正洗，然后即转入备用状态。此时1号阳再生分离塔已成为树脂储存塔。

5) 树脂再输送。2号混床中失效的混脂层树脂仍在2号阳再生分离塔中，2号阳再生分离塔准备好接受另一台混床失效后送来的全部失效树脂。重复进行步骤1）～步骤4）操作。

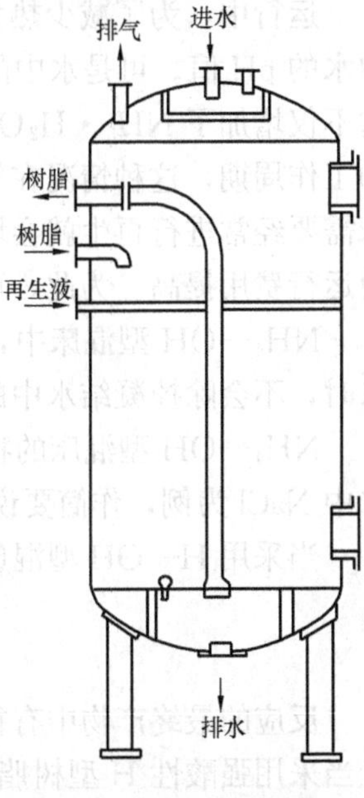

图6-10　阴再生塔结构

(2) T塔式四塔再生工艺如图6-11所示。再生系统由一个

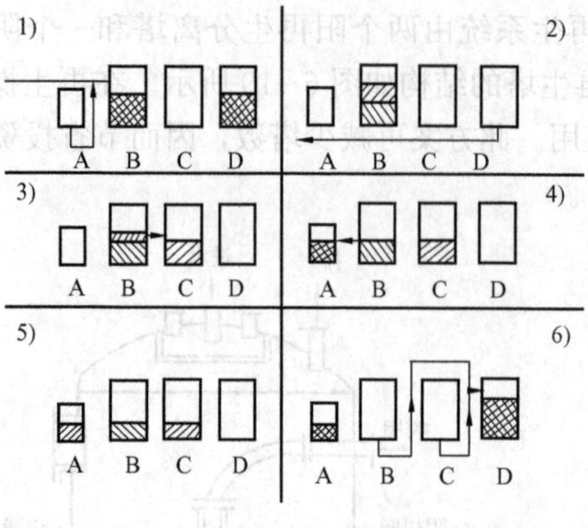

图 6-11　T 塔式四塔再生工艺示意

A—混脂塔；B—阳再生分离塔；C—阴再生塔；D—储存塔

阳再生分离塔、一个阴再生塔、一个树脂储存塔和一个混脂塔组成。此再生系统中的树脂储存塔和混脂塔是分别特意设计和制造的设备，仅用于存放和输送树脂。在此塔中只有输送树脂用的水进、出，不会有任何再生药液进入，可保证再生清洗后备用树脂更安全、可靠地储存与输出、杜绝再生液的渗漏。而且混脂塔的体积较小。由于此方案在投资、占地面积和便于布置等诸方面。均可与三塔再生工艺媲美，国内近年投产的亚临界压力 300MW 机组凝结水处理系统，采用这种混脂塔方案四塔再生工艺的较多。此工艺再生操作步骤大致如下。

1）凝结水混床中失效树脂送入 B 塔。然后，将上次再生时移在 A 塔中的混脂层树脂送入 B 塔。

2）将储存在 D 塔中的已再生好的树脂送至已空的混合床中。混床即可再次投入运行。

3）在 B 塔中将失效的混合树脂进行反洗分层。然后将阴、阳树脂分界面一定高度以上的阴树脂送至 C 塔。

4）将分界面上、下约 0.3m 的混脂层树脂送至 A 塔存放。

5）分别空气擦洗、再生、清洗在 B、C 塔中的阳树脂、阴树脂。

6）将 B、C 塔中的阳树脂、阴树脂先后送至 D 塔，用压缩空气使阴、阳树脂混合，然后用水正洗，洗至出水电导率小于 0.3μS/cm、[SiO_2] ＜20μg/L 后转入备用状态。

五、NH_4－OH 型混床

运行中，为了减少热力设备和管路的腐蚀，要用加入 $NH_3 \cdot H_2O$ 的方法提高热力系统中水的 pH 值。可是水中的 NH_3 在通过 H—OH 型混床后就完全被除去了，需要再次加入，这不仅增加了 $NH_3 \cdot H_2O$ 的消耗量，而且也相应增加了混床中阳树脂的负担，缩短了混床的工作周期，这种情况在给水按高 pH 值（pH＝9.3～9.6）运行时特别明显。H—OH 型混床需要经常进行再生就会增加酸、碱和自用凝结水的消耗，也加快了树脂的损耗，这些都会使运行费用提高。为此，可采用 NH_4—OH 型混床净化凝结水的方法。

NH_4—OH 型混床中，采用的是 NH_4 型阳离子交换树脂。NH_4—OH 型混床净化凝结水时，不会除掉凝结水中的氨，因而相应地延长了混床的工作周期。

NH_4—OH 型混床的特性与 H—OH 型混床相比，在工艺上有较大的不同，下面以除去水中 NaCl 为例，作简要说明。

当采用 H—OH 型混床时，离子交换反应如下：

$$RSO_3H + NaCl = RSO_3Na + HCl$$

$$RNOH + HCl = RNCl + H_2O$$

反应的最终产物中有很弱的电解质 H_2O，这相当于中和反应，所以反应容易进行，而且当采用强酸性 H 型树脂时，它对凝结水中的钠、铵、铁和铜的离子有较大的吸着能力，这也有利于离子交换反应。

当采用 NH_4－OH 型混床时，离子交换反应如下：

$$RSO_3NH_4+NaCl = RSO_3Na+NH_4Cl$$

$$RNOH+NH_4Cl = RNCl+NH_4OH$$

从离子交换反应看，此类型混床与 H—OH 型混床有两个不同点：

(1) 在阳离子交换方面。从离子交换的选择性次序可知 NH_4 型阳树脂对 Na^+ 的吸着能力比强酸性 H 型的较小，所以 Na^+ 较容易穿透。

(2) 在阴离子交换方面。由于此种混床内不发生中和反应，反应产物中有氢氧化铵，因而在出水中保持有一定的碱性，所以 Cl^- 及 SiO_3^{2-} 较容易穿透。

由于这些原因，对 NH_4—OH 型混床来说，离子交换反应的完成程度就与混床再生后树脂中残留的 Na 型、Cl 型树脂量有显著的关系。如混床的树脂中 Na 型或 Cl 型树脂的残留率越大，它的出水水质就越差。为了能较完全地除去凝结水中钠、铁、铜等离子，使 NH_4—OH型混床的出水水质像 H－OH 型混床的那样良好，NH_4—OH 型混床的再生程度应比 H—OH 型混床的高，它要求阴树脂的再生率达 95.5％以上，阳树脂的达到 99.5％以上，即残留的 Na 型树脂应在 0.5％以下。

因此，在设计和使用 NH_4—OH 型混床时，特别重要的是要选定合适的树脂及阴、阳树脂配比，要有分离阴、阳树脂的有效方法及充分再生的方法，否则就不能得到良好的出水水质。

由于在通入再生溶液时，混在阴树脂中的阳树脂变成了 Na 型、混在阳树脂中的阴树脂变成了 Cl 型树脂，所以阴、阳树脂的分离是否完全，对 Na 型或 Cl 型树脂残留率的影响很大。要特别防止再生时阳树脂混入阴树脂中。例如混床中阳树脂常因磨损使粒径变小，阴树脂因被杂质污染而密度增大，其结果会使水力反洗法不易将它们完全分离。此时，必须采用更好的分离方法：一种是在分离前先通以 NaOH 溶液，使混床中的阴树脂再生成 OH 型，然后再分离，因为一般强碱性阴树脂从 Cl 型变为 OH 型时，体积大约增加 5％，这样就增加了阴、阳树脂之间的湿真密度差，有利于分离；另一种方法是在分离塔中加入 8％～16％的 NaOH 溶液，使阴树脂浮在上面，阳树脂沉在下面得到分离。

NH_4—OH 型混床的再生，采用体外再生方式。将阴、阳树脂仔细分离后，用 NaOH（要求纯度达 99.00％以上）彻底再生阴树脂，用 HCl（对纯度和含钠量有严格要求）彻底再生阳树脂。再生所用水的纯度、含钠量和含氯量的要求也很严格。

阳、阴树脂分别用 HCl 和 NaOH 再生后，用除盐水进行清洗，然后再用 0.5％～1％的氨水分别对阳、阴树脂进行冲洗。氨水冲洗的目的是将阴树脂再生后残存于其中的 Na 型阳树脂转成 NH_4 型，减少混床中 Na 型树脂的残存率；再生后的 H 型阳树脂用氨水转成 NH_4 型。不可直接用氨水再生阳树脂，原因是：氨水是弱碱溶液，它的水溶液中电离的 NH_4^+ 量很少，无法用产生的 NH_4^+ 将阳树脂上的 Na^+ 完全置换出来。如先用 HCl 彻底再生（再生度要达 99.5％以上），使阳树脂全转成 H 型，再用氨水冲洗就会发生中和反应，比较容易将 H 型树脂转成 NH_4 型树脂。

NH_4—OH 型混床的出水水质良好，在机组正常运行的情况下，出水水质：含钠量为 0.5μg/L，SiO_2 含量为 5～8μg/L，电导率为 0.1～0.2μS/cm（25℃）。

采用 NH_4—OH 型混床时，水中的阳离子都被阳树脂的 NH_4^+ 所交换，因此，当凝汽器泄漏时，由于凝结水的含盐量增大，此混床出水的 NH_4^+ 含量剧增，特别是当使用的冷却水含盐量很大时（如海水），这种现象尤为严重。而凝结水中 NH_4^+ 的浓度不允许太大，否则会引起铜管腐蚀，因此采用 NH_4—OH 型混床时，进口凝结水的含盐量应有限制，如果超过一定的数值，就应使用 NH_4—OH 型混床与 H—OH 型混床的联合处理。在机组启动时，由于凝结水中含盐量很大，为了避免采用 NH_4—OH 型混床时汽水系统中含氨量过高，此时混床应按 H—OH 型运行。在采用 NH_4—OH 型混床时，备用的树脂应为 H—OH 型，备用树脂投入运行后，凝结水中的氨将会把它变为 NH_4 型。

NH_4—OH 型混床的运行经验，现尚不足，需要继续研究。但可以认为，对于给水因加 NH_3 保持其 pH 值大于 9.3 的发电厂，采用 NH_4OH 型混床净化凝结水是有现实意义的。

第三节　凝结水除盐的新工艺

随着新装机组参数的提高，对给水水质的要求也更高。国外有一些人提出，要求 $[Na^+] < 0.1\mu g/L$、$[Cl^-] < 0.15\mu g/L$，即所谓达到次微量级含盐量的水质要求。这样就对凝结水处理提出了更高的要求，促使人们正在继续探索更好的凝结水处理工艺。下面简要介绍几种新工艺：

(1) 三层混床。这就是在普通的强酸、强碱混床中加以密度介于它们之间的惰性树脂，以便反洗后能将整个床层分离成中间为惰性树脂的三个层次（阴树脂—惰性树脂—阳树脂），这样可避免阳、阴树脂相混。

为了适应三层混床的需要，应有配合良好的树脂品种。用于三层床的各种树脂可做成不同的颜色，以便于操作人员观察。例如在美国，阴树脂为金黄色，惰性树脂为白色，阳树脂制成黑色。

三层混床的操作简便，分层清晰，而且再生所需的时间比较短，可以在 8h 内完成。据报道，有一个厂采用阳树脂 Amberle 252CA、惰性树脂 Amlersep 359 和阴树脂 AmberleIRA 900CA 组成的三层混床，当运行到有 NH_4^+ 穿透（作为终点）时，出水的含钠量可经常小于 $0.1\mu g/L$，即达到目前仪器所能检测的含量以下。而一般混床的出水含钠量约为 $1\mu g/L$。

(2) 氢层混床。这是在混床内阴、阳树脂混合后的树脂层上再加上一定厚度的阳树脂层。这样，在处理凝结水时，在床内上部 0.3～0.6m 的树脂层内可起到过滤过程的作用，从而省去一个前置氢型阳离子交换器，可使凝结水处理设备结构紧凑。

氢层混床树脂失效后，将树脂送至再生系统。反洗分层后，经阴、阳树脂分别擦洗、再生、清洗等工序，阴树脂和适当配比的阳树脂被先送至空着的混床中，充分混合后，再将其余数量的阳树脂送至混合树脂层上面，正洗合格后即可投运。

(3) 单床和三室床。若混床除盐装置分离再生时，阴、阳树脂的交叉污染实际上很难完全消除，那么是否可以不用混床，而采用单独的阳床与阴床组合起来进行凝结水除盐处理呢？

如果采用一个强酸性 H 型阳床和一个强碱性 OH 型阴床相串联的系统来处理凝结水，则不能保证出水水质，原因如下：

1) 阴床再生后虽经清洗，但总是有微量 NaOH 不断地洗脱下来；

2) 当凝汽器泄漏，凝结水的含盐量增大，而使阳床出水中有 Na^+ 时，在阴床的出水中也会有 NaOH。

所以，用来进行凝结水除盐的单床式系统设计成三个交换塔，如图 6-12 所示。它是在阳—阴的除盐系统后面再加一个阳床，以捕捉漏过的 NaOH，这称为三床式除盐系统。

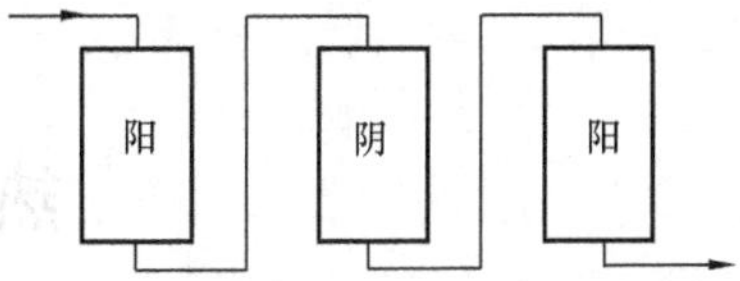

图 6－12　三床式除盐系统

为了保证出水水质，此系统中的两个阳床在再生时是按串联方式进行的，再生液先通过最后一个阳床，再通过最初一个，可使最后一个阳床再生得较彻底。

在三床式除盐系统中，床层的再生步骤分为：①反洗；②空气擦洗；③通再生液和置换冲洗；④正洗；⑤空气擦洗；⑥循环冲洗；⑦运行。

此三床式系统的初步试验，已获得令人满意的结果。在试验过程中，发现苯乙烯型阴树脂在运行中有放出 Cl^- 的倾向。估计这是由于在新树脂中有微量未反应的氯甲基，因此在再生过程中进行水解而放出 Cl^-，这样就相当于再生液中 Cl^- 量增多，从而增大了再生后可交换的 Cl^- 型树脂的量。后来改用丙烯酸Ⅰ型强碱性阴树脂，由于它的制造工艺中没有氯甲基化的步骤，这样就消除了放 Cl^- 现象。试验中还发现阴树脂的再生工艺也会对运行有较大的影响，如果它不能将 Cl 型树脂完全再生，运行时易于有 Cl^- 漏出。研究说明，如果用 H_2SO_4 和 NaOH 的两步再生法，则可防止此种泄漏。

采用这些措施后，系统的出水通常可以保持电导率在 0.06μS/cm（24～27℃）以下，这已接近于纯水的理论电导率。出水含 Na^+ 量在开始时小于 0.1μg/L，终期升至 2μg/L。

单床与混床相比，除了解决阳、阴树脂需要分离的问题外，估计还有以下优点：树脂不会因受到酸、碱的交替作用而发生急剧的胀缩变化，这在混床分层后的阳、阴树脂交界处是常常会发生的；可以减轻阴树脂受悬浮物的污染程度；运行中所受压力较小，因为它把树脂分装在三个设备中，所以没有像混床底部那样，要受到高层树脂压力的影响。

在这个基础上，现在还在试验将这三部分树脂分层放在一个用滤网及用支撑板隔开的设备中，形成“阳—阴—阳”三个树脂室，即所谓三室床设备系统。

小　　结

1. 覆盖过滤器过滤去除腐蚀产物、悬浮物的原理、设备结构和运行知识。
2. 凝结水混床除盐对离子交换剂的要求。
3. 混床树脂三塔、T塔式四塔再生工艺。
4. 三层混床等新工艺。

思 考 题

1. 试述覆盖过滤器的工作原理。
2. 简述覆盖过滤器的结构。
3. 叙述覆盖过滤器铺膜的运行和去膜的过程。
4. 凝结水对混床树脂有什么要求？为什么？
5. 叙述三塔体外再生时的树脂分离过程。
6. 叙述T塔式四塔体外再生树脂的分离过程。

第七章

热力系统的金属腐蚀

【内容提要】本章主要介绍给水系统、锅炉水系统的腐蚀和防止方法，锅炉酸性腐蚀、汽轮机腐蚀的防止方法，同时介绍停用锅炉的腐蚀及保护方法，炉管结垢及防止方法和锅炉酸洗等。

第一节 概 述

一、腐蚀

热力系统在运行中，由于与水接触会造成金属的腐蚀。

金属与周围介质发生化学、电化学作用，使金属遭受破坏的现象，称为腐蚀。腐蚀是从金属表面开始向内部发展。腐蚀的实质是氧化还原反应。

腐蚀的分类如下所述。

1. 按机理分类

按机理分类，腐蚀可分为化学腐蚀和电化学腐蚀。

(1) 化学腐蚀是指金属与周围介质直接反应并有电子得失，如赤红的铁在空气中生成四氧化三铁的反应和过热蒸汽与金属的反应都属于化学腐蚀。

(2) 电化学腐蚀是指金属与周围介质分别进行氧化、还原反应，有电流产生。如铁在水中产生三氧化二铁的反应，铁失去两个电子转成亚铁离子（Fe^{2+}），氧得电子转成氢氧根（OH^-），反应如下：

$$Fe \longrightarrow Fe^{2+} + 2e$$

$$\frac{1}{2}O_2 + H_2O + 2e \longrightarrow 2OH^-$$

热力系统的金属都浸在水溶液中，因此金属腐蚀基本是电化学腐蚀。

2. 按介质分类

按介质分类，腐蚀可分为干介质的金属腐蚀和湿介质的金属腐蚀。

(1) 干介质的金属腐蚀是指金属与干介质之间发生氧化还原反应，如过热蒸汽与金属的反应。

(2) 湿介质的金属腐蚀是指金属与周围湿介质之间发生氧化还原反应，如铁锅中有水滴处产生砖红色的沉积物。

3. 按温度分类

按温度分类，腐蚀可分为高温腐蚀和低温腐蚀。

(1) 高温腐蚀是指金属与高温介质发生氧化还原反应，如炉管在高温烟气中的腐蚀，高温蒸汽中的金属腐蚀等。

(2) 低温腐蚀是指金属与低温介质发生氧化还原反应，如自来水管的腐蚀，由水井向厂区送水的母管表面有黑色的腐蚀产物等。

4. 按类型分类

按类型分类，腐蚀可分为均匀腐蚀和局部腐蚀。

(1) 均匀腐蚀是指金属表面的腐蚀速度几乎相等，金属均匀变薄，如铁在盐酸溶液中的溶解，热力系统中游离二氧化碳引起的腐蚀等。此种腐蚀对设备的危害不太大，均匀腐蚀通常可分为四级，如表 7-1 所示。

表 7-1　均匀腐蚀等级

级　别	1	2	3	4
评　价	优良	良好	可用，但腐蚀较严重	不适用，腐蚀严重
腐蚀率 (mm/a)	<0.05	0.05～0.5	0.5～1.5	>1.5

国外对火力发电厂热力设备腐蚀性程度的评价如表 7-2 所示。

表 7-2　热力设备腐蚀性程度的评价

腐蚀速度	压力 (MPa)				腐蚀裂纹
	3～4	>10	3～4	>10	
	腐　蚀　类　型				
	局部腐蚀		均匀腐蚀		
	腐蚀速率 (mm/a)				
基本无腐蚀	0～0.05	0.05	0～0.02	0～0.02	未发现
轻微腐蚀	0.05～0.10	0.05～0.20	0.02～0.04	0.02～0.08	未发现
允许的腐蚀	0.10～0.15	0.20～0.30	0.04～0.05	0.08～0.19	未发现
严重腐蚀	0.15～0.60	0.30～1.20	0.05～0.20	0.19～0.40	发　现
事故性腐蚀	>0.60	>1.2	>0.2	>0.40	发　现

(2) 局部腐蚀是指金属的某个局部发生腐蚀。这种腐蚀的危害性较大，因事先不知道在什么部位发生腐蚀，只有在发生事故后才知道具体的部位。

在 DL/T 561—1995《火力发电厂水汽化学监督导则》中把省煤器、水冷壁和过热器管内腐蚀的评价分为三类：一类，基本没有腐蚀；二类，有轻微腐蚀或点蚀深度小于或等于 1mm；三类，有局部溃疡性腐蚀或点蚀深度大于 1mm。

常见的局部腐蚀介绍如下。

1) 溃疡性腐蚀。金属表面个别部位形成若干明显的腐蚀坑，并向深处发展和周围发展，表面堆积有腐蚀产物。此种腐蚀是水中溶氧引起的腐蚀。

2) 小孔腐蚀。腐蚀集中在金属表面的某一点上形成小而圆的腐蚀坑，并向深处发展，最终造成金属穿孔，也叫针状腐蚀。

3) 选择性腐蚀。合金材料中某一种成分被溶解，金属的强度和韧性显著降低，如黄铜中锌被溶解。

4) 穿晶腐蚀。腐蚀裂纹穿过晶粒，如交变应力引起的腐蚀疲劳断裂。

5) 晶间腐蚀。腐蚀裂纹沿晶粒边缘产生，此裂纹需用专门仪器监测。

6) 斑点状腐蚀。在金属表面发生疏密不等、深浅不一的圆形坑状腐蚀，如低压加热器进水侧弯头水汽分界处铜管外表面的二氧化碳和氧引起的腐蚀。

二、原电池和腐蚀电池

将金属浸泡在溶液中，金属表面在水分子的作用下，金属表面上的金属离子形成水合离子进入溶液中，电子留在金属表面，在金属表面附近形成双电层；当金属浸泡在含有金属离子的溶液中时，金属离子就沉积在金属表面，在金属表面附近形成双电层。金属表面与其附近的溶液之间形成的电位差，称为电极电位。

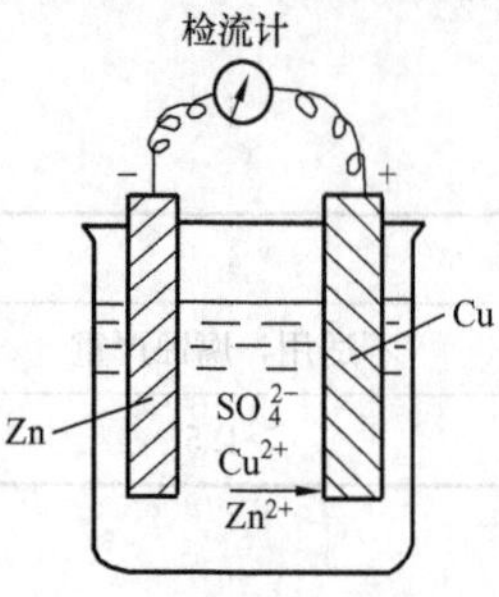

图 7-1 原电池示意

如将不同活泼性的金属片（如 Zn 和 Cu）浸泡在溶液（如 $CuSO_4$）中，再用导线将两金属片与检流计连接起来，检流计上有电流指示，这种由化学能转变成电能的装置称为原电池。在这原电池中，在溶液中（称内电路）$Zn \longrightarrow Zn^{2+} + 2e$，称为阳极（金属发生溶解），溶液中 Cu^{2+} 得到电子转成 Cu 沉积在铜片上，该极称为阴极。从外电路来看，锌片上有电子流出称为负极（用“−”表示），铜片上得电子称为正极（用“+”表示），如图 7-1所示。热力系统中，由于温度的差别、炉管内含有杂质、溶液的浓度差别等，再加上金属本身又是导体，就会形成许多微小的原电池，引起金属的腐蚀，称为腐蚀电池。

三、极化与去极化

电池形成闭合回路时，电动势减小的现象称为极化。极化能使腐蚀现象减少。一般阳极只有表面状态发生改变（如腐蚀产物在金属表面堆积形成保护膜），才能造成阳极极化。而在阴极上，假如接受电子的物质不能迅速地扩散，或阴极反应产物不能很快地排走，则由于金属传送电子的速度很快，由阳极传送来的电子就会堆积起来，产生阴极极化。

去极化是指使极化现象减少的现象。去极化会促进腐蚀。去极化的物质称为去极化剂。水中含有的 O_2、Fe^{3+}、Cu^{2+}、H^+、NO_2^- 都是去极化剂，会促进腐蚀。还有 Cl^- 能破坏某些合金金属表面保护膜能力，Cl^- 也属阳极去极化剂。

四、保护膜

金属表面在特定条件下形成的一层薄膜，将金属与周围介质隔开，阻滞了阳极反应，发生了阳极极化，腐蚀速度减慢，保护金属不遭受进一步的腐蚀，这种能起到抑制腐蚀的膜称为保护膜。保护膜应具有结构致密、没有微孔、腐蚀介质不能透过、覆盖整个金属表面又不易从金属表面脱落等特征。因此，金属表面能否生成良好的保护膜是影响金属腐蚀程度的一个重要因素。

五、腐蚀速度的表示方法

评价腐蚀速度的大小，常用平均腐蚀速度来表示。此法是假定腐蚀是均匀的，通过实验可求出腐蚀量或腐蚀深度。平均腐蚀速度可简称腐蚀速度或腐蚀速率。

1. 按质量的减少表示

由样品被腐蚀后质量减少评价腐蚀速度，计算方法如下：

$$v_F = \frac{m_1 - m_2}{At} \tag{7-1}$$

式中 v_F——腐蚀速度，g/（$cm^2 \cdot h$）；

m_1——样品的原有质量，g；

m_2——样品被腐蚀后的质量，g；

A——样品的原有表面积，m^2；

t——腐蚀的时间，h。

根据这种腐蚀速度，可估算设备在均匀腐蚀条件下使用的年限。

2. 按腐蚀的深度表示

用腐蚀的深度表示腐蚀的严重性更为适当，常用mm/a表示。可根据质量腐蚀速度，按式（7-2）计算：

$$v_{F,SH}=\frac{v_F}{\rho}\times\frac{24\times365}{1000}=\frac{8.76v_F}{\rho} \tag{7-2}$$

式中　$v_{F,SH}$——腐蚀深度，mm/a；

ρ——金属的密度，g/cm^3；

$\frac{24\times365}{1000}$——单位换算系数。

第二节　热力系统的金属腐蚀与防止

一、给水系统的金属腐蚀

（一）溶解氧腐蚀

1. 原理

铁受水中溶解氧的腐蚀是一种电化学腐蚀，铁和氧形成两个电极，组成腐蚀电池。

铁的电极电位比氧的电极电位低，在铁氧腐蚀电池中，铁是阳极遭受腐蚀，反应式如下：

$$Fe \longrightarrow Fe^{2+}+2e$$

氧为阴极，被还原，反应式如下：

$$O_2+2H_2O+4e \longrightarrow 4OH^-$$

在此，溶解氧起阴极去极化作用，此种腐蚀称氧去极化腐蚀，或简称氧腐蚀。

2. 腐蚀特征

钢铁受水中氧腐蚀时，在金属表面会形成许多小型鼓包，直径在1mm至20，30mm不等，腐蚀特征为溃疡性腐蚀。鼓包表面的颜色由黄褐色到砖红色不等，次层呈黑色粉末状，都是腐蚀产物。清除这些腐蚀产物后，便出现腐蚀造成的陷坑。

造成这种腐蚀产物的原因是：腐蚀产生的阳离子在溶液中与水中某些物质发生反应，此过程称为腐蚀的二次过程，生成的产物称为二次产物。我们所看到的腐蚀产物，大都为这些二次产物。

腐蚀产生的Fe^{2+}在水中进行的二次过程为

$$Fe^{2+}+OH^- \longrightarrow Fe(OH)_2$$

$$4Fe(OH)_2+2H_2O+O_2 \longrightarrow 4Fe(OH)_3$$

$$Fe(OH)_2+2Fe(OH)_3 \longrightarrow Fe_3O_4+4H_2O$$

二次产物主要是由$Fe(OH)_3$和Fe_3O_4组成。由于它们是由不同形态的化合物组成的，因此溃疡腐蚀点上各层腐蚀产物有不同的颜色。腐蚀产物表面层的黄褐色到砖红色是各种形态的氧化铁，次层的黑色粉末是Fe_3O_4。有时在紧靠金属表面处，还有黑色的FeO。

在腐蚀点上产生的二次产物常是疏松的，没有保护性，腐蚀点上会继续腐蚀。这是由于

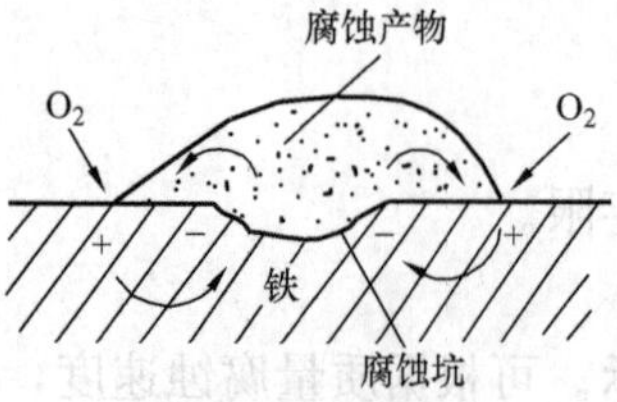

图 7-2 溃疡腐蚀

腐蚀产物的阻挡与其周围无腐蚀产物的金属表面形成溶解氧的浓度差（见图 7-2），即它的周围富氧成为阴极，腐蚀点上缺氧成为阳极，腐蚀将继续进行。腐蚀产生的 Fe^{2+} 会通过疏松的二次产物层向外扩散，遇水中 OH^- 或 O_2，又产生新的二次产物，积累在原有的二次产物层上，越积越厚形成鼓包，鼓包下面越腐蚀越深，形成陷坑。

溃疡腐蚀点上的腐蚀产物会被磁铁吸引，这是由于混在一起的许多腐蚀产物中，Fe_3O_4 和 $\gamma-Fe_2O_3$（氧化铁的一种结晶形态）能被磁铁吸引。

3. 腐蚀部位

最易发生氧腐蚀的部位是给水管道和省煤器，对给水组成中的补给水，其输送管道及疏水箱和疏水管道都会发生严重的氧腐蚀，凝结水系统不易发生氧腐蚀。

通过除氧后的给水虽含氧量已很小，但在省煤器中由于温度较高，只要有少量氧仍会发生氧腐蚀。当除氧器运行不良或分析不正确时，给水含氧量较大，腐蚀会很严重。氧腐蚀通常集中在省煤器的进口端，出口腐蚀较轻，这是因为水中的氧在进口已消耗完了。

疏水系统中，因疏水箱通大气，且疏水管道不是经常有水，无水时管道内被空气充满，使水中含有大量的氧，就会造成疏水系统的严重腐蚀。

凝汽器的汽侧在负压下运行，会有些空气漏入，冷却水的渗漏也会带入一些溶解氧，所以在凝结水中总含有微量氧。即使补给水直接加入凝汽器中，凝结水的含氧量也不会很大，这是因为凝汽器起除氧作用，大部分氧被抽气器抽走，凝结水的含氧量一般不大于 50μg/L。由于凝结水的温度低、含盐量小，这微量的氧不会引起严重腐蚀。

（二）游离二氧化碳的腐蚀

1. 原理

水中含游离 CO_2 时，水呈微酸性，见下式：

$$CO_2+H_2O \rightleftharpoons H^+ + HCO_3^-$$

水中 H^+ 量增多，会产生氢去极化腐蚀。此时腐蚀电池中的阴极反应为

$$2H^+ + 2e \longrightarrow H_2$$

阳极反应为

$$Fe \longrightarrow Fe^{2+} + 2e$$

当 CO_2 溶于很纯的水中时，水的 pH 值明显地降低。如 1L 纯水中溶有 1mgCO_2，水的 pH 值由 7.0 降至 5.5 左右，所以弱酸引起的腐蚀，会维持 pH 值在一个较低的范围内，直至所有的弱酸全部电离完。因弱酸只有部分电离，腐蚀消耗的 H^+ 由弱酸继续电离来补充。

游离 CO_2 腐蚀受温度影响较大。温度升高，碳酸电离度增大，腐蚀会大大地增加。

2. 腐蚀特征

腐蚀产物是易溶的，在金属表面不易形成保护膜，金属均匀变薄。这种腐蚀不会很快地引起金属的严重损伤，但大量的腐蚀产物会随给水带入锅内，会引起锅内结垢和腐蚀。

3. 腐蚀部位

最易发生 CO_2 腐蚀的部位是凝结水系统，因为它处于除氧器前，所以凝结水是热力系统中游离 CO_2 含量较多的部分，且水质又较纯，只要含有少量 CO_2，就会使凝结水的 pH 值明显降低。疏水系统和热电厂的热网加热蒸汽的凝结水系统中，也会发生游离 CO_2 腐蚀。

用化学除盐水作补给水时，由于水中残留碱度很小，在除氧器后的给水中残留少量游离 CO_2 就会使 pH 值低于 7，甚至会达到 6 左右，也会使除氧器后的设备发生腐蚀。

（三）溶解氧和游离 CO_2 的同时腐蚀

在给水系统的水流中，若同时有 O_2 和 CO_2，则腐蚀更加严重，如图 7-3 所示。从图中可知，O_2、CO_2 的浓度和温度升高都会加剧腐蚀。

这种腐蚀比较严重，这是因为氧的电极电位较高，易形成阴极，腐蚀性强；CO_2 使水呈微酸性，破坏保护膜。同时 H^+ 也产生去极化腐蚀，并且随含氧量多少，在金属表面呈或大或小的溃疡状态，且腐蚀速度很快。黄铜受 O_2 和 CO_2 腐蚀时，管壁表面均匀变薄，锌和铜同时被溶解，管壁表面呈现出密集的麻坑，黄铜变脆。这种腐蚀在低于 100℃时，随温度升高而加剧。

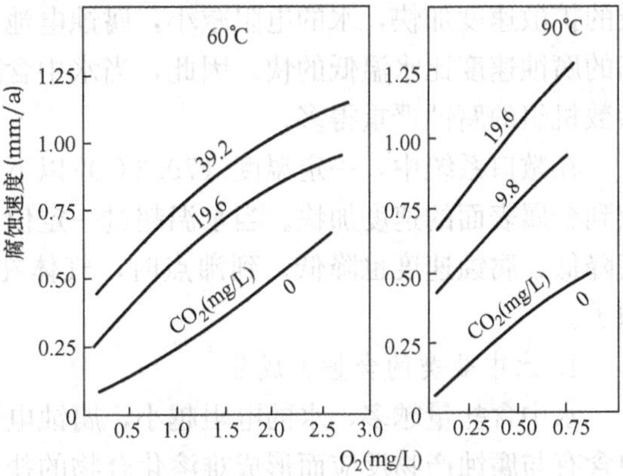

图 7-3　O_2 和 CO_2 同时存在时的腐蚀速度

在凝结水系统、疏水系统、热网水系统中，都有可能发生这种腐蚀。给水泵处水的温度高、轴轮转速快，不易形成保护膜，给水泵的叶轮和导轮上均会发生腐蚀，且腐蚀由泵的低压部分至高级部分逐渐增强。凝汽器、抽气器的冷却器和加热器的铜管易受到腐蚀。低压加热器铜管汽侧，常有游离 CO_2 和 O_2，最易遭受腐蚀。

二、影响给水系统金属腐蚀的因素

1. 溶解氧量

O_2 是一种去极化剂，在一般情况下，水中 O_2 含量越多，钢铁的腐蚀越严重。在密闭系统中，水的温度越高，腐蚀速度越快。因为温度升高，O_2 的扩散速度加快，水的电阻降低，腐蚀电池的阳阴两极的电极过程加快。在相同的 pH 值条件下，温度高的比温度低的腐蚀速度快。

2. pH 值

水的 pH 值是对金属腐蚀速度影响很大的一个因素，如图 7-4 所示。

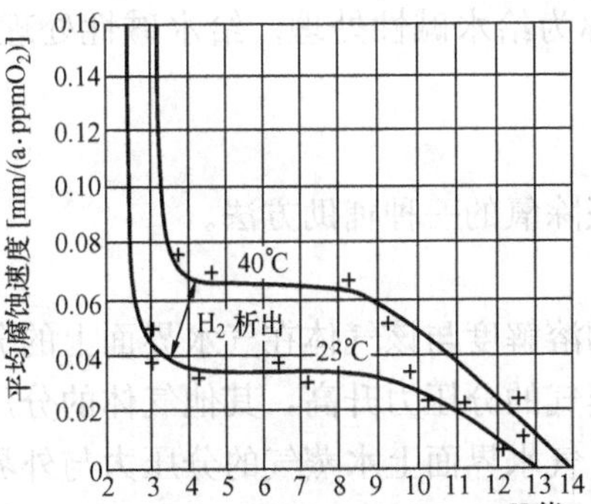

图 7-4　pH 值和平均腐蚀速度的关系

（1）当 pH 值很低时，也就是在含有氧的酸性水中，pH 值越低，腐蚀速度越大，这是因为在低 pH 值时，铁的腐蚀主要是由 H^+ 充当去极化剂引起的。

（2）当 pH 值在中性点附近时，曲线成水平直线状，即腐蚀速度随 pH 值的变化很小，这是因为此时发生的主要是氧的去极化腐蚀，水中溶解氧扩散到金属表面的速度才是影响此腐蚀过程的主要因素。

（3）当 pH 值较高时，即 pH＞8 以后，随着 pH 值的增大，腐蚀速度降低，这是因为 OH^- 含量增高时，在铁的表面会形成保护膜。

3. 温度

热力系统是闭合系统，水温升高，金属腐蚀速度急剧上升。因为水温升高，水中各种物质的扩散速度加快，水的电阻减小，腐蚀电池电极过程加快。在相同的 pH 值条件下，水温高的腐蚀速度比水温低的快。因此，当水中含有相同微量氧时，高参数机组的腐蚀比中低压参数机组的腐蚀严重得多。

在敞口系统中，一定温度（79.3℃）以下，水温升高，腐蚀速度加快。这是因为气体扩散到金属表面的速度加快。当水温超过一定值（79.3℃）后，温度再升高，气体在水中溶解度降低，腐蚀速度也降低。到沸点时，气体在水中溶解度降至零，就不再有溶解气体的腐蚀了。

4. 水中盐类的含量和成分

水中含盐量越多，水的电阻越小，腐蚀电池的电流越大，腐蚀速度越快。但是，如果水中含有与腐蚀产物反应而形成难溶化合物的盐类，覆盖在金属表面，腐蚀速度就会降低，如水中有 CO_3^{2-} 和 PO_4^{3-} 时，会在阳极上生成难溶的、具有保护性的碳酸铁和磷酸铁薄膜，起抑制腐蚀的作用。反之，水中含有 Cl^-（称为活性离子）时，Cl^- 易被金属表面氧化膜吸附，替代膜中氧离子形成可溶性氯化物，氧化膜被破坏，金属表面将遭受腐蚀。

5. 水的流速

一般情况下，水流速越大，水中各种物质扩散速度越快，腐蚀速度也加快。在敞口设备中，溶于水中氧的扩散速度加快，腐蚀速度也加快。当水流速度达到一定值时，多余的氧会使金属表面形成保护膜，可减缓腐蚀速度。但水流速度很大时，由于水的机械冲刷作用，保护膜被破坏，腐蚀速度又会增大，此种腐蚀称为冲击腐蚀。

6. 热负荷

热负荷为金属腐蚀起促进作用，热负荷高时，保护膜被破坏。一方面是热应力的影响；另一方面是金属表面产生的蒸汽泡对膜的机械作用。此外，热负荷增高，铁的电极电位降低，也加快了腐蚀进行。

三、给水系统金属腐蚀的防止

给水系统中水质较纯，一旦溶有少量 O_2 和 CO_2，就会导致给水系统金属的腐蚀。造成设备使用寿命缩短，腐蚀产物会带入锅内，引起结垢和腐蚀，危及热力设备的安全运行。

给水处理一般采用除氧和加氨提高给水 pH 值，称为给水碱性处理。给水碱性处理时，用加联氨除氧和加氨调节 pH 值，称为挥发性处理。

（一）给水除氧

给水除氧以热力除氧为主，化学除氧是对给水彻底除氧的一种辅助方法。

1. 热力除氧

（1）工作原理。亨利定律指出，任何气体在水中的溶解度与该气体在气水界面上的分压力成正比。在敞口设备中将水温升高，气水界面上水蒸气的分压力升高，其他气体的分压下降，水中气体的溶解度将会下降。当水温达到沸点时，气水界面上水蒸气的分压力与外界压力相等，其他气体的分压力趋向于零，各种气体在水中溶解度也趋向于零。这是热力除氧法所依据的原理。

热力除氧法不仅能除去水中溶解氧，而且还可除去水中大部分游离二氧化碳等气体。此外，还能使水中重碳酸盐分解，产生的 CO_2 在除氧过程中被除去，反应如下：

$$2HCO_3^- \longrightarrow CO_3^{2-} + CO_2 + H_2O$$

HCO_3^- 只是部分分解，温度越高，沸腾时间越长，加热蒸汽中二氧化碳浓度越低，HCO_3^- 分解率就越高。

(2) 除氧设备。在热力除氧器中，除将水加热至沸点外，还需将水分散成小水滴或小股水流，以缩短溶解氧扩散穿过水层的路程和增大气水界面，使气体解吸过程能较快地进行。热力除氧器就是按照将水加热至沸点和使水流分散这两个原则设计的一种设备。

电厂使用的除氧器是将加热的水与蒸汽直接接触，称为混合式除氧器，按工作压力可分为大气式和高压式。电厂还将凝汽器兼作除氧器，即为真空除氧器。混合式除氧器常用的有喷雾填料式、卧式喷雾淋水盘式、淋水盘式和旋膜式。

1) 喷雾填料式除氧器。该除氧器塔内由若干支喷嘴（又称雾化器）和 Ω 形不锈钢圈自然堆积的填料层组成。含氧水经喷嘴雾化成极细小的向上水滴，与从塔上部进入的蒸汽进行热交换。雾状水滴利于气体的逸出，约有 90%的溶解氧以小气泡形式逸出被除掉。然后水进入填料层形成水膜，降低了水的表面张力，与下部进入的蒸汽再次进行热交换，水中残余溶解氧以扩散过程被除去。

2) 淋水盘式除氧器。该除氧器塔内有多层筛型淋水盘，水从上向下淋，形成许多股细小水流逐层淋下，与从下部进入的蒸汽进行热交换，将水加热至相应压力下的沸腾温度，水中分解出的气体汇同多余的蒸汽经排汽管排出塔外。

3) 旋膜式除氧器。这是一种新型除氧器，它是由起膜器、淋水篦子和波网状填料组成。旋膜式除氧器经过几年来使用证明，除氧效果良好。

4) 卧式喷雾淋水盘式除氧器。亚临界压力及以上压力锅炉一般配置卧式喷雾淋水盘式除氧器。它的工作原理是：凝结水通过进水管进入除氧器的进水室后，由于凝结水的压力高于除氧器内汽侧压力，此压差作用在喷嘴上，将沿除氧器长度方向均匀布置的数十只弹簧喷嘴的弹簧压缩，打开喷嘴，水从喷嘴中喷出形成细小水滴，进入上部喷雾除氧段空间。雾化的凝结水在除氧段空间与过热蒸汽充分接触被加热至沸点，水中绝大部分气体被除去。然后经过喷雾除氧段的水喷洒在水槽钢中，进入下部装满淋水盘箱的深度除氧段。水从槽钢两侧均匀地流出分配给许多个淋水盘箱。淋水盘箱由多层一排排小槽钢上下交错布置而成。水从上层小槽钢两侧分别流入下层的层层交错的小槽钢（共 19 层），水在淋水盘箱中有足够的停留时间。水在许多小槽钢上形成无数水膜向下流动与自下而上过热蒸汽能充分接触，此时水汽热交换面积达到很大。流经淋水盘箱的水不断再沸腾，水中气体进一步被除去。所以装有淋水盘箱的这段空间称深度除氧段。除去的气体向上去并由排气管排入大气。

卧式除氧器两端各有一个进气管，过热蒸汽从进汽管进入除氧器时，由布汽孔板将蒸汽沿除氧器下部断面上均匀分布，蒸汽均匀地从下向上进入深度除氧段，再进入喷雾除氧段空间。这样蒸汽向上流、水向下喷淋，形成汽水逆向流动，达到良好的除氧效果。

(3) 除氧器运行要点。除氧器内的水应处于沸腾状态，如水温低于沸点，水中残余氧量会增大（如水只加热至 99℃，即低于沸点 1℃，水中残余氧量可达 0.1mg/L）；排汽应畅通，否则除氧器内残留氧量增多，影响水中 O_2 的扩散速度，出水残留氧量增大；排汽门开度应通过调整试验确定，保证氧气排出畅通；进入除氧器内的补给水应连续均匀，不宜波动过大，否则会恶化除氧效果；多台除氧器并联运行时，各台的水汽分配应均匀。

2. 化学除氧

化学除氧用来除去热力除氧后残留在水中的氧，常用于化学除氧的药品有联氨（N_2H_4）、Na_2SO_3 和二甲基酮肟等。

（1）联氨除氧。联氨又叫肼，在常温下是一种无色液体，易溶于水、易挥发、有毒性。它的蒸汽对呼吸道和皮肤有侵害作用，联氨蒸汽与空气混合达一定比例时有爆炸的危险。

1）原理。N_2H_4 在碱性水溶液中是一种很强的还原剂，与水中 O_2 的反应如下：

$$N_2H_4+O_2 = N_2+H_2O$$

反应产物为氮气和水，对热力设备的运行无任何危害。

N_2H_4 还可将 Fe_2O_3 还原成 Fe_3O_4 或 Fe，将 CuO 还原成 Cu_2O 或 Cu，使给水中铁、铜含量减少，可防止锅内结铁垢和铜垢。

联氨除氧与水温、pH 值及联氨的过剩量有关。实验证明，当水温大于 150℃、pH 值在 9～11 和适当 N_2H_4 过剩量时，除氧效果最佳。而高压及其以上火电厂给水温度大于 150℃、pH 值在 8.8～9.3 及控制给水中 N_2H_4 量在 20～50μg/L，基本满足除氧条件。

2）加药方式。将 40％的工业水合联氨配成 0.1％～0.2％的稀溶液，用加药泵打入除氧器出水管道中。

（2）Na_2SO_3 处理。对于中、低压锅炉的化学除氧可采用 Na_2SO_3（按质量计算除去 1gO_2 需要 8gNa_2SO_3）。它是易溶于水的较强还原剂，与水中 O_2 的反应如下：

$$2Na_2SO_3+O_2 = 2Na_2SO_4$$

Na_2SO_3 与 O_2 反应时，水温越高，过剩量越多，反应速度越快，除氧越完全。过剩量为 25％～30％时，反应速度大大加快，水的 pH 值升高，反应速度降低，水为中性时，反应速度最快。

亚硫酸钠一般配成 2％～10％的溶液，用活塞泵加到除氧器出水管中，或加到给水泵低压侧。

在高压锅炉中，亚硫酸钠在锅内会分解，产生 SO_2 和 H_2S 有害腐蚀性气体，如被蒸汽带往汽轮机，造成汽轮机的叶片及凝汽器等设备的腐蚀，所以不能应用。

（3）新型除氧剂。新型除氧剂为二甲基酮肟，除氧效果与联氨相同，并且还具有毒性小（为联氨的 1/20），便于运输、储存，在高温高压下无有机酸影响，二甲基酮肟可代替联氨。二甲基酮肟的加药量达 100μg/L 时，水中各项指标合格，与联氨处理相比，给水中含铁量有明显降低。加药量超过 250μg/L，给水中含铜量有超标现象。二甲基酮肟受热分解产生 NH_3，能维持给水 NH_3 含量和 pH 值合格，可省去给水二次加氨。

二甲基酮肟还可用作酸洗后的钝化剂和停炉保护的保护液。另外，还有复合乙醛肟等也是一种新型除氧剂。

（二）给水 pH 值的调节

给水控制的 pH 值，既要保护钢铁又要不会引起铜的腐蚀。因此，给水碱性处理时，是将给水的 pH 值调节在 8.8～9.3。调节给水 pH 值常用药品有氨和胺。

1. 给水加氨处理

氨溶于水呈碱性，反应如下：

$$NH_3+H_2O \longrightarrow NH_3 \cdot H_2O \longrightarrow NH_4^+ + OH^-$$

氨水的碱性可中和 CO_2 与水生成的碳酸的酸性，反应如下：

$$NH_3 \cdot H_2O + H_2CO_3 = NH_4HCO_3 + H_2O$$

$$NH_3 \cdot H_2O + NH_4HCO_3 = (NH)_2CO_3 + H_2O$$

加氨量恰好将碳酸中和至碳酸氢氨（NH_4HCO_3）时，水的pH值约为7.9，中和至碳酸氨[（$NH_4)_2CO_3$]时，水的pH值为9.6。因此，加氨处理只需将碳酸全部转成碳酸氢氨，部分转成碳酸氨即可。

氨是挥发性物质，在热力系统的任何点加入，都会充满整个系统。但在凝汽器中，部分氨被抽气器抽走；热力除氧器也除去部分氨，运行中要不断地向给水中补加氨。一般将氨液配成1%～5%（通常采用0.3%～0.5%）的稀溶液，与联氨用同一加药泵加入除氧器出水管的给水中。通常控制给水中含氨量在1.0～2.0mg/L以下。当氨含量大于2.0mg/L时，水中再有氧，会加速铜件的腐蚀。

2. 给水胺处理

提高给水pH值，还可使用吗啉、环己胺和六氢吡啶等，它们是氨的衍生物，也具有挥发性。

这类碱化剂可中和水中酸性物质，提高给水pH值，减少钢铁的腐蚀，且不与Cu^{2+}、Zn^{2+}络合，相反还抑制黄铜的腐蚀，即使有O_2存在，也不会加剧铜合金的腐蚀。在水、汽两相共存时，水相中溶解度比汽相大，可提高汽轮机内初凝结水的pH值，防止汽轮机的酸性腐蚀。吗啉和六氢吡啶有较强的热稳定性，蒸汽温度在550～650℃的直流锅炉中，吗啉的分解率约为20%、六氢吡啶为50%～65%，而且热分解不会产生酸性物质。

3. 成膜胺处理

水中加入成膜胺，会在金属表面形成保护膜，防止CO_2和O_2对金属的腐蚀。膜胺形成的膜是单分子厚度的膜，连续处理时膜也不会增厚，停止加药时，短时间内也不会很快脱落，所以即使水汽系统中有大量的CO_2和O_2时，仍有良好的防腐效果。此外，成膜胺还有较强的渗透性，能渗透到具有金属腐蚀产物的金属表面形成保护膜，所以膜胺可用在已发生腐蚀的水汽系统中，以防止金属继续被腐蚀。

成膜胺在高温下可能发生分解，因此，它可加在中低压蒸汽管道中，或凝结水管道和生产返回水管道中，不能直接加入锅炉内。

膜胺的投加量与水汽系统中CO_2含量无关，只要加入量足以使金属表面形成完整的膜就可以了。用得较多的膜胺是十八烷胺和十六烷胺。如用十八烷胺时，投加量为15～30mg/L，就能在金属表面形成良好的保护膜。

（三）给水中性处理

1. 给水中性水规范

通常情况下，水中氧对金属具有侵蚀性。如果水中电解质浓度很小，水的电导率小于0.15 μS/cm时，在中性水中，溶解氧不再对钢铁有侵蚀性，相反却能促使钢铁表面形成保护膜抑制腐蚀。由动态实验可知，水的电导率小于0.1μS/cm以下，水中溶解氧越大，钢铁腐蚀速度越小。当水中溶解氧达0.1mg/L时，钢铁表面就可形成保护膜，金属腐蚀速度就能迅速下降，如图7-5所示。

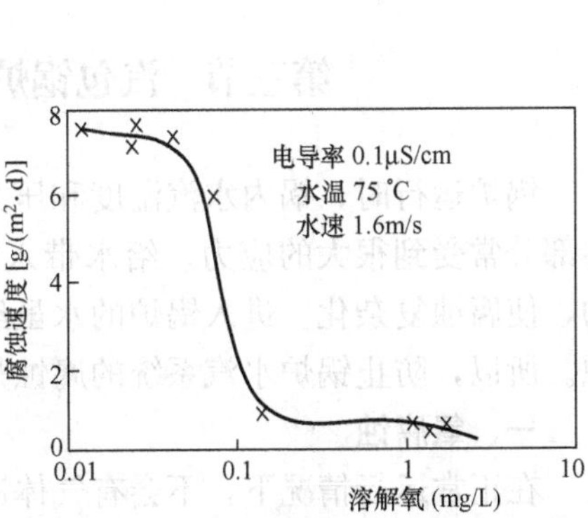

图7-5 电导率很小的中性水中，氧浓度对钢铁腐蚀速度的影响

因此，中性水规范的给水处理方法，就是在水质极纯的条件下，向水中加入适量的气态氧或双氧水（H_2O_2），使钢铁表面形成保护膜，防止给水系统的腐蚀。

中性水规范的给水处理方法，对给水水质的要求如下：

（1）给水纯度必须很高。给水电导率≤0.15μS/cm，向水中加入适量的气态氧或双氧水（H_2O_2）等强氧化剂，使含氧量达到50～250μg/L。为了定量加氧，可将原有除氧器保留，作为混合式加热器使用，关闭排气门，停止除氧功能。另外，为保证给水纯度，凝结水应全部经H－OH型混合床处理，除去水中各种杂质。因水质不纯会破坏保护膜。如水中Cl^-浓度超过100μg/L，碳钢表面就不能形成保护膜。

（2）pH值（25℃）。为保证水质呈中性，给水pH值应控制在6.5～7.5范围内。

采用给水中性水规范处理时，低压加热器为普通68黄铜管时，会造成黄铜腐蚀，使给水含铜量增大，故低压加热器管子应改为钢管。

采用给水中性水规范处理时，加入的氧化剂不同，在炉管内表面形成保护膜的机理也不同。若给水中加的是气氧态（O_2），氧与钢铁表面直接作用生成氧化膜；若给水加的是双氧水，则水中现生成过氧氢根合铁（Ⅲ）离子$Fe(O_2H)^{2+}$，接着此络合离子热分解，并在钢铁表面生成保护膜。

2. 加氧加氨的给水水质调节法

给水中性水规范处理，要求给水很纯、水质呈中性，给水没有缓冲性。有少量CO_2进入水中，pH值就会明显降低，钢和铜合金材料就会遭受腐蚀。此时，可采用氧－氨联合处理的给水水质调节法，也称加氧加氨的给水水质调节法。

该调节法是在纯度极高的水中加氨，使给水的pH值为8～8.5，增加水的缓冲性；加氧使金属表面生成氧化保护膜抑制腐蚀。由于加氨量很少，所以不至于发生氨蚀。

此法中，气态氧加入低压加热器以前的凝结水中；氨加在凝结水中或补给水中。采用此法处理时，除氧器应停止运行。

此法处理时，要求进入省煤器前的给水水质应达到下列标准：

（1）省煤器前的给水水质直接测定时，水的电导率（25℃）为0.4～0.1μS/cm。水样经H型强酸性树脂的小交换柱后测定时，水的电导率应低于0.1μS/cm。

（2）水的pH值（25℃）应为8.0～8.5。

（3）水中含溶解氧（O_2）量应为100～200μg/L。

第三节　汽包锅炉水汽系统的腐蚀、结垢及其防止

锅炉运行时，锅内水汽温度和压力较高或很高，炉管管壁担负着很大的传热任务，设备各部分常受到很大的应力。给水带入的杂质在锅内发生浓缩和析出，使锅内常集积有沉积物，使腐蚀复杂化。进入锅炉的水虽经过除氧，锅炉内水的pH值也比较高，仍然会发生腐蚀。所以，防止锅炉水汽系统的腐蚀是一个重要问题。

一、氧腐蚀

在正常运行情况下，不会有气体进入锅内，即使给水有微量的氧，也在省煤器中消耗完了，锅内不会有氧腐蚀。只有在下列情况下，有可能发生氧腐蚀。

（1）除氧器运行不正常。运行中，进入除氧器的蒸汽量调节不及时，除氧器负荷变动过

大，间断性向除氧器补加大量的补给水等，使除氧器运行不当，可能使给水中的氧进入锅内。有时也可能因溶解氧测定不正确或测定是间断进行的，在运行记录中没有发现除氧器运行不正常的情况，而腐蚀已很严重。给水中含氧量不大时，腐蚀发生在省煤器的进口端，随氧含量增大，腐蚀可能延伸到省煤器的中部和尾部，直至下降管也可能遭受腐蚀。上升管内，因氧集中在汽泡中，不易到达金属表面，不会发生氧腐蚀。

(2) 锅炉在基建和停用期间无保护。锅炉在基建和停用期间，如不进行保护，气体会进入锅内会造成腐蚀，虽然新建锅炉在启动前可用酸洗除去，但因腐蚀造成的陷坑，会在以后的运行中继续腐蚀。

锅炉停用时发生的氧腐蚀，在整个热力系统内都有，特别易发生在积水放不掉的部分，这与运行中腐蚀发生在局限于某些部位不同。

二、沉积物下的腐蚀

当锅炉炉管金属表面有水垢或水渣时，在它的下面会发生严重的腐蚀，称为沉积物下的腐蚀。这是目前高压锅炉中常见的一种局部腐蚀现象。

锅炉在正常运行情况下，锅内金属表面上常覆盖一层 Fe_3O_4 膜，这是金属表面在高温锅炉水中形成的，反应如下：

$$3Fe + 4H_2O \xrightarrow{>300℃} Fe_3O_4 + 4H_2\uparrow$$

形成的膜是致密的，具有良好的保护性能，锅炉可以不遭受腐蚀。使保护膜破坏的一个重要因素，是锅炉水局部浓缩使锅炉水的 pH 值不合适。以下叙述锅炉水的 pH 值对 Fe_3O_4 膜的影响。

实践证明，锅炉水 pH 值为 10～12 时，钢铁的腐蚀速度最小，此时保护膜的稳定性高。

当 pH<8 时，钢铁的腐蚀速度明显加快。此时保护膜被溶解，H^+ 起去极化作用，腐蚀产物是易溶的，不能形成保护膜。

当 pH>13 时，金属表面保护膜被溶解，腐蚀速度明显加快，此时铁与 NaOH 直接反应，反应式为

$$Fe_3O_4 + 4NaOH = 2NaFeO_2 + Na_2FeO_2 + 2H_2O$$

$$Fe + 2NaOH = Na_2FeO_2 + H_2\uparrow$$

在一般运行条件下，锅炉水的 pH 值在 9～11 之间，锅内金属表面的保护膜是稳定的，不会发生腐蚀。当锅炉金属表面有沉积物时，由于沉积物的导热性差，而沉积物下金属管壁温度很高，渗入沉积物下的锅炉水急剧浓缩，浓缩后的锅炉水由于沉积物的阻碍，不能与炉管中锅炉水混合，造成沉积物下各种杂质的浓度很高，溶液有很强的侵蚀性，导致金属溶解。

(1) 酸性腐蚀。酸性腐蚀如图 7-6（a）所示，当炉管向火侧有致密沉积物，含有 $MgCl_2$ 和 $CaCl_2$ 锅炉水渗入到沉积物下面蒸发浓缩，发生如下反应：

$$MgCl_2 + 2H_2O = Mg(OH)_2\downarrow + 2HCl$$

$$CaCl_2 + 2H_2O = Ca(OH)_2\downarrow + 2HCl$$

反应使沉积物下锅炉水呈酸性，发生氢去极化腐蚀。由于氢无法扩散到汽水混合物中，氢渗入金属内部，与碳钢中碳化铁（渗碳体）发生脱碳反应：

$$Fe_3C + 2H_2 = CH_4 + 3Fe$$

造成碳钢脱碳，金相组织被破坏，生成的甲烷气体受热膨胀，金属内部产生较大应力，此值

可达 1.8×10^3MPa，使金属生成细小裂纹，金属变脆。严重时金属未变薄就发生爆管，这种腐蚀也称氢脆。

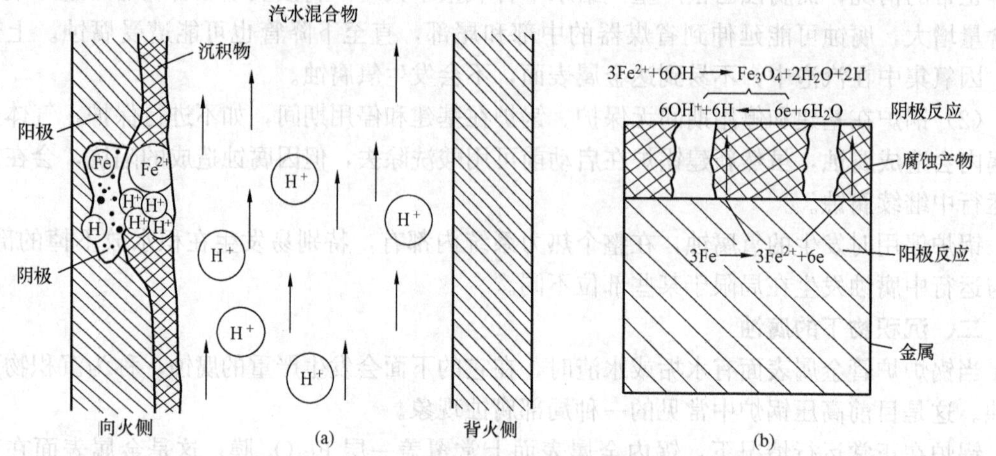

图 7-6　酸性腐蚀和碱性腐蚀

（a）酸性腐蚀；（b）碱性腐蚀

氢脆损伤的部位：大多数在高压自然循环锅炉水冷壁管有致密沉积物部位或焊口附近，局部热负荷较高的部位。

锅炉水中 $MgCl_2$ 和 $CaCl_2$ 来源于用苦咸水或海水作冷却水水源时，凝汽器泄漏带入的。

（2）碱性腐蚀。碱性腐蚀，如图 7-6（b）所示，在向火侧有疏松沉积物，锅炉水中含有游离 NaOH，此锅炉水渗入沉积物下，发生浓缩而形成很高浓度 OH^-（pH＞13），发生如下反应：

$$Fe_3O_4+4NaOH = 2NaFeO_2+Na_2FeO_2+2H_2O$$

保护膜被破坏，继续发生如下电极反应：

阳极过程　$3Fe \longrightarrow 3Fe^{2+}+6e$

阴极过程　$6H_2O+6e \longrightarrow 6OH^-+6H$

生成的 Fe^{2+} 和 OH^- 进一步反应：

$$3Fe^{2+}+6OH^- = Fe_3O_4+2H_2O+H_2$$

反应产物 Fe_3O_4 是疏松的，不能形成保护膜，腐蚀反应继续下去。阳极反应在金属与金属氧化物的界面进行，生成的 Fe^{2+} 扩散通过氧化物层，在氧化物和锅炉水界面与 OH^- 生成 Fe_3O_4，电子也同时穿过氧化物层，在氧化物和锅炉水界面与水反应放出氢。由于氢是在氧化物和锅炉水界面处析出，H 很快进入汽水混合物中被带走，不会扩散到金属中去，所以也就不会引起炉管的氢脆。

碱性腐蚀使沉积物下有凹凸不平的腐蚀坑，坑下金属的金相组织和机械性能没有变化，仍然保持金属的延性，又称延性腐蚀。当腐蚀坑达一定深度后，管壁变薄，会因过热而鼓包或爆管。

锅炉水中游离 NaOH 的来源，一是给水（补给水和凝汽器泄漏）带入的碳酸盐，在中压及以上压力锅炉内全部分解和水解产生游离 NaOH，反应式如下：

$$NaHCO_3 = NaOH+CO_2\uparrow$$

二是重碳酸钙与磷酸盐反应，产生游离 NaOH，反应式如下：

$$3Ca(HCO)_3+2Na_3PO_4 = 6NaOH+Ca_3(PO_4)_2\downarrow+CO\uparrow$$

三是化学除盐设备的漏 Na^+ 所产生的 NaOH。

四是进行锅内磷酸盐处理时，发生“易溶盐类暂失”现象也会产生游离 NaOH，反应式如下：

$$Na_3PO_4+0.15H_2O = Na_{2.85}H_{0.15}PO_4\downarrow+0.15NaOH$$

防止沉积物下腐蚀的方法：要防止沉积物下腐蚀，应从防止炉管上形成沉积物和消除锅炉水的侵蚀性两方面着手。一般措施如下：

1）新装锅炉投运前，应进行化学清洗，锅炉运行后要定期清洗，清除沉积在管壁上的腐蚀产物；

2）提高给水水质，防止给水系统因腐蚀而使给水中的铜、铁含量增大。对于高压和超高压汽包锅炉，如果疏水、生产返回凝结水含铁量过高，应进行除铁处理；

3）尽量防止凝汽器漏泄；

4）调节锅炉水水质，消除或减少锅炉水中的侵蚀性杂质，如实行锅炉水的协调 pH－磷酸盐处理，消除锅炉水中产生的酸和游离 NaOH；

5）做好停用锅炉的保护工作，防止停用腐蚀，可避免因停用腐蚀产物而增加运行时锅炉水的含铁量。

三、水蒸气腐蚀

当过热蒸汽温度超过 450℃时（此时过热蒸汽管管壁温度约 500℃），它会与碳钢发生反应。

在 450～570℃之间时，它们的反应产物为 Fe_3O_4，即

$$3Fe+4H_2O = Fe_3O_4+4H_2$$

温度超过 570℃时，反应产物为 Fe_2O_3，即

$$Fe+H_2O = FeO+H_2$$

$$2FeO+H_2O = Fe_2O_3+H_2$$

以上反应都是化学反应，属于化学腐蚀。

腐蚀特征：发生这种腐蚀时，管壁均匀变薄，腐蚀产物呈粉末状或鳞片状，多半是 Fe_3O_4。

腐蚀部位：一般在锅炉有水平或倾斜度较小的管段，以致水循环不畅，运行中易发生汽塞或汽水分层，蒸汽严重过热产生水蒸气腐蚀。在运行中，如果过热器热负荷和温度波动很大，保护膜被破坏，过热器管壁就会遭受水蒸气腐蚀。

防止腐蚀的方法：消除锅炉中倾斜度较小的管段，保证正常的汽水循环；对于过热器，如温度过高，应采用特种钢材制成。因超高压以上锅炉的过热蒸汽温度达 550℃以上，不论是在机械性能方面（高温下发生蠕变）或耐蚀性能方面，普通碳钢都不能承受，必须用其他材料，如耐热的奥氏体不锈钢。

四、应力腐蚀

应力腐蚀是金属材料受机械应力和侵蚀性介质共同作用下产生的腐蚀，发生裂纹损坏。这是一种危险的腐蚀，常会引起设备的突然断裂。此类腐蚀类型有腐蚀疲劳和应力腐蚀开裂等。

（1）腐蚀疲劳。金属设备在交变应力与侵蚀介质的作用下，金属表面的保护膜被方向不同、大小不一的应力破坏，因而发生电化学不均一性，造成局部腐蚀。腐蚀产生的裂纹有穿

晶的、晶间的，也有两种皆有的。

腐蚀部位，如汽包与给水管道接合处、汽包与加磷酸盐溶液的管道接合处、定期排污管与下联箱接合处。金属设备局部受冷热交替、干湿交替、管道中汽水混合物时快时慢，也会发生腐蚀疲劳。此外，锅炉启动频繁，锅炉水中含氧量较高，会造成设备的点蚀，点蚀坑在交变应力作用下会变成疲劳源，产生腐蚀疲劳。直流锅炉蒸发受热面内发生波动，或水平沸腾管中发生汽水分层时，也会发生腐蚀疲劳。

防止方法：机组启停次数不要太频繁，锅炉的负荷波动不要太大；汽包的给水管接合处加装保护套管，使汽包壁上的管孔处金属不与给水进水管直接接触，而是间隔一层蒸汽，以消除温度的剧变；降低锅炉水和蒸汽中 Cl^-、S^{2-} 等腐蚀性成分的含量，并做好停炉保护，防止金属表面产生点蚀坑。

(2) 应力腐蚀开裂。应力腐蚀开裂是奥氏体钢在应力和侵蚀性介质作用下发生的腐蚀损坏。

拉伸应力的来源：金属部件在制造和安装过程中产生的残余应力；设备运行时产生的工作应力；温度变化产生的热应力。

侵蚀介质为氯化物、氢氧化钠和硫化物等，对奥氏体钢有很大的侵蚀性，它们的来源是锅炉进行水压试验或锅炉化学清洗时，含有氯化物、氢氧化物、硫化物的溶液进入或残留在过热器或再热器内，锅炉启动时，由于蒸发浓缩，它们的浓度被浓缩到很高，在内应力作用下，奥氏体钢（只要溶液中有几 mg/L Cl^-）产生腐蚀裂纹。

为防止应力腐蚀开裂，应消除在制造、安装和检修过程中过热器和再热器内的残余应力，应避免在锅炉化学清洗或水压试验时，含有氯化物、硫化物、氢氧化物的水溶液进入或残留在过热器或再热器内，对于管件的 U 形弯头更应特别留意。

五、有机物腐蚀

高参数机组自采用除盐水作补给水后，发现有些机组有酸性腐蚀损坏。这是由于给水中有机物在锅内分解，产生低分子有机酸和无机酸，使锅炉水 pH 值下降，保护膜被破坏，炉管金属表面被腐蚀。水冷壁管的酸性腐蚀一般呈管壁均匀变薄，向火侧比背火侧严重，炉管表面无明显的腐蚀坑，腐蚀产物较少。此外，还常发现水冷壁管有氢脆型腐蚀裂纹，金相检查时管壁发现有晶间裂纹和脱碳现象。

有机物的热分解还将影响锅内沉积物的结构，沉积物结构的化学组成与分解温度有关，温度在 350～400℃内，有机物碳化，使紧靠管壁表面的沉积物相对紧密。含碳 20%～40%的，与锅炉水接触处的沉积物多孔；含碳约 10%的，这种含碳沉积物传热性能很差，即使管壁热负荷不高时，也会导致管壁过热而损坏。而且碳质沉积物酸洗时，也很难清除掉。

给水中有机物的来源：一是水源中有机物未被水处理工艺除尽进入给水；二是冷却水泄漏带入有机物；三是离子交换树脂碎末或细菌、微生物等进入给水。

水源中有机物大部分是腐殖酸类化合物，含有羧基（—COOH）基团，高温热分解产生甲、乙、丙酸，有的还产生无机酸。1L 苯乙烯阳树脂碎末，在锅内能产生 200g 硫酸。

防止有机物的酸性腐蚀，最根本的方法是完善水处理方式，提高除盐水的品质，提高凝汽器的严密性，防止冷却水的泄漏。对于汽包锅炉，还可采用 Na_3PO_4 和 NaOH 联合处理，提高锅炉水的 pH 值。

六、汽轮机的腐蚀

(1) 酸性腐蚀。在用除盐水作补给水的高、中压机组中，相继发现在汽轮机的某些部位发生酸性腐蚀。产生酸性腐蚀的原因：给水带入锅内的有机物，受热分解产生的低分子有机酸和无机酸，被蒸汽带往汽轮机。而低分子有机酸和无机酸在蒸汽中的分配系数较小，在汽轮机内产生的初凝结水中溶解并富集，使初凝结水呈酸性，造成汽轮机的某些部位发生腐蚀；另外，空气漏入系统，在初凝结水中溶解，大大增强了水的腐蚀性。

腐蚀部位：再热式汽轮机中，在低压缸的最后几级；非再热式汽轮机中，在中压缸的最后几级及低压缸的开始部位。

腐蚀特征：受腐蚀的部位金属表面保护膜被均匀或局部破坏，金属裸露出来，表面呈银灰色。有的部位被腐蚀成凹坑，严重时，坑深达12mm，如隔板、导叶片的根部。另外，在隔板、隔板套及叶轮等处，受酸性腐蚀的金属表面呈现出被蒸汽冲刷的沟槽状、蜂窝状和毛刺状的腐蚀痕迹。这种冲刷腐蚀在铸铁、铸钢、碳钢和合金钢部位上都会发生。

防止方法：采用完善的水处理工艺，提高给水水质；可考虑将联氨或催化联氨喷入汽轮机低压缸的导汽管中；在水汽系统加碱性物质，如吗啉、环己胺。

(2) 应力腐蚀。蒸汽中含有 NaOH、氯化物和硫化物等侵蚀性杂质，在汽轮机内浓缩至有害浓度，引起设备部件的应力腐蚀。发生应力腐蚀的部件是最先接触湿蒸汽的蒸汽通流部件。含有有害物质的湿蒸汽在通流部件的叶片与叶轮间的楔形间隙里、拉金孔与叶片、叶片铆头与覆环之间的间隙处逐渐浓缩，引起应力腐蚀破裂。叶片的应力腐蚀主要发生在用2Cr13 钢制成的汽轮机末几级。腐蚀特征为沿晶裂纹，断口具有滑移和腐蚀的混合特征；叶轮的应力腐蚀主要发生在叶轮的键槽处，破裂起源于应力集中的键槽圆角处，是沿晶断裂。

第四节 热力设备的停用腐蚀与保护

一、停（备）用时的腐蚀

热力设备在停（备）用时，如不采取防腐保护措施，则会造成整个热力系统的腐蚀。这些腐蚀产物在设备投运后会在炉管内引起结垢和腐蚀，有些腐蚀产物会被蒸汽带往汽轮机，沉积在蒸汽通流部位上，影响汽轮机的安全运行，因此热力设备在停（备）用时，必须采用防腐保护措施。

热力设备停用后，管壁金属表面有一层水膜、有些部位的水也无法放尽，空气进入热力系统溶于水膜中，形成氧的去极化腐蚀。管壁金属表面有沉积物或水渣使金属下缺氧，而周围无沉积物的金属表面水膜中富氧，两者形成氧浓差电池，有沉积物或水渣的金属表面遭受腐蚀。另外，沉积物中有些盐类溶于水膜，增强了导电能力，加快了金属腐蚀。

停用锅炉腐蚀不仅在短时间内造成大面积损伤，而且腐蚀时温度低，腐蚀产物是附着力小、疏松的 Fe_3O_4，在投运时易被水流冲走，使锅炉水含铁量增大，加剧炉管中沉积物的形成。腐蚀还会导致金属表面粗糙，成为运行中促进金属腐蚀的一个因素。这是因为腐蚀产生的溃疡点坑底电位比坑壁及周围金属的电位低，运行中坑底成为阳极继续腐蚀。停用锅炉腐蚀产生的腐蚀产物是高价氧化铁，运行时高价氧化铁被还原成氧化亚铁，金属继续遭受腐蚀，再次停运时，又被氧化成高价氧化铁，经常启停的锅炉，腐蚀尤其严重，所以对停用锅炉的防腐保护是很重要的。

二、停（备）用的保护方法

为避免或减缓锅炉停（备）用期的腐蚀，可采用的防腐方法较多，但基本原则是：

（1）阻止空气进入停用锅炉的水汽系统；

（2）保持停用锅炉水汽系统金属表面干燥（实践证明，停用锅炉内部相对湿度小于20%时，就能避免腐蚀）；

（3）使金属表面生成具有保护作用的保护薄膜（钝化膜）；

（4）使金属表面浸泡在有除氧剂或其他保护剂的水溶液中。

根据以上原则，停用锅炉常用的保护方法分为湿法和干法保护两类。

1. 湿法保护

湿法保护是将有保护性的水溶液充满锅炉，杜绝空气进入。常用的湿法保护有以下几种：

（1）联胺法。汽包锅炉停用后不放水，将配好的联胺和氨溶液，用泵注入锅炉水汽系统，并使各处浓度均匀。为有良好的保护效果，联胺的过剩量应维持在200mg/L，加氨的目的是使pH值在10以上，如注入保护液前，锅炉水pH值在10以上，则可不加氨水。

如大修后或放水检查后进行锅炉保护时，先向锅炉内充满给水，然后再往水中加联胺和氨水。如用除盐水时，充满锅炉后点火升压至稍高于大气压，并放出一定量的蒸汽，使锅内的水除氧，然后再加入联胺和氨水。

直流锅炉停运程序进行到带分离器阶段后，加大给水处理的联氨和氨的量，使进入锅内给水中过剩联胺量为200mg/L、pH值（25℃）大于10，直至锅炉停运，该溶液留在锅炉内。

用该法保护时，应定期检查联氨浓度和pH值。若不合格时，应补加联胺和氨水。为防止空气漏入，可用加药泵将锅炉内压力升至0.98MPa，或在锅炉最高处加装水箱，内装保护液以保证锅炉各部分都充满这种保护液。本法适用于较长期停用锅炉的保护，在冬季应采用防冻措施。

具有中间再热式机组锅炉，不易用此法保护，以防保护液进入汽轮机的危险。

锅炉启动前，应将保护液放尽，并进行冲洗。点火后，先对空排汽，待蒸汽中含氨量小于2mg/L时才可送汽，以防氨浓度过大腐蚀凝汽器铜管。

（2）蒸汽压力法。锅炉停用后，用间断点火的方法，保持锅炉内蒸汽压力在0.5～1.0MPa，防止空气渗入锅炉内。保护期间，锅炉水磷酸根（PO_4^{3-}）应与运行时标准相同，每班分析锅炉水PO_4^{3-}和溶解氧一次，并记录锅炉压力，当锅炉水溶解氧不合格时，应点火排汽。此法适用于小容量锅炉或经常启停的锅炉。

（3）给水压力法。此法是在锅炉停运后，用给水泵将锅炉内充满除氧合格的给水，并用泵顶压至1～1.5MPa，关闭所有阀门，防止给水泄漏。保护期间严密监督锅炉压力，如压力下降，立即用给水顶压。每天测溶解氧一次，超过标准时，应全部更换给水。

此法适用于短期停炉保护，冬季使用时应注意防冻。

（4）碱液法。将锅炉内充满pH值达10以上的碱液，抑制溶解氧对炉管金属的腐蚀。所用碱液可用软化水配制NaOH、Na_3PO_4或两种混合液。碱液的配制浓度如表7-3所示。

表7-3　碱液的配制浓度　（kg/m^3）

药剂名称	凝结水或凝汽式电厂给水	软化水或热电厂给水	药剂名称	凝结水或凝汽式电厂给水	软化水或热电厂给水
工业NaOH	2	5～6	工业用NaOH+	1.5+0.5	（4～8）+（1～2）
工业用Na_3PO_4	5	10～12	工业用Na_3PO_4		

在加碱液前，应关闭所有阀门防止碱液泄漏。如炉管有水垢时，应先除去水垢，再加碱液，以防水垢被碱液浸泡而脱落堵塞炉管。保护期间每月取样1～2次，测定碱液浓度。如

发现浓度下降，应查明原因，并加以消除，再补加碱液。

进碱液有两种方法：一种方法是先将锅炉内的水放至最低点，然后用泵将溶液箱内配制的浓碱液送入锅内，继续向锅炉进水，使锅炉含过热器内充满碱液，再用泵循环，以便各处碱液浓度相等；另一种方法是用疏水箱按表7-3中规定配制稀碱液，用设置的专用泵将碱液打入并充满预先放空水的锅炉（含过热器）内。

启动前，先放尽锅炉内的碱液，然后对过热器进行彻底冲洗，防止残留碱液影响蒸汽品质。

本法适用于长期停用的中低压锅炉的保护，在冬季使用时，应采取防冻措施。对于高参数机组，本法不能采用，因碱液难以排尽和冲洗干净，残留碱液会影响蒸汽品质，而且碱液对奥氏体钢有侵蚀作用。

（5）氨液法。钢铁在含氨量很大的水（800～1000mg/L）中，不会被氧腐蚀，所以用凝结水或补给水配制浓度为800mg/L以上的稀氨液，用泵打入锅炉水汽系统，并进行循环直至各采样点取得样品的氨浓度趋于相同，然后关严所有阀门，以免氨液泄漏。保护期间每周检查一次系统内氨液浓度，如浓度下降，则找出原因后，采取防止措施并补加新氨液。

锅炉充氨前，应将存水放掉，立式过热器内存水用氨液将积水顶出。对系统内的铜件应采取隔离措施。

锅炉启动前，将氨液全部放掉后再进水，点火升压后，用蒸汽冲洗过热器并对空排汽，直至蒸汽中含氨量小于2mg/L方可向汽轮机送汽。本法适用于长期停用锅炉保护，冬季应采取防冻措施。

2. 干法保护

干法保护是为了保持金属表面干燥，达到防止腐蚀的目的。常用的方法有以下几种。

（1）烘干法。该法在锅炉熄火后，当压力降至规定值（0.3～0.8MPa）、锅炉水水温降至130～180℃时，将水放尽，利用炉膛内的余热或在炉膛内点微火（或将邻炉的热风引入炉膛），烘干水汽系统的金属表面。也可将整个水汽系统抽成负压，加快水分的蒸发，使金属表面干燥防止腐蚀。本法适用于锅炉检修期间的防腐。检修完毕后不能立即投运，应采用其他保护措施。

（2）干燥剂法。该法是一种用吸湿能力很强的干燥剂，使锅炉水汽系统保持干燥，防止腐蚀的方法。

锅炉停运后，锅炉水温度降至100～120℃时，放尽水并将系统内表面烘干，有水垢或水渣时，应将它们除去，然后按锅炉容积计算出干燥剂的用量。常用干燥剂及用量如表7-4所示。

表7-4　常用干燥剂及用量

药品名称	用量（kg/m^3）	粒径（mm）	药品名称	用量（kg/m^3）	粒径（mm）
无水氯化钙（$CaCl_2$）	1～2	10～15	硅胶	1～2	10～30
氧化钙（CaO）	2～3				

$CaCl_2$或CaO、硅胶装在布袋中，将它们放在特制的容器内，沿汽包和联箱长度均匀放置，立即关闭汽包和联箱及所有阀门，防止空气进入。保护初期7～10d检查一次，以后每月检查一次，干燥剂失效应及时更换。

本法只适用于中、低压锅炉的停用保护。

近年来，国外对大型直流锅炉的保护，有采用将氯化锂通过干燥空气吹入锅炉内，保持水汽系统干燥的方法。

(3) 充氮法。锅炉停运时，压力降至 0.3～0.5MPa，接好充氮管路，压力降至 0.049MPa，开始对锅内充氮气（纯度大于 99%）。充氮时，锅炉水汽系统的水可放掉，也可不放掉。对于不放水或不能放尽水的部位，充氮前应向锅炉存水中加入一定量的联氨（加氨使 pH 值大于 10）。充氮后，保持锅炉水汽系统中氮气压力为 0.049MPa 以上，防止空气进入。保护期间，要经常监督锅炉内氮气压力和纯度。

本法适用于各种参数锅炉的停用保护。既可用于长期停用锅炉的保护，也可用于短期停用锅炉的保护。

(4) 气相缓蚀剂法。气相缓蚀剂法是近年来应用于锅炉防腐的新型药剂，常用的有碳酸铵、碳酸环己胺等，它们的化学稳定性高，较低温度下易气化，能充满设备的各个部位，能在水中溶解生成缓蚀基团，而起防腐作用。

目前国内应用于停炉保护的气相缓蚀剂是碳酸环己胺[$(C_6H_{11}NH_2)_2CO_2$]。投加的方法是：停炉后，热放水后余热烘干，锅内湿度低于 90%时，将碳酸环己胺用加热的压缩空气（40～50℃）为载体送入锅内，当锅炉顶部排气的 pH 值达 10 左右时，停止加药并将阀门关闭。密封良好时，可保护 3 个月左右。

碳酸环己胺易挥发，是一种较好的气相缓蚀剂，但由于气味难闻，使用受到一定的限制。另外，它对铜有一定的侵蚀作用，有铜件的锅炉，可采用混合气相缓蚀剂。

本法适用于中低压及其以上参数锅炉的短期和长期停炉保护。

3. 其他设备的停用保护方法

(1) 汽轮机和凝汽器的停用保护方法。汽轮机和凝汽器停用期间，采用干法保护，即汽轮机和凝汽器停运后内部保持干燥。凝汽器停运后先排水，然后自然干燥，如底部有水可采用吹干的办法。也可在凝汽器的内部放干燥剂使内部干燥。还可在机组滑参数停运过程中，加月桂胺或十八胺，使其表面形成保护膜，防止腐蚀。

(2) 加热器的停用保护。低压加热器的管材为铜管，停用保护一般采用干法保护或充氮保护；高压加热器的管材是钢管，停用保护可采用充氮法和联氨法保护。根据保护期的长短，联氨浓度可不同，可在 20～200mg/L 范围内选择，并用氨水调整 pH 值大于 10。

(3) 除氧器的停用保护方法。根据除氧器停用期的长短，可采用不同的方法保护。一周以内，通热蒸汽加热循环保护，维持水温在 106℃；一周至一季度期间，将水放空，进行充氮保护或水箱不放水加联胺溶液，上部充氮保护；一季度以上，将水全部放掉，采用干法保护。

三、停（备）用时保护方法的选择原则

停（备）用设备保护方法，应根据设备停用要求、停用时间长短、防腐材料的供应和品质情况、系统的严密性、周围环境温度及防腐方法的特点等综合考虑确定。

(1) 设备停用时，防腐的分类如表 7-5 所示。

表 7-5　防腐分类

防腐分类	定义	防腐分类	定义
热备用	设备由运行或检修状态转入热备用	封存	设备由运行或检修状态转入长期停用
冷备用	设备由运行或检修状态转入室温下的备用	安装设备	设备入库到安装完毕和到投运前
检修	设备由运行状态转入检修状态		

(2) 按锅炉的结构选择设备停用时的防腐方法。对于有立式过热器的汽包锅炉，保护前不能将存水排净、烘干，则不能用干燥剂法；直流锅炉和压力在 12.8MPa 以上汽包锅炉，采用充氮法或氨液法保护较适宜。中低压锅炉，可用碱液法或干燥剂法。

(3) 冬季易冻地区不易采用湿法保护。

(4) 根据停用时间长短选择保护方法，如表 7-6 所示。

表 7-6　停（备）用设备防腐方法的选择

防腐方法	适用防腐种类	适用防腐对象	短期停用			长期停用	
			三天以内	一周以内	一月以内	一季以内	一季以上
蒸汽压力法	热备用防腐	锅　炉	✓				
常压余热烘干法	检修防腐	锅　炉	✓	✓			
负压余热烘干法	大小修防腐	锅　炉		✓	✓	✓	
邻炉热风烘干法	冷备用、大小修防腐	锅　炉		✓	✓		
热风干燥法	冷备用防腐	汽 轮 机			✓	✓	
干燥剂法	冷备用、封存防腐	汽 轮 机				✓	✓
给水压力法	冷（热）备用防腐	锅　炉	✓	✓			
充氮法	冷备用防腐	锅炉、高压加热器		✓	✓	✓	
气相缓蚀剂法	冷备用、安装设备防腐	锅炉、高压加热器			✓	✓	
氨液法	冷备用、安装设备防腐	锅　炉			✓	✓	
联氨法	冷备用、安装设备、封存防腐	锅　炉			✓	✓	✓

(5) 采用给水压力法保护时，给水溶解氧必须合格，药液保护用水必须用合格的除盐水或给水。

(6) 锅炉有无其他热源和汽源，过热器有无反冲洗装置等。

第五节　水垢的形成及防止

给水总会带有某些杂质，这些杂质进入锅炉水循环系统，由于蒸发浓缩和温度的变化，有的杂质会在炉管表面形成固体附着物析出，这种现象称为结垢，这些附着物叫做水垢。有些杂质析出的固体物质以悬浮状态存在于锅炉水中，或沉积在汽包和下联箱底部水流缓慢处，这些呈悬浮状态的沉积物叫做水渣。

一、水垢与水渣

水垢的化学组成比较复杂，是由许多化合物混合组成的。通过化学分析可确定水垢中成分的高价氧化物的质量分数，只有采用物理化学分析（如 X 射线衍射法）可确定水垢中各化学组分的化合形态。

水垢有的坚硬、有的疏松、有的致密、有的多孔隙，有的与金属紧紧连在一起，有的与金属表面联系疏松。因此各种水垢的热导率比钢铁低几十倍到几百倍。炉管结垢会使燃料浪费，如近代火电厂省煤器结 1mm 厚水垢，燃煤耗量增加 1.5%～2%；如水冷壁管内结 1mm 厚水垢，燃煤耗量增加 10%。高热负荷受热面有水垢，还会因传热不良导致管壁温度过高，引起鼓包和爆管事故。此外，水垢还会引起沉积物下的腐蚀。

目前，电厂中的水垢分为以下几类：钙、镁水垢，硅酸盐水垢，氧化铁垢，磷酸盐铁垢和铜垢。

水渣的组分也较复杂，它也是由多种物质组成的混合物，而且随水质的不同组成也各异。水渣的化学分析表示方法与水垢分析的方法相同。水渣按性质的不同，分为两类：

(1) 不易黏附在受热面上的水渣。这类水渣较松软，悬浮在锅炉水中，可用排污的方法排掉，如碱式磷酸钙（也称磷灰石）$Ca_{10}(OH)_2(PO_4)_6$ 和蛇纹石 $3MgO \cdot 2SiO_2 \cdot 2H_2O$ 等。

(2) 易黏附在受热面上转成水垢的水渣。这类水渣易黏附在水流缓慢或停滞的炉管内壁上，经高温烘焙后转成水垢，称为二次水垢，如磷酸镁 $Mg_3(PO)_2$ 和氢氧化镁 $Mg(OH)_2$ 等。

锅炉水中水渣太多，不仅会影响锅炉水循环，还会影响蒸汽品质，还可能造成炉管堵塞，威胁锅炉的安全运行。

二、常见的水垢

1. 钙镁水垢

此水垢中钙镁盐类含量可达 90%左右，按水垢中主要化合物形态分为碳酸钙水垢（$CaCO_3$）、硫酸钙水垢（$CaSO_4$、$CaSO_4 \cdot 2H_2O$）、硅酸钙水垢（$CaSiO_4$、$5CaO \cdot 5SiO_2 \cdot H_2O$）和镁垢[$Mg(OH)_2$、$Mg_3(PO_4)_2$]等。

碳酸盐水垢易在省煤器、加热器、给水管道、凝汽器冷却水管道和冷却水塔中生成，即易在水未沸腾的流动管道中生成。硫酸钙和硅酸钙水垢，主要在热负荷较高的受热面上生成，如锅炉炉管、蒸发器等处生成。

钙镁水垢形成的原因：水温升高，某些钙镁盐类在水中溶解度下降，例如 $CaCO_3$、$CaSO_4$；水在不断受热蒸发使盐类逐渐浓缩；水加热时某些钙镁盐类分解，从易溶于水的物质转变成难溶物质而析出。由于这些原因，钙镁盐类的离子浓度乘积超过其溶度积，形成过饱和溶液而从水中析出。当金属表面粗糙不平时，凸起的小丘成为析出物的结晶核心，及金属表面有吸附能力强的氧化膜成为析出物的黏结层，水中析出物就会在受热面上生成水垢。

2. 硅酸盐水垢

硅酸盐水垢的化学组成主要是铁、铝和硅的化合物，它的化学结构较复杂。这种水垢中二氧化硅的含量为 40%～50%，铁和铝的氧化物含量为 25%～30%，钠的氧化物含量为 10%～20%，此外，还有少量的钙镁化合物。

硅酸盐水垢有的多孔、有的坚硬致密，均匀覆盖在热负荷很高或水循环不良的炉管内壁上。

硅酸盐水垢形成的原因：在热负荷较高的受热面上，水中析出物质相互反应，形成复杂的沉积物。如析出的 Na_2SiO_3 与 Fe_2O_3 相互反应，生成复杂的硅酸盐化合物：

$$Na_2SiO_3 + Fe_2O_3 = Na_2O \cdot Fe_2O_3 \cdot SiO_2$$

更复杂的硅酸盐水垢是在高热负荷受热面上析出的钠盐与熔融状态的苛性钠（NaOH）及铁铝氧化物相互反应形成的。另外，某些复杂的硅酸盐水垢，是在高热负荷的管壁上从高度浓缩的锅炉水中直接结晶形成。

总之，给水中铝、铁和硅的化合物含量较高，是在热负荷很高的炉管内形成硅酸盐水垢的主要因素。

3. 氧化铁垢

氧化铁垢的主要成分为铁的氧化物，含量可达70%～90%。此外，还含有铜、铜的氧化物（铜在垢内均匀分布）和少量钙、镁、硅和磷酸盐等物质。氧化铁垢表面为咖啡色、内层是黑色或灰色，垢的下部与金属接触处有少量的白色盐类沉积物。

氧化铁垢在各种压力锅炉中均可产生，但最易在高参数、大容量锅炉内生成。生成部位主要在热负荷很高的炉管管壁上，如喷燃器附近的炉管。敷设有燃烧带的锅炉，生成部位在燃烧带上下部的炉管，燃烧带局部脱落或炉膛内结焦时的裸露炉管内等处。

氧化铁垢形成的原因，主要与锅炉水中含铁量和炉管局部热负荷有关。一般情况下，给水含铁量越大，局部热负荷越大，氧化铁垢形成速度愈快。炉管腐蚀对锅炉水含铁量的影响较小。锅炉水中铁化合物形态主要是带正电的胶态氧化铁，也有少量较大颗粒氧化铁和呈溶解状态氧化铁。炉管局部热负荷高的区域带负电，带正电的胶态氧化铁在带负电的炉管金属表面得到电子而沉积形成氧化铁垢。颗粒较大的氧化铁，在锅炉水急剧蒸发浓缩的过程中，在水中电解质含量较大和pH值较高的条件下，从水中析出并沉积在炉管管壁上成为氧化铁垢。高参数锅炉中锅水温度高，铁化合物在水中溶解度随温度升高而下降，如图7-7所示，这时，锅水中有更多的铁以固体微粒存在，易生成氧化铁垢。

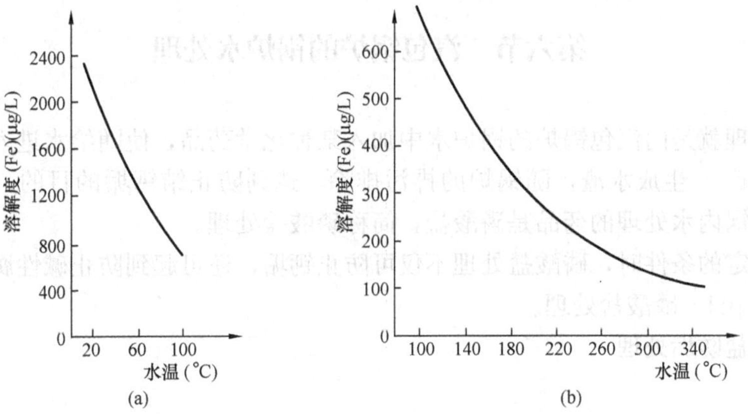

图7-7　铁氧化物（Fe_3O_4）在水中溶解度

(a) 低温水；(b) 高温水

另外，锅炉运行时，炉管内发生碱性腐蚀或汽水腐蚀，腐蚀产物附着在管壁上形成氧化铁垢。此外，锅炉在安装或停用时保护不当，炉管腐蚀产物附着在炉管壁上，运行后转成氧化铁垢。

4. 铜垢

水垢中金属铜的含量达20%～30%或更多，这种水垢称为铜垢。铜在垢中分布情况：表面因锅炉水冲刷，含铜量可达70%～90%，垢的内部逐渐减少，近管壁处为10%～25%或更少。

铜垢在各种压力锅炉中都可能生成。生成部位主要在局部热负荷很高的炉管内，有时在汽包和联箱的水渣中也发现铜，这些铜是从局部热负荷很高的管壁上脱落下来，被水流带到汽包和联箱的。

热力系统中铜合金遭腐蚀后，铜的腐蚀产物随给水进入锅炉内。在沸腾的碱性锅炉水中，铜的腐蚀产物主要以络合物形式存在。在高热负荷部位，部分铜的络合物被破坏成铜离子，锅炉水中铜离子浓度升高；同时由于高热负荷的作用，该部位金属氧化膜被破坏，并且使局部热负荷大的区域带负电，铜离子就在该区域得电子而析出呈金属铜。开始析出的金属铜呈一个个多孔小丘，小丘直径0.1～0.8mm，随后逐渐连成整片，形成多孔海绵状沉淀层，锅炉水进入这些小孔中，孔中锅水被蒸干而将氧化铁、磷酸钙、硅化合物等留下，直至将孔填满。

三、防止水垢产生的方法

（1）采用完善的水处理方式，彻底除去水中易引起结垢的阳、阴离子，提高补给水品质。

（2）对给水进行必要的处理，如除氧、加联氨和加氨处理，防止给水对金属的腐蚀。

（3）提高凝汽器的严密性，防止冷却水泄漏带入结垢物质和极微小的黏土等杂质。

（4）对生产返回凝结水和疏水要严格控制，必要时应进行软化或除盐处理，必要时还应进行除油和除铁处理。

（5）对锅炉水进行加 Na_3PO_4 处理，使锅炉水中某些结垢物质形成不粘附在受热面上的水渣，随排污水排掉。

第六节　汽包锅炉的锅炉水处理

锅炉水处理就是向汽包锅炉的锅炉水中加入某种化学药品，使随给水进入锅炉水内的结垢物质（指 Ca^{2+}）生成水渣，随锅炉的排污排除，达到防止结钙垢的目的。目前，火力发电厂中，用于锅内水处理的药品是磷酸盐，简称磷酸盐处理。

在符合特定的条件时，磷酸盐处理不仅可防止钙垢，还可起到防止碱性腐蚀的作用，此时，称为协调 pH－磷酸盐处理。

一、磷酸盐防垢处理

1. 原理

磷酸盐防垢处理就是向锅内加磷酸盐溶液，使锅炉水中维持一定量磷酸根（PO_4^{3-}），锅炉水在碱性（pH 值一般在 9～11）及沸腾的条件下，锅炉水中 Ca^{2+} 与 PO_4^{3-} 发生如下反应：

$$10Ca^{2+} + 2OH^- + 6PO_4^{3-} \longrightarrow Ca_{10}(OH)_2(PO_4)_6 \downarrow$$

生成的碱式磷酸钙是松软水渣，易随锅炉排污排掉，且不会粘附在锅内形成二次水垢。锅炉水中只要有一定量的过剩磷酸根时，就会使锅炉水中 Ca^{2+} 浓度非常小，锅炉水中 Ca^{2+} 和 SO_4^{2-} 或 SiO_3^{2-} 浓度乘积就不会达到 $CaSO_4$ 或 $CaSiO_3$ 的溶度积，锅内就不会产生钙垢。锅内水处理常用药品是 $Na_3PO_4 \cdot 12H_2O$。

对于用软化水作补给水的热电厂，如补给水率大，锅炉水碱度较高，为降低锅炉水碱度，可采用磷酸氢二钠（Na_2HPO_4）处理，此时，可消除部分游离 NaOH，反应如下：

$$Na_2HPO_4 + NaOH = Na_3PO_4 + H_2O$$

2. 锅炉水中磷酸根的控制标准

由于锅炉水温度较高，无法得出钙化合物的溶度积数据，而且锅内生成水渣的反应过程也很复杂，所以锅内维持的PO_4^{3-}浓度主要凭实践经验来确定的。为保证防垢效果，锅内维持的PO_4^{3-}量如表7-7所示。

表7-7 汽包锅炉磷酸根维持的量

锅炉压力（MPa）	pH值（25℃）	磷酸根（mg/L）		
		不分段蒸发	分段蒸发	
			净段	盐段
3.82～5.78	>9	5～15	5～12	≤75
5.88～12.64	9～11	2～10	2～10	≤50
12.74～15.58	9～10	2～8	2～8	40
15.68～18.62	9～10	0.5～3		

3. 磷酸盐处理的注意事项

锅内加磷酸盐溶液增加了锅炉水中的溶解固体。在保证给水品质合格的条件下，应尽量减少磷酸盐溶液的加药量。但凝汽器泄漏频繁，给水硬度经常波动，PO_4^{3-}的量应控制得高些。如磷酸盐加得太多，会导致随排污排掉的药量增多，药品的消耗量增大，还会引起下列不良后果。

（1）增加锅炉水含盐量，影响蒸汽品质。

（2）随给水进入锅内的Mg^{2+}较少，在沸腾的碱性锅炉水中，Mg^{2+}与随给水带入的SiO_3^{2-}发生如下反应：

$$3Mg^{2+}+2SiO_3^{2-}+2OH^-+H_2O \longrightarrow 3MgO\cdot 2SiO_2\cdot 2H_2O\downarrow$$

生成的蛇纹石是水渣，可随锅炉排污水排掉。但当锅炉水中PO_4^{3-}量过多时，有生成$Mg_3(PO_4)_2$的可能，粘附在炉管内，形成导热性很差的松软二次水垢。

（3）锅炉水含铁量较高时，会形成磷酸盐铁垢。

（4）Na_3PO_4在高压以上的汽包锅炉中，易发生暂时消失现象。锅炉负荷增大时，钠盐在炉管内沉积；负荷降低时，钠盐又重新溶解到锅炉水中。

4. 加药方式

先将磷酸盐在溶解箱内配制成5%～8%的浓溶液，再经机械过滤器过滤后送入贮存箱内，用补给水稀释为1%～5%的稀溶液。将稀释后的稀溶液放入计量箱中，用泵将该溶液加入汽包内，在汽包水室靠近下降管附近，沿汽包的长度辅设管上开有许多等距离小孔（$\phi3\sim\phi5$）的加药管。该管应远离连续排污管。一般两台同参数锅炉设三台泵，其中两台泵分别向两台锅炉加药，另一台泵作为备用，如图7-8所示。

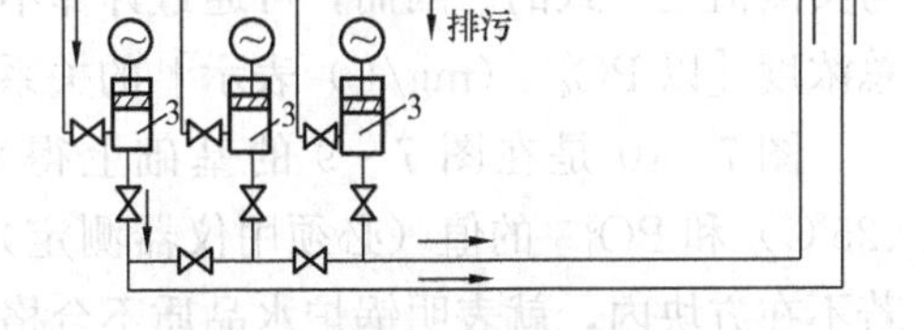

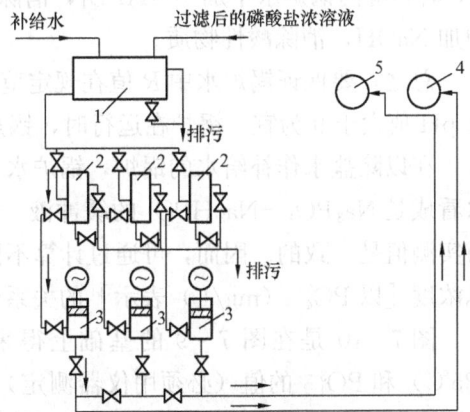

图7-8 锅内磷酸盐加药系统

1—磷酸盐溶液储存箱；2—计量箱；3—活塞加药泵；4、5—1、2号锅炉汽包

加药方法有两种。一种方法是阶段式加药，即锅炉内磷酸盐浓度低时，再向锅炉内加药，待正常了停止加药。改变加入锅内磷酸盐药液量可

用改变计量箱中的磷酸盐的质量分数或改变活塞加药泵的冲程来实现。另一种方法是用 PO_4^{3-} 自动调节设备，利用 PO_4^{3-} 测定仪表的输出信号控制加药泵，能自动、精确地维持锅炉水中 PO_4^{3-} 量。

磷酸盐也可加在给水中，但要求给水硬度不超过 3μg/L，否则会在省煤器产生大量的水渣，危害省煤器的安全运行，同时还可能在给水管道、高压加热器和省煤器中产生磷酸钙水垢［$Ca_3(PO_4)_2$］。

二、协调 pH－磷酸盐处理

协调 pH－磷酸盐处理，不仅能防止钙垢的产生，而且能防止炉管的腐蚀。

协调 pH－磷酸盐处理就是除向汽包内添加磷酸盐外，还向汽包内添加其他适当的药品，使锅内有足够高的 pH 值和维持一定的 PO_4^{3-} 浓度，又不含有游离 NaOH。

当锅炉水中有游离 NaOH，可向锅炉水中加磷酸氢二钠消除，反应如下：

$$Na_2HPO_4 + NaOH = Na_3PO_4 + H_2O$$

只要有足够的加入量，使锅炉水中的 NaOH 都成为 Na_3PO_4 的一级水解产物，就消除了锅炉水中的游离 NaOH。当锅炉水中有酸性物质时，锅炉水的 pH 值会降低，可向锅炉水中加 NaOH，消除锅炉水中酸性物质，最终会维持锅炉水的 pH＞9，既有一定磷酸根量防止发生钙垢，又可达到防止发生碱性腐蚀或酸性腐蚀的目的。

研究发现，磷酸盐发生暂时消失现象时，析出的固体磷酸氢盐与溶液中磷酸盐的组成有关。当磷酸盐溶液的 Na/PO_4 摩尔比（R）小于 2.85 时，即使发生盐类暂时消失现象，有磷酸氢盐固体析出，炉管管壁边界层也不会产生游离 NaOH。

Na/PO_4 摩尔比（R）表示磷酸盐溶液中 Na^+ 摩尔数与 PO_4^{3-} 摩尔数之比，反映磷酸盐溶液的组分。如 $R=3$ 时，表示为磷酸盐溶液；$R=2$ 时，表示为磷酸氢二钠溶液；$R=2\sim3$ 之间，表示为 Na_3PO_4 和 Na_2HPO_4 混合液，该溶液中 Na_3PO_4 越多，R 值越接近 3，溶液中 Na_2HPO_4 越多，R 值越接近 2。

协调 pH－磷酸盐处理，规定锅炉水中 R 值的上限为 2.8，下限为 2.2。当锅炉水 $R>2.8$ 时，应向锅炉水中加 Na_2HPO_4，消除游离 NaOH；当 R 接近或小于 2.2 时，向锅炉水中加 NaOH，消除酸性物质。

总之，要保证锅炉水中 R 值在规定范围内，以维持锅炉水中有足够的 PO_4^{3-} 含量，锅炉水 pH 值大于 9 为宜。锅炉在运行时，锅炉水的 R 值的实际控制值应为 2.5～2.8 之间。

在以除盐水作补给水的锅炉，锅炉水含盐量低，采用协调 pH－磷酸盐处理时可将锅炉水看成是 $Na_3PO_4-Na_2HPO_4$ 的缓冲液。实验证明，在此缓冲液中，算出的 pH 值（25℃）与实测值是一致的。因而，可通过计算不同组成的磷酸盐溶液的 pH 值（25℃）与磷酸盐的总浓度［以 PO_4^{3-}（mg/L）表示］的关系作图，如图 7－9 所示。

图 7－10 是在图 7－9 的基础上得来的，目的是便于应用。当测得的锅炉水 pH 值（25℃）和 PO_4^{3-} 的值（必须用仪器测定）落入图中实线方块内时，表明锅炉水品质合格。若不在方块内，就表明锅炉水品质不合格，需进行处理。

协调 pH－磷酸盐处理只适用于以下两个条件的锅炉：一是此锅炉用除盐水或蒸馏水作补给水；二是与此锅炉配套的汽轮机的凝汽器较严密，不会经常发生泄漏。否则，难以保持锅炉水中 PO_4^{3-} 与 pH 值的关系符合协调 pH－磷酸盐处理的要求。

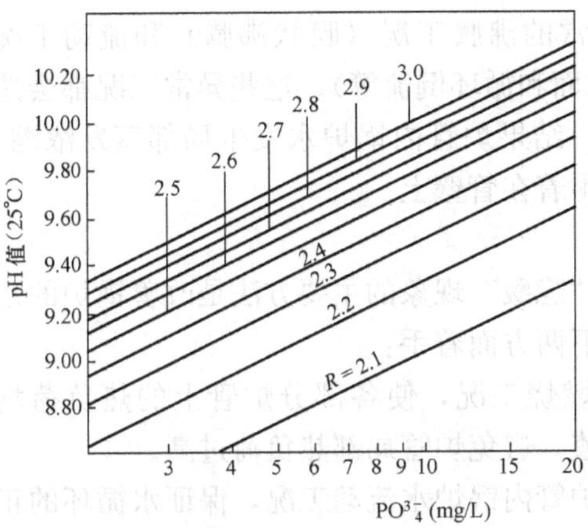

图 7-9　磷酸盐总浓度［mg/L（PO_4^{3-}）］与 pH 值（25℃）关系

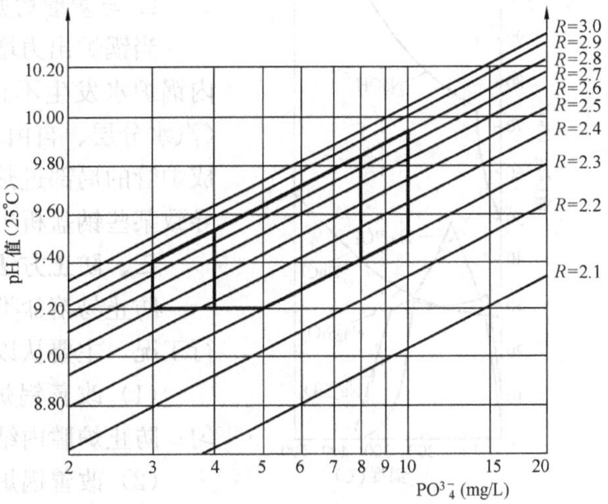

图 7-10　磷酸盐控制图

第七节　盐类暂时消失现象

当汽包锅炉的负荷增高时，锅炉水中某些易溶盐类（Na_2SO_4、Na_2SiO_3、Na_3PO_4）从水中析出，沉积在炉管壁上，锅炉水中盐类浓度明显降低；当锅炉负荷减小或停炉时，沉积在炉管管壁上的钠盐又被溶解下来，锅炉水中盐类浓度重新增大，这种现象称为盐类暂时消失现象，也称为盐类“隐藏”现象。

一、危害

在炉管管壁上形成的易溶盐附着物，它的危害性与水垢相似，主要有以下几点。

（1）能与炉管上的其他沉积物（如金属腐蚀产物和硅化物等作用）反应，变成难溶的水垢。

（2）传热性差，在某些情况下也可能直接导致炉管金属严重超温，严重时会烧坏炉管。

（3）能引起沉积物下的金属腐蚀（游离 NaOH 腐蚀）。

二、发生盐类暂时消失现象的原因

1. 与易溶盐的特性有关

在高温水中，某些钠化合物在水中的溶解度随温度升高而下降，如图 7-11 所示。从图中可看出，Na_2SiO_3 和 Na_3PO_4 在水中的溶解度，先随水温升高而增大。当温度达到一定值后继续上升，其溶解度就下降。尤其 Na_3PO_4 最为明显，水温超过 200℃后，它的溶解度随水温升高而急剧下降，因此在高温水中 Na_2PO_4 的溶解度很小。

在中压及中压以上参数锅炉中，锅炉水温度都较高，由于上述几种化合物在高温水中溶解度较小，如炉管内发生锅炉水局部蒸发浓缩，它们容易在此局部区域达到过饱和浓度。由于这几种钠盐的饱和溶液沸点较低（在其压力下，只比纯水高约 10℃），对于 Na_3PO_4 这种温差还要小些。当炉管因局部过热而使炉管内壁温度高于纯水沸点温度超过 10℃时，这些钠盐的水溶液能完全蒸干而形成固态沉积物。

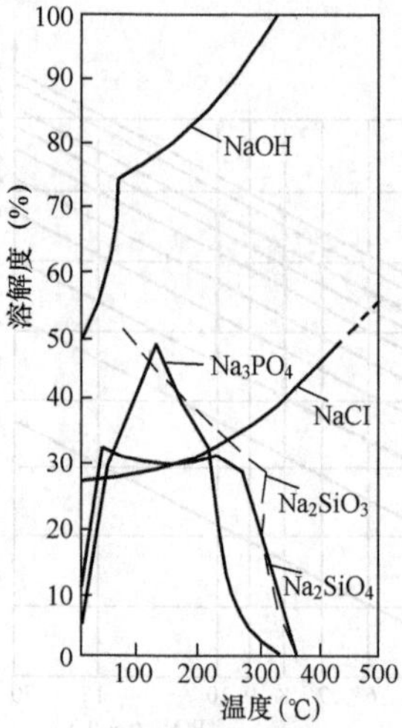

图 7 - 11　钠化合物在水中溶解度与温度的关系

2. 与炉管的热负荷有关

当锅炉出力增大时，炉膛内热负荷增大，容易使上升管内锅炉水发生不正常的沸腾工况（膜状沸腾）和流动工况（汽水分层、自由水面和循环倒流等）。这些异常工况都会造成炉管的局部过热，结果炉管内锅炉水发生局部蒸发浓缩，导致某些钠盐析出附着在管壁上。

三、防止方法

防止易溶盐类“隐藏”现象的主要方法是改善锅炉的运行工况，主要从以下两方面着手：

（1）改善锅炉燃烧工况，使各部分炉管上的热负荷均匀；防止炉膛内结渣，避免炉管局部热负荷过高。

（2）改善锅炉炉管内锅炉水流动工况，保证水循环的正常运行。例如，取消水平蒸发管，并将炉管的倾斜度增加到15°～30°。

第八节　锅炉割管检查结垢、腐蚀状况的方法

为了掌握锅炉炉管内结垢和腐蚀的情况，需要进行割管检查。割管的部位应选取在热负荷较大和其他容易发生结垢、腐蚀的地方（如焊口处）。

一、割取管样的方法

在每个选定的部位割管时，割取的管样长度应为600～1000mm，不宜过短。因割管时产生的铁渣会粘附在靠近切割处管子内壁上，管样长些可避免铁渣沾污管样中用以分析检查的中间部位。

对割下的管样应立即标记管样的割取时间、部位、管子在锅炉的空间位置（如水汽在管内的流向、背火侧与向火侧或迎向炉烟烟气流的侧面等），然后用橡皮塞或木塞将管段两端封起来待用，以防内部沉积物（包括水垢和腐蚀产物）脱落或变质。

管样送至实验室后，用锯在管样中间截取50～100mm长的管样，然后沿管轴方向用锯对半剖开，分成向火侧和背火侧两半，除去截口毛刺后，对两半管样分别进行检查。

二、检查管样上沉积物量的方法

炉管上的垢量和沉积的腐蚀产物量统称沉积物量。测定方法有以下两种：

第一种方法是测定沉积物的厚度。用测微器或显微镜分别测定向火侧和背火侧管样上沉积物的厚度。

第二种方法是求出单位面积炉管上沉积物的质量。首先将管样外表涂上环氧树脂后称量（准确至0.1mg）并记下管样的质量（m_1，mg），计算出内表面积（S_1，cm^2），然后将管样放到盛有盐酸浓度为5%的500mL烧杯中，并向盐酸溶液中加0.2%的若丁（或0.3%乌洛托平）。将烧杯在恒温水浴锅内加热，维持温度为50℃左右，并不断搅拌酸液，待所有沉积物完全溶解或沉积物与管壁接触比较疏松可用水冲洗下来为止。然后取出样管，用蒸馏水冲洗干净后，移至1%的碳酸钠或氢氧化钠溶液中，中和管样上的残酸，再用蒸馏水冲洗，最后在无水乙醇中浸一下，依靠乙醇挥发使之干燥，称

量（m_2，mg）。若沉积物中含有铜，铜会在用盐酸浸泡时镀到管样表面。此时可将从酸液中取出的管样按上法冲洗干净后，再用0.5%的过硫酸铵溶液浸泡使铜溶解，再用蒸馏水或除盐水冲洗干净，最后用无水乙醇使之干燥，再称量（m_2，mg）。按下式计算炉管单位表面积上沉积物的量：

$$W=\frac{m_1-m_2}{S_1}\times 10$$

式中　W——炉管单位表面积上的沉积物量，g/m^2；

m_1——酸液浸泡前的管样质量，mg；

m_2——酸液浸泡后的管样质量，mg；

S_1——管样的内表面积，cm^2。

当管样浸泡在酸液中时，管样金属也会有极少量被溶解，但这与实际清除下来的沉积物量相比是很小的，可忽略不计。

第九节　锅炉的化学清洗

随着锅炉参数和容量不断的提高，对锅炉受热面的清洁度和锅内水质的要求也更加严格。因而，化学清洗已成为锅炉安全运行的重要保证。

化学清洗就是用某种化学药品的水溶液清除锅炉水汽系统中的沉积物，使设备金属表面清洁，并形成良好保护膜。

一、锅炉化学清洗的必要性

锅炉化学清洗应根据锅炉的参数、结构特点和水汽系统的污脏程度确定。

1. 新建锅炉化学清洗的必要性

新建锅炉在启动前应进行化学清洗，除去设备在制造过程中形成的氧化皮、贮运和安装过程中的腐蚀产物、焊渣、出厂涂覆的防腐剂，同时除去在制造和安装中进入和残留在设备内的杂质，如沙子、水泥保温材料和焊渣等。若不进行化学清洗，锅炉启动后，则会产生水垢，影响传热，促进沉积物下的腐蚀。如果腐蚀产物脱落还可能堵塞炉管，会破坏正常的水汽循环，还会引起汽水质量长期不合格。

一般新建直流锅炉和9.8MPa以上汽包锅炉，投运前应进行酸洗；9.8MPa以下的汽包锅炉，可根据腐蚀情况决定是否酸洗，不酸洗时，也应进行碱煮。

2. 运行锅炉化学清洗的必要性

运行锅炉化学清洗的目的是：清除运行过程中产生的水垢、金属腐蚀产物等沉积物，以免锅内沉积物过多而影响锅炉的安全运行。

运行锅炉何时需化学清洗，应根据锅炉炉管内沉积物的量、锅炉类型、工作压力和燃烧方式等因素来决定。当炉管向火侧沉积物的量达下列数值或锅炉运行达下列年限时，应进行化学清洗，如表7-8所示。

3. 化学清洗的范围

(1) 新建锅炉的清洗范围。直流锅炉和过热蒸汽出口压力为9.8MPa及以上的汽包锅炉，在投产前必须进行锅炉本体化学清洗；压力在以下的汽包锅炉，垢量小于$150g/m^2$时，可不进行酸洗，但必须进行碱洗或碱煮。

表 7-8 运行锅炉化学清洗的条件

锅炉类型	汽包锅炉			直流炉	
出口主蒸汽压力（MPa）	≤5.8	5.88～12.64	≥12.74	亚临界压力	超临界压力
沉积物量（g/m^2）	600～900	400～600	300～400	200～300	150～200
清洗时间间隔（a）	一般 12～15	10	6	4	—

注 1. 燃烧方式以燃煤为主。
2. 燃油或燃用天然气的锅炉和液态排渣炉，可按表中出口主蒸汽压力高一级数值考虑。

对于过热器内垢量大于 $100g/m^2$ 时，可选用化学清洗，但要有防止立式管产生气塞和腐蚀产物在管内沉积的措施，过热器和再热器的清洗也可采用蒸汽加氧清洗。

对于 200MW 及以上机组凝结水管道和给水管道垢量小于 $150g/m^2$ 时，可采用流速大于 0.5m/s 的水冲洗，垢量大于 $150g/m^2$ 时，必须进行化学清洗。

新建直流锅炉的凝汽器和高低压加热器的汽侧及各种疏水管道，用蒸汽吹洗或水冲洗，也可进行碱洗或用除油剂清洗。

（2）对运行锅炉，无论是汽包锅炉还是直流锅炉，一般只清洗锅炉本体的水系统。

二、锅炉化学清洗的药品

化学清洗所用药品有清洗剂、缓蚀剂和添加剂。

（一）清洗剂

用来清除金属表面沉积物的化学药品称为清洗剂。常用的清洗剂有盐酸、氢氟酸、柠檬酸和乙二胺四乙酸（俗称 EDTA）。

1. 盐酸

盐酸是一种常用的清洗剂。它对沉积物主要是起溶解作用，如与水中钙、镁水垢的反应式如下：

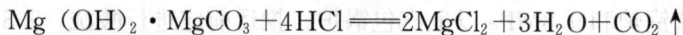

$$CaCO_3 + 2HCl = CaCl_2 + H_2O + CO_2\uparrow$$

$$Mg(OH)_2 \cdot MgCO_3 + 4HCl = 2MgCl_2 + 3H_2O + CO_2\uparrow$$

对于铁的氧化物的溶解反应式如下：

$$FeO + 2HCl = FeCl_2 + H_2O$$

$$Fe_2O_3 + 6HCl = 2FeCl_3 + 3H_2O$$

Fe_3O_4 可以看成是 FeO 与 Fe_2O_3 的混合物，与盐酸发生上述两种反应。用盐酸清洗时，还起剥离作用。当盐酸与铁的氧化物作用时，特别与金属基体处的 FeO 反应，减弱了氧化皮与金属的结合力，使氧化皮从金属表面剥离下来。除上述主要反应外，盐酸与沉积物下金属铁反应产生 H_2，H_2 逸出时将铁的氧化物从金属面上剥离下来与清洗液一起排走。用盐酸清洗时，会发生盐酸溶液与金属表面的氧化皮反应生成物氯化铁（$FeCl_3$）和氯化亚铁（$FeCl_2$）。盐酸溶液与金属表面反应生成氯化亚铁（$FeCl_2$），造成金属腐蚀。所以清洗时要向清洗液中加缓蚀剂，抑制酸液与金属的反应。由此可知，清洗液中的溶解铁主要以 Fe^{2+} 形态存在。

用盐酸清洗锅炉时，酸液中酸的质量分数一般为 4%～7%，缓蚀剂为 0.3%～0.4%，温度为40～60℃、流速为0.2～0.5m/s，清洗时间为6h左右，最多不超过8h。

盐酸不能用于清洗奥氏体钢制造的锅炉部件，因Cl^-使奥氏体钢发生应力腐蚀。同时，盐酸清洗硅酸盐水垢效果差，此时可向清洗液中加氟化物，提高盐酸对硅酸盐水垢的清洗效果。

2. 氢氟酸

氢氟酸对Fe_3O_4、Fe_2O_3和硅化合物有很强的溶解能力。即使在低的浓度（如1%）和较低温度（如30℃）下，也有较强的溶解能力，是一种很好的清洗剂。

用氢氟酸进行清洗时，溶液是一次通过设备，与金属表面的接触时间短，酸液浓度低、温度低；清洗液中又加了缓蚀剂，对金属的腐蚀比较轻，对某些钢材的腐蚀速度小于1g/（m^2·h）。

氢氟酸可以用于清洗奥氏体钢制造的锅炉部件。由于氢氟酸对金属的腐蚀速度小，所以锅炉清洗时可不必拆卸水汽系统中的阀门等部件。

氢氟酸是有毒的，需对废液进行处理，一般采用石灰乳进行处理，Ca^{2+}与F^-生成CaF_2（萤石）沉淀，待废液中F^-降至允许值后再排放，同时Fe^{3+}也生成Fe（OH）$_3$沉淀，反应式如下：

$$Ca^{2+}+2F^- \longrightarrow CaF_2\downarrow$$

$$Fe^{3+}+3OH^- \longrightarrow Fe(OH)_3\downarrow$$

用氢氟酸清洗锅炉时，酸液中酸的质量分数一般为1.0%～2.0%，缓蚀剂为0.3%～0.4%，温度为45～55℃，最低流速为0.15～0.20m/s，清洗时间为2～3h。

氢氟酸除单独作为清洗剂外，还可以与有机酸组成复合清洗剂。如有的电厂用1%氢氟酸和0.3%甲酸组成复合清洗剂，清洗新建锅炉；用2%的氢氟酸和0.6%的甲酸组成复合清洗剂，清洗运行锅炉，都取得了较好的效果。

3. 柠檬酸

柠檬酸是目前化学清洗剂中应用较广的有机酸，它是一种白色结晶体，分子式为$H_3C_6H_5O_7$。在水溶液中，柠檬酸是一种三元弱酸，它的电离度随pH值升高而增大。

用柠檬酸作清洗剂时，柠檬酸与Fe_2O_3反应缓慢，生成溶解度较小的柠檬酸铁，易产生沉淀，反应式如下：

$$Fe_2O_3+2H_3C_6H_5O_7 = 2FeC_6H_5O_7\downarrow+3H_2O$$

所以，用柠檬酸作清洗剂时，需在清洗液中加氨，将pH值调到3.5～4.0。在这样的条件下，清洗液中主要是柠檬酸单铵盐，与溶液中铁离子生成易溶的络合物，清洗效果较好。清洗时总的反应式为

$$Fe_3O_4+3NH_4H_2C_6H_5O_7 = NH_4FeC_6H_5O_7+2NH_4(FeC_6H_5O_7OH)+2H_2O$$

Fe^{3+}生成络合离子使水中呈游离状的Fe^{3+}减少，从而减轻了其对金属的腐蚀性。

柠檬酸可用作清洗结构复杂的高参数、大容量机组，清洗液即使排不干，对设备也没有危害。因在高温下柠檬酸会分解成CO_2与H_2O。柠檬酸也可用于清洗奥氏体钢和其他特种钢材制造的锅炉部件。

用柠檬酸清洗锅炉时，酸液中酸的质量分数一般为2%～4%，缓蚀剂为0.3%～0.4%、加氨调pH值为4.0（不超过4.5），温度为90～98℃（不低于80℃），流速应大于0.3m/s，但不得超过2m/s，清洗时间为4～6h。清洗液中Fe^{3+}浓度不能大于0.5%，如不能满足以

上工艺要求，则易产生柠檬酸铁沉淀。清洗结束后，用热水将废液排挤掉。如直接排放，则废液中有些胶态柠檬酸铁铵的络合物会附着在金属表面，经干燥或焙烤，形成难以冲洗掉的膜状物质。

柠檬酸能清除铁垢和铁锈，但不能清除铜垢、钙和镁水垢及硅酸盐水垢。

4. 乙二胺四乙酸（EDTA）

EDTA及其铵盐对铁垢、铜垢及钙镁水垢都有较强的清洗能力，主要是EDTA与Fe^{3+}、Fe^{2+}、Cu^{2+}、Ca^{2+}、Mg^{2+}形成易溶于水的络合物。用EDTA清洗时，清洗液浓度较低，清洗时间较短，清洗液中又加入缓蚀剂，对金属的腐蚀性较小。清洗时，清洗液的pH值逐渐上升，金属表面能生成良好的防腐保护膜。清洗后，无需另行钝化处理。EDTA可以用于清洗结构复杂的锅炉和奥氏钢制造的设备。废液还可回收大部分EDTA，回收率可达90%以上。

用EDTA清洗锅炉时，一般要加氨水调节pH值为9～9.5，清洗剂的质量分数为2%左右，温度为130～160℃，添加复合缓蚀剂，流速为1.5～2.0m/s，清洗时间为4～6h。

用EDTA钠盐清洗锅炉时，开始pH值为5～5.5，结束时pH值为8.5～9.5，剩余EDTA浓度为0.5%～1%。EDTA钠盐清洗锅炉时，EDTA与铁（FeO）计算比可为3.8∶1，EDTA与CaO、MgO的计算比可为5∶1。

（二）缓蚀剂

缓蚀剂是一种能减轻酸液对金属腐蚀的药品。用作缓蚀剂的药品应具备以下条件：

（1）加入量千分之几或万分之几，就能大大地降低酸液对金属的腐蚀速度在$8g/(m^2 \cdot h)$以下，对金属的各部位都应具有很高的缓蚀效率，且表面不发生点蚀。

（2）不降低清洗液去除沉积物的能力。

（3）在使用的清洗液浓度和温度范围内，在整个清洗过程中能保持抑制腐蚀的性能。

（4）对金属的机械性能和金相组织无影响。

（5）无毒性，使用安全、方便。

（6）废液排放不会造成环境污染和公害。

目前，用于化学清洗的缓蚀剂种类较多，绝大部分为有机化合物。它们可单独使用，也可几种缓蚀剂组成混合液使用。具体使用时，应根据实验来进行选择。

缓蚀剂能起缓蚀作用的原因：缓蚀剂的分子吸附在金属表面上，形成很薄的保护膜，抑制了腐蚀；缓蚀剂与金属表面或溶液中的其他离子反应；生成物覆盖在金属表面上，抑制腐蚀过程。

（三）添加剂

在化学清洗时，凡是能提高清洗效果和减轻酸液中某些离子所引起的金属腐蚀所加的药品，称为添加剂。按添加剂的作用分为三大类。

（1）防止氧化性离子对钢铁腐蚀的添加剂。清洗液中Fe^{3+}、Cu^{2+}与钢铁能发生如下式反应：

$$Fe + 2Fe^{3+} \longrightarrow 3Fe^{2+}$$

$$Fe + Cu^{2+} \longrightarrow Fe^{2+} + Cu$$

由反应可知，清洗液中Fe^{3+}、Cu^{2+}过多会造成金属腐蚀，Cu^{2+}还会在钢铁表面上发生镀铜，致使钢铁进一步遭受腐蚀，所以在清洗液中Fe^{3+}和Cu^{2+}过多，腐蚀现象很明显。腐蚀还会使钢铁表面粗糙，甚至造成点蚀。

当清洗液中 Fe^{3+} 超过 300mg/L，可向清洗液中加 N_2H_4、$SnCl_2$、抗坏血酸钠（简称 EVC—Na），使 Fe^{3+} 转变成 Fe^{2+}。一般情况下，是向清洗液中加抗坏血酸钠，因抗血酸钠不仅能使 Fe^{3+} 转成 Fe^{2+}，还能消除清洗液中氧，防止氧对金属的腐蚀。

清洗液中 Fe^{3+} 过多，还可加 $SnCl_2$，使 Fe^{3+} 转成 Fe^{2+}，反应式如下：

$$2FeCl_3 + SnCl_2 = 2FeCl_2 + SnCl_4$$

$SnCl_2$ 的浓度为 0.1%～0.2%。在有机酸清洗液中，也可加 N_2H_4 和草酸等还原剂。清洗液中，如 Cu^{2+} 过多，可加隐蔽剂，如硫脲，浓度为 0.1%～1%。

（2）促进沉淀物溶解的添加剂。用盐酸或有机酸清洗氧化铁时，可加氟化物，加入量可为清洗液的 0.2%～0.3%；用盐酸清洗含硅酸盐的水垢时，可加氟化钠或氟化铵，加入量可按清洗液的 0.5%～2.0%加入。

（3）表面活性剂。表面活性剂加入量很少，就可明显地改变水的表面张力，使清洗液在金属或沉积物表面展开，有利清洗，如平平加—20 等。在选用混合缓蚀剂配方中有难溶组分时，可在配方中添加适当表面活性剂，使混合缓蚀剂形成乳状液，利于应用，如 OP—15 或农乳 100 等。在选用表面活性剂作润滑剂或乳化剂时，应选用泡沫少的表面活性剂，否则要在清洗液中添加消泡剂。

三、化学清洗前的准备工作

化学清洗工作是一项技术性很强的工作，为保证化学清洗能取得良好效果，应事先做好技术上、物质上和组织上的准备工作。

（1）通过实验选择清洗用药品、最优工艺要求及清洗步骤，拟定合理的清洗回路系统。

（2）化学清洗工作开始前，应将所需清洗所用的化学药品备齐、备足。

（3）安装检查清洗所使用的设备，应处于良好的备用状态；对锅炉整个清洗系统应进行水压试验，确保系统严密性，防止清洗时发生泄漏。

（4）安装足够的取样点、试验管样和试片，安装和校验监测仪表。

（5）对拟不清洗或不能接触清洗液的部件和零件，应采取必要措施，如拆除、堵塞或绕过。

（6）选择扬程和流量合适的清洗泵，确保清洗系统各部分有适当流速。

（7）为使各水冷壁管流量均匀，在汽包炉炉的下降管入口处加装临时孔板（清洗后拆除），孔径为 30～50mm。

（8）准备充足的测试药品和记录表格，及备足清洗用水，制水设备处于还原好的状态。

（9）建立化学清洗时的统一组织机构。并对参加化学清洗人员进行技术和安全教育培训、熟悉清洗系统、掌握安全操作程序。

四、化学清洗步骤

化学清洗分为：水冲洗、碱洗或碱煮、酸洗、漂洗和钝化等步骤。

水冲洗前，对过热器进保护液。保护液用氨水调整 pH 值为 9.5～10，N_2H_4 为 20～50mg/L。直至过热器各排汽管有保护液排出止，并关闭阀门。

1. 水冲洗

对于新建锅炉，水冲洗可冲去安装后脱落的焊渣、尘埃和氧化皮等；对于运行锅炉，水冲洗可冲去运行中产生的可冲去沉积物。水冲洗还可检验清洗系统是否漏水。水冲洗的流速应大于0.6m/s。为保证得到良好的冲洗效果，可将系统分成几部分进行水冲洗，直至各部冲洗出水清澈为止。

水冲洗时，对于无奥氏体钢的设备，可用过滤后的澄清水或工业水进行冲洗，冲洗合格后，再用软化水或除盐水将设备内的水顶出，防止碱洗或碱煮液生成磷酸钙等沉积。对于有奥氏体钢的设备，冲洗水中氯离子含量应小于0.2mg/L的除盐水。

2. 碱洗或碱煮

碱洗是用碱液清洗；碱煮是在锅内加碱液，点火升压进行煮炉。这两种方法的采用应根据锅炉的具体情况而定。

（1）新建锅炉一般采用碱洗，目的除去锅炉内部的防锈剂和安装沾染的油污等附着物。碱洗液为0.2%～0.5% Na_3PO_4、0.1%～0.2% Na_2HPO_4（或0.5%～1.0% NaOH、0.5%～1.0% Na_3PO_4）和0.05%左右的洗涤剂（常用的为601、401洗涤剂）。清洗奥氏体钢部件时，不能用NaOH，因NaOH对奥氏体钢有腐蚀作用。

碱液应用软化水或除盐水配制。先将清洗系统内充以除盐水并进行循环，同时将水加热到90～98℃，然后采用边循环边加药的方法配制碱液。碱洗时，流速应大于0.3m/s，循环时间为8～24h。碱洗结束后，先放尽清洗系统的废液，然后用软化水或除盐水冲洗，冲洗至出水pH值小于或等于9、水清、无细微颗粒和油脂为止。

（2）运行锅炉一般也采用碱洗。当炉内沉积物较多、含硅量较大时，可采用碱煮。碱煮可松动和清除部分沉积物，即垢中难溶成分可转成易溶物质而被清除掉，还可除油脂。碱煮一般采用NaOH与 Na_3PO_4 的混合液，总浓度为1%～2%或更大些，有时还含有0.05%～0.2%的合成洗涤剂（如烷基磺酸钠等）。碱煮时应点火，使锅内水煮沸并升压至0.98～1.96MPa，维持压力和排汽量为额定蒸发量的5%～10%条件下，煮炉12～24h（时间长短根据锅炉内部脏污程度而定），并进行几次补水—底部排污。当碱液浓度降至开始浓度的一半时，应补加药品。煮炉后，温度降至70～80℃时，排放废碱液，并对锅内进行检查和清除联箱等处的污物。然后，接好酸洗系统先进行水冲洗，冲洗到出水pH值小于或等于9止。再进行酸洗。

运行汽包锅炉中，若水垢中硫酸盐、硅酸盐含量较高时，为提高防垢效果，可采用碳酸钠（0.3%～0.6%）和磷酸三钠（$Na_3PO_4 . 12H_2O$ 0.5%～1.0%）混合液进行煮炉。煮炉缓慢升压，一般在5h内锅炉压力升至0.05MPa，煮炉36h～48h，结垢严重的应适当延长时间。煮炉期间应定期取样分析，当炉水碱度小于45mmol/L、PO_4^{3-} 小于1000mg/L时，应适当补充碳酸钠和磷酸三钠。碱煮结束后，用水冲洗至出水pH值小于或等于9，然后再进行酸洗。

当沉积物中含铜较多时，在碱洗（煮）后，还应进行氨洗，防止酸洗时在金属表面镀铜，促进金属腐蚀。沉积物中的铜，主要以金属铜形式存在，为促进铜的溶解，在氨液内需加过硫酸铵［$(NH_4)_2S_2O_8$］，将铜转成CuO，再与 NH_3 形成稳定的铜氨络离子。工艺要求为：NH_3 浓度为1.5%～3%，$(NH_4)_2S_2O_8$ 浓度为0.5%～0.75%，温度25～30℃，循环时间为4～6h。氨洗后，用软化水或除盐水冲洗。

（3）碱洗运行后的直流炉。运行后的直流炉，一般采用碱洗。当锅内沉积物中含铜较多时，碱洗后，应接着进行氨洗。

3. 酸洗

高参数锅炉，在碱洗—水冲洗合格后，将留在系统内的水循环并加热至所需温度，再加缓蚀剂，待循环均匀后，边循环边加清洗剂。

中、低压小容量锅炉，可将清洗时所用药品加在清洗箱内，配成一定浓度，并加热至所需温度，然后用泵送入清洗系统。

进酸结束后，向清洗液中加还原剂抗坏血酸钠，浓度为0.01%～0.05%（防止Fe^{3+}的腐蚀）。进酸30min后，投入监视管段，并使管内流速与被清洗锅炉水冷壁管内流速相近。

酸洗过程中，应经常测定清洗液的温度，并在各取样点采样测定酸液浓度、含铁量（如果Fe^{3+}超过300mg/L时，应适当需补加抗坏血酸钠）。如用柠檬酸清洗时，还应测定pH。当酸浓度降至一定程度，应补加酸和缓蚀剂。酸洗循环到规定时间或清洗液中Fe^{2+}含量无明显变化，取下监视管段检查管内是否清洁，监视管清洁后，再循环1h左右，即可结束酸洗。酸洗结束后，不能用放空的方法排放废酸液，因为空气会进入锅内产生严重的腐蚀。应用除盐水（或用软化水）排挤酸液并进行冲洗。冲洗时尽可能提高流速，缩短冲洗时间，减轻金属表面的二次腐蚀。冲洗至排水pH值为4.0～4.5，含铁量小于50mg/L，排水清澈为止。

4. 漂洗

漂洗是除去残留在清洗系统内的铁离子和水冲洗在金属表面产生的铁锈，使金属表面清洁，为钝化创造条件。漂洗用0.1%～0.3%稀柠檬酸溶液，含0.1%的缓蚀剂，pH值在3.5～4.0（用氨水调），温度为75～90℃，循环时间为2～3h。当漂洗液中含铁量小于300mg/L（若超过此值，应用热的除盐水更换部分漂洗液至铁离子浓度小于该值）漂洗结束后，不再进行水冲洗，直接用氨将漂洗液pH调整到9.0～10，加钝化剂进行钝化。

5. 钝化

钝化是在金属表面生成致密的保护膜，防止金属表面暴露在大气中发生腐蚀。钝化方法如下所述。

（1）联氨钝化法。用除盐水配制浓度为300～500mg/L的N_2H_4溶液，用氨调整pH值为9.5～10（或NH_3浓度在10～20mg/L），温度在90～100℃，循环时间为24～50h，此法处理后，金属表面生成灰黑色或棕褐色的保护膜。钝化后，可将钝化液排掉，也可将它留在设备中作防腐剂，直到机组启动前。

（2）亚硝酸钠钝化法。此法用1.0%～2.0%$NaNO_2$溶液，用氨水调整pH值为9～10，温度为50～60℃，循环时间为4～6h（循环后可再浸泡1h），然后排掉钝化液，用除盐水彻底冲洗，以免$NaNO_2$残留液在锅炉运行时产生腐蚀。此法形成的保护膜是致密的、呈钢灰色（或银白色）。$NaNO_2$排放前应进行处理，以免污染环境。

（3）多聚磷酸盐钝化法。此法又称为多聚磷酸钠漂洗钝化法。此法用0.15%～0.25%的H_3PO_4溶液和0.2%～0.3%$Na_5P_3O_{10}$溶液，pH值为2.5～3.5，维持温度为（45±2）℃，循环1～2h。漂洗后，溶液中加NH_3调节pH值为9.5～10，升温至80～90℃，再循环钝化1～2h。此钝化膜虽不及亚硝酸钠法，但废液排放、处置较简单。

（4）碱液钝化法。此法用1%～2%的Na_3PO_4溶液或用NaOH和Na_3PO_4混合液进行钝化。其方法为：将碱液加热至70～90℃，在酸洗回路中循环10～12h，然后用除盐水（或软化水）冲至排水碱度、磷酸根与运行时标准相近止。冲洗后将各部存水全部放干净，钝化处理就完成了。此法产生的保护膜为黑色，耐腐蚀性较差，适用于中、低压锅炉。

（5）过氧化氢钝化（漂洗液中含铁量最好在100mg/L左右）。用氨水调整pH值为9.5～10，过氧化氢浓度为0.3%～0.5%，温度为53～57℃，循环4～6h，然后排掉钝化液。此法处理后，金属表面生成灰黑色或钢灰色保护膜。该法的好处是废液处理比较简单。

（6）丙酮肟钝化。用氨水将漂洗液的pH值调至大于10.5，再向系统中加丙酮肟500～800mg/L、温度控制在90～95℃、循环12h以上。此保护膜为灰黑色。钝化后，将钝化液排掉，也可留在设备中作防腐，直至锅炉启动前。

（7）乙醛肟钝化。用氨水将漂洗液的pH值调至大于10.5，再向系统中加乙醛肟500～800mg/L、温度控制在90～95℃、循环12h以上。此保护膜为灰黑色。钝化后，将钝化液排掉，也可留在设备中作防腐，直至锅炉启动前。

五、化学清洗后的处理和评价

1. 清洗后的处理

化学清洗后，应检查汽包、联箱、直流锅炉的启动分离器等能打开的部位，并清除内部的沉渣。必要时应割管检查是否洗净和是否形成良好保护膜，并做好详细记录。检查后，拆除清洗用的临时管道和设备。恢复系统，并在20天内投入运行，减轻停用腐蚀。如20天内不能投运，应采取保护措施，防止再次造成腐蚀。

2. 清洗后的锅炉保养方法如下所述

（1）氨液保护。钝化液排尽后，用100mg/L氨液冲至排出液不含钝化剂时，再用300～500mg/L的氨液充满锅炉进行保护。

（2）乙醛肟溶液保护。用纯水配制乙醛肟浓度为500～800mg/L，并用氨水调至pH值为10.5以上，然后注入热力设备中，可保护设备半年以上。

（3）二甲基酮肟溶液保护。用纯水配制二甲基酮肟浓度为500～800mg/L，并用氨水调至pH值为10.5以上，然后注入热力设备中。

（4）气体保养法。在严冬季节，可采用充氮法或气相缓蚀剂保护，使用的氮气纯度应大于99.9%，锅炉充氮压力应维持在0.020～0.049MPa。

3. 清洗后对效果的评价

（1）清洗后，应根据上述检查结果，并参考监视管段、腐蚀指示片、割管检查和启动期内水汽质量的合格时间，对清洗效果作出评价。

化学清洗后，炉管内应符合：清洁、无残留异物和焊渣；无二次浮锈，并形成良好的保护膜；无点蚀；平均腐蚀速率应小于8g/(m^2·h)；总腐蚀量小于80g/m^2；清洗表面不应出现镀铜现象；启动后，水汽质量能在48h内合格。

（2）化学清洗后，钝化膜质量检验方法。用0.4mol/L的$CuSO_4$溶液40mL、10% NaCl溶液20mL和0.1mol/L HCl15mL，并用除盐水释至100mL的制成酸性$CuSO_4$溶液，点滴在已选择的若干点（其他部位用石蜡封盖）钝化后的金属表面上，用秒表记录$CuSO_4$滴液由蓝变红的时间，根据试片表面Cu^{2+}颜色的消失（由蓝变红）时间的快慢评价钝化膜的质量（见表7-9）。同一个试片上各点转色时间的长短可评价钝化膜形成的均匀程度。

表 7-9　耐蚀性的检验标准

检验标准	优良	合格	不合格
$CuSO_4$ 点滴变色时间（s）	>10	5～10	<5

六、化学清洗废液的处理

化学清洗废液处理方法如下所述。

1. 盐酸废液

盐酸废液采用中和法处理，反应如下：

$$HCl+NaOH=NaCl+H_2O$$

$$FeCl_3+3NaOH=Fe(OH)_3\downarrow+3NaCl$$

2. 柠檬酸废液

柠檬酸废液采用焚烧法处理，即将柠檬酸废液排至煤场，与煤混合后送入炉膛内焚烧。

3. 氢氟酸废液

将石灰粉或石灰乳和氢氟酸废液同时排入处理池中，并用专用泵使废液与石灰充分混合反应，直至溶液中氟离子含量小于 10mg/L，反应如下：

$$2HF+Ca(OH)_2=CaF_2+2H_2O$$

石灰的理论加入量为氢氟酸的 1.4 倍，实际加入量应为氢氟酸的 2.0～2.2 倍，所用石灰粉中氧化钙（CaO）的含量应不小于 30%，最好在 50%以上。

4. 亚硝酸钠废液

亚硝酸钠废液不能与废酸液排入同一池内，否则，会产生大量氮氧化物（NO_x）气体，形成黄烟污染空气。

亚硝酸钠废液处理有以下几种方法：

（1）氯化铵处理方法。将亚硝酸钠废液排入处理池后，再向池内加入氯化铵，反应如下：

$$NaNO_2+NH_4Cl=NaCl+N_2\uparrow+2H_2O$$

氯化铵的加入量为理论量的 3～4 倍，为加快反应速度可向处理池内通入压力为 0.78～1.27MPa 的蒸汽，维持温度在 70～80℃。为防止亚硝酸钠在低 pH 值时分解，造成二次污染，应维持 pH 值为 5～9。

（2）次氯酸钙（$CaOCl_2$）处理方法。将亚硝酸钠废液排入口处理池后，加入次氯酸钙，反应如下：

$$CaCl(OCl)+NaNO_2=NaNO_3+CaCl_2$$

次氯酸钙的加入量为亚硝酸钠的 2.6 倍，此法可在常温下处理，并通入压缩空气搅拌。

（3）尿素分解法。用尿素的盐酸溶液处理亚硝酸钠废液，使其转化成氮气除去，反应如下：

$$2NaNO_2+CO(NH_2)_2+HCL=2N_2\uparrow+CO_2\uparrow+2NaCl+3H_2O$$

处理后，应将溶液静置过夜后再排放。

5. 联氨废液

联氨废液可用次氯酸钠（NaClO）分解法处理，反应如下：

$$N_2H_4+NaClO=N_2\uparrow+2NaCl+2H_2O$$

次氯酸与联氨反应10min就可完成。处理至水中残余氯含量不大于0.5mg/L时即可排放。

小　结

1. 腐蚀定义及腐蚀的分类。
2. 给水系统的腐蚀和影响腐蚀的因素。
3. 给水的热力除氧、化学除氧及给水pH值的调节方法。
4. 锅炉炉管的酸性、碱性腐蚀，锅炉的酸性腐蚀、水蒸气腐蚀及汽轮机酸性腐蚀等。
5. 水垢与水渣的性质、分类及常见水垢形成的原因。
6. 磷酸盐防垢处理、协调pH－磷酸盐处理的机理和控制标准。
7. 易溶盐类暂时消失的原因及危害。
8. 炉管结垢、腐蚀、积盐的检查的方法及沉积物的检查方法。
9. 新建锅炉化学清洗的目的和范围。
10. 运行锅炉化学清洗的目的、清洗期的条件。
11. 锅炉化学清洗所用清洗剂、缓蚀剂、添加剂的作用原理、使用条件及化学清洗的步骤和清洗后的评价。

思 考 题

1. 什么叫腐蚀、化学腐蚀、电化学腐蚀、均匀腐蚀和局部腐蚀？
2. 常见的局部腐蚀有哪些？
3. 引起给水系统腐蚀的是什么气体？它们腐蚀的部位、特征是什么？
4. 试述给水热力除氧的机理。
5. 试述给水联氨处理的目的和原理。运行条件有哪些？
6. 给水加氨的目的是什么？运行条件有哪些？
7. 锅炉水汽系统有哪些腐蚀？腐蚀特征是什么？
8. 锅炉水中游离NaOH的来源有哪些？
9. 叙述磷酸盐处理的目的及原理，协调pH－磷酸盐处理的目的及控制标准。
10. 停运锅炉保护的原则有哪些？
11. 什么叫清洗剂和缓蚀剂？
12. 常用的清洗剂有哪些？清洗时的条件是什么？
13. 化学清洗的步骤有哪些？各步骤有什么作用？

第八章

蒸汽污染及防止

【内容提要】本章主要介绍饱和蒸汽污染的原因，盐类在过热器和汽轮机内沉积的原因、部位及清除方法，获得清洁蒸汽的方法，化学监督项目和标准及汽水取样方法。

从锅炉引出的蒸汽含有少量钠盐、硅酸和二氧化碳等杂质，称为蒸汽污染。蒸汽品质是指这些杂质含量的多少。这些杂质含量过多，会沉积在过热器管内，会引起过热器管局部过热，在汽轮机内沉积会使汽轮机的效率、出力降低，还会影响机组的安全、经济运行。

第一节　蒸汽的污染

一、过热蒸汽的污染

汽包锅炉中，过热蒸汽品质决定于饱和蒸汽品质、减温器运行工况、减温水的质量。只要减温器不发生泄漏（表面式减温），减温水符合规范（混合式减温），过热蒸汽品质主要决定于饱和蒸汽。此外，还应防止过热蒸汽被安装、检修时残留在过热器中的其他杂质（如金属腐蚀产物、水压试验用的含盐类的水）所污染。

二、饱和蒸汽携带锅炉水水滴

由于锅炉内的锅炉水蒸发浓缩，锅炉水中含盐量比给水的含盐量大得多。从汽包内分离出的饱和蒸汽会夹带锅炉水水滴，锅炉水中的各种盐类（如钠盐、硅化合物等），以水溶液状态带入蒸汽，称为饱和蒸汽的水滴携带，也称机械携带。这就是饱和蒸汽污染的原因之一。对于中低压锅炉，蒸汽带水是蒸汽污染的主要原因。

饱和蒸汽的带水量用湿分表示，是指水滴质量占汽水总质量的分率。饱和蒸汽中盐类主要由水滴携带的钠盐所致，在实际工作中，常用机械携带系数 K_J 来表示机械携带的大小。K_J 用饱和蒸汽含钠量 S_B^{Na} 与锅炉水含钠量 S_G^{Na} 之比表示，即

$$K_J=\frac{S_B^{Na}}{S_G^{Na}} \tag{8-1}$$

对于超高压及以下压力的锅炉，机械携带系数 K_J 与蒸汽湿分数值上相等，因此也可用 K_J 表示饱和蒸汽带水量的多少。

三、饱和蒸汽溶解杂质

蒸汽有溶解某些物质的能力，蒸汽压力越高，蒸汽的溶解能力越大。因为饱和蒸汽压力越高，它的密度越大，蒸汽的性能越接近水的性能，所以机组参数越高，蒸汽溶解某些物质的能力越大。如中压锅炉的饱和蒸汽有明显溶解硅酸的能力，饱和蒸汽压力大于12.74MPa，能溶解钠化合物，如 NaOH、NaCl 等。饱和蒸汽溶解而携带锅炉水中某些物质的现象称为蒸汽的溶解携带。饱和蒸汽溶解某些物质的能力用分配系数 K_F 来表示，它表示某物质溶解在饱和蒸汽中的浓度 S_B 与此蒸汽相接触的水中该物质浓度 S_{SH} 的比值。

$$K_F=\frac{S_B}{S_{SH}} \tag{8-2}$$

由式（8-2）可知，分配系数越大，表示饱和蒸汽溶解盐类的能力越大。

研究得知，各种物质的分配系数与饱和蒸汽的密度 ρ_B 和水的密度 ρ_{SH} 之间有以下关系：

$$K_F=\left(\frac{\rho_B}{\rho_{SH}}\right)^n \tag{8-3}$$

式中的 n 值决定于各种物质的本性，对于每一种物质是一个常数。各物质的 n 值为：$n_{SiO_2}=1.9$，$n_{NaOH}=4.1$，$n_{NaCl}=4.4$，$n_{Na_2SO_4}=8.4$。因 S_{SH} 总是大于 ρ_B，所以 n 值越大的物质，K_F 越小，该盐类在饱和蒸汽中溶解度越小。

按锅炉水中常见物质在饱和蒸汽中溶解能力的大小，可划分为三类：第一类是分配系数最大的硅酸（H_4SiO_4、H_2SiO_3 等）；第二类是分配系数比硅酸低得多的 NaCl、NaOH 等；第三类是在饱和蒸汽中很难溶解的 Na_2SO_4、Na_3PO_4、Na_2SiO_3 等。

由上述可知，饱和蒸汽携带某物质的量，应为水滴携带量与溶解携带量之和。对于不同压力的汽包锅炉，饱和蒸汽携带盐类的情况可归纳为以下几种：

（1）低压锅炉中，饱和蒸汽对各种盐类溶解携带量都很小，蒸汽污染主要是机械携带所致。

（2）高压锅炉（出口压力为 5.9～12.64MPa）中，蒸汽中含硅量主要决定于溶解携带，蒸汽中的钠盐，主要为机械携带。

（3）超高压锅炉（出口压力大于 12.74MPa）中，蒸汽中含硅量主要决定于溶解携带，蒸汽中的 NaCl、NaOH 是二者之和。而 Na_2SO_4、Na_3PO_4、Na_2SiO_3 等，主要是机械携带所致。

（4）亚临界压力锅炉（出口压力大于 16.74MPa）中，蒸汽中含硅量主要决定于溶解携带，该锅炉对各种钠化合物都有较大的溶解能力，蒸汽中含钠量为机械携带与溶解携带之和。

第二节 影响饱和蒸汽带水和溶解杂质的因素

一、影响饱和蒸汽带水的因素

汽包内水滴形成过程，有两种情况：

（1）当蒸汽泡通过汽水界面进入汽空间时，蒸汽泡水膜的破裂会溅出一些大小不等的水滴。

（2）当汽水混合物从汽空间引入时，汽流冲击水面喷溅锅炉水，或汽水混合物撞击汽包壁和其他内部装置，或由于汽流的相互冲击，都会形成许多小水滴。

上述过程产生的水滴都具有一定的动能，能飞溅。那些较大水滴飞溅至汽空间某一高度后，靠自身重力而下落；而细小的水滴很轻，自身重力小于汽流对它的摩擦力与蒸汽对它的浮力，细小水滴就会随蒸汽一起上升被蒸汽带出汽包；有些水滴飞溅到汽包蒸汽引出管口附近，这里蒸汽流速很大，也就被带走。因此，形成的水滴越多、越小和汽包内蒸汽流速越大，蒸汽带水量就越大。

1. 锅炉压力对蒸汽带水的影响

锅炉压力越高，锅炉水的沸点也越高，锅炉水的表面张力越小，越易形成小水滴而被蒸汽带走；压力升高，水、汽密度差减小，形成的小水滴更细小，两者难于分离，汽流运载水滴的能力增强，蒸汽带水量也增大。

2. 锅炉结构对蒸汽带水的影响

汽包内径大小将影响蒸汽的汽空间高度，汽包内径较大，水滴上升到一定高度后，靠自重会返回锅炉水中，可减少蒸汽带水量；汽包内径小，汽空间较小，蒸汽泡破裂产生的许多小水滴，被蒸汽带走的可能性增大，蒸汽带水量就会增大。但汽包内径不宜过大，因汽空间高度达1～1.2m以后，再增加高度，蒸汽湿分无明显降低，只会增加金属的耗用量。这种单靠水滴自身重量的自然分离，无法将蒸汽中许多小水滴分离出来。

汽水混合物只用少数几根管引入汽包或蒸汽从汽包引出不均匀，都会造成汽包内局部区域蒸汽流速很高，使蒸汽大量带水，影响蒸汽品质，因此在锅炉制造过程中，应使蒸汽沿汽包整个长度和宽度均匀流动。

3. 汽包水位对蒸汽带水的影响

汽包水位计上的指示数值，比汽包内的真实水位要低一些。原因是汽包水面下是汽水混合物，水中有大量蒸汽泡，越接近水面汽泡越多。水位计中的水受大气冷却，温度较低，随水带入的蒸汽泡被冷凝成水而无汽泡。因此，汽包中水的密度小于水位计中水的密度，这种水位计水位略低于汽包中水位的现象称为水位膨胀现象。穿过汽包水层的蒸汽泡越多，水位膨胀越剧烈。另外，许多蒸汽泡从水层下进入穿过水层上升，且进入汽包的汽水混合物又有很大的动能，不断冲击汽包内锅炉水，所以汽包内的水处于强烈地波动着。

汽包水位过高，蒸汽带水量会增大，因为此时汽空间减小了，缩短了水滴飞溅到蒸汽引出管管口的距离，不利于自然分离，蒸汽带水量就会增大。

4. 锅炉负荷对蒸汽带水的影响

锅炉负荷增加使蒸汽带水量增大，原因如下所述。

（1）负荷增大，上升管内蒸汽量增大，汽水混合物从水层下面引入汽包时，汽水分界面蒸汽泡增多，汽泡的动能也增大，离开水层的汽泡水膜破裂产生的水滴量和水滴动能都增大。汽水混合物从汽空间引入汽包时，由于汽水混合物的动能增大，机械撞击、喷溅所形成水滴的量和动能也都增大。

（2）负荷增大，蒸汽引出汽包的流速增大，蒸汽运载水滴的能力也增大。

（3）负荷增大，水室中蒸汽泡增多，水位膨胀，汽空间减小，不利于自然分离。

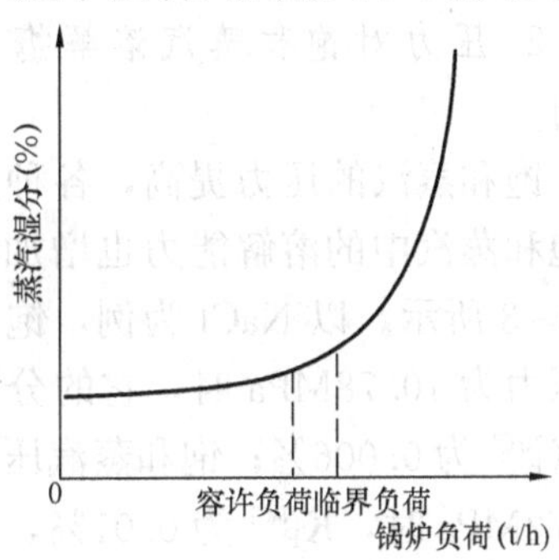

图8-1　蒸汽湿分与锅炉负荷的关系

实践证明，随着负荷增加，蒸汽湿分先是缓慢增大，当增至某一数值以后，再增加负荷，蒸汽湿分就急剧增大，如图8-1所示。图中转折点的锅炉负荷为临界负荷。锅炉运行的容许负荷应低于此临界负荷。

5. 锅炉水含盐量对蒸汽带水的影响

当锅炉水含盐量增加未超过某一数值时，蒸汽的带水量基本不变，蒸汽含盐量随锅炉水含盐量成正比例关系变化，见图8-2中曲线的前部分。当锅炉水含盐量超过某一数值时，蒸汽带水量增加，蒸汽含盐量也急剧增加，见图8-2中曲线的后部分。蒸汽含盐量开始急剧增加时的锅炉水含盐量称为临界含盐量。这种现象有以下两种解释。

（1）随着锅水含盐量的增加，水的黏度变大，水层中小气泡不易合并成大汽泡，水室中充满小汽泡，而小汽泡在水中上升速度较慢，使水位膨胀加剧和汽空间减小，不利于汽水分离。另外，锅炉水含盐量增加，还会使汽泡水膜的强度增大，汽泡离开水层后，水膜变得很

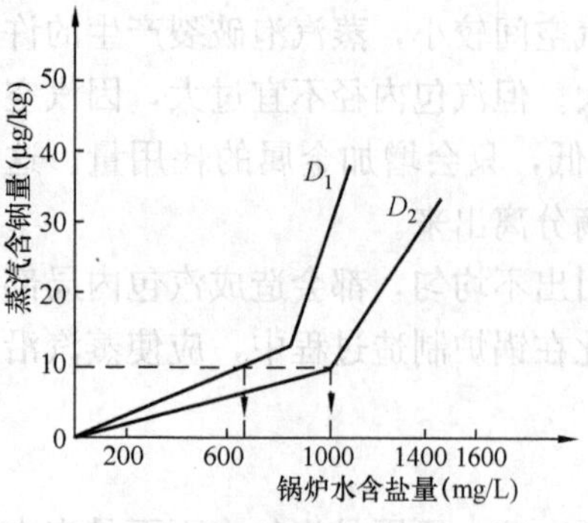

图 8-2　蒸汽含盐量与锅炉水含盐量的关系

薄时才破裂，形成的水滴就更细小，被蒸汽带走就更容易。

(2) 当锅炉水中杂质含量增大到一定程度时，在汽、水界面会形成泡沫层，使蒸汽大量带水。这是因为锅炉水中杂质含量增大，汽泡水膜强度增大，汽泡从水层下浮到水、汽分界面处不会立刻破裂，而汽泡上升速度大于汽泡的破裂速度，使汽泡在水、汽界面堆积形成泡沫层。当锅炉水中含有油脂、有机物，或有较多水渣，或有较多的 NaOH、Na_3PO_4 等碱性物质（杂质会妨碍汽泡水膜的破裂），更易形成泡沫层。泡沫层使汽空间高度减小，影响汽水分离。如果泡沫层很高时，蒸汽会直接将泡沫带走，泡沫层就会使蒸汽大量带水，造成蒸汽含盐量急剧增大。

二、影响饱和蒸汽溶解携带的因素

1. 物质本性对饱和蒸汽溶解携带的影响

饱和蒸汽的压力一定时，各种物质的本性不同，其 n 值不相同，各种物质的分配系数 K_F 也不一样，饱和蒸汽对各种物质的溶解能力也不相同。因而溶解携带有选择性，这种携带也称为选择性携带。如中压锅炉饱和蒸汽对硅酸具有溶解携带，而 NaCl 只有在超高压饱和蒸汽中才出现溶解携带。

2. 压力对饱和蒸汽溶解携带的影响

饱和蒸汽的压力提高，各种盐类在饱和蒸汽中的溶解能力也增加，如图 8-3 所示。以 NaCl 为例，饱和蒸汽压力为 10.78MPa 时，它的分配系数 K_F^{NaCl} 为 0.006%；饱和蒸汽压力为 13.72MPa 时，K_F^{NaCl} 为 0.01%，此值与超高压锅炉的机械携带系数大体相同；饱和蒸汽压力为 17.64MPa 时，K_F^{NaCl} 为 0.3%，此值已大于机械携带系数。因此，锅炉工作压力超过 12.74MPa 时，第二类物质的分配系数已明显增大，必须考虑它们的溶解携带。而 Na_2SO_4 和 Na_3PO_4，在饱和蒸汽压力高达 19.6MPa 时，它们的分配系数 $K_F^{Na_2SO_4}$ 为 0.01%，所以对亚临界压力汽包锅炉，才考虑它们的溶解携带。

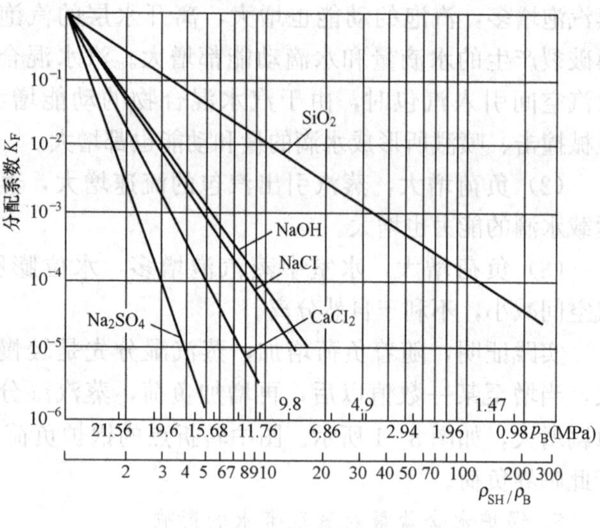

图 8-3　各种物质的分配系数与饱和蒸汽压力的关系

3. 饱和蒸汽对硅酸的溶解携带

(1) 饱和蒸汽中硅酸的溶解特性。在汽包锅炉中，给水中溶解态和胶态硅化合物进入汽包内，由于汽包内水温较高、pH 值较高，硅化合物都成为溶解态。锅炉水中硅化合物一部分呈溶解的硅酸盐，另一部分呈溶解的硅酸。饱和蒸汽主要溶解锅水中的硅酸，对硅酸盐的溶解能力很小（此处所讲锅水的含硅量，是指各种硅化合物的总量即全硅量，以 SiO_2 表示）。饱和蒸汽变成过热蒸汽时，硅酸失水而成为 SiO_2。

饱和蒸汽对硅酸溶解能力的大小，用硅酸的溶解携带系数 K^{SiO_2} 表示，用饱和蒸汽的含硅量（$S_B^{SiO_2}$）与锅炉水中含硅量（$S_G^{SiO_2}$）之比来计算，即

$$K^{SiO_2}=\frac{S_B^{SiO_2}}{S_G^{SiO_2}} \tag{8-4}$$

饱和蒸汽对硅酸的溶解携带系数与饱和蒸汽的压力和锅炉水中硅化合物的形态有关。饱和蒸汽的压力越高，对硅酸的溶解能力越大。硅酸的溶解携带系数 K^{SiO_2} 与硅酸的分配系数 $K_F^{SiO_2}$ 之间有如下关系：

$$K^{SiO_2}=xK_F^{SiO_2} \tag{8-5}$$

式中 x——锅炉水中硅酸含量与全硅量之比，称为硅酸盐的水解度。

（2）锅炉水 pH 值对硅酸溶解携带系数的影响。锅炉水中硅化合物的形态决定于锅炉水的 pH 值，所以 pH 值对硅酸溶解携带系数有影响。在锅炉水中，硅酸与硅酸盐之间有如下水解平衡：

$$SiO_3^{2-}+H_2O \rightleftharpoons HSiO_3^-+OH^-$$

$$HSiO_3^-+H_2O \rightleftharpoons H_2SiO_3+OH^-$$

从水解平衡式可以看出，提高锅炉水 pH 值，平衡向生成硅酸盐的方向移动，锅炉水中硅酸减少，饱和蒸汽中溶解携带系数将减小；反之，降低锅炉水 pH 值，锅炉水中硅酸增多，饱和蒸汽中硅酸的溶解携带系数将增大，如图 8-4 所示。

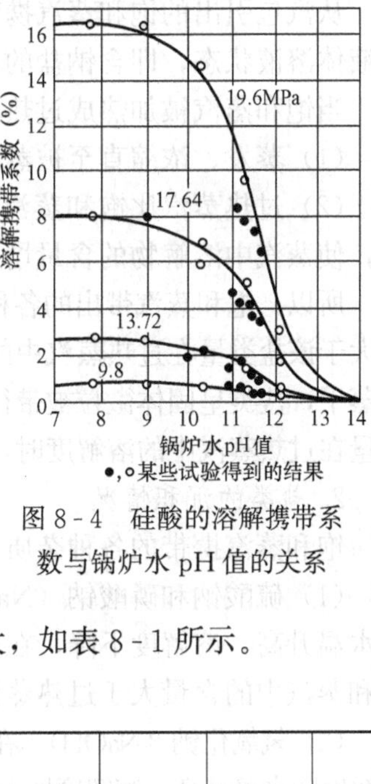

图 8-4 硅酸的溶解携带系数与锅炉水 pH 值的关系

（3）硅酸溶解携带系数与蒸汽压力的关系。饱和蒸汽压力越高，硅酸的溶解携带系数越大。当锅水 pH 值一定时，随着饱和蒸汽压力的提高，硅酸的溶解携带系数迅速增大，如表 8-1 所示。

表 8-1 硅酸的溶解携带系数

汽包内饱和蒸汽压力（MPa）	3.92	7.84	10.78	11.76	12.74	13.72	14.70	15.19	17.64	19.60
硅酸溶解携带系数 K^{SiO_2}（%）	0.05	0.5～0.6	1	2	2.8	3.5	4.3	5	8	>10

注 锅水 pH 值为 9～11。

由表可知，为了保证蒸汽含硅量不超过允许值，锅炉压力越高，锅炉水的含硅量应越低。对于高参数锅炉的给水含硅量要求应很严，对补给水就应进行彻底除硅，还应严格防止凝汽器泄漏。

对于中压锅炉，K^{SiO_2} 数值虽然较低，但中压锅炉汽包内没有蒸汽清洗装置，如果锅炉水含硅量很高，蒸汽含硅量也会超过规定的标准，并会引起汽轮机内沉积 SiO_2。

第三节 蒸汽流程中的盐类沉积

饱和蒸汽所含盐类，有的会沉积在过热器内，有的会被带往汽轮机，在汽轮机内沉积。对于中、低压锅炉，饱和蒸汽中的钠盐主要沉积在过热器内，硅化合物主要沉积在汽轮机内，形成不溶于水的 SiO_2 沉积物；对于高压、超高压锅炉，饱和蒸汽中的各种盐类，除 Na_2SO_4 能部分沉积在过热器以外，都沉积在汽轮机中；对于亚临界压力锅炉，无论是饱和蒸汽所含有的盐类还是减温水带入的盐类，都会被过热蒸汽溶解带往汽轮机，并沉积在汽轮机中，影响汽轮机的安全运行。

一、过热器中的盐类沉积

1. 盐类沉积形成的原因

从汽包引出的饱和蒸汽携带的盐类有两种状态：一种呈蒸汽溶液状态，如硅酸；另一种呈液体溶液状态，即含钠盐的小水滴。

当饱和蒸汽被加热成过热蒸汽时，小水滴会发生以下两种过程：

(1) 蒸发、浓缩直至被蒸干，水滴中的某些盐类结晶析出；

(2) 过热蒸汽比饱和蒸汽有更大的溶解能力，小水滴中的某些盐类会溶解在过热蒸汽中，使蒸汽中溶解物的含量增加。

所以，饱和蒸汽带出的各种盐类，在过热器中有以下两种情况：饱和蒸汽携带的某种盐类量大于该盐类量在过热蒸汽中的溶解度时，该盐类就会沉积在过热器中（有的小水滴在汽流中被蒸干，盐类呈固体微粒被带往汽轮机），称为过热器积盐；饱和蒸汽携带的盐类量小于该盐类量在过热蒸汽中的溶解度时，该盐类就会全部溶解于过热蒸汽而带往汽轮机。

2. 盐类的沉积情况

饱和蒸汽携带的各种杂质在过热器内沉积情况是不一样的，现分述如下。

(1) 硫酸钠和磷酸钠（Na_2SO_4、Na_3PO_4）在饱和蒸汽中，以水滴携带形态存在。它们随水温升高，溶解度下降，在过热器中被蒸干折出。又因它们在过热蒸汽中溶解度很小，当饱和蒸汽中的含量大于过热蒸汽中的溶解度时，就会在过热器内沉积。

(2) 氢氧化钠（NaOH）。在过热器内，蒸汽携带的水滴被蒸发时，水滴中的 NaOH 在水中溶解度随水温升高，溶解度增大，所以在过热器内，NaOH 不会从溶液中以固体析出，而是形成浓度很高的 NaOH 液滴。在高压锅炉中，由于过热蒸汽的压力和温度较高，NaOH 在过热蒸汽中溶解度较大，远超过饱和蒸汽携带量，NaOH 全部被过热蒸汽溶解带往汽轮机。

在中、低压锅炉中，NaOH 在过热蒸汽中溶解度较小，饱和蒸汽携带的 NaOH 量大于过热蒸汽中的溶解度，在过热蒸汽内浓缩形成液滴，该液滴有的被过热蒸汽带往汽轮机，但大部分粘附在过热器管壁上，可能与过热器内蒸汽中 CO_2 反应生成碳酸钠（Na_2CO_3）沉积物。沉积在过热器内的 NaOH，在锅炉停运后，也会吸收空气中的 CO_2 而变成 Na_2CO_3。另外，当过热器内 Fe_2O_3 较多时，NaOH 会与它反应，生成铁酸钠（$NaFeO_2$）沉积在过热器中。

(3) 氯化钠（NaCl）。在高压锅炉中，饱和蒸汽携带 NaCl 的总量小于过热蒸汽中的溶解度，NaCl 不会在过热器内沉积，而是溶于过热蒸汽带往汽轮机。在中压锅炉中，往往因其携带的 NaCl 量超过它在过热蒸汽中的溶解度，有固体 NaCl 沉积在过热器中。

(4) 硅酸。在过热器中，饱和蒸汽携带的硅酸在过热时失水变成 SiO_2。饱和蒸汽携带的硅酸总量远小于过热蒸汽中的溶解度，水滴中的硅酸全部转入过热蒸汽溶液，不会沉积在过热器中。

汽包锅炉过热器中盐类沉积情况，按锅炉压力的不同分述如下。

（1）中、低压锅炉的过热器中，沉积的盐类主要是 Na_2SO_4、Na_3PO_4、Na_2CO_3 和 NaCl。

（2）高压锅炉的过热器中，沉积的盐类是 Na_2SO_4。

（3）超高压和亚临界压力锅炉的过热器中，盐类沉积量较少。因此类锅炉的过热蒸汽溶解盐类的能力很大，饱和蒸汽携带的盐类大都转入过热蒸汽中带往汽轮机。

在各种压力的汽包锅炉的过热器中，还可能沉积氧化铁，这些氧化铁是过热器本身的腐蚀产物。由于铁的氧化物在过热蒸汽中溶解度很小，绝大部分铁的氧化物沉积在过热器内，极少部分以固态微粒形态被过热蒸汽带往汽轮机中。

二、汽轮机内的盐类沉积

过热蒸汽中杂质形态有：一种呈蒸汽溶液，主要是 SiO_2 和各种钠化合物；另一种呈固态微粒，主要是没有在过热器内沉积下来的固态钠盐和铁的氧化物。在中、低压锅炉的过热蒸汽中还有微小的 NaOH 液滴。实际上过热蒸汽中杂质大都呈第一种形态，后两种形态是很少的。过热蒸汽进入汽轮机后，这些盐类沉积在蒸汽通流部位称为汽轮机积盐。

带有各种杂质的过热蒸汽进入汽轮机做功时，随压力和温度降低，蒸汽中的钠化合物和 SiO_2 溶解度下降，当其中某种盐类的溶解度下降到低于它在蒸汽中的含量时，该盐类就以固态形式析出，沉积在汽轮机的蒸汽通流部位。蒸汽中微小 NaOH 液滴及一些固态微粒，也可能粘附在汽轮机的蒸汽通流部位，形成沉积物。

盐类在汽轮机中沉积的基本规律为：过热蒸汽中的第三类钠化合物，如 Na_2SO_4、Na_3PO_4、Na_2SiO_3，蒸汽压力稍有下降，它们在蒸汽中的含量就高于溶解度，最先析出，主要沉积在汽轮机的高压级内；第二类钠化合物，如 NaCl 和 NaOH，它们在蒸汽中溶解度较大些，主要沉积在中压级，沉积的 NaOH 还会与蒸汽通流部位的金属表面氧化铁反应，生成难溶的 $NaFeO_2$，也会与蒸汽中 CO_2 反应，生成 Na_2CO_3；第一类硅酸在低压级内沉积，形成不溶于水、质地坚硬的不同形态的 SiO_2。沉积的先后顺序为：结晶的 α - 石英、方石英和无定形的（非晶体）SiO_2。因为温度较高时结晶较快，所以最初析出为晶体，温度较低时结晶缓慢，而蒸汽压力和温度迅速下降，SiO_2 在蒸汽中的溶解度迅速下降，在低温区域，SiO_2 来不及结晶就析出，所以易呈非晶体状态。

蒸汽中的盐类并非全都沉积在汽轮机内，汽轮机排出的乏汽中溶解微量盐类和排汽的湿分也带走一些杂质。

汽轮机的不同级中，生成沉积物的情况是各不相同的，除第一级和最后几级积盐量极少外，低压级内的积盐量总是比高压级多，如图 8-5 所示。

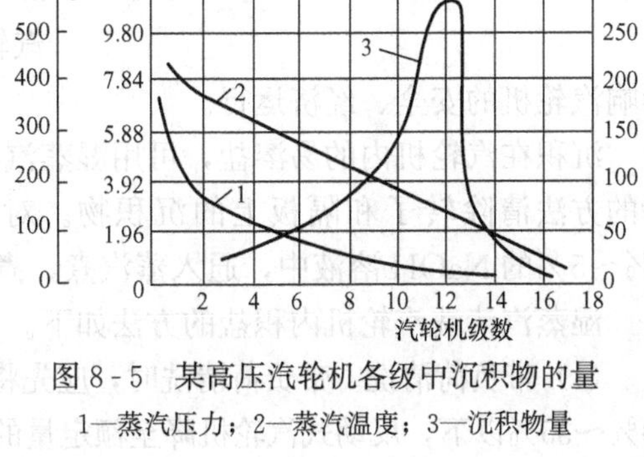

图 8-5　某高压汽轮机各级中沉积物的量

1—蒸汽压力；2—蒸汽温度；3—沉积物量

在汽轮机同一级中，部位不同，盐类沉积物的分布也不均匀。一般在叶轮上叶片的边缘、复环的内表面、叶轮孔、叶轮与隔板的背面等处积盐较多。在汽轮机的最后几级中，蒸汽已带有湿分，杂质转入湿分中，所以这里一般没有沉积物。

在供热机组中，抽汽带走了部分杂质，汽轮机内的积盐就较少。经常启停或负荷变化较大的机组，汽轮机工作在湿蒸汽区的级数增多，湿蒸汽对汽轮机具有清洗作用，汽轮机内沉积物也较少。

三、过热器和汽轮机内盐类沉积物的清除

1. 汽包锅炉过热器的水洗

汽包锅炉运行中，不能保证过热器内没有沉积物。为防止沉积物过多，危害过热器的安全运行，在锅炉停运或检修时，可用水洗的办法来清除过热器内易溶于水的钠盐。

过热器水洗一般用水温不低于70～80℃的凝结水进行，这样可提高冲洗效果和减少水耗。如无凝结水时，也可用除盐水或给水（含盐量不超过100～150mg/L）来冲洗。

过热器水洗可针对整个过热器管簇，称为公共式冲洗。对于低压小容量锅炉，过热器水洗可单独针对每根过热器管，称为单元式冲洗。现分述如下。

（1）公共式冲洗。公共式冲洗法是将冲洗水送进过热器出口联箱，待冲洗水充满过热器后静置1～2h，然后使水流动进行冲洗，从过热器进口联箱流出。进口联箱有泄水管时，冲洗水可由此排放；否则流出的冲洗水应进汽包，从汽包的泄水管排放。冲洗时，每15～20min监测冲洗水的电导率或含钠量。冲洗至进出口水质接近为止。为保证过热器管冲洗干净，冲洗用水量可按每根管的平均流速为1～1.5m/s来估算冲洗用水量。

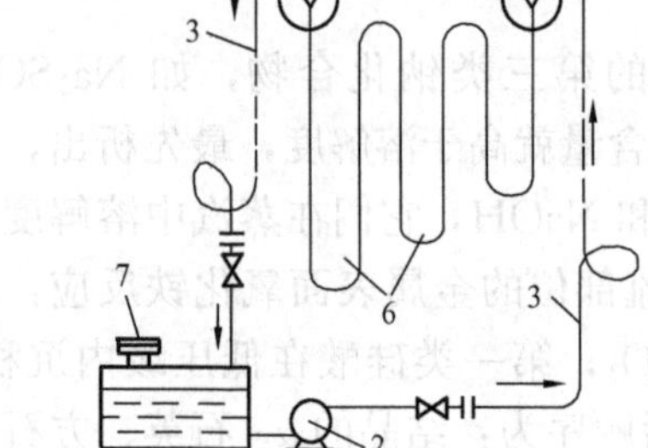

图8-6　过热器管单元式冲洗示意

1—清洗水箱；2—水泵；3—软管；4—过热器联箱；5—带橡皮接头的连接管；6—过热器管；7—手孔盖

（2）单元式冲洗。低压小容量锅炉的过热器管的根数较少，联箱上有许多手孔，可采用每根过热器管单独水洗的方法。用这种方法冲洗过热器时，应备用专用水泵、水箱、软管、带橡皮接头的连接管等设备，将它们与一根过热器管连接成循环回路，如图8-6所示。冲洗时，用泵使冲洗水进行循环，冲洗至水中电导率或含钠量不变为止，表示该管已洗好，然后进行另一根管冲洗。若管内积盐较多时，应换几次水，以保证冲洗效果。单元式冲洗可查明各管内沉积物的量，只有在过热器内积盐较多时才采用。

水洗主要除去过热器内的易溶盐类，如需清除金属腐蚀产物和难溶沉积物时，应在锅炉酸洗时，将过热器一并进行清洗。

2. 汽轮机内盐类沉积物的清除

汽轮机内有沉积物，应及时清除，以免积累过多，影响汽轮机的安全、经济运行。

沉积在汽轮机内的易溶盐，可用湿蒸汽办法清除。不溶于水的沉积物可在大修时，用喷砂的方法清除转子和隔板上的沉积物。对结有SiO_2的中压汽轮机，将转子吊出后放入3%～5%的NaOH溶液中，通入蒸汽煮，煮后用水冲洗干净。

湿蒸汽清洗汽轮机内积盐的方法如下。

（1）带负荷清洗。带负荷清洗时，应先将汽轮机的负荷下降，冲动式汽轮机降至额定量的30%～35%以下，反动式汽轮机降至额定量的50%～55%，以防清洗时产生较大的轴向推力而使推力轴承过负荷。清洗时，向送往汽轮机的蒸汽中喷入凝结水，使最前列一级内的蒸汽湿度为2%，湿度不能太大，以防推力轴承过负荷。喷水速度控制在进口蒸汽温度下降0.5～1℃/min，汽温不能下降太快，否则会使转子冷却不均匀，使汽轮机通流部分的部件产生过大的热应力，引起转子和叶轮发生弯曲变形。降低汽温过程中，应监视推力轴承油温，如若出口油温比进口油温升高20℃，则不再降低蒸汽温度，以免推力轴承过负荷。清洗时监测凝结水的含钠量，当凝结水含钠量与喷入的凝结水相同时，易溶盐类已清除干净。此后逐渐减少喷入水量，使蒸汽升温，升温速度不超过1.5℃/min，直至汽轮机恢复正常运行。清洗时间：中压汽轮机4～10h，高压汽轮机10～15h（包括降温和升温时间）。

（2）空载运行清洗。空载运行清洗时，先将转速降至800～1000r/min，并尽可能地降低汽轮机进口蒸汽压力，然后逐渐喷入凝结水直至汽温降至饱和蒸汽温度，此条件可起到清洗作用。汽温降低速度不超过1.5℃/min。清洗时，监测凝结水的含钠量，当排出的凝结水含钠量与喷入的凝结水含钠量相同时，易溶盐类已清洗干净。此后，逐渐升高蒸汽温度，升温速度不超过2℃/min，直至汽轮机恢复正常运行。

第四节　获得清洁蒸汽的方法

获得清洁蒸汽的方法主要是从汽包引出的是清洁的饱和蒸汽，而饱和蒸汽中的杂质来源于锅炉水。为获得清洁的蒸汽，应减少锅炉水中杂质的含量。还应减少蒸汽的带水量和降低杂质在蒸汽中的溶解量。还需防止饱和蒸汽在减温时被污染。为此，应采取下述措施：减少进入锅炉水中的杂质量、进行锅炉排污、采取适当的汽包内部装置和调整锅炉的运行工况等。

一、减少进入锅炉水中的杂质

锅炉水中杂质来源于给水，要减少进入锅炉水中的杂质，主要应保证给水水质优良，其方法如下。

（1）降低热力系统的汽水损失，减少补水量。

（2）采用完善、优良的水处理工艺，提高运行水平，降低补给水中杂质含量。

（3）防止凝汽器泄漏，以免冷却水漏入凝结水中，污染凝结水。

（4）加强给水和凝结水系统的防腐措施，减少给水中的金属腐蚀产物。

（5）采用凝结水除盐处理，除去汽轮机凝结水中的各种杂质。

对于新安装锅炉，在启动前应进行化学清洗，除去制造、储运和安装过程中的腐蚀产物、氧化皮、焊渣等杂质，减少启动后锅炉水中各种杂质（如含硅量）的含量，使蒸汽品质较快合格。

二、汽包锅炉的排污

锅炉运行中，给水带入锅内的杂质，只有少量的被蒸汽带走，大部分留在锅炉水中。随运行时间的延长，如不采取措施，锅炉水中的含盐量或含硅量就会超过允许值，引起蒸汽品质恶化。锅炉水中水渣过多，不仅影响蒸汽品质，还可能造成炉管堵塞，影响锅炉安全运行。为了使锅炉水中的含盐量或含硅量在极限允许值以下和排除锅炉水中的水渣，在锅炉运行中，需经常排放部分锅炉水，并补入相同量的补给水，这称为锅炉排污。锅炉排污方式有连续排污（也叫表面排污）和定期排污两种。

连续排污即连续地从汽包含盐量高的部位排放部分锅炉水，同时也排掉锅炉水中细微的杂质和悬浮的水渣。排污装置应沿汽包长度均匀排水，排污管应装在汽包正常水位下200～300mm。有旋风分离器的汽包锅炉，排污管可装在旋风分离器底部附近，以免吸入蒸汽泡。排污管采用28～60mm管，管上开直径5～10mm的小孔，开孔数目以保证小孔入口处水速为排污管内水速的2～2.5倍为宜。

定期排污是定期从锅炉水循环的最低点（水冷壁下联箱处）排放部分锅炉水，主要是排除水渣，因大部分水渣沉积在水循环系统的下部。排放的速度要快，时间应很短，一般不超过0.5～1min，否则要影响锅炉运行的安全。每次排放的水量约为蒸发量的0.1%～0.5%；中低压锅炉的水质较差，每次排放水量约为1%或更多些。排污时间的间隔可根据水质而定。

定期排污可作为迅速降低锅水含盐量的措施，以补连续排污的不足；汽包水位过高，用定期排污能迅速降低水位。新安装锅炉或旧锅炉在启动期间，需加强定期排污，以排除锅炉水中的水渣和铁锈。

锅炉排污率可用式（8-6）计算，即

$$P=\frac{S_{GE}-S_{B}}{S_{P}-S_{GE}}\times 100\% \tag{8-6}$$

式中　P——锅炉排污率，%；

S_{GE}——给水中某物质的含量，mg/L；

S_{P}——排污水中某物质的含量，mg/L；

S_{B}——饱和蒸汽中某物质的含量，mg/L。

以除盐水或蒸馏水作补给水的锅炉，用日常水汽质量所测定的给水、锅炉水、蒸汽中的含硅量代入式（8-6）中，可计算锅炉的排污率；以软化水为补给水的锅炉，用含钠量或含Cl^-量代入式（8-6）计算锅炉排污率。

排污会造成燃料消耗量增大，因此在保证蒸汽品质合格的前提下，尽量减小排污率。锅炉的排污率应不超过下列数值：

以除盐水或蒸馏水作补给水的凝汽式电厂　1%

以除盐水或蒸馏水作补给水的热电厂　2%

以软化水作补给水的凝汽式电厂　2%

以软化水作补给水的热电厂　5%

锅炉排污率超过上述标准，应采取措施降低排污率。此外，为了防止锅内水渣积聚，锅炉排污率应不小于0.3%。

三、汽包内装设提高蒸汽品质的设备

为了获得清洁蒸汽，可在汽包内装设汽水分离装置、蒸汽清洗装置、波形板等。不同压力锅炉，汽包内装置也不同，锅炉压力越高，汽、水分离越困难，且蒸汽溶解携带杂质的能力也越大，汽包内的装置也越完善。

1. 汽水分离装置

汽水分离装置的主要作用是减少饱和蒸汽带水，它的工作原理是利用离心力、粘附力和重力进行水与汽的分离。

（1）有旋风分离器的汽水分离装置。该汽水分离器是高压和超高压锅炉常用的汽包内部装置，由旋风分离器、百叶窗和多孔板及蒸汽清洗装置等组成，如图8-7所示。这种装置的汽水流程为：上升管来的汽水混合物先进入分配室，再均匀地进入各旋风分离器，进行汽水分离，分离出的水进入水室，分离出的汽经分离器上部的百叶窗进入汽包的汽空间，然后经汽空间的蒸汽清洗装置后，再经汽包上部的百叶窗分离器，最后经多孔顶板，由蒸汽引出管引出汽包。

旋风分离器是一圆筒形设备，构造如图 8-8 所示。汽水混合物沿圆筒的切线方向进入，汽水混合物在筒内急速旋转产生离心力，将水滴抛向旋风分离器的内壁，形成水膜向下流，水经筒底导叶流入汇集槽（也称托斗），再从汇集槽槽侧的孔中流出，平稳地进入水室。分离器的筒底由圆形底板与导叶片组成，可防止蒸汽从筒底窜出，叶片沿底板四周倾斜布置，倾斜方向与水流旋转方向一致，使水能平稳流出。旋风分离器的筒体上部装有溢流环，使沿筒体旋转上升的水流通过溢流环溢出返回水室。旋风分离器筒体下缘沉入汽包正常水位线下 180～200mm，以防蒸汽从下部窜出。

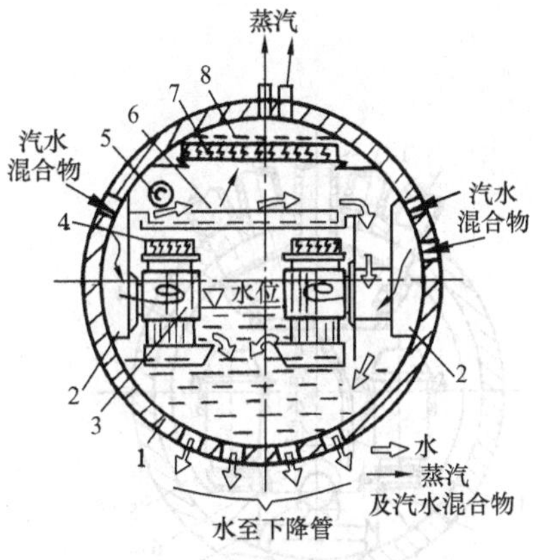

图 8-7 锅炉汽包内部装置

1—汽包；2—汽水混合物物分配室；3—旋风分离器；4—旋风分离器顶帽；5—给水管；6—清洗装置；7—百叶窗分离器；8—多孔顶板

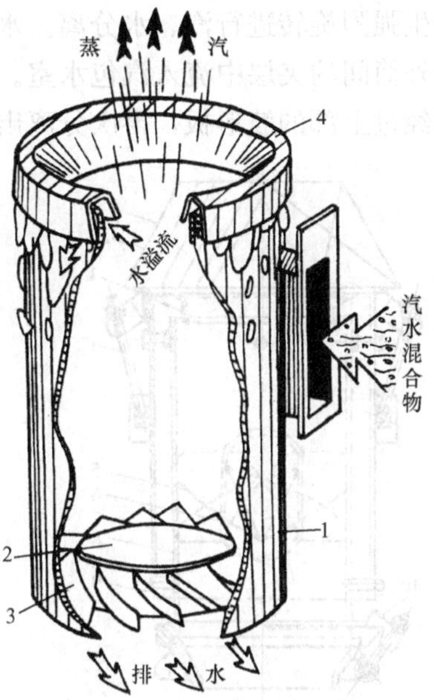

图 8-8 旋风分离器构造示意

1—筒体；2—筒底；3—导叶；4—溢流环

旋风分离器上部装有百叶窗分离器，它由许多波形钢板（钢板间有一定大小的间隙）平行组装而成，如图 8-9 所示。当蒸汽流经波形板时，在板间曲折流动，蒸汽中的水滴被抛出，附在钢板表面，形成水膜向下流入水室，使蒸汽携带的湿分进一步分离。波形板可立式或卧式布置。经该分离器后，蒸汽的机械携带系数为 0.005%～0.01%（无蒸汽清洗装置）。

多孔顶板装在蒸汽引出管的前面，使蒸汽沿汽包长度整个截面流速均匀。

在中压锅炉中，汽包内装置一般为旋风分离器的汽水分离器，多孔顶板组成。

亚临界压力自然循环锅炉的汽包内部只用旋风分离器和波形板分离器。汽包内有许多个旋风分离器，沿汽包长度分左右两排布置（也有分左、中、右三排

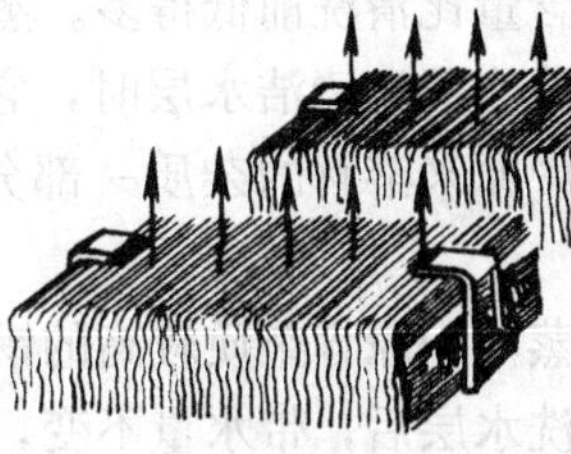
图 8-9 卧式布置的百叶窗分离器

布置），旋风分离器的上部有百叶窗顶帽。汽水混合物在旋风分离器中分离后，进入汽空间。在汽空间上部布置有两排波形板分离器。第二级百叶窗分离器对饱和蒸汽中细小水滴再次进行细分离。当饱和蒸汽由引出管离开汽包时，机械携带系数可降低到小于0.5%以下（通常可降至0.05%~0.3%）。亚临界压力锅炉中不装蒸汽清洗装置，使汽包内有较大空间，保证有足够的汽水分离效果。

（2）有轴流式旋风分离器的汽水分离装置。轴流式旋风分离器（也称涡轮式分离器）是强制循环亚临界压力锅炉所用的汽包内部装置，它由外筒、内筒、与内筒相连的集汽短管、螺旋导叶装置和波形板顶帽组成，如图8-10所示。控制循环亚临界压力锅炉汽包内部装置，如图8-11所示。汽包内部汽水流程为：上升管来的汽水混合物由引入管进入汇流箱，然后从底部进入各个分离器，在向上流动的过程中，筒内的旋转叶片产生离心力，使汽水混合物产生强烈旋转进行汽、水分离。水在内筒壁旋转到顶部，穿过集汽短管与内筒间环缝，从内、外筒间的夹层中流入汽包水室。蒸汽从筒体的中心部分上升，经波形板顶帽进入汽空间。再经过上部的波形板，再次分离出携带的细小水滴后，由饱和蒸汽引出管引出。

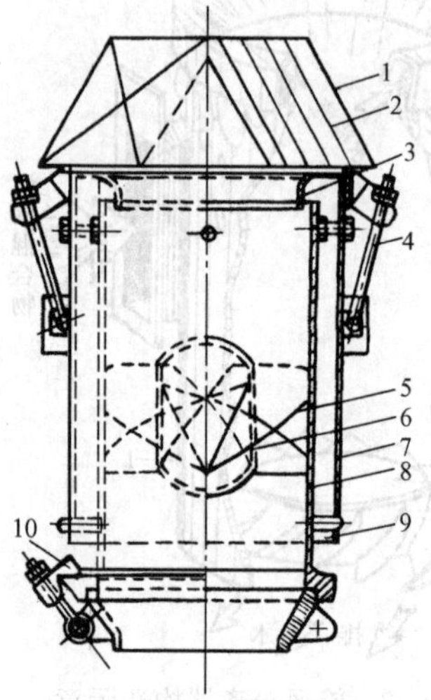

图8-10 涡轮式分离器

1—梯形顶帽；2—波形板；3—集汽短管；4—钩头螺栓，5—导向叶片；6—芯子；7—外筒；8—内筒；9—夹层；10—支撑螺栓

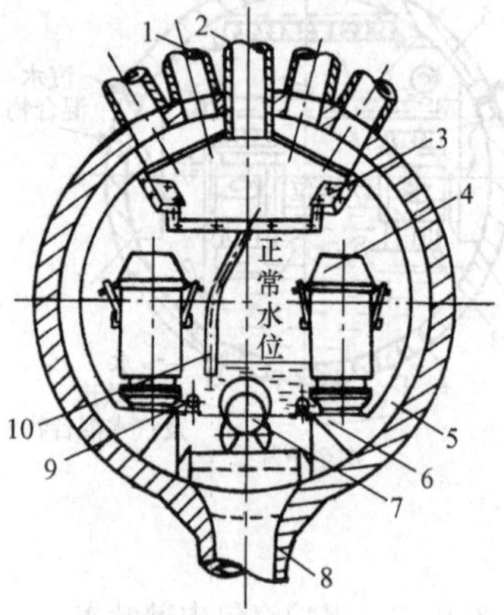

图8-11 控制循环汽包锅炉内部装置

1—汽水混合物引入管；2—饱和蒸汽引出管；3—波形板百叶窗；4—涡轮式分离器；5—汽水混合物汇集箱；6—加药管；7—给水管；8—下降管；9—排污管；10—疏水管

2. 蒸汽清洗装置

汽水分离装置只能减少机械携带，不能减少蒸汽溶解携带，因此在高压和超高压锅炉汽包内还装有蒸汽清洗装置，即让饱和蒸汽通过该装置上含杂质量很少的清洁水层，使饱和蒸汽中杂质含量比清洗前低得多。蒸汽清洗装置的工作原理如下所述。

（1）蒸汽通过清洁水层时，它所溶解携带的杂质与清洗水中的杂质按分配系数重新分配，蒸汽中原来溶解的杂质一部分转入清洗水中，这样就降低了蒸汽中的溶解携带的杂质含量。

（2）蒸汽中原含杂质较高的锅水水滴，与清洗水接触时，杂质就会转入清洗水中，而蒸汽离开清洗水层后，带水量不变，但所带水滴是含杂质量较少的清洗水水滴，蒸汽的水滴携带的杂质含量就降低了。

蒸汽清洗是将给水总量的40%～50%，引至带孔的水平孔板装置上，水在此板上形成40～50mm厚度的水层。蒸汽从下面进入穿过水层，进入汽空间，然后经过多孔板或百叶窗等汽水分离装置，最后由蒸汽引出管引出。清洗蒸汽后的水流入汽包水室。此外，还有采用分段蒸发的方法来降低锅炉的排污率的，同时又保证良好的蒸汽品质。

第五节　水汽质量标准与取样方法

为防止锅炉及热力系统的结垢、腐蚀和积盐，水汽质量应达一定的标准。一般是通过仪表和化学分析法测定水汽质量是否符合标准。各种水汽质量标准，在国家标准GB 12145—1999《火力发电机组及蒸汽动力设备水汽质量标准》中作了规定。

一、水汽质量标准

1. 蒸汽

为防止蒸汽管道积盐，特别是汽轮机内积盐，必须对汽包锅炉的饱和蒸汽和过热蒸汽进行监督。通过监督便于检查蒸汽品质劣化的原因，如饱和蒸汽合格而过热蒸汽不合格，表明蒸汽在减温时被污染。也可判断过热器内的盐类沉积量。蒸汽质量标准如表8-2所示。

表8-2　蒸汽质量标准

项目	炉型	汽包炉			直流炉			
	压力（MPa）	3.8～5.8	5.9～18.3		5.9～18.3		18.4～25	
	标准	标准值	标准值	期望值	标准值	期望值	标准值	期望值
钠（μg/kg）	磷酸盐处理	≤15	≤10	—	≤10	≤5	<5	<3
	挥发性处理		≤10	≤5				
电导率（氢离子交换后，25℃，μS/cm）	磷酸盐处理	—	≤0.30		—	—	—	—
	挥发性处理				≤0.30	≤0.30	≤0.30	≤0.30
	中性水处理及联合水处理	—	—		≤0.20	≤0.15	<0.20	<0.15
二氧化硅（μg/kg）		≤20	≤20		≤20		<15	<10

项目	炉型	汽包炉				直流炉			
	压力（MPa）	3.8～15.6		15.7～18.3		15.7～18.3		18.4～25	
	标准	标准值	期望值	标准值	期望值	标准值	期望值	标准值	期望值
铁（μg/kg）		≤20	—	≤20	—	≤10	—	≤10	—
铜（μg/kg）		≤5	—	≤5	≤3	≤5	≤3	≤5	≤2

(1) 含钠量。蒸汽中主要是含钠盐，含钠量表征蒸汽含盐量的多少，蒸汽中含钠量是监督的指标之一。为了便于及时发现蒸汽品质劣化的情况，应连续测定（最好自动记录）蒸汽含钠量。

(2) 含硅量。蒸汽中的硅酸会沉积在汽轮机内，因此含硅量是蒸汽品质的指标之一，应予监督。

(3) 氢离子交换后电导率。将蒸汽水样（25℃）通过氢离子交换（消除氨的干扰）后测电导率的大小，用来表征蒸汽含盐量的大小。

防止汽轮机内沉积金属氧化物，还应定期检查蒸汽中铁和铜的含量，蒸汽中铁和铜的含量应符合表 8-2 的规定。

对于出口压力小于 5.8MPa 的汽包锅炉，当蒸汽送给供热汽轮机时，蒸汽中的含钠量可允许大些，因供热带走部分盐分，在负荷波动时，还会产生自清洗作用。

2. 锅炉水

为防止锅内结垢、腐蚀和蒸汽品质不良等问题，应对锅炉水水质进行监督，锅炉水水质标准如表 8-3 所示。

表 8-3　锅炉水水质标准

锅炉过热蒸汽压力（MPa）	处理方式	总含盐量①	二氧化硅①	氯离子①	磷酸根 mg/L			pH 值①（25℃）	电导率（25℃，μS/cm）
					单段蒸发	分段蒸发			
		mg/L				净段	盐段		
3.8～5.8	磷酸盐处理	—	—	—	5～15	5～12	≤75	9.0～11.0	—
5.9～12.6		≤100	≤2.00*	—	2～10	2～10	≤50	9.0～10.5	<150
12.7～15.8		≤50	≤0.45*	≤4	2～8	2～8	≤40	9.0～10.0	<60
15.7～18.3	磷酸盐处理	≤20	≤0.25	≤1	0.5～3	—	—	9.0～10.0	<50
	挥发性处理	≤2.0	≤0.20	≤0.5	—	—	—	9.0～9.5	<20

① 均指单段蒸发炉水，总含盐量为参考指标。

* 汽包内有洗汽装置时，其控制指标可适当放宽。

（1）pH 值。锅炉水的 pH 值应大于 9，因 pH 值低时，会造成锅炉钢材的腐蚀；PO_4^{3-} 与 Ca^{2+} 的反应，只有在 pH 值足够高的条件下，才能生成易排除的水渣；锅炉水 pH 值大于 9，给水带入的胶态硅转成溶解硅，同时能起到抑制锅炉水中硅酸盐的水解，减少蒸汽中溶解携带硅酸量的作用。pH 值也不能太大，否则会使锅炉水中游离 NaOH 较多，引起碱性腐蚀。

（2）含盐量（含钠量）和含硅量。为保证蒸汽品质，必须对锅炉水的含钠量（含盐量测定较麻烦，常用含钠量表征锅炉水含盐量的多少）和含硅量有所规定。

（3）磷酸根。锅炉水应维持一定的 PO_4^{3-}，主要是为了防止钙垢产生。

（4）氯离子（Cl^-）。锅炉水中 Cl^- 超标，会破坏水冷壁管表面的保护膜造成腐蚀。如蒸汽携带 Cl^- 进入汽轮机，会引起汽轮机内高级合金钢的应力腐蚀。

3. 给水

为防止给水系统的结垢、腐蚀，锅炉排污率不超过规定值及保护锅炉水水质合格，应对给水水质进行监督。锅炉给水水质标准如表 8-4 所示。

表 8-4　锅炉给水水质标准

炉型	锅炉过热蒸汽压力（MPa）	电导率（氢离子交换后，25℃，μS/cm）		硬度（μmol/L）	溶解氧	铁	铜		钠		二氧化硅	
					μg/L							
		标准值	期望值		标准值	标准值	标准值	期望值	标准值	期望值	标准值	期望值
汽包炉	3.8～5.8	—	—	≤2.0	≤15	≤50	≤10	—	—	—	应保证蒸汽二氧化硅符合标准	
	5.9～12.6	—	—	≤2.0	≤7	≤30	≤5	—	—	—		
	12.7～15.6	≤0.30	—	≤1.0	≤7	≤20	≤5	—	—	—		
	15.7～18.3	≤0.30	≤0.20	≈0	≤7	≤20	≤5	—	—	—		

续表

炉型	锅炉过热蒸汽压力（MPa）	电导率（氢离子交换后，25℃，μS/cm）		硬度（μmol/L）	溶解氧	铁	铜		钠		二氧化硅	
					μg/L							
		标准值	期望值		标准值	标准值	标准值	期望值	标准值	期望值	标准值	期望值
直流炉	5.9～18.3	≤0.30	≤0.20	≈0	≤7	≤10	≤5	≤3	≤10	≤5	≤20	—
	18.4～25	≤0.20	≤0.15	≈0	≤7	≤10	≤5	≤3	≤5	—	≤15	≤10

液态排渣炉和原设计为燃油的锅炉，给水的硬度和铁、铜的含量，应符合比其压力高一级锅炉的规定。

给水的联胺、油的含量和pH值应符合表8-5的规定。

表8-5　给水的联胺、油含量和pH值标准

炉　型	锅炉过热蒸汽压力（MPa）	pH值（25℃）	联胺（μg/L）	油（mg/L）
汽包炉	3.8～5.8	8.8～9.2	—	<1.0
	5.9～12.6	8.8～9.3（有铜系统）或9.0～9.5（无铜系统）	10～15或10～30（挥发性处理）	≤0.3
	12.7～15.6			
	15.7～18.3			
直流炉	5.9～18.3	8.8～9.3（有铜系统）或9.0～9.5（无铜系统）	10～50或10～30（挥发性处理）	≤0.3
	18.4～25.0		20～50	<0.1

注　1. 压力在3.8～5.8MPa的机组，加热器为钢管，其给水pH值可控制在8.8～9.5。
2. 用石灰—钠离子交换水为补给水的锅炉，应改为控制汽轮机凝结水的pH值，最大不超过9.0。
3. 对于大于12.7MPa的锅炉，其给水的总碳酸盐（以二氧化碳计算）应小于或等于1mg/L。

直流炉加氧处理给水溶解氧的含量、pH值和电导率应符合表8-6的规定。

表8-6　给水溶解氧含量、pH值和电导率标准

处理方式	pH值（25℃）	电导率（经氢离子交换后，25℃，μS/cm）标准值	期望值	溶解氧（μg/L）	油（mg/L）
中性处理	7.8～8.0（无铜系统）	≤0.20	≤0.15	50～250	≈0
联合处理	8.5～9.0（有铜系统）	≤0.20	≤0.15	30～200	≈0
	8.5～9.0（无铜系统）				

（1）硬度。监督给水硬度，是为了防止给水系统和锅炉生成钙、镁水垢，以及避免增加锅内磷酸盐处理的加药量，使锅炉水中产生过多的水渣。

（2）油。给水中含油被带入锅内，会在管壁上受热分解产生热导率很小的附着物，危及炉管的安全；油还会在锅炉水中产生漂浮的水渣和促进泡沫的形成，易引起蒸汽品质的劣化；含油的细小水滴被蒸汽带到过热器中，会生成附着物使过热器管过热损坏。

（3）溶解氧。为防止给水系统和省煤器产生氧腐蚀，同时还可监督除氧器的除氧效果。

（4）联氨。监督给水中过剩联氨量，目的是消除热力除氧后的残余氧，同时可消除给水泵处漏入给水中的氧。

（5）pH值。为防止给水系统腐蚀，给水pH值应控制在规定范围内。但给水最佳pH

值应通过加氨处理的调整试验决定，以保证热力系统铁、铜腐蚀产物最少为原则。

（6）总二氧化碳。给水中碳酸化合物随给水进入锅内，全部分解产生 CO_2 而被蒸汽带出。当蒸汽中 CO_2 较多时，虽然水进行加氨处理，某些管道和设备还会发生腐蚀，导致铜、铁含量较大。为避免发生上述不良后果，出口压力大于 12.74MPa 的锅炉，应监督给水中总二氧化碳为0～1mg/L。

（7）全铜和全铁。监督给水中铜、铁含量，是为了防止炉管中产生铁垢和铜垢，同时也是评价热力系统金属腐蚀的依据之一。

（8）含盐（或含钠）量、含硅量和电导率。给水的含盐（或含钠）量、含硅量和电导率应不超过允许值，才能保证锅炉排污率不超过规定值，所以应加以监督。

4. 给水的各组成部分

给水的组成部分有凝结水（给水的主要组成部分）、补给水、疏水和返回水等。为保证给水水质，应对它们进行监督。

（1）凝结水。凝结水水质标准如表 8-7 所示。

表 8-7　　凝结水水质标准①

汽包锅炉出口压力（MPa）	硬度（μmol/L）	溶解氧（μg/L）	电导率（25℃，氢离子交换后）		钠（μg/L）	二氧化硅（μg/L）
			标准值	期望值		
3.8～5.8	≤2.0	≤50	—		—	应保证炉水中二氧化硅含量符合标准
5.9～12.6	≤1.0	≤50			—	
12.7～15.6	≤1.0	≤40	≤0.20	<0.20	—	
15.7～18.3	≈0	≤30*			≤5①	
18.4～25.0	≈0	≤20*	<0.20	<0.15	≤5**	

① 对于用海水、苦咸水及含盐量大而硬度小的水作为汽轮机凝汽器的冷却水时，还应监督凝结水的钠含量等。

* 采用中性处理时，溶解氧应控制在 50～250μg/L；电导率应小于 0.20μS/cm。

** 凝结水有混床处理的钠可放宽至 10μg/L。

1）硬度。冷却水漏入或渗入凝结水中，使凝结水中含有钙、镁盐类，会导致给水硬度不合格，应对凝结水硬度进行监督。

2）溶解氧。凝结水中溶解氧主要来源于凝汽器和凝结水泵不严密漏入的空气。凝结水含氧量较大，会造成凝结水系统腐蚀，使给水中腐蚀产物增多，影响给水水质，应对凝结水中溶解氧进行监督。

3）电导率。为了及时发现凝汽器的泄漏，应连续测定凝结水的电导率。为提高测定的灵敏度，应将凝结水水样通过氢离子交换（消除氨的影响）后，用工业电导率仪连续测定。

4）含钠量。用工业钠度计监测凝结水中钠离子，可更直观、更灵敏和更可靠地及时迅速发现凝汽器的微小泄漏。对于用海水、苦咸水作冷却水或冷却水含盐量较低时，此法尤为适用。

凝结水经高速混合床处理后的水质标准如表 8-8 所示。

表 8-8　　精处理后的凝结水水质标准

硬度（μmol/L）	电导率（25℃，μS/cm）	二氧化硅（μg/L）	钠（μg/L）	铁（μg/L）	铜（μg/L）
0	≤0.15	≤15	≤5	≤8	≤3

（2）补给水。补给水水质标准见表8-9。

表8-9 补给水水质标准

种类	硬度（μmol/L）	二氧化硅（μg/L）	电导率（25℃，μS/cm）		碱度（mmol/L）
			标准值	期望值	
一级化学除盐系统出水	≈0	≤100	≤5②	—	—
一级化学除盐—混床系统出水①	≈0	≤20	≤30①	≤0.20*	—
石灰、二级钠离子交换系统出水	≤5	—	—	—	0.8～1.2
氢—钠离子交换系统出水	≤5	—	—	—	0.3～0.5
二级钠离子交换系统出水	≤5	—	—	—	—

* 离子交换器出水质量应能满足炉水处理的要求。
① 对于用一级化学除盐系统加混床出水的一级除盐水的电导率可放宽至10μS/cm。

疏水和返回水应符合表8-10中规定标准。若发现疏水不合格，应对各路疏水分别取样测定，找出不合格的原因。返回水应定期取样测定，如不合格要及时处理，合格后方可送入给水系统。热电厂设置返回水除油、除铁处理时，返回水经处理后，应监督其水质，符合标准后，方可送入给水系统。

表8-10 疏水和返回水水质标准

名称	硬度（μmol/L）		铁（μg/L）	油（mg/L）
	标准值	期望值		
疏水	≤5	≤2.5	≤50	—
返回水	≤5	≤2.5	≤100	≤1（处理后）

5. 减温水

蒸汽采用混合式减温时，减温水水质应保证减温后蒸汽中的钠、二氧化硅和金属氧化物含量符合蒸汽品质标准。

6. 水内冷发电机的冷却水质量

水内冷发电机的冷却水质量应符合表8-11中的规定标准。

冷却水的硬度按汽轮发电机的功率规定为：200MW以下不大于10μmol/L；200MW及以上不大于2μmol/L。

汽轮发电机定子绕组采用独立密闭循环水系统时，冷却水的电导率应小于2.0μmol/L。

表8-11 双水内冷和转子独立循环的冷却水质量标准

电导率（25℃，μS/cm）	铜（μg/L）	pH值（25℃）
≤5	≤40	>6.8

7. 停、备用机组启动时的水、汽质量标准

锅炉启动后，并汽或汽轮机冲转前的蒸汽质量，可参照表8-12的规定控制，且在8h内应达到正常运行的标准值。

表8-12 汽轮机冲转前的蒸汽质量标准

炉型	锅炉蒸汽压力（MPa）	电导率（氢离子交换后，25℃，μS/cm）	二氧化硅	铁	铜	钠
			μS/kg			
汽包炉	3.5～3.8	≤3.00	≤80	—	—	≤50
	5.9～18.3	≤1.00	≤60	≤50	≤15	≤20
直流炉	—	—	≤30	≤50	≤15	≤20

8. 锅炉启动时，给水质量标准

锅炉启动时，给水质量应符合表 8-13 的规定，且在 8h 内达到正常运行时的标准。

表 8-13 锅炉启动时给水质量标准

炉 型	锅炉过热蒸汽压力（MPa）	硬度（μmol/L）	铁	溶氧	二氧化硅
			μg/L		
汽包炉	3.8～5.8	≤10.0	≤150	≤50	—
	5.9～12.6	≤5.0	≤100	≤40	—
	12.7～18.3	≤5.0	≤75	≤30	≤80
直流炉	—	≈0	≤50	≤30	≤30

9. 机组启动后凝结水质量标准

机组启动后，凝结水质量符合表 8-14 标准时，可以开始回收。

表 8-14 机组启动后，凝结水回收标准

外 状	硬度（μmol/L）	铁	二氧化硅	铜
		μg/L		
无色透明	≤10.0	≤80	≤80	≤30

注 对于海滨电厂还应控制含钠量不大于 80μg/L。

10. 机组启动时疏水质量

机组启动时还应严格监督疏水质量。当高、低加热器的疏水含铁量不大于 400μg/L 时可以回收。

二、汽、水取样

进行汽水质量监督时，必须从锅炉和热力系统的各部位取出具有代表性的汽、水样品。这是正确进行汽、水质量监督的前提。代表性样品即该样品能反映设备和系统的汽、水质量的真实情况。否则，即使测试方法很精确，测得的数据也不能真实反映汽、水质量是否达到标准，也不能用来评价锅炉腐蚀、结垢和积盐等情况。为取得具有代表性的汽、水样品，应合理选择取样点；正确设计、安装、使用取样装置；妥善保存样品，防止汽、水样品被污染。

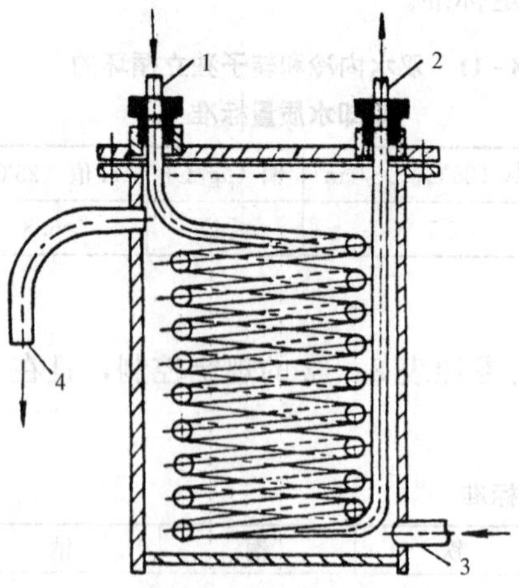

图 8-12 取样用蛇形冷却器

1—样品进口管；2—样品出口管；3—冷却水进口管；4—冷却水出口管

锅炉和热力系统中的汽、水温度较高，取样时应先将汽、水样品引入冷却器（见图 8-12）内进行冷却，待样品冷却至 25～30℃（南方地区夏天不超过 40℃）、流量为 20～30kg/h 时，才可进行取样。机组每次启动时，应彻底冲洗取样器，机组正常运行时，也应定期冲洗取样器。取样所用导管和冷却器中蛇形管，应采用不锈钢管制成，不能用普通钢管和黄铜管，以防止样品被金属腐蚀产物污染。

在样品进入冷却器的导管上，应装有两个阀门：

前一个为截止阀，后面一个为针形节流阀（低压水取样，也可用截止阀）。截止阀应全开，针形节流阀用于调整样品的流量。

（1）锅炉水取样。锅炉水样品一般从连续排污管中取出，取样点应尽量靠近汽包的排污引出管管口，并尽可能装在引出汽包后的第一个阀门前。对分段蒸发锅炉，盐段锅炉水也从排污水引出管上取样，净段锅炉水由装在净段的专用取样管取出，此取样管可用均匀钻孔的细钢管，水平装在汽包正常水位下 200～300mm 处，并尽量远离给水管和加药管，离开盐段也应有一定距离，以免取出的水样受盐段锅炉水回流的影响。

（2）给水取样。给水取样点一般设在给水泵之后，省煤器以前的垂直高压给水管道上。除氧器出口的给水取样点应设在离除氧器出口不大于 1m 的水流畅通管道上，取样点至取样冷却器的导管长度不大于 5～8m，导管不能用碳钢管。

（3）凝结水、疏水取样。凝结水取样点设在凝结水泵出口管道上，因水温较低，可不需设取样冷却器，只需在凝结水管道上接一小管即可。疏水取样点设在距疏水箱底 200～300mm 处，用小管引出至冷却器中。

（4）饱和蒸汽取样。饱和蒸汽含有水分，蒸汽在管内流动时，蒸汽水滴在管内分布是不均匀的，如汽流速度低，水滴有一部分会粘附在管壁上形成水膜，要取得具有代表性样品就比较困难。取样器安装在管的中心或靠近管壁时，结果导致样品中含钠量（或含硅量）不是偏低就是偏高，取不到具有代表性的样品。为取得具有代表性的样品，必须将蒸汽流速提高到一定程度，使管壁上的水膜被蒸汽汽流扯破，此速度称为饱和蒸汽的破膜速度（该速度的大小与饱和蒸汽压力有关，见图 8-13）。当管内饱和蒸汽流速超过破膜速度的 5～6 倍时，饱和蒸汽中水分在管内就可分布均匀。取样点就设在有这样速度的管道中。

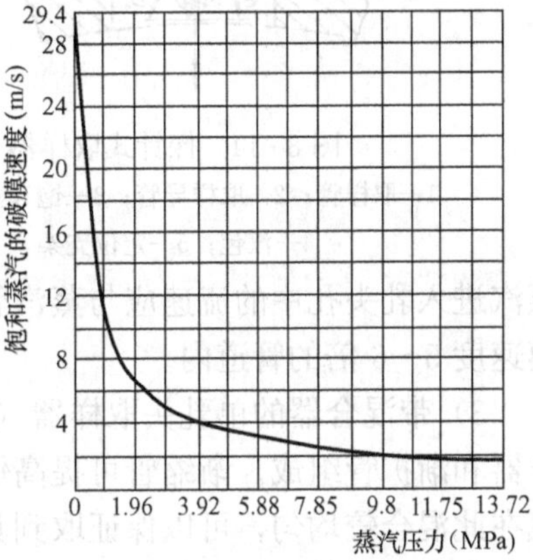

图 8-13　破膜速度与压力的关系

取样器进口流速应与管道内流速相等。如两者不等，则饱和蒸汽在取样器附近会发生汽流转弯现象，汽流中惯性较大的水滴将被甩出或抽入取样器，使取出的样品中杂质含量偏低或偏高。只有两者相等，取出的样品才具有代表性。取样器应装在蒸汽流动稳定的管道内，并远离阀门和弯头，此外还应力求减少取样器本身对汽流的干扰，避免蒸汽管道内因流动不稳定而使水滴分布不均匀。取样器的样品入口处应光滑，入口做成锐角。取样器一般装在垂直下行的蒸汽管道上，样品入口对着蒸汽流动方向，并距上弯头大于 10 倍管径，距下弯头大于 5 倍管径。常用的饱和蒸汽取样装置有以下几种。

1）探针式取样器（见图 8-14）。探针式取样器是用一根较细的不锈钢管制成，管口处的管壁削成与管轴方向成 30°角。取样器直接装在汽包引出饱和蒸汽的管口，取样器进汽口处于饱和蒸汽引出管的中心点。此时因饱和蒸汽刚从汽包内引出，携带的水分分布较均匀，取出的样品具有代表性。

2）乳头式取样器（见图 8-15）。取样器本体是不锈钢管，管上开有几个小孔，每个孔上焊有不锈钢乳头。蒸汽由乳头小孔进入取样管。为防止乳头小孔在运行中被堵塞，乳头上的孔径应大于 2mm。乳头的个数与蒸汽管道直径有关，管道直径大，乳头个数就多几个，

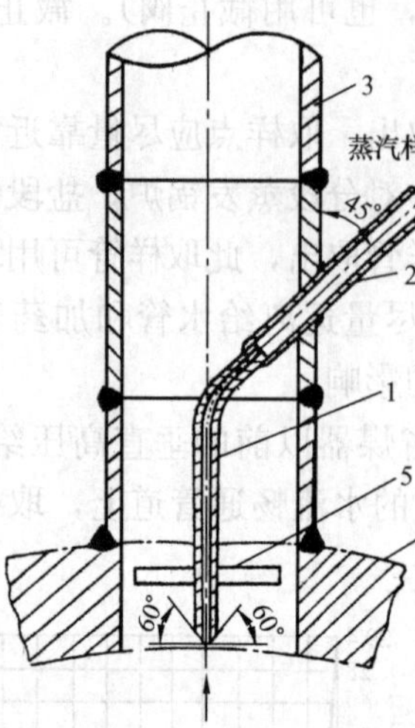

图 8-14 探针式取样器

1—取样管；2—取样导管；3—饱和蒸汽管；4—汽包；5—定位支架

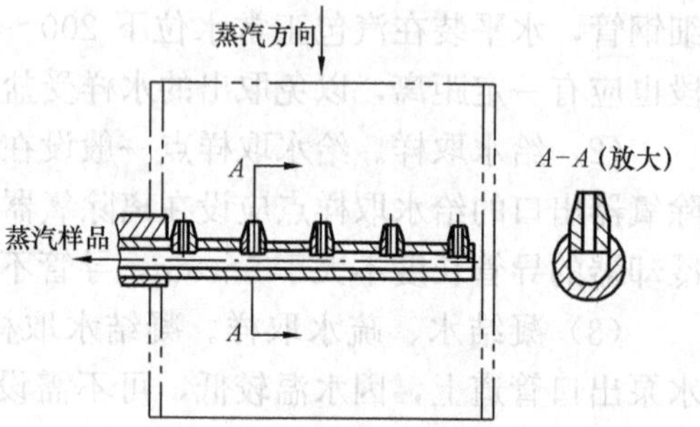

图 8-15 乳头式取样器

蒸汽进入乳头孔中的流速应与蒸汽管道中的汽流速度相等。取样器装在饱和蒸汽流速超过破膜速度5～6倍的管道内。

3）带混合器的单乳头取样器（见图8-16）。这种取样器由渐缩管、混合室、单乳头取样器和渐扩管组成。渐缩管可提高饱和蒸汽流速；混合室是一段直径较细的管道，水分与蒸汽在此混合较均匀，可以保证取到具有代表性的样品；渐扩管可再将取样后的管道蒸汽流动状态恢复到取样前的流动状态。这种取样器即使装在水平的饱和蒸汽管道内，也可取得具有代表性的样品，但一般仍装在垂直的管道内。

4）缝隙式取样器（见图8-17）。在一根不锈钢管上焊接两块平行的不锈钢板，钢板间形成一条缝隙，缝间宽度为3～5mm，缝中的管壁上开有许多进汽小孔，孔径为2mm，孔距为10～20mm。

这种取样器，应装在饱和蒸汽的流速超过破膜速度的5～6倍时的管道内。

（5）过热蒸汽取样。过热蒸汽中没有水分，较易取得有代表性的样品。取样点可设在过热蒸汽母管上，一般用乳头式取样器，也有采用缝隙式的。取样时只要保证取样器孔中的蒸汽流速与装取样器的管道中的蒸汽流速相等，即可取得有代表性样品。

三、水汽取样分析装置

近年来，许多电厂水汽取样采用了成套水汽取样分析装置，一台机炉配一套，水汽取样装置的冷却水为除盐水，采用闭式循环供给。

该取样装置将不同参数的样品集中进行减温减压，使样品适合人工取样分析和满足各类在线分析仪表、记录表（此时水样应采用恒温冷却装置）的要求。采用在线仪表可连续取样、连续测定并自动记录。

1. 装置的部件及功能

（1）取样系统。如图8-18所示，它由高压阀、减压阀、中压阀、恒温热交换器、离子交换柱、冷却器、温度计和流量计等组成。样品的参数不同，所用器件也有所不同。该系统的作用是将各样品进行减温、减压等处理，使水样达到人工取样分析和在线仪表分析所需温

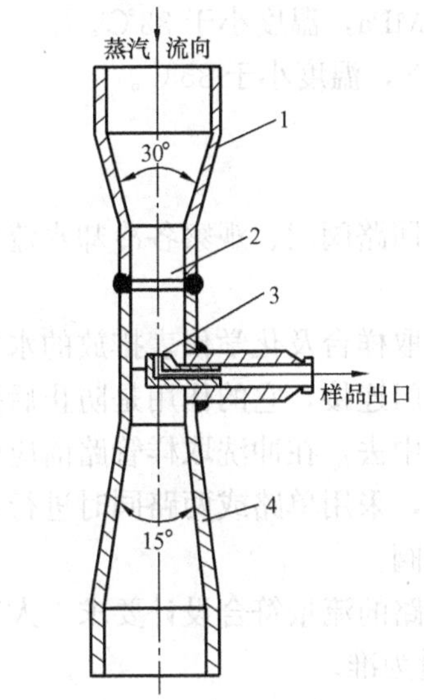

图 8-16　带混合器的单乳头取样器

1—渐缩管；2—混合室；3—单乳头取样器；4—渐扩管

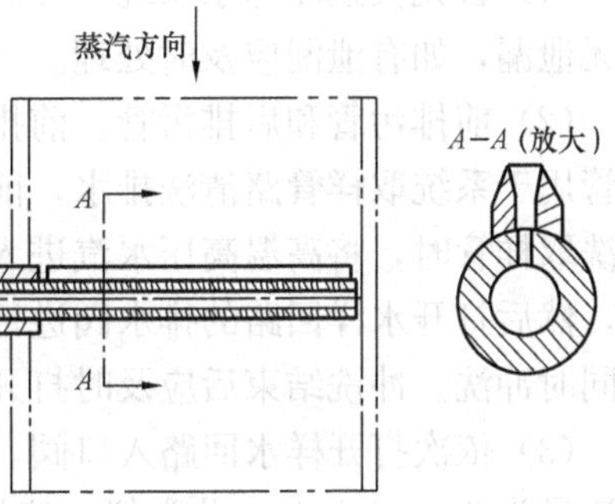

图 8-17　缝隙式取样器

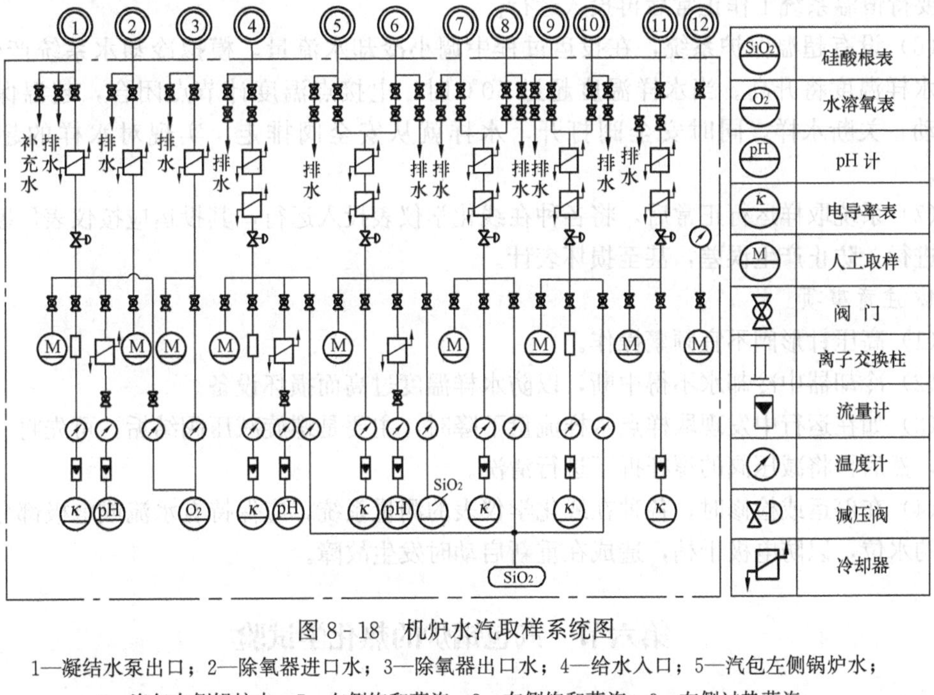

图 8-18　机炉水汽取样系统图

1—凝结水泵出口；2—除氧器进口水；3—除氧器出口水；4—给水入口；5—汽包左侧锅炉水；6—汽包右侧锅炉水；7—左侧饱和蒸汽；8—右侧饱和蒸汽；9—左侧过热蒸汽；10—右侧过热蒸汽；11—再热器入口蒸汽；12—除盐冷却水

度、压力、流量范围。

（2）监测系统。它包括各类在线化学分析仪表，如硅量表、钠量表、电导率表、pH 表、溶氧表、磷酸根表及记录仪表等。样品进入相应的仪表进行分析、监测记录。

2. 主要技术参数

（1）环境温度。5～40℃。

（2）冷却水参数。流量为25t/h，压力为0.2～0.7MPa，温度小于33℃。

（3）经减压、减温后的样品参数。压力小于0.1MPa，温度小于35℃。

（4）恒温后的样品温度为（25±1）℃。

3. 装置的使用

（1）首先投运冷却水系统，开启所有冷却器冷却水回路阀门、观察各冷却水流量监流器有无泄漏，如有泄漏应及时处理。

（2）前排污管和后排污管。前排污管主要排放人工取样台及化学仪表排放的水样，后排污管用于系统取样管路清洗排水，前后排污管之间有阀门连接，它的作用是防止后排污管在冲洗取样管时，将高温高压水汽进入前部仪表排水系统中去，在冲洗取样管路前应先关闭此阀，然后打开水样回路的排水阀进行管路冲洗。冲洗时，采用单路或两路同时进行，不能全部同时冲洗。冲洗结束后应及时打开前后排污管路连接阀。

（3）依次打开样水回路入口阀，调整减压阀使各支路的流量符合设计要求，人工取样水样流量为500mL/min，化学仪表流量以表计给定的流量为准。

（4）监视各支路水样温度不能高于45℃，如有超温，应检查冷却水的温度和流量是否符合技术指标。

（5）各支路在水样冲洗2h后即可投入在线仪表，对于pH表和pNa表等需用恒温的水样，要待恒温系统工作正常后再投入运行。

（6）设有超温保护系统，在投运过程中调小冷却水流量，模拟冷却水系统产生故障，此时水样温度将升高。当水样温度超过50℃时，电接点温度计节点闭合，超温保护电磁阀启动，关断水样，同时安全阀打开，水样就从安全阀排走，实现对水样的超温保护作用。

（7）系统取样运行正常后，将各种在线化学仪表投入运行，其投运应按仪表厂家提供的说明进行。防止产生误差，甚至损坏表计。

4. 注意事项

（1）高压针形阀不宜频繁操作。

（2）冷却器中冷却水不得中断，以防水样温度过高而损坏设备。

（3）如在运行中发现取样点水样流量下降时，主要是螺旋减压阀结垢，可先将一次阀门关闭，然后再将减压阀的螺杆拆下进行清洗。

（4）在停运或检修时，各种在线化学仪表的测量系统，应保持有水流或电极部分保持有一定的水位，以防电极干枯，造成在重新启动时发生故障。

第六节　汽包锅炉的热化学试验

一、热化学试验的目的

汽包锅炉的热化学试验，就是按照预定的计划，使锅炉在各种不同工况下运行以寻求获得良好蒸汽品质的最优运行条件的试验。通过热化学试验可查明，锅炉水水质、锅炉负荷及负荷变化速度、汽包水位等运行条件，对蒸汽品质的影响，从而可确定下列运行标准。

（1）锅炉水水质标准，如含盐量（或含钠量）、含硅量等。

（2）锅炉最大允许负荷和最大负荷变化速度。

(3) 汽包最高允许水位。

另外，通过热化学试验还能鉴定汽包内汽水分离装置和蒸汽清洗装置的效果。热化学试验并不是经常进行的，当遇到下列情况之一时，才需进行：

(1) 新安装的锅炉，投入运行一段时间后。

(2) 锅炉改装后，汽水分离装置、蒸汽清洗装置和锅炉水汽系统等有变动时。

(3) 锅炉的运行方式有很大变化时，例如：①改变锅炉负荷的变化特性，如从稳定负荷改为经常变动的负荷；②锅炉的燃烧工况改变，如从燃油改为燃煤或改变煤种；③给水水质发生改变，如补给水处理方法有改变等。

(4) 已发现过热器和汽轮机积盐，需查明蒸汽品质不良的原因时。

二、试验方法

试验前应做好各项准备工作；准备工作包括检查和调整各取样器、检查和校正所有的仪表、准备好试验用品（如各种试剂、无硅水等）、拟好试验计划等。另外，由于试验要控制锅炉在一定条件下运行，所以试验前应向有关部门提出试验计划，以便早做安排。当准备工作就绪后，即可进行试验。

1. 预备试验

预备试验就是在锅炉一般的负荷和正常运行的条件下按试验的组织形式，进行1～2天的测定和记录。预备试验的目的是检查准备工作是否充分，并训练参加试验的人员。一般每隔10～15min记录和测定一次。记录内容包括锅炉蒸发量，过热器出口蒸汽的压力、温度，汽包的压力、水位，锅炉的排污量等；测定项目有蒸汽的含钠量、电导率和含硅量、锅炉水和给水的含钠量、电导率、含硅量、pH值、Cl^-含量、碱度和磷酸根含量等。

2. 锅炉水含盐量对蒸汽品质影响的试验

该试验是在维持锅炉额定压力、额定蒸发量和中间水位（汽包正常水位线±50mm的范围内）的运行工况下进行的。通过该试验，可求得能够保证蒸汽品质合格，而且合理的锅炉水所允许的最高含盐量。试验方法如下所述。

(1) 提高锅炉水含盐量。具体方法有以下两种：

1) 对于以软化水作为补给水的锅炉，可采用停止排污、增加补给水率的办法来提高锅炉水的含盐量；

2) 对于以除盐水作补给水的锅炉，可采用停止锅炉排污，并利用磷酸盐加药系统直接向锅炉水中加氯化钠、硫酸钠、氢氧化钠等各种盐类，它们的比值应与锅炉水成分相当。

提高锅炉水含盐量的速度，应根据汽包内部装置的不同而定：对于单段蒸发、汽包内汽水分离装置简单的锅炉，每小时含盐量增高不超过50mg/L；汽水分离装置较完备的，每小时含盐量增高不超过100mg/L；对于分段蒸发锅炉，盐段锅炉水含盐量每小时增高不超过150mg/L。

根据上述方法和要求，使锅炉水的含盐量从最低开始，逐渐提高，直到使蒸汽品质发生严重劣化时为止，否则容易发生“汽水共沸现象”。另外，对高参数、大容量的锅炉，其给水品质较好，含盐量极低，提高锅炉水含盐量较难，只有在特殊需要时，才可采用加药方式提高锅炉水含盐量。一般只要将锅炉水浓度提高到正常运行时的4～5倍即可，即使蒸汽品质无恶化趋势，也应停止试验。因为一般是为了求得运行中合理而安全的控制标准（锅水含盐量）而人为加药提高锅炉水含盐量，是正常运行中不可能出现的情况。

（2）测定和记录。在提高锅炉水含盐量的过程中，应按规定的时间取样和测定蒸汽品质和锅炉水水质。蒸汽测定项目为含钠量、含硅量；锅炉水测定项目为含钠量、电导率和含硅量等。取样时间每隔10～15min一次。在每次取样的同时，应记录汽温、汽压、水位、蒸汽流量、给水量、排污量和减温水量等。若发现蒸汽品质已明显变坏时，则测定和记录时间间隔应缩短至每隔3～5min一次。

（3）求临界含盐量。当蒸汽品质严重劣化时，停止提高锅炉水的含盐量，并同时测定蒸汽含钠量、含硅量和锅水的含钠量、含硅量、电导率、碱度、氯根含量及pH值。此时的锅炉水含盐量为临界含盐量。同时应取3000mL锅炉水水样贴上标签密封保留，以备进行全分析时使用。然后用增大连续排污的办法，降低锅炉水的含盐量，直到蒸汽品质恢复正常。

（4）求允许含盐量。求得锅炉水临界含盐量后，再以临界含盐量的80％、70％、60％、50％、40％等不同浓度的锅炉水含盐量，做蒸汽品质的试验。在每一种含盐量下，应连续测定4～6h，测定项目、取样、记录时间间隔与上述相同。当每一浓度试验结束时，应取3000mL锅炉水水样密封保留，以备全分析时使用。通过该试验可求得能够保证蒸汽品质合格的最高允许含盐量，并可求得蒸汽品质与锅炉水含盐量的关系。

最后根据上述实验结果，选择能保证蒸汽品质且又使排污率较小的锅炉水含盐量，作为运行中的控制标准。

3. 测定蒸汽含硅量与锅炉水含硅量的关系

该项试验类似于锅炉水含盐量对蒸汽品质影响的试验，可不另作专门试验，由该试验测定的水、汽含硅量求出饱和蒸汽与锅炉水含硅量的关系，由此确定锅炉水的最高允许含硅量及运行中锅炉水含硅量的控制标准。

但是，当需要求得锅炉饱和蒸汽的硅酸携带系数或鉴定汽包内蒸汽清洗装置的效率时，就应进行专项试验。其方法与锅炉水含盐量对蒸汽品质影响的基本相同，只是当锅炉水含硅量不够高时，可通过磷酸盐加药装置直接向锅炉水中添加硅酸钠溶液。锅炉水中含硅量的提高速度为：对于有蒸汽清洗装置的锅炉每小时不超过10mg/L；对于没有蒸汽清洗装置的锅炉每小时不超过3mg/L。

进行此项试验时，锅炉水含盐量应控制在允许含盐量附近，饱和蒸汽含硅量可以允许高一些，有时可允许含硅量高达70～80μg/L，以减少测定含硅量的相对误差。

4. 测定锅炉的负荷对蒸汽品质的影响

通过本试验可确定能保证蒸汽品质合格的允许锅炉负荷，还可了解汽水分离装置在不同负荷下的分离效果。

这项试验应在锅炉额定压力和中间水位的条件下进行，锅炉水的含盐量和含硅量，应为最高允许含盐量和含硅量的70％～80％（用排污量调整）。具体方法如下：

从锅炉额定负荷的70％～80％开始，逐渐增加到80％、90％、100％、120％等。在每一负荷下，运行3～4h，以确定蒸汽品质。在每一负荷试验中应维持负荷稳定，使其变动幅度不大于负荷间距的±1/4。负荷增长速度应保持每隔0.5h或更长时间增加5～10t/h，在超过额定负荷后每隔0.5h或更长时间增加3～5t/h。当在某一负荷下，蒸汽品质出现劣化现象时，就应降低负荷，再进行一次试验，以确定最高允许负荷值。如做到额定负荷的120%时，蒸汽品质仍合格，一般不需要再进行更高负荷的试验。

5. 测定锅炉的负荷变化速度对蒸汽品质的影响

通过该试验可确定一个不会使蒸汽品质劣化的最大负荷变化速度。该试验的运行工况与测定锅炉的负荷对蒸汽品质的影响试验相同。

试验时，锅炉选定几种负荷变化速度，通常每分钟变动量在额定负荷的5%～15%的范围内。蒸发量在400t/h以上的锅炉，宜在5%～10%内选取；小于100t/h的锅炉，宜在10%～15%内选取。试验时，锅炉先按选定的速度由最小负荷升到测定蒸汽含硅量与锅炉水含硅量的关系试验所确定的最大负荷，在此最大负荷下维持一段时间后，再以原来速度减至最小允许负荷。每分钟应进行一次蒸汽取样，测定蒸汽含钠量和含硅量（如有条件，蒸汽的含钠量应连续测定）。当发现以某一速度升降负荷会使蒸汽品质劣化时，应降低变化速度并再做试验，直到求得一个不会使蒸汽品质劣化的最大负荷变化速度。

6. 测定锅炉的最高允许水位

此试验的目的是寻求能保证蒸汽品质合格的最高允许水位。该试验应在锅炉额定压力和负荷的条件下进行，锅炉水的含盐量，应维持在最高允许含盐量的70%～80%范围内。

试验时，应从低水位开始，逐渐地、均匀地、分阶段地提升水位。提升速度以每20mim提升10mm左右；各水位点间隔一般为20mm。每次将水位升高到指定的位置时，应稳定运行3～4h，以确定蒸汽品质。

当水位提升到某一位置，发现蒸汽品质严重劣化时，应开始降低水位，降低的速度与提升的速度相同，在每一水位点也应稳定运行3～4h，并测定蒸汽品质。如此逐步降低水位，一直到蒸汽品质合格，这时的水位便是该锅炉的最高允许水位。

上述各项试验并不是每次热化学试验都需要进行的，可根据每次试验目的的不同，选择其中几项。另外，上面介绍的几项试验方法只是原则性的，仅供拟订热化学试验具体计划时参考。

第七节 凝汽器漏水率的测定方法

测定凝汽器漏水率是评价凝汽器严密性的方法，一般需测定汽轮机额定负荷时凝汽器的漏水率和测定汽轮机在某种负荷时的漏水率。

凝汽器的漏水率是指漏入的冷却水量占凝结水量的百分数，计算公式如下：

$$\Psi=\frac{D_L}{D_N}\times 100\% \tag{8-7}$$

式中 Ψ——凝汽器的漏水率，%；

D_L——漏入的冷却水量，t/h；

D_N——凝结水泵出口的凝结水量，t/h。

在凝汽器中，流出的凝结水量（D_N）等于进入的蒸汽量（D_Q）与漏入的冷却水量（D_L）之和。从凝汽器流出的凝结水中含钠量与凝汽器内水的含钠量有以下关系：

$$D_L S_L^{Na}+D_Q S_Q^{Na}=D_N S_N^{Na} \tag{8-8}$$

式中 S_L^{Na}——冷却水的含钠量，μg/L；

S_Q^{Na}——进入凝汽器的蒸汽含钠量，μg/L；

S_N^{Na}——凝结水的含钠量，μg/L。

由式（8-7）和式（8-8）可推导出式（8-9），即

$$\Psi=\frac{S_N^{Na}-S_Q^{Na}}{S_L^{Na}-S_Q^{Na}}\times 100\% \tag{8-9}$$

因为蒸汽含钠量远远小于冷却水的含钠量，式（8-9）可简化为下面的计算公式：

$$\Psi=\frac{S_N^{Na}-S_Q^{Na}}{S_L^{Na}}\times 100\% \tag{8-10}$$

可见，只要测定出蒸汽、凝结水和冷却水的含钠量后，按式（8-10）就可计算出凝汽器的漏水率。

凝汽器的严密性一定时，在不同负荷下，测得的漏水率是有些差别的。这是因为汽轮机负荷改变，凝结水量也会变化，但漏入的冷却水量变化不大，所以漏水率会随负荷变化有所不同。因此，评价凝结器的严密性时，应以汽轮机在额定负荷时的漏水率为准。

当汽轮机在其他负荷下运行时，也可按式（8-10）计算出凝汽器的漏水率，然后可计算出该负荷时的漏水量。

小　结

1. 饱和蒸汽的污染是由饱和蒸汽带水和饱和蒸汽溶解杂质引起的。
2. 汽包水位、锅炉负荷、锅炉水的含盐量等是影响饱和蒸汽带水的因素。
3. 锅炉的压力、锅水 pH 值是影响饱和蒸汽溶解杂质和溶解硅酸的因素。
4. 锅水 pH 值、压力是饱和蒸汽溶解硅酸的因素。
5. 过热蒸汽温度升高，盐类溶解度下降，造成过热器内盐类沉积。
6. 汽轮机内蒸汽压力、温度下降，盐类就在汽轮机内沉积。
7. 减少给水中杂质、排污、装设汽包内部装置是减少蒸汽中杂质的方法。
8. 水汽品质监督是保证水汽质量，防止结垢、腐蚀、积盐的有力措施。
9. 通过热化学试验可求得汽包锅炉最佳运行工艺的方法。
10. 水汽质量标准及监测项目的含义。
11. 水汽的取样方法和常用的取样器。
12. 水汽取样装置的作用、操作方法和注意事项。
13. 汽包锅炉的热化学试验的目的和方法。

思　考　题

1. 引起饱和蒸汽污染的原因有哪些？
2. 锅炉水位、负荷、含盐量是如何影响蒸汽带水的？
3. 哪些因素影响饱和蒸汽污染？如何影响？

4. 试叙述影响饱和蒸汽对硅酸溶解的因素。
5. 饱和蒸汽中水滴在过热时如何变化？
6. 过热器内盐类沉积的原因是什么？
7. 汽轮机内盐类沉积的原因是什么？
8. 过热器蒸汽监督的原因是什么？
9. 为什么要控制锅炉水的 pH 值大于 9？
10. 汽包锅炉热化学实验的目的是什么？什么情况下不需作热化学试验？
11. 如何测定凝汽器的漏水率？
12. 什么叫破膜速度？
13. 如何取得具有代表性的饱和蒸汽样品？测定蒸汽的原因是什么？

第九章

直流锅炉水处理简介

【内容提要】本章介绍直流锅炉过热蒸汽中盐类杂质溶解和沉积特性、给水和凝结水的净化处理意见、及直流锅炉启动时的冷态、热态冲洗。

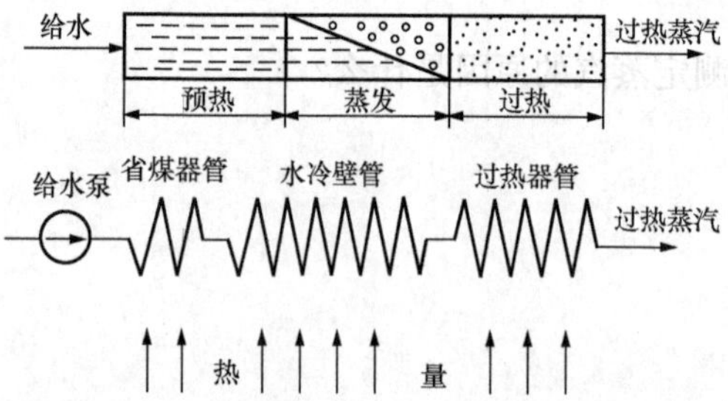

图 9-1 直流锅炉工作原理示意

直流锅炉中，没有汽包，水是一次通过设备后全部变为蒸汽，即在锅炉内一次完成水的预热、蒸发和过热（见图 9-1），所以，直流锅炉不存在循环流动的锅炉水、磷酸盐加药系统和排污装置。给水所带进来的杂质，不是沉积在炉管内，就是被蒸汽带往汽轮机，危及机组的安全运行，因此，直流锅炉对给水水质的要求较高。

为了阐明直流锅炉对给水水质的要求，必须弄清给水带入的杂质在直流锅炉内沉积和被蒸汽带出的情况。

一、给水中杂质在过热蒸汽中的溶解情况

由给水带入锅炉内的杂质有：钙镁化合物、钠化合物、硅酸化合物和金属腐蚀产物等。它们在过热蒸汽中的溶解度随蒸汽压力提高，溶解度增大，蒸汽压力愈高，溶解度愈大。在超临界压力蒸汽中，各种杂质的溶解度有很大的差别。NaCl 在蒸汽中的溶解度为几百毫克/千克、$CaCl_2$ 的溶解度为几十毫克/千克、Na_2SO_4 和 Ca（OH）$_2$ 的溶解度为百分之几毫克/千克、$CaSO_4$ 的溶解度仅为千分之几毫克/千克。所以，在超临界压力蒸汽中，它们在蒸汽中的溶解度顺序为

$$NaCl > CaCl_2 > Na_2SO_4 > Ca(OH)_2 > CaSO_4$$

在高压和超高压蒸汽中，它们的溶解度顺序也是如此，只是溶解度比超临界压力蒸汽中的数值小得多。

二、给水中杂质在直流锅炉内沉积特性

给水中各种杂质在直流锅炉内的沉积特性各不相同，有些易在炉管内沉积，有些易溶解在蒸汽中被带往汽轮机。

1. 钙镁化合物

$CaSO_4$ 在蒸汽中溶解度很小，对于压力小于 29.4MPa 的直流锅炉，给水带入的 $CaSO_4$ 几乎全部沉积在炉管内。$CaCO_3$ 在高温蒸汽中发生分解和水解，生成 Ca（OH）$_2$、CaO、Ca（ClO）$_2$、HCl。Ca（OH）$_2$ 和 CaO 在蒸汽中溶解度很小，大部分沉积在炉管内。

各种镁盐几乎全沉积在炉管内。沉积的形式是 Mg（OH）$_2$ 和 Mg（OH）$_2$ · $MgCO_3$ · $2H_2O$，这是镁盐在高温过热蒸汽中发生水解的结果。

2. 钠化合物

NaCl 在蒸汽中的溶解度很大，主要是溶解在蒸汽中被带往汽轮机，沉积在直流锅炉内

的量很少。

Na_2SO_4 在临界和超临界压力下的溶解度仅为 20μg/kg，因此，当给水中 Na_2SO_4 的含量大于 20μg/kg 时，Na_2SO_4 也会沉积在炉管内。低于临界压力蒸汽参数的直流锅炉中，硫酸钠主要沉积在炉管内。

NaOH 在蒸汽中溶解度很大，大部分被蒸汽带往汽轮机，部分与炉管管壁上的金属氧化物作用生成亚铁酸钠（Na_2FeO_2）沉积在炉管内。

3. 硅化合物

硅化合物存在的形态很复杂，有溶解状态、胶体状态和悬浮微粒状态。由于硅化合物在蒸汽中溶解度很大，随给水带入锅炉内的硅化合物，全部溶解在蒸汽中带往汽轮机。因此，直流锅炉蒸汽中的含硅量直接决定给水的含硅量。

4. 金属腐蚀产物

给水中的金属腐蚀产物主要是铁铜的氧化物。铁的氧化物在过热蒸汽中的溶解度很小。在亚临界和超临界压力直流锅炉送出的蒸汽中，铁的氧化物的溶解度为 10～15μg/kg。随蒸汽的压力提高，铁的氧化物在蒸汽中的溶解度有所增大；蒸汽压力一定时，随过热蒸汽温度提高，铁的氧化物在蒸汽中的溶解度降低。所以，给水中含铁量增多时，沉积在炉管中的铁量就增大。对于有中间再热式直流锅炉，铁的氧化物一般沉积在再热器的出口管段。

铜的氧化物，在亚临界压力及以下直流锅炉的蒸汽中，铜的氧化物的溶解度很小，铜的氧化物被蒸汽带往汽轮机的量很少，主要沉积在炉管内。

在超临界压力直流锅炉中，铜的氧化物在蒸汽中的溶解度较大，给水带入的铜的氧化物被带往汽轮机，并在那里沉积。

给水中各种杂质在直流锅炉内沉积的部位：钙镁盐类、硫酸钠等盐类，以及金属腐蚀产物，主要沉积在残余湿分最后被蒸干和蒸汽微过热的这一段炉管内。对于高压直流锅炉，沉积部位为蒸汽湿分小于 30%～40%至蒸汽微过热管段内，沉积物最多的是蒸汽湿分小于 5%～6%的部位；对于超高压和亚临界直流锅炉，从蒸汽湿分为 50%～60%的区域开始有沉积物析出，在残余湿分被蒸干和蒸汽微过热的管段内沉积物最多。

三、直流锅炉的水处理

直流锅炉对给水水质要求较高，即对补给水水质和凝结水水质要求较高。下面分别介绍补给水和凝结水净化方法。

1. 补给水净化处理

制备直流锅炉补给水时，无论采用地表水还是采用地下水，都必须对生水先进行混凝、过滤处理除去水中悬浮态、胶态杂质，再经过活性炭过滤进一步除去水中有机物，然后再采用两级除盐，而且第二级除盐应采用混床除盐，这样才能保证补给水的质量合格。现在也有采用混凝、过滤、盘式过滤器、超滤、两级反渗透、再经 EDI 也能制备质量合格的补给水。

2. 凝结水净化处理

直流锅炉的给水绝大部分是有凝结水组成的，凝结水的水质优良，对保证给水水质是极为重要的。由于凝器渗漏（或泄漏）、管道和设备的腐蚀、疏水中的腐蚀产物等原因，都会造成凝结水的污染。因此，对于直流锅炉，应对全部凝结水进行净化处理。净化处理过程为：全部凝结水先经过覆盖过滤器除去悬浮物和金属腐蚀产物，然后再经体外再生的混床除盐。

3. 给水、凝结水的处理

给水处理可采用中性水规范处理；也可采用碱性水规范处理。在采用碱性水规范处理时，亚临界压力及其压力以下的直流锅炉，热力系统中低压加热器的管材采用铜合金的，给水pH值控制在8.8～9.3（如果采用钢管控制在9.0～9.5）；超临界直流锅炉，热力系统加热器的管材均采用钢管，给水pH值可控制在9.0～9.5。

凝结水经混床处理后，水质较纯，如溶有少量的CO_2，凝结水的pH值就会明显降低，钢管和铜合金管都会遭受腐蚀。因此，必须提高凝结水的pH值，增加凝结水的缓冲性。可采用在凝结水混床除盐的出水母管上加氨水处理。如果热力系统中加热器管材是铜合金，加氨水将凝结水pH值调至8.0～8.5；如果热力系统中加热器管材是钢的，加氨水将凝结水pH值调至8.5～9.0。

四、直流锅炉启动时的水洗

在机组停用期间，直流锅炉的水汽系统和炉前系统中，总会产生一些腐蚀产物。此外，有时系统中还会有一些其他杂质，如硅化合物等。这些杂质不除掉会影响直流锅炉的给水水质，这些杂质还会附着在炉管内影响锅炉的安全运行。所以，直流锅炉每次启动时要用除盐水冲洗锅炉的水汽系统和炉前系统，以除去这些杂质，直至排水符合启动要求的水质。直流锅炉启动时的水冲洗有冷态和热态两种方式，现分述如下。

1. 冷态冲洗

冷态冲洗就是在锅炉点火前，用除盐水冲洗高压加热器、低压加热器、除氧器、省煤器、水冷壁、炉顶过热器以及启动分离器等部件在内的水汽系统。

冷态冲洗分两个阶段进行，先冲洗给水泵前的低压系统，低压系统冲洗结束后，再冲洗高压系统。

（1）低压系统的冲洗。低压系统的冲洗按下面循环回路进行：

凝汽器→凝结水泵→前置过滤器→混床除盐装置→凝结水箱→凝结水升压泵→低压加热器→除氧器→凝汽器→排地沟

冲洗时，启动凝结水泵和凝结水升压泵，使冲洗水在回路中循环流动，按前置过滤器入口水中含铁量控制冲洗效果。当前置过滤器入口水中含铁量大于1000μg/L时，冲洗水排入地沟；当前置过滤器入口水中含铁量小于1000μg/L时，冲洗水通过前置过滤器和混床除盐装置除去水中杂质；水中含铁量小于200μg/L时，结束低压系统的冲洗，开始高压系统的冲洗。

（2）高压系统性的冲洗。高压系统冲洗，按下面循环进行：

凝汽器→凝结水泵→前置过滤器→混床除盐装置→凝结水箱→凝结水升压泵→低压加热器→除氧器→给水泵→高压加热器→锅炉本体水汽系统→启动分离器→凝汽器→排地沟

冲洗时启动结水泵、凝结水泵和凝结水升压泵，使冲洗水在上述回路中循环，按启动分离器出口水中含铁量控制冲洗过程。当启动分离器出口水中含铁量大于1000μg/L时，冲洗水排地沟；当启动分离器出口水中含铁量小于1000μg/L时，冲洗水从启动分离器进入凝汽器，然后通过前置过滤器和混床除盐装置除去水中杂质；水中含铁量小于100μg/L时，就可结束冲洗。

上述冲洗时，增大冲洗水量可提高管道内水的流速，可以改善冲洗效果。但提高冲洗流速会增大排入地沟的水量，需要的除盐水量就增大。因此，提高冲洗水的流速要受到除盐设备制水能力的限制。为了提高冲洗效果，可采用变流速的冲洗方法，即突然将流速由小变大，或采用“启动—停止—启动”的方法冲洗，这样由于加大了水流冲刷作用可起到良好的冲洗效果。

冷态冲洗能冲洗掉许多杂质，为了保证直流锅炉点火时有良好的给水水质，冷态冲洗是不可少的一项步骤。实践证明，冷态冲洗结束时，前置过滤器出口水中含铁量不大于50μg/L；混床出水含硅量不大于20μg/L、含钠量不大于10μg/L、电导率不大于1.0μS/L。此时若水处理设备运行正常，省煤器给水水质可以达到锅炉点火时的水质指标：含铁量不大于50μg/L、电导率不大于1.0μS/L、pH值为8.8～9.3（或9.0～9.5）、硬度接近0、含硅量为20～30μg/L、含钠量为10～15μg/L、联氨50～100μg/L、溶解氧不大于20μg/L。

冷态冲洗结束后，锅炉就可以开始点火。

2. 热态冲洗

锅炉点火后，随水温和压力的提高，又会将残留在水汽系统内的杂质（主要是铁的腐蚀产物和硅化合物）冲洗出来，使水中杂质含量增大。这些杂质会影响锅炉启动后的水汽质量，应在启动过程中设法将它们排掉。

锅炉启动过程的前期阶段，水在水汽系统中流动过程，是与高压系统冷态冲洗时的循环回路相同，水从锅炉本体水汽系统带出的杂质，在水通过前置过滤器和混床除盐装置时，可将它们除去。所以，在锅炉启动过程中，当水温（以锅炉本体水汽系统出口水温为准）升至一定值后，应暂时停止升温，并在一段时间维持锅炉内的水温，水仍然沿高压系统冷态冲洗时的回路循环流动。此时锅炉本体水汽系统中的杂质，被流动的热水清洗出来，洗出的杂质在水通过前置过滤器和混床除盐装置时被除去。这样进行的清洗过程称为热态清洗。

热态清洗到启动分离器含铁量小于200μg/L时为止。水回收到凝汽器，经前置过滤器和混床除盐装置处理，含铁量小于50μg/L时，就可继续升温，并进行锅炉启动的其他步骤。

超临界压力直流锅炉在我国是近几年才有，直流锅炉的热态清洗标准还没有，各厂有自己的标准（有的厂检测饱和蒸汽含铁量小于500μg/L热态清洗结束），此处数据仅供参考。

小　　结

1. 直流锅炉的特点是水一次通过后，全部变成蒸汽。
2. 直流锅炉没有汽包、排污装置和加磷酸盐的装置。
3. 给水带入的钙、镁盐类、钠化物在直流锅炉内沉积特性。
4. 直流锅炉补给水处理、凝结水处理。
5. 直流锅炉启动前的冷态冲洗。
6. 直流锅炉启动前的冷态冲洗。

思考题

1. 直流锅炉有什么特点？
2. 给水带入的杂质在直流锅炉内沉积有什么特点？
3. 直流锅炉补给水处理的要求是什么？
4. 直流锅炉凝结水净化的步骤？
5. 直流锅炉冷态冲洗系统和冲洗结束时的条件？
6. 直流锅炉热态冲洗系统和冲洗结束时的条件？

第十章

冷却水处理

【内容提要】冷却水处理主要是为了防止冷却水系统结垢、腐蚀和产生有机附着物。本章主要介绍冷却水通道中有机附着物的形成与防止，凝汽器铜管腐蚀与防止、结垢与防止等内容。

火力发电厂中，冷却水主要用于凝汽器中冷却在汽轮机内做完功的乏汽。由于冷却水的用量很大（约占全厂总用水量的97%以上），对运行中冷却水只作防垢处理。冷却水水质不良，会造成凝汽器铜管内生成附着物和铜管腐蚀。铜管内一旦有附着物生成，传热性能变差，凝结水温度升高，就会引起凝汽器的端差温度升高，真空度下降，影响汽轮机的出力和运行的经济性。铜管腐蚀造成铜管的机械强度减弱，甚至穿孔，使冷却水漏入凝结水中，造成给水污染，影响锅炉安全运行。

冷却水的运行方式分为直流式、密闭式和敞开式三种，如图10-1～图10-3所示。

1. 直流式冷却系统

直流式冷却系统（见图10-1）是指从水源来的水一次性地经过凝汽器后，全部排放不再利用。此法用水量大、水质没有明显变化，只是水温有些升高，对水一般不进行处理，所以应用在水源充足的地方，如有江、河、湖、海或水库的地方。

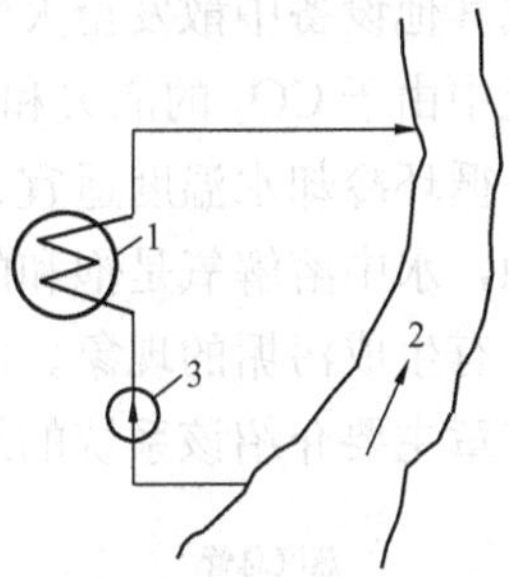

图10-1 直流式冷却系统图
1—凝汽器；2—河流；3—循环水泵

2. 密闭式冷却系统（也称直接空冷系统）

(1) 海勒式冷却系统。海勒式冷却系统（见图10-2）是指凝结水本身在一个完全密闭的系统中不断循环运行。在此系统中是将部分凝结水的热量通过冷却元散发至大气中（也称干式冷却或空气冷却），然后送入凝汽器喉部冷却乏汽。该系统中水不蒸发、不排放、不与空气接触的特点，所以不易产生由微生物而引起的各种危害。

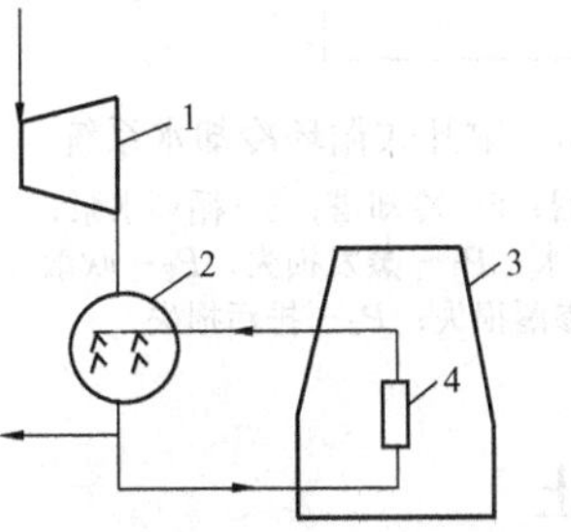

图10-2 密闭式循环冷却系统
1—汽轮机；2—凝汽器；3—冷却塔；4—空气冷却元件

(2) 直接空冷系统。直接空冷系统是指对汽轮机的排汽（蒸汽）直接用空气来冷凝，空气与蒸汽之间的热交换是通过空冷凝汽器（即散热器）进行的，所需冷却空气由轴流冷却风机提供。该冷却系统的工艺流程如图10-3所示。汽轮机的排汽通过一个直径很大、长达几十米的排汽总管送到布在室外的散热器内，与空气进行表面换热，将排汽冷凝成水，再由凝结水泵提压，经除铁过滤器和精处理后，回到热力系统，重新循环利用。

空冷凝汽器由外表面镀锌的椭圆形钢管外套矩形钢质翅片的若干管束组成，这些管束称为散热器。空冷凝汽器分为

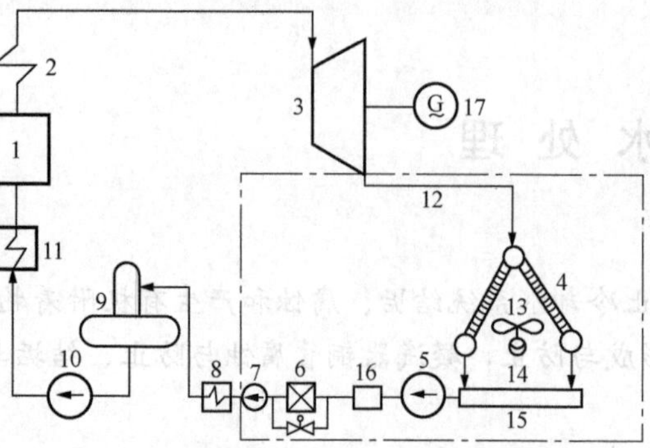

图 10-3　直接空冷机组汽水系统示意

1—锅炉；2—过热器；3—汽轮机；4—空冷凝汽器；5—凝结水泵；6—凝结水精处理装置；7—凝结水升压泵；8—低压加热器；9—除氧器；10—给水泵；11—高压加热器；12—汽轮机排汽管；13—轴流冷却风机；14—立式电动机；15—凝结水箱；16—除铁过滤器；17—发电机

主凝汽器和辅助凝汽器两部分，前者多为气水顺流式，后者多为气水逆流式，如图 10-4 所示。

直接空冷发电机组，在汽轮机启动和正常运行时，必须使汽轮机的低压缸尾部、空冷凝汽器、大管径排汽管及凝结水箱等设备内部形成一定的真空度。抽真空仍用抽气器。抽气器有两级，启动时投入出力大的一级抽气器，以加快启动速度、缩短抽真空时间。当汽轮机进入正常运行后，改用出力小的二级抽气器，维持整个排汽系统的真空度。因此，空冷凝汽器中所有元件和排汽管道均采用两层焊接结构，确保整个真空系统的严密性。

3. 敞开式循环冷却水系统

敞开式循环冷却水系统（见图 10-5）是指冷却水在凝汽器中吸收的热量，直接在冷却塔或其他设备中散发至大气中，然后再用循环水泵送入凝汽器吸收热量，如此重复使用。该系统中由于 CO_2 的散失和盐类浓缩现象，在凝汽器铜管内或冷却塔的填料上有结垢现象存在；循环冷却水温度适宜、阳光充足、营养丰富，有微生物滋长的现象；循环冷却水与空气接触，水中溶解氧是饱和的，有换热器材料的腐蚀现象；循环冷却水在冷却塔内对空气的洗涤，有生成污垢的现象。由于水源、水量日趋紧张，敞开循环冷却水系统应用最为广泛，所以本章主要介绍该系统的结垢、腐蚀和微生物生长等方面的原理和防止方法。

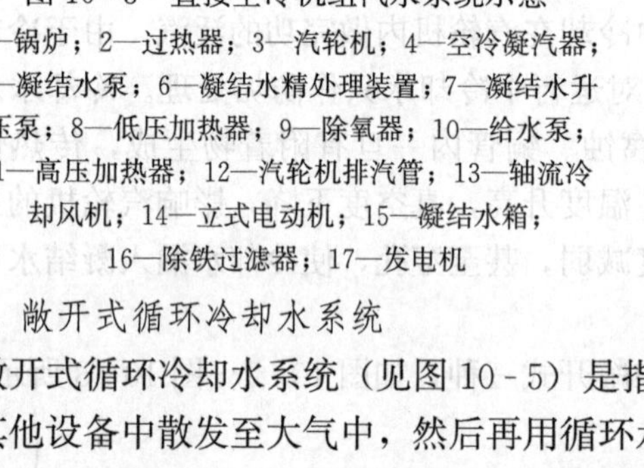

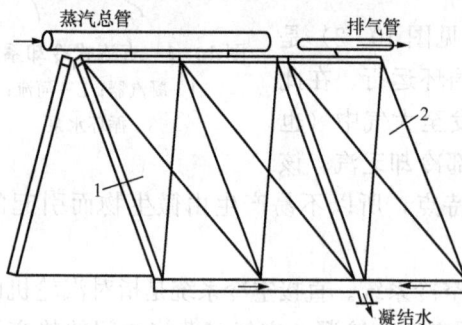

图 10-4　空冷凝汽器布置示意

1—主凝汽器；2—辅助凝汽器

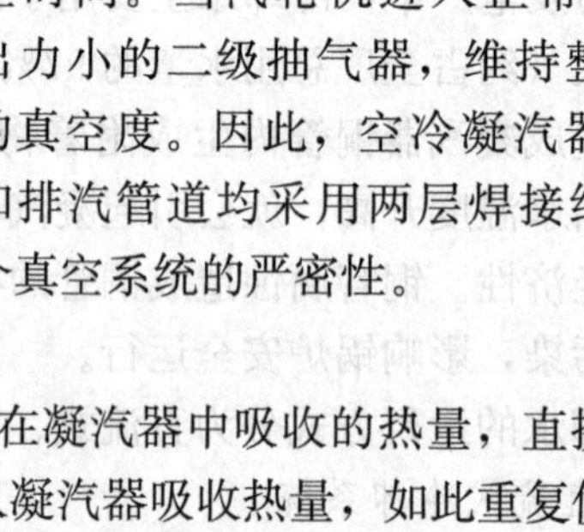

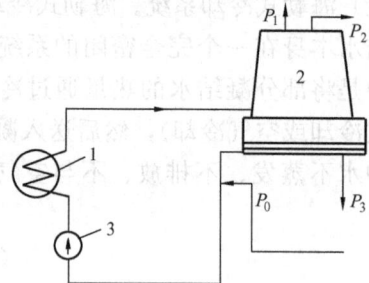

图 10-5　敞开式循环冷却水系统

1—凝汽器；2—冷却塔；3—循环水泵；P_0—补充水；P_1—蒸发损失；P_2—吹散及渗漏损失；P_3—排污损失

第一节　污泥的形成与防止

污泥是循环水系统中常见的物质，遍布于冷却水系统的各个部位，特别是水流滞缓的部分，如冷却塔水池的底部。污泥主要是由冷却水中的悬浮物和水中微生物繁殖过程中生成的黏泥所组成。

一、冷却水中的悬浮物

冷却水中悬浮物的来源有：

（1）采用未经处理的地面水作为补充水或澄清处理的效果不佳，使泥沙、氢氧化铝和铁的氧化物等悬浮物进入冷却水系统；

（2）因冷却水处理的工艺条件控制不当而生成沉淀物；

（3）水通过冷却塔时，空气中的尘土约有90%进入冷却水中，这是冷却水中悬浮物的主要来源，尤其是在风沙季节和风沙较大的地区。

为了减少循环水中悬浮物的含量，除应做好补充水的水处理工艺外，还可将部分循环水通过过滤除去悬浮物此法称为旁流过滤，该系统如图10-6所示。

旁流过滤的水量决定于循环水的污染程度，一般为循环水流量的1%～5%，所用设备可以是砂粒过滤器，必要时可添加混凝剂改善处理效果。

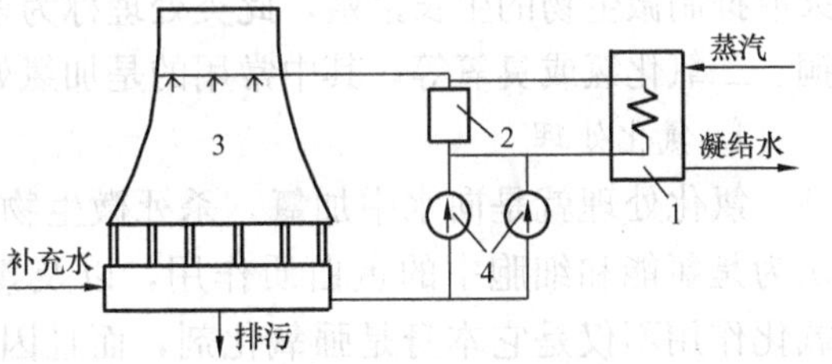

图10-6 旁流过滤系统

1—凝汽器；2—旁流过滤器；3—冷却塔；4—水泵

二、微生物的滋长

天然水中微生物的种类很多，有属于植物类的藻类、真菌类和细菌类，有属于动物类的孢子虫、鞭毛虫、病毒等原生动物。

1. 藻类

藻类可分为蓝藻、绿藻、硅藻、黄藻和褐藻等。大多数藻类最适宜的生长温度为10～20℃，滋长所需元素为N、P、Fe，其次为Ca、Mg、Zn、Si等。水中无机磷达到0.1mg/L以上时，藻类生长较旺盛。由于藻类含有叶绿素，能进行光合作用，吸收CO_2，放出O_2和OH^-，使水中溶解氧量增加和pH值上升。在藻类大量繁殖时，循环水的pH值可上升至9.0。

2. 细菌

循环水中生存的细菌种类较多，对它们的控制比较困难，对一种细菌有毒性的药剂，对另一种细菌可能没有作用。

3. 真菌

循环水中常见的真菌大都属于藻状菌纲中的一些属种，如水霉菌和绵霉菌等。真菌没有叶绿素，不进行光合作用。真菌大量繁殖时形成团状物，附着在金属表面或堵塞管道。有些真菌能分解木质纤维素，使木材腐烂。

冷却水中的微生物和藻类在生长和繁殖过程中会分泌黏液，这些黏液能将悬浮在水中的黏泥和植物残骸等黏附在凝汽器铜管内形成黏垢。

影响微生物在冷却系统内滋长的因素有以下几个。

（1）温度。适合大多数微生物生长和繁殖的温度在20℃或稍高一些，高于35℃时，凝汽器中常见的微生物大部分就会死亡。因此，凝汽器中有机质污泥的生长，以春秋季最为严重，产生黏垢的可能性最大。

（2）冷却水含砂量。冷却水中夹带大量的黏土和细砂时，会将凝汽器铜管内有机物冲掉。用江河水作冷却水时，洪水季节凝汽器铜管内不会存在有机附着物。

（3）铜管的清洁度。清洁的铜管内微生物不易生长。在同期和同条件下，不清洁的旧铜管内附着有机物的量为清洁新铜管的 4 倍。这可能是新铜管管壁上有一层铜的氧化物，可以杀死微生物，而旧铜管内这种氧化物被外来的附着物覆盖，容易滋长微生物。

（4）光照。光照能促使微生物藻类繁殖。光照越强，藻类越易繁殖，所以藻类特别容易在冷却塔内出现。如藻类在冷却塔内大量繁殖，循环水的冷却效率就会降低。脱落的藻类又会促进铜管内或其他部位黏垢的形成。

三、杀菌处理

冷却水系统中形成污泥与微生物的滋长繁殖密切相关，防止有机附着物的形成，只要杀灭或抑制微生物的生长繁殖，此类处理称为杀菌处理。杀菌处理的方法较多，如加氯、硫酸铜、二氧化氯或臭氧等，其中常用的是加氯处理称为氯化处理。

1. 氯化处理

氯化处理就是向水中加氯，杀死微生物。加氯杀死微生物的原理尚未完全清楚，初步认为是氯能和细胞中的蛋白质作用，以及氯的氧化作用将微生物的有机质破坏了。氯的氧化作用不仅是它本身是强氧化剂，而且因加入水中的氯会与水生成次氯酸（HClO），反应如下：

$$Cl_2 + H_2O \rightleftharpoons HClO + HCl$$

次氯酸不稳定，易分解：

$$HClO \longrightarrow HCl + [O]$$

产生的新生态氧［O］，也叫原子态氧，是很强的氧化剂，能杀死微生物。

次氯酸在水中还会电离为次氯酸根（ClO^-），反应如下：

$$HClO \rightleftharpoons H^+ ClO^-$$

次氯酸根的杀菌能力仅是次氯酸的 1%～2%。次氯酸的电离度与冷却水的 pH 值有关，如表 10-1 所示。

表 10-1　HClO、ClO^- 与 pH 值的关系

pH 值	4.0	5.0	6.0	7.0	7.5	8.0	8.5	9.0	9.5	10.0
HClO（%）	100	99.7	96.8	75.2	48.93	23.2	8.75	2.9	0.3	0
ClO^-（%）	0	0.3	3.2	24.8	51.07	76.8	91.25	97.1	99.7	100

注　温度为 20℃。

从表 10-1 中可知，pH 值在 6.5 以下，95%以上是 HClO，ClO^- 在 5%以下；pH 值为 7.5 时，HClO 和 ClO^- 大致相等；pH 值在 8.5 以上，ClO^- 达 90%以上，氯几乎失去杀菌作用。所以一般认为以氯作杀菌剂时，水的 pH 值控制在 6.5～7.0 最合适。通常，电厂循环冷却水的 pH 值大都在 7.5～8.5，因此，杀菌效果较差。

氯化处理的药品有三种，为液态氯、漂白粉和次氯酸钠。

当采用次氯酸钠（NaClO）或漂白粉［起杀菌作用的是其中的次氯酸钙 Ca（$ClO)_2$］作杀菌剂时，主要也是 HClO 起氧化作用。

采用加液态氯处理时，加药点设在凝汽器入口处冷却水的水沟中，每天加两次，每次 30～60min，控制凝汽器出口水中含余氯为 0.2～0.5mg/L。向冷却水中加漂白粉时，应先在专用设备中将漂白粉搅拌成糊状，然后用水稀释至活性氯的含量为 15～20mg/L。为防止漂白粉的乳液发生沉淀，在向冷却水中加漂白粉的乳液前，先将此液搅拌6～8min，而且在加药过程中搅拌器不能停止运行。加药点宜在离凝汽器冷却水入口50～60m，同时加药设备和管道应进行防腐处理。控制标准也为凝汽器出口水中含余氯为0.2～0.5mg/L。采用次氯酸钠处理时，可采取电解食盐水、海水或苦咸水制备次氯酸钠，边制备边将其加入到冷却水系统中。控制标准与上述其他方法相同。

2. 臭氧处理

臭氧（O_3）是氧（O_2）的同素异形体，它的化学性质很活泼，具有强烈的氧化性。O_3溶于水时，发生如下反应：

$$O_3 = O_2 + [O]$$

产生的新生态氧（O）杀死水中微生物，臭氧的杀菌能力比氯强，且速度快。用臭氧杀菌不会在水中遗留有害物质，是理想的饮用水的消毒剂或防止冷却水中有机物滋长的处理剂。

用臭氧处理冷却水时所需加药量，还没有经验。根据研究，当冷却水中的O_3达到1mg/L时，经3～10min可制得无菌水，所以估计O_3用量在0.5～1.0mg/L的范围内已足够。臭氧引入冷却水中的方法可采用喷射器或文丘里管。

3. 二氧化氯处理（ClO_2）

二氧化氯是一种黄绿色到橙色的气体，也是一种有效的杀菌剂，具有类似氯气的刺激气味。无论是二氧化氯的液体（沸点为11℃）还是气体都是不稳定的，运输时容易发生爆炸，因此通常是在现场制备，就地投加。现场制备方法有以下几种：

（1）用亚氯酸钠溶液与氯气混合制备，反应如下：

$$Cl_2 + 2NaClO_2 \longrightarrow 2NaCl + 2ClO_2$$

（2）在小设备中也可以通过混合盐酸、次氯酸和亚氯酸钠制备，反应如下：

$$HCl + HOCl + 2NaClO_2 \longrightarrow 2NaCl + 2ClO_2 + H_2O$$

（3）选用电解的装置——二氧化氯发生器，电解盐水或海水，在现场制备二氧化氯，反应如下：

$$2NaCl + 2NaClO_2 + 2H_2O \longrightarrow 2ClO_2 + 2NaCl + 2NaOH + H_2\uparrow$$

在循环冷却水处理中，多用氯和亚氯酸钠来制备二氧化氯。随着此项技术的日趋完善，该法在电厂冷却水处理中将有良好的使用前景。

二氧化氯用于循环冷却水处理时，与氯相比有以下优点。

（1）杀菌效果比氯强，杀菌作用也较快，而且可以分解菌体残骸，杀死芽孢或孢子，控制黏泥生成。

（2）杀菌能力与水的pH值无关，在pH6～10的范围内都有效，可满足循环冷却水处理的要求。

（3）用量小，投加药量20mg/L、作用时间30min，杀菌率几乎达100％，而剩余的二氧化氯（ClO_2）浓度尚有0.9mg/L。一般正常投加药量为0.1～5.0mg/L，美国环保局推荐（$ClO_2 + ClO_2^-$）总量应小于0.5mg/L。

（4）不与水中的氨和大多数有机胺起反应，也不影响杀菌效果。

（5）杀菌持续时间比较长，当ClO_2的余量为0.5mg/L时，12h内对异氧菌的杀死率仍可达到90％以上。

由于 ClO_2 是一种不稳定的气体，所以将它先溶于水中，并加固定剂加以固定，这样便于运输，现场应用时再加入活化剂，称为稳定性 ClO_2。

4. 氯化异氰尿酸

氯化异氰尿酸又称氯化三聚异氰酸，此类杀菌剂加入水中后，能逐渐释放出次氯酸或氯。常用的有异氰尿酸、三氯化异氰尿酸、二氯化异氰尿酸钠和二氯化异氰尿酸钾三种分子结构的氯化异氰尿酸。

氯化异氰尿酸在水中水解，生成次氯酸和异氰尿酸，因此氯化异氰尿酸是一种氧化型杀菌剂，但它贮存稳定性、溶解性好，使用方便。它的外观为白色结晶粉末，具有次氯酸的刺激气味。

5. 溴化物

在碱性条件下，向水中加液氯会生成次氯酸根离子（OCl^-），杀菌能力减弱，所以当水的碱度和 pH 值较高时，可考虑用溴或溴化物代替氯或氯化物。因在相同 pH 值条件下，次溴酸（HBrO）的百分含量要比次氯酸（HClO）高。如 pH 值＝7.5 时，水中 HClO 不足 50%，而 HBrO 仍有 90%以上；pH 值＝9.0 时，HClO 只有 3%～5%，HBrO 仍有 30%～40%。

在相同 pH 值和剂量的条件下，溴化物的杀菌效果比氯大得多，如 pH＝8.2、剂量 1.9mg/L 时，用氯或氯化物处理，大肠埃氏杆菌和假单胞菌的存活率分别为 1%和 80%，用溴或溴化物处理，它们的存活率只有 0.000 05%和 0.03%。

另外，溴的杀菌速度比氯快，在相同条件下，4min 内溴使细菌的存活率降低到 0.0001%，而氯则不能。此外，氯对金属的腐蚀速度比溴大 2～4 倍，这说明使用溴及溴化物作杀菌剂具有一定的优越性。

6. 非氧化型杀菌剂

某些条件下，用非氧化型杀菌剂比氧化型杀菌剂更有效、更方便。所以在循环冷却水处理中有时将两者联合使用，如每天（或几天）冲击性加氯一次，同时每周加非氧化型杀菌剂一次。常用的非氧化型杀菌剂有氯酚类、季铵盐类、铜盐和有机硫化物等。

（1）氯酚。在循环冷却水处理中，使用的是氯酚及其衍生物，有双氯酚、三氯酚钠和五氯酚钠，它们都是易溶而又稳定的化合物，很少与水中存在的其他化学物质起反应。

在循环冷却水中用作杀菌剂的氯酚主要是三氯酚和五氯酚的钠盐（$C_6H_2Cl_3ONa$、C_6Cl_5ONa），使用浓度为 50mg/L。

氯酚通过吸附和扩散作用，穿过微生物的细胞壁进入到微生物的内部与细胞质形成胶体溶液，使蛋白质沉淀，破坏生物酶及新陈代谢过程而杀死微生物。如与阴离子型表面活性剂混合使用，可使细胞壁的表面张力降低，杀菌剂穿过细胞壁的速度增加，杀菌效果可明显提高。

氯酚类毒性大，对人眼、鼻等黏膜和皮肤有刺激作用，不易被其他微生物迅速降解，易造成环境污染。

（2）季铵盐。用于循环冷却水处理的季铵盐类杀菌剂主要有十二烷基二甲基苄基氯化铵、十二烷基二甲基苄基溴化铵、十四烷基二甲基苄基氯化铵、十六烷基二甲基苄基氯化铵、十八烷基二甲基苄基氯化铵、十六烷基三甲基溴化铵、十六烷基氯化吡啶、十六烷基溴化吡啶等。其中最常用的有十二烷基二甲基苄基氯化铵（也称洁尔灭）和十二烷基二甲基苄基溴化铵（也称新洁尔灭），后者的杀菌能力比前者强。

季铵盐类杀菌剂具有很强的渗透能力，它的阳离子吸附在带负电荷的微生物表面上，形成静电键，对细胞壁产生压力，破坏细胞的正常活动而死亡。同时，季铵盐透过细胞壁到菌体内部，与菌体的蛋白质或生物酶反应，使微生物的新陈代谢异常而死亡。

季铵盐在碱性（pH 值为 7～9）范围内，杀菌灭藻效果最佳，对黏泥、污垢具有剥离作用，并具有化学性质稳定、使用方便等特点。缺点是加药量大，一般为 20～30mg/L，且易起泡沫。冷却水含盐量高或含有蛋白质和其他有机物时，杀菌效果会降低，投药方式一般采用每天少量投药，以利于抑菌，每隔数日采用一次性冲击式大剂量投药，以利于杀菌。

(3) 异噻唑啉酮。异噻唑啉酮是通过断开细菌和藻类蛋白质的键而起杀生作用的，它与微生物接触后，就能迅速地抑制其生长，此抑制过程是不可逆的，从而导致微生物细胞的死亡。目前使用的异噻唑啉酮大都是它的衍生物，如 2－甲基－4－异噻唑啉－3－酮和 5－氯－2－甲基－4－异噻唑啉－3－酮。

异噻唑啉酮能在较宽的 pH 值范围内，即使浓度很低（0.5mg/L）时，对藻类、真菌和细菌都有良好的杀生能力，所以也是一种广谱性的杀菌剂。

7. 冷却塔涂防菌藻涂料

冷却塔内的配水系统、内壁、支柱、水池等部位，由于阳光充足、温度适宜，是藻类孳生的好地方。藻类孳生的代谢产物，不仅是生物黏泥的主要成分，影响凝汽器的传热效果，而且容易引起垢下腐蚀。为此，目前有些电厂在循环冷却水系统的循环冷却水管内壁、配水槽、支柱及水池壁上涂一层防菌藻的涂料，实践证明，效果良好，涂刷一次涂料，可在 2～3 年内不长藻类。

这种防菌涂料由几种成分按一定比例组成：水玻璃是基体，起骨架作用；氧化亚铜是毒料；氧化锌是副毒料，也起固化作用，用以调节氧化亚铜的渗出率；硅胶是用来提高水玻璃的模数。为保证防菌藻涂料的杀生效果，必须严格按施工工艺要求施工。

第二节 凝汽器铜管内结垢及防止

火电厂的凝汽器冷却系统中形成的水垢，主要是附着在铜管内的碳酸盐。在开放式冷却系统中，由于使用硬度较低的江河水，生成这类水垢的可能性不大，也有由于水中碳酸根（HCO_3^- 和 CO_3^{2-}）含量较大，存在过剩碱度而结垢的。而在循环式冷却系统中，由于冷却水循环使用，凝汽器铜管内容易结有这类水垢。

一、结垢的原因

1. 盐类浓缩作用

冷却水在凝汽器内吸收的热量，在冷却塔内通过蒸发来降低水的温度。水的蒸发造成纯水的损失，蒸发掉水中的盐类留在冷却水中，使循环水中的盐类产生浓缩作用，使某些垢类离子的浓度乘积超过其溶度积而析出。

2. 循环冷却水的脱碳作用

循环水中钙、镁的重碳酸盐和游离 CO_2 存在以下平衡：

$$Ca(HCO_3)_2 \longrightarrow CaCO_3\downarrow + CO_2\uparrow + H_2O$$

$$Mg(HCO_3)_2 \longrightarrow MgCO_3 + CO_2\uparrow + H_2O$$

当循环水在冷却塔内与空气接触时，水中原有的 CO_2 就会大量逸出，破坏以上的平衡，促使平衡向生成碳酸钙或碳酸镁的方向移动而产生水垢。

循环水在冷却塔内喷洒后，残余的游离 CO_2 含量与水温度的关系如表 10-2 所示。

表 10-2　在冷却塔内喷洒后水中游离 CO_2 的含量

水温（℃）	10	20	30	40	50
游离 CO_2（mg/L）	14.5	7.7	3.5	1.5	0

3. 循环冷却水的温度升高

循环冷却水的温度在凝汽器内升高后，一是降低了钙、镁碳酸盐的溶解度，二是使碳酸盐的平衡向右移动，提高了平衡所需 CO_2 量，从而使产生水垢的趋势增加。相反，循环水在冷却塔内降温后，平衡所需 CO_2 量降低，当需求量低于水中实际 CO_2 含量时，水就具有侵蚀性和腐蚀性。因此，在一些进出口温差比较大的循环冷却水系统中，有时出现冷却水进口端（低温区）产生腐蚀，热水出口端（高温区）产生结垢的现象。

此外，金属表面有一层相对静止的水膜，该处水的温度和 pH 值比冷却水的高，$CaCO_3$ 的溶解度降低，更易在此形成水垢。

当循环冷却水浓缩到一定程度，就会引起结垢。为防止冷却水系统不结垢，应对冷却水中碳酸盐硬度有所限制。实践证明，对于每一种水质，都有维持在运行中不结垢的最大碳酸盐硬度值，称极限碳酸盐硬度（用 H'_T表示）。如果控制运行中循环水的实际碳酸盐硬度低于极限碳酸盐硬度，就不会生成水垢。

极限碳酸盐硬度 H'_T值很难用理论推导得到，因为影响析出 $CaCO_3$ 过程的因素较多，有些因素的影响程度是无法估算的，如水中有机物就会阻止 $CaCO_3$ 的析出，但是水中有机物种类不是单一的，因此不同的水质影响程度是不同的。因此，H'_T最好通过模拟试验求得。

二、冷却水系统结垢的防止方法

（1）离子交换。本方法是采用交换容量大、易再生的氢型弱酸性阳树脂，可除去水中的硬度和降低水中碳酸盐含量。

在此系统中，可采用高速型过滤设备降低水中的浊度，离子交换器采用双流式再生设备。它的出力与单流式相比，交换容量可提高近 1 倍，运行费用可降低，运行操作可简化。

（2）石灰处理。石灰处理用于循环水时，发生如下反应：

$$CO_2 + Ca(OH)_2 \longrightarrow CaCO_3\downarrow + H_2O$$

$$Ca(HCO_3)_2 + Ca(OH)_2 \longrightarrow 2CaCO_3\downarrow + 2H_2O$$

降低了水中 $Ca(HCO_3)_2$ 的量，生成的沉淀物主要 $CaCO_3$，可采用涡流（或快速）反应器。此法可将生成的碳酸钙 $CaCO_3$ 回收，再经煅烧成生石灰后，进行再利用。

经此法处理的水，碳酸盐硬度降低了，但它是 $CaCO_3$ 的过饱和溶液，在循环水系统中仍有可能出现 $CaCO_3$ 的沉淀。为消除经石灰处理后水的不稳定性，可向水中添加少量的硫酸（在过滤器后），调节水的 pH 值约为 7.5，这种方法称为水质再稳定处理。

此法的缺点是投资和占地面积较大，适合于大型电厂。

（3）零排污系统。循环水处理最彻底的方法是进行除盐处理，即将循环水的含盐量降至不必进行排污，此种处理系统称为零排污系统，如图 10-7 所示。

零排污系统是由软化、过滤和除盐三部分组成的，可对部分循环水进行处理。零排污系统可用石灰苏打、石灰或弱酸性阳树脂进行软化，用反渗透进行除盐。该系统适用于水源不足的地区，或因工艺上有要求的场合，例如为了防止设备腐蚀和产品污染等。

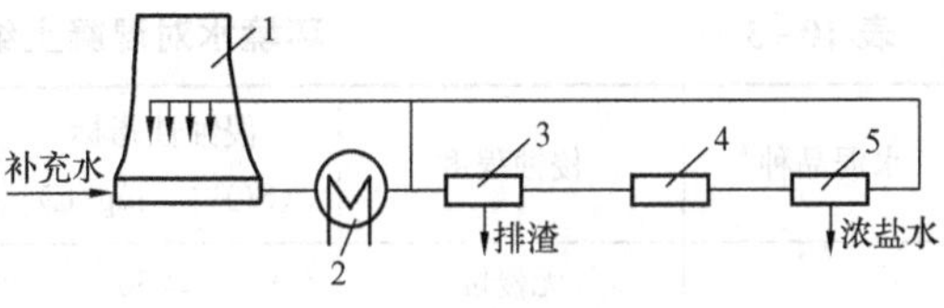

图 10-7 零排污系统

1—冷却塔；2—凝汽器；3—软化；4—过滤；5—除盐

三、水质调整处理

1. 加酸处理

循环水的加酸处理采用的是硫酸。硫酸与水中重碳酸盐硬度反应如下：

$$Ca(HCO_3)_2+H_2SO_4 \longrightarrow CaSO_4+2CO_2+2H_2O$$

反应将水中的碳酸盐硬度转变成非碳酸盐硬度（硫酸钙 $CaSO_4$）。因为硫酸钙溶解度较大（0℃时为1750mg/L），所以能防止生成碳酸盐水垢和提高浓缩倍率，节约补充水量。反应中生成的游离 CO_2，有利于抑制析出碳酸盐水垢。

加硫酸处理时，加酸的量并不需要使循环水中碳酸氢根（HCO_3^-）全部中和，只要使循环水中剩余的碳酸氢盐不结垢即可，即维持循环水中的碳酸盐硬度（H_T）不超过它的极限碳酸盐硬度（H'_T）。

加酸处理，一般不采用盐酸。加盐酸会使水中氯根（Cl^-）较多，易造成金属表面保护膜的破坏，使铜管腐蚀。

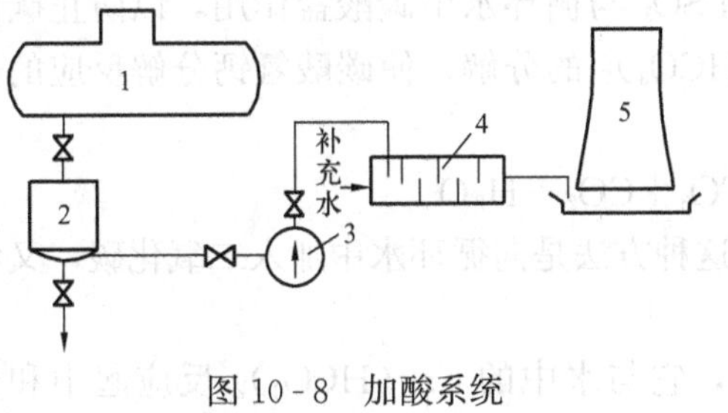

图 10-8 加酸系统

1—硫酸储存槽；2—硫酸计量箱；3—酸计量泵；4—混合槽；5—冷却塔

循环水的加酸地点，无严格的限制，可加在补充水水流中，也可加在循环水泵入口侧循环水渠道中，这对防止铜管内结垢有利。加酸处理的控制方法，一般采取控制循环水的 pH 值的措施，冬季控制 pH 值在 7.6～7.8，夏季控制 pH 值在 7.2～7.4。加酸系统如图 10-8 所示。

加酸处理可防止碳酸盐水垢和提高浓缩倍率，但浓缩倍率过大，水中 SO_4^{2-} 含量过多，会引起 $CaSO_4$ 水垢产生。

我国天然水体中，属于钙、镁的硫酸盐型水系比较少，硅酸盐含量也不高，多数水中在20mg/L以下，镁的含量一般低于钙。虽然地下水硫酸根（SO_4^{2-}）含量较高，但 $CaSO_4$ 的溶解度比 $CaCO_3$ 要大 200 倍，所以控制浓缩倍数在 3～5 范围内时，不会生成 $CaSO_4$ 和 $MgSiO_3$ 水垢。但在缺水的条件下，为提高浓缩倍率，节约用水，也可能会使水中 Ca^{2+} 和 SO_4^{2-} 的含量超过限量而析出 $CaSO_4$ 和 $MgSiO_3$ 水垢。一般推荐，保持 $[Ca^{2+}][SO_4^{2-}]<5\times10^5$、$[Mg^{2+}][SiO_3^{2-}]<15000$，这里的 $[Ca^{2+}]$、$[SO_4^{2-}]$、$[Mg^{2+}]$、$[SiO_3^{2-}]$ 表示它们在循环水中的含量，以 mg/L 计。

至于 SO_4^{2-} 对混凝土的侵蚀，在《水利水电工程水质评价标准》中规定，当混凝土处于不良地质环境和物理环境时，环境水对混凝土结晶性侵蚀判断标准，如表 10-3 所示。

表 10 - 3 环境水对混凝土结晶性侵蚀判断标准

水泥品种	侵蚀程度	侵蚀性指标（SO_4^{2-}，mg/L）	水泥品种	侵蚀程度	侵蚀性指标（SO_4^{2-}，mg/L）
普通水泥	无侵蚀	<250	抗硫酸盐水泥	无侵蚀	<3000
	弱侵蚀	250～400		弱侵蚀	3000～4000
	中等侵蚀	400～520		中等侵蚀	4000～5000
	强侵蚀	>500		强侵蚀	>5000

水中 SO_4^{2-} 对混凝土的侵蚀，是由于 SO_4^{2-} 对水泥中游离石灰的盐化作用：

$$Ca(OH)_2+Na_2SO_4+2H_2O = CaSO_4\cdot 2H_2O+NaOH$$

反应生成的石膏（$CaSO_4\cdot 2H_2O$）进一步与水泥中的水化铝酸钙反应生成水化铝酸钙晶体，反应如下：

$$3CaO\cdot Al_2O_3\cdot 6H_2O+3CaSO_4\cdot 2H_2O+19H_2O = 3CaO\cdot Al_2O_3\cdot 3CaSO_4\cdot 31H_2O$$

反应生成含有大量结晶水的水化铝酸钙晶体，呈针状结晶，体积比原来大 2.5 倍，对水泥产生巨大的内应力引起鼓泡破坏或松脆，故称为“水泥杆菌”。水中高浓度的镁和铵也会对水泥产生侵蚀性破坏，因它在水泥中形成硅酸镁和氢氧化镁。德国标准推荐 SO_4^{2-} 的指标为：水中［Mg^{2+}］（或［NH_4^+］）<100mg/L 时，［SO_4^{2-}］<600mg/L；水中［Mg^{2+}］（或［NH_4^+］）>100mg/L 时，［SO_4^{2-}］<350mg/L。

2. 炉烟处理

炉烟处理循环水，就是利用烟气中的 CO_2 和 SO_2 与循环水中碳酸盐作用，以防止碳酸盐水垢的形成。循环水中加入 CO_2 能抑制 $Ca(HCO_3)_2$ 的分解，使碳酸氢钙分解反应的逆向反应增强：

$$Ca(HCO_3)_2 \rightleftharpoons CaCO_3+CO_2+H_2O$$

即钙盐保持易溶的碳酸氢盐状态，防止了结垢。这种方法是向循环水中加入二氧化碳，又称为再碳化处理。

循环水中加入 SO_2 后生成亚硫酸（H_2SO_3），它与水中的 $Ca(HCO_3)_2$ 反应起中和作用，反应如下：

$$Ca(HCO_3)_2+SO_2 \longrightarrow CaSO_3+H_2O+2CO_2$$

降低了水中 $Ca(HCO_3)_2$ 的含量，防止了结垢。而生成亚硫酸钙（$CaSO_3$）在水中溶解氧的作用下，转为 $CaSO_4$，反应如下：

$$2CaSO_3+O_2 \longrightarrow 2CaSO_4$$

反应生成的 $CaSO_4$ 在水中有一定的溶解度，在循环水中通常不会析出。

炉烟处理可单独利用烟气中 CO_2 或 SO_2，也可两者同时都用，应根据燃料性质而定。

四、阻垢处理

在循环水中只需加入少量的某些化学药剂，就可起到阻止生成水垢的作用，称为阻垢处理，所用药剂称为阻垢剂。常用的阻垢剂有以下几种。

1. 聚合磷酸盐

在循环水处理中，采用的是三聚磷酸钠（$Na_5P_3O_{10}$）和六偏磷酸钠（$(NaPO_3)_6$）。聚合磷酸盐在低剂量（如 2～4mg/L，以 PO_4^{3-} 计）时，是一种有效的阻垢剂。它们溶于水后，在水中电离生成长链的—O—P—O—P—高价阴离子，容易吸附在微小的碳酸钙晶粒上，使晶粒表面上的表面电位向负方向移动，增大了晶粒之间的排斥力，起到分散作用。另外一种观点是干扰了碳酸钙晶体的正常生长，晶格受到扭曲，生成的碳酸钙不是坚硬的方解石晶体，而是疏松、分散的软垢，易被水流分散于水中。聚合物还可与水中 Ca^{2+}、Mg^{2+} 形成配位离子或螯合离子，从而使它们稳定存在于水中，提高了循环水的极限碳酸盐硬度，达到防止结垢的作用。

聚合磷酸盐是一种在中性介质中有效的阻垢剂和阴极缓蚀剂（加入量在 15～30mg/L 以上），但也有缺点。一方面，它形成沉积保护膜的过程比较缓慢，而且不能有效地阻止因铁表面沾污铜离子而引起的电化学腐蚀。另一方面，它容易水解或降解，反应如下：

$$Na_5P_3O_{10}+H_2O \longrightarrow Na_4P_2O_7+NaH_2PO_4$$

$$Na_4P_2O_7+H_2O \longrightarrow (Na_2HPO_4)_2$$

$$Na_2HPO_4 \longrightarrow (Na_3PO_4)_2+H_3PO_4$$

水解的结果是产生分子量较小的聚合物和一部分正磷酸盐，使阻垢能力和缓蚀效果降低。正磷酸盐是微生物的营养成分，会促使微生物的繁殖，它又会与水中 Ca^{2+} 生成磷酸钙沉积，从而限制了水中 Ca^{2+} 的含量。表 10-4 表示不同 pH 值和总正磷［PO_4^{3-}］的浓度时，允许水中［Ca^{2+}］浓度理论临界值。

表 10-4 不同 pH 值与总正磷［PO_4^{3-}］浓度时溶液中允许存在的［Ca^{2+}］浓度理论临界值 (mg/L)

总正磷［PO_4^{3-}］	pH 值			
	7.5	8.0	8.5	8.8
2.0	19.28	7.50	3.29	2.07
3.5	13.28	5.17	2.34	1.47
5.0	19.44	4.08	1.87	1.12
10.0	6.60	2.57	1.12	0.69
20.0	4.26	1.62	0.71	0.44
50	2.25	0.88	0.38	0.24

从表中可看出，在 pH 值一定的条件下，水中总正磷［PO_4^{3-}］的浓度越高，水中允许的［Ca^{2+}］浓度越低；而总正磷［PO_4^{3-}］的浓度一定的条件下，pH 值越高，允许的［Ca^{2+}］浓度越低，即产生 $Ca_3(PO_4)_2$ 沉积的倾向增大。

2. 有机膦酸盐

目前使用的有机膦酸（盐）有氨基三亚甲基膦酸（ATMP）、乙二胺四亚甲基膦酸（EDTMP）和羟基乙叉二膦酸盐（HEDP）。

有机膦酸（盐）分子结构中，都含有—C—P—键，所以具有耐氧化性高，耐温性强，不易被酸、碱破坏及不易水解、降解等优点。它在高剂量（如 100mg/L 以上）时，是一种阴极型缓蚀剂，在低剂量（2～4mg/L）时，是一种阻垢剂。

有机膦酸能与水中结垢离子形成络合物，使水中结垢离子失去部分结垢性能，但有机膦阻垢作用主要是由于阻垢剂分子吸附在晶体表面，堵塞或覆盖晶体生长晶格点，阻碍了晶格离子或分子的表面扩散和定位，而产生内部应力和扭曲作用，抑制了晶体生长和结垢。

膦酸根离子能与铜离子形成极稳定的络合物，所以对铜及铜锌合金有一定的腐蚀性，甚至会发生点蚀。另外，有机膦酸盐在水中也会解离出一部分 PO_4^{3-}，有利于微生物的生长，所以在投加此类阻垢剂时，还应配合杀菌灭藻处理。

3. 有机低分子量聚合物

常用的有机低分子量聚合物有聚丙烯酸（缩写为 PAA）、水解聚马来酸酐（缩写为 HPMA）。它们在水中会部分电离，电离出氢离子或金属离子和聚合物阴离子，具有导电能力，又称为低分子量聚合电解质。

这类阻垢剂主要是其聚合物阴离子对循环水中的胶体颗粒起分散作用。循环水中常有两种胶体颗粒：一种是黏土颗粒，另一种是运行中产生的 $CaCO_3$、$CaSO_4$ 和磷酸钙 $Ca_3(PO_4)_2$ 等结晶颗粒，它们表面带负电荷。当它们被水中聚合物的高价阴离子吸附包围后，负电荷增大，相互之间的斥力增强，在水中呈悬浮状态，抑制了结垢作用。

这类阻垢剂毒性很低，排放不会引起污染问题。但这类阻垢剂是一种线型分子结构，控制不当会在铜管内结成呈凸起的小山峰状比较坚硬的水垢，不易被水流冲走。另外，单独投加这类阻垢剂不便随时检测，所以常与磷系阻垢剂复合使用。

4. 协同效应

当将两种或两种以上阻垢剂复合使用时，在总药剂量相同的情况下，复合药剂的阻垢效果高于任何单独一种药剂的阻垢效果。原因可能是一种阻垢剂起晶格畸变作用，另一种起分散作用，相互补充。在生产实践中，为了发挥每一种阻垢剂的阻垢能力，减小药剂用量，应根据水质和工艺特点，利用这种协同效应对各种药剂方案进行筛选试验。

五、联合处理

1. 加酸与阻垢剂的联合处理

这种联合处理工艺是，先对补充水进行加酸处理，使补充水的碳酸盐硬度降至阻垢剂所能稳定的极限碳酸盐硬度与浓缩倍率的比值，然后再对循环水进行阻垢剂稳定处理，阻垢剂可采用单一药剂，也可采用复合配方。这种处理方式可提高浓缩倍率，节约用水，降低运行费用，而且操作简单。阻垢剂的投加量仍然为 2～4mg/L。

2. 石灰软化与阻垢剂的联合处理

石灰处理同时降低了补充水的硬度和碱度，但由于极限碳酸盐硬度低，仍达不到较高浓缩倍率，如在石灰软化的基础上再投加阻垢剂，可使浓缩倍率明显提高，大大节约补充水量。但石灰处理后 pH 值一般在 10 以上，而且还带有许多未沉降下来的细小 $CaCO_3$ 和 $Mg(OH)_2$ 颗粒，是一种很不稳定的水，需加酸调节 pH 值到 7.5～8.3，然后投加阻垢缓蚀剂 2～4mg/L。

3. 离子交换与阻垢剂的联合处理

此种处理方式是将部分（60%～80%）的补充水通过弱酸型离子交换器，除去水中的碳酸盐硬度，然后与剩余未经离子交换的补充水混合，以此混合的水作为循环冷却水的水源，并同时投加低剂量的阻垢剂。可使浓缩倍率达到 3.0～4.0 以上，排污率小于 1%。

第三节 水质稳定性判断

在运行中，由于循环水的盐类浓缩、平衡 CO_2 的散失和水温升高等原因，水中 $CaCO_3$、

$Ca_3(PO_4)_2$ 等难溶盐类的含量会超过饱和值引起结垢，此时的水称为结垢型水。反之，低于饱和值时，会使已析出的盐类（垢）溶于水中，水对金属壁产生腐蚀，此水称为侵蚀性水。水中盐类含量正好处于饱和状态时，既无结垢也无腐蚀现象，称为稳定性水。本节介绍一些常用的判断水质稳定性的方法。

一、极限碳酸盐硬度法

任何水在水温一定的条件下，都有一个不结碳酸盐水垢的最高允许值，这个值称为极碳酸盐硬度 H'_T。由于影响因素比较多，极限碳酸盐硬度数值，难以从理论上计算，只能由模拟试验求取。

判断方法是：

$\phi H_T < H'_T$ 不结垢

$\phi H_T > H'_T$ 结垢

这说明为防止循环水结垢，控制浓缩倍率（ϕ）的大小是有效途径之一。但浓缩倍率不能太小，浓缩倍率太小，排污水量和补充水量都会过大，不利于节水。

二、浓缩倍率

在天然水中，氯离子（Cl^-）不会从水中析出，所以可用循环水中 Cl^- 含量与补充水中 Cl^- 的含量比值（Cl^-_X/Cl^-_{BU}）代表循环水中的浓缩倍率（以 ϕ 表示）。循环水的碳酸盐硬度（$H_{T,X}$）和补充水的碳酸盐硬度（$H_{T,BU}$）比值和 Cl^- 算出的浓缩倍率有以下关系：

$$\frac{H_{T,X}}{H_{T,BU}} = \frac{Cl^-_X}{Cl^-_{BU}} \quad \text{近期内未析出 } CaCO_3$$

$$\frac{H_{T,X}}{H_{T,BU}} < \frac{Cl^-_X}{Cl^-_{BU}} \quad \text{近期内已析出 } CaCO_3$$

但析出的碳酸钙可能是水垢，也可能呈泥渣状，已随水流冲走，此时需用其他方法进一步证实。

经验表明，如 $\left(\frac{Cl^-_X}{Cl^-_{BU}} - \frac{H_{T,X}}{H_{T,BU}}\right) < 0.2$，可以认为水质是稳定的。

三、按冷却水的稳定度

此法是将循环水通过大理石（$CaCO_3$）碎粒过滤，测定进出水的碱度（A）和 pH 值，并观察它们的差别，如

$$A_Q > A_H$$

或

$$pH_Q > pH_H$$

式中 A_Q，A_H——循环水通过大理石前后的碱度，mmol/L（H^+）；

pH_Q，pH_H——循环水通过大理石前后的 pH 值。

则表示此水在运行中有结垢的倾向。

此法可用于直流式冷却系统和敞开式冷却系统，试验时应将水温调节至相当于凝汽器出口处的冷却水水温。

四、生成附着物的象征

凝汽器铜管内有附着物时，相当于管内增加了一层绝热层。绝热层使传热效果恶化和水流截面减小，将有以下后果。

(1) 铜管内水的阻力升高。在水流量相同的条件下，将清扫前运行中铜管的水流阻力和

清扫后洁净铜管的水流阻力相比较，如已有附着物生成，则前者将大于后者。

(2) 流量减小。如冷却系统已有附着物，水流阻力必然增大，当水泵的出口压力不变时，冷却水的流量就减小。

(3) 温差增大。在冷却系统内有附着物生成，导热性较差，凝汽器出口冷却水和蒸汽侧的温差增大。

(4) 真空度降低。以上各点都会导致凝结水的温度升高，因而使凝汽器内的真空度降低。

第四节 凝汽器铜管的清洗

冷却水经过处理，可以减轻凝汽器铜管内附着物的量，但并不能确保将附着物完全清除，因此，有时还需要进行清洗。现介绍两种常用的清洗方法。

一、胶球清洗

胶球（海绵球）清洗是在运行中将特制海绵胶球通过凝汽器铜管，进行自动冲刷，将铜管内的附着物冲刷掉，达到防止铜管内产生附着物的措施。

胶球是用橡胶制成的，它具有多孔、能压缩等特性。球在充分吸水后的密度与水的相同。球的直径比铜管内径大 1mm。胶球在水流的带动下通过铜管，并与铜管管壁发生摩擦，将管壁上的附着物擦去。从胶球后方来的水流通过胶球孔隙将擦下来的污物冲走，如图 10-9 所示。当它的直径比铜管内径小 1mm 时，就应更换。每台凝汽器所需胶球量为一个流程的铜管数的 10%～15%，每根管在清洗中平均通过 3～5 个胶球。

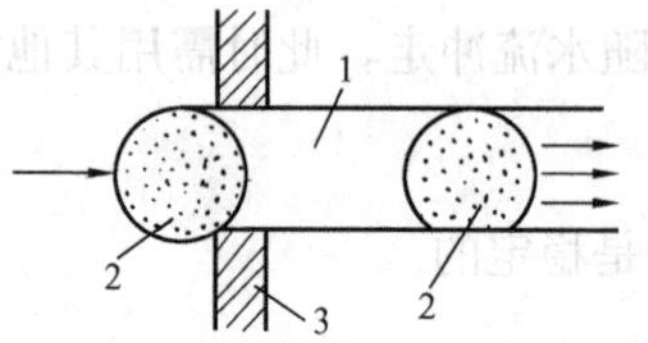

图 10-9 海绵球在铜管内移动情况

1—铜管；2—海绵球；3—铜管管板

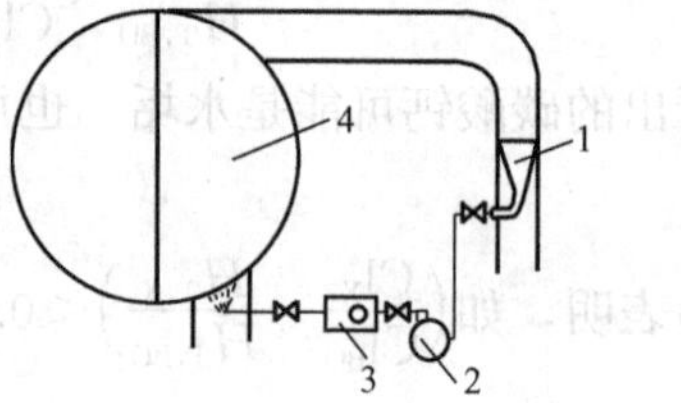

图 10-10 胶球清洗装置系统

1—胶球回收网；2—水泵；3—加球室；4—凝汽器

胶球清洗装置系统如图 10-10 所示。在系统中有专设水泵使水形成一个单独的循环回路，胶球被这股水流带动，通过凝汽器铜管和回收网等作循环流动。

胶球清洗次数应按具体情况而定，一般为每周清洗一次。清洗次数不宜过多，清洗次数过多会破坏铜管表面保护膜，引起铜管腐蚀。

如在铜管硫酸亚铁镀膜过程中配合胶球清洗，可使所镀的膜均匀、平整，防腐效果更好。

二、化学清洗

凝汽器铜管内结有碳酸盐水垢时，应进行酸洗，即利用酸与碳酸钙反应，使垢转变成易溶的钙盐，随着酸洗液排走。

(1) 化学清洗，应根据垢的成分、凝汽器设备的构造、材质，通过小型试验，并综合考虑经济、环保因素，最终选用合理的清洗介质。

(2) 化学清洗前，先将两端管板吹干，然后将汽侧灌满除盐水，满水后检查冷凝管及管口胀接处有无泄漏，如有泄漏应作出明显标记，然后采取措施加以消除。确定无泄漏方可进行下一步。

（3）酸洗前，应用压力水冲洗冲通、冲干净凝汽器管，清除凝器内的污泥、砂石等污脏物。

（4）当换热器内含有油污、微生物、硫酸钙垢等成分时，应选择合适的配方进行碱洗。碱洗后用软化水或除盐水冲洗，冲洗至出水清澈无机械杂质与悬浮物，pH 值不大于 9.0。

1. 碱洗

（1）当凝汽器中用于冷凝乏汽的管材内，有油脂和黏流泥时，可用碱液来清除。碱洗液为 Na_2CO_3 0.5%～2%、Na_3PO_4 0.5%～2%和 NaOH0.5%～2%，并加入适量的乳化剂。流速为 0.1～0.25m/s，循环 4～8h，温度小于或等于 60℃。此法还可使硫酸盐转型有利于酸洗时除去。碱洗结束后，用除盐水（或软化水）冲洗至 pH 值小于 9 和无油花止。然后再进行酸洗。

本法适用于绝大部分凝汽器管材。

（2）除油脂。除凝汽器管材内油脂也可用除油剂。除油剂的浓度为 1%～2%，流速为 0.1～0.25m/s，循环时间为 4～8h，温度小于 50℃。循环结束后，用除盐水（或软化水）冲洗至 pH 值小于 9 和无油花止，然后再进行酸洗。

本法适用于绝大部分凝汽器管材。

2. 酸洗

（1）盐酸清洗。酸洗时，一般采用盐酸。因盐酸与碳酸钙水垢反应快，除垢效果好，价格也便宜。但盐酸对铜管的腐蚀速度较大，可用加缓蚀剂的方法，使腐蚀速度减小。

用盐酸清洗时，盐酸浓度为 1%～6%、缓蚀剂为 0.3%～0.8%、还应加适量的消泡剂和还原剂、温度为常温、流速为 0.1～0.25m/s，清洗时间为 4～6h。酸洗时每 10min 取样测定进、出口酸液和硬度的浓度，当它们的含量一致时，再连续测两次，确认它们的含量基本不变时，可判断已洗净，可结束酸洗。酸洗结束后，进行水冲洗，冲洗水流速宜大于酸洗流速，冲洗至出水 pH 值不小于 4.3。然后进行镀膜。盐酸用于清洗奥氏体不锈钢前，应做金相试验，确定无晶间腐蚀、点蚀、应力腐蚀后方可使用。

本法适的材质有：HSn70-1、H68A、HAl77-2、HSn70-1B、HSn70-AB、HFe30-1-1、BFe10-1-1。

（2）氨基磺酸清洗。氨基磺酸（NH_2SO_3H）清洗，它对 Ca、Mg 垢溶解速度快。用氨基磺酸清洗时，氨基磺酸浓度为 3%～10%、缓蚀剂为 0.2%～0.8%、消泡剂适量、温度为 50～60℃、流速为 0.1～0.25m/s，清洗时间为 6～8h。而且氨基磺酸具有不挥发、无臭味、对人体毒性小、对金属腐蚀量小、运输、存放方便的特点。

本法适用凝汽器所有管材。

（3）硝酸清洗。当水垢中含有硅酸盐水垢时，可用硝酸进行清洗。硝酸的浓度为 2%～6%、在硝酸的清洗液中加入适量的氟化钠、缓蚀剂的浓度为 0.2%～0.8%、流速为 0.1～0.25m/s、在常温下循环时间为 6～8h。

本法适用于 T316、T304 凝汽器管材。

酸洗结束后，用除盐水（或软化水）冲洗至 pH 值大于 4.5，可转入钝化（钝化方法在后面介绍）。

酸洗时，用盐酸量的估算，按下式计算

$$G=\frac{0.73S\delta\rho+a}{\varepsilon}$$

式中 G——加工业盐酸的量，kg；

S——清洗面积，m^2；

δ——垢的平均厚度，m；

ρ——$CaCO_3$ 的密度，为 1550kg/m^3；

a——洗后溶液中残存酸量，kg；

ε——工业盐酸的纯度；

0.73——1kg $CaCO_3$ 所需盐酸的质量，kg。

酸洗时的进酸方式有两种：一种从凝汽器的上部进入，通过铜管后，从凝汽器的下部排出。它的优点是酸液首先与结垢较多的出口部分接触，这是比较合理的，缺点是酸洗和气流逆向流动不易排气，易造成气塞，影响酸洗效果。另一种是从凝汽器的下部进入，通过铜管后，从凝汽器的上部排出。它的优点是气、液同向，排气较顺畅，只需在酸液出口设一个排气管即可。缺点是新进的浓度大的酸与结垢较轻的下部铜管先接触，如图 10-11所示。

当下部进酸洗液时，可采用单侧单点排气；上部进酸洗液时，应采用双侧多点排气，见图 10-12。

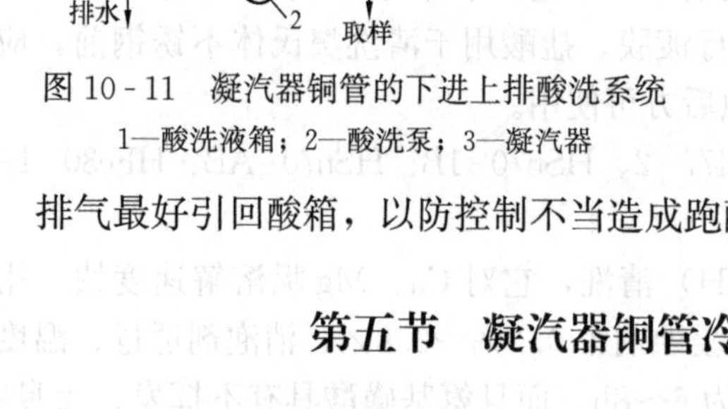

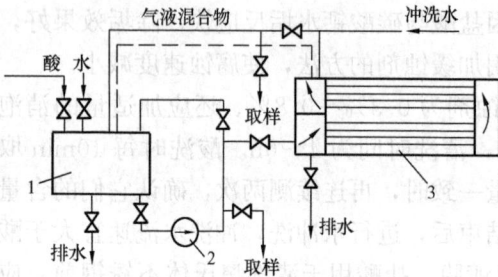

图 10-11 凝汽器铜管的下进上排酸洗系统

1—酸洗液箱；2—酸洗泵；3—凝汽器

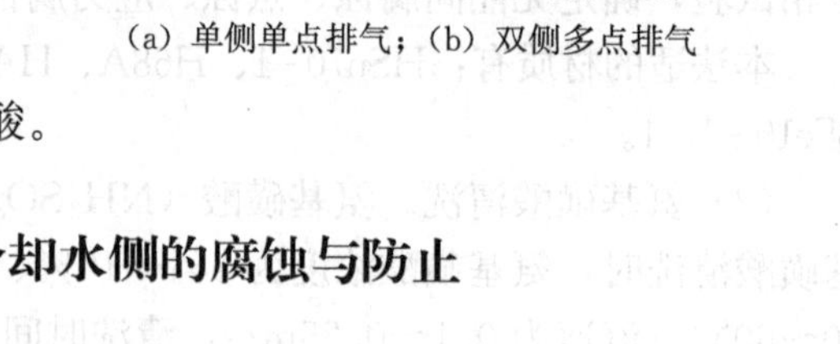

图 10-12 凝汽器酸洗的排气点

(a) 单侧单点排气；(b) 双侧多点排气

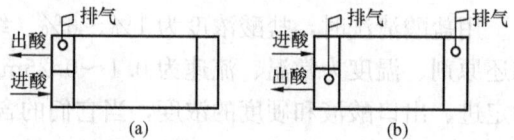

排气最好引回酸箱，以防控制不当造成跑酸。

第五节 凝汽器铜管冷却水侧的腐蚀与防止

凝汽器铜管的腐蚀是影响机组安全运行的主要因素之一。原因是冷却水用量大，只作防垢处理。运行时的蒸发浓缩，水中含盐量升高，铜管的壁厚只有 1mm，一旦发生腐蚀穿孔、破裂，冷却水就会大量漏入凝结水中，造成给水质量恶化，引起热力系统的结垢与腐蚀。所以，防止凝汽器铜管的腐蚀是一项重要工作。

一、腐蚀形式

凝汽器铜管在冷却水中的腐蚀有均匀腐蚀与局部腐蚀两类。均匀腐蚀时，铜管以极缓慢的速度溶解，危害性不十分严重。局部腐蚀是较危险的，是冷却水泄漏的主要原因。

铜管的腐蚀过程与铜管表面保护膜的性能有关，如果新铜管表面在运行初期形成黏附牢固、质地致密的保护膜，就不会发生均匀腐蚀。如保护膜被损坏破裂就会发生局部腐蚀。

铜管内常见的局部腐蚀有脱锌腐蚀、冲击腐蚀、沉积腐蚀和应力腐蚀等。

1. 脱锌腐蚀

黄铜是铜锌合金，黄铜中锌被溶解的现象，称为脱锌腐蚀。原因：一是铜合金中锌的电位比较低，锌被选择性地溶解下来；二是铜合金中铜、锌一起溶解下来，然后 Cu^{2+} 在金属表面聚集与黄铜中锌发生置换反应，铜被重新镀上去，所以脱落下来的仅是锌。

脱锌腐蚀有两种形式：层状脱锌和栓状脱锌，如图 10-13（a）、（b）所示。

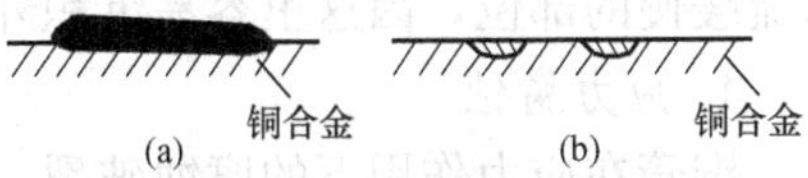

图 10-13 黄铜的脱锌腐蚀
（a）层状脱锌；（b）栓状脱锌

层状脱锌的特征是在水侧的铜管表面出现范围较大发红区域，这是一层较疏松的连续紫铜层，下部为金黄色的铜合金。一般在海水中易产生层状脱锌。

在淡水中易发生栓状脱锌，栓状脱锌是沿管壁垂直方向侵蚀可达较大深度甚至穿透管壁，造成铜管泄漏事故。

发生腐蚀部位的表面有白色腐蚀产物堆积成小丘，这些白色产物主要是一些锌盐，如 $Zn(OH)_2$、$ZnCl_2 \cdot xZn(OH)_2$，$ZnCO_3 \cdot xZn(OH)_2$。腐蚀产物有时被铁化合物污染而呈棕黄色，下面是因脱锌而形成的海绵状紫铜，再下面是未受腐蚀的黄铜基体。

含锌 15%以上的铜管易发生脱锌，锌含量越高，脱锌倾向越大。黄铜中有铁和锰时，会加速脱锌，有砷、锑和磷时，会抑制脱锌。

黄铜中未加砷时，脱锌腐蚀的起点容易发生在晶粒之间的界面处、金属表面保护膜破裂处、金属组织有缺陷处等。

2. 冲击腐蚀

铜管受到含有气泡水流的剧烈冲刷时，铜管表面保护膜局部遭到破坏形成阳极区，保护膜未破损的部位为阴极区，使阳极区发生的腐蚀呈溃蚀状，腐蚀使铜管表面形成一个个马蹄形腐蚀坑。冲击腐蚀形成的腐蚀坑具有方向性，陷坑对着水流方向，如图 10-14 所示。这种腐蚀容易发生在凝汽器的冷却水进口端，该处水易产生涡流作用，会发生汽泡的冲击作用。

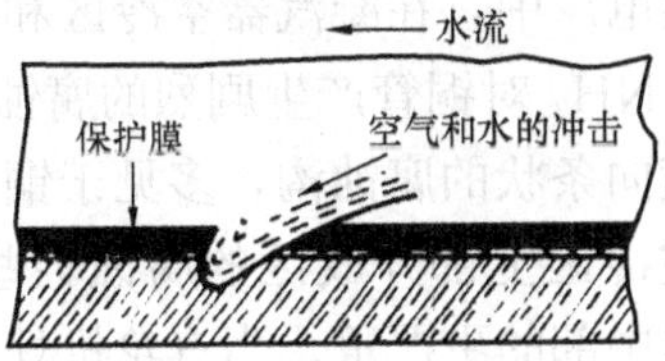

图 10-14 冲击腐蚀

冲击腐蚀与管内水的流速和管材耐冲击腐蚀的最高临界流速有关，见表 10-5。如水中带有固体颗粒（如砂粒等），也能和气泡一样起冲击作用破坏铜管表面保护膜，造成冲击腐蚀。

冲击腐蚀并不单纯是机械冲刷作用，而是机械冲刷作用和电化学作用共同造成的。

表 10-5　各种管材发生冲击腐蚀的临界流速

铜管材料	发生冲击腐蚀的临界流速 (m/s)	铜管材料	发生冲击腐蚀的临界流速 (m/s)
黄　铜	1.8	BSTF2（铝黄铜）	≤3
加砷黄铜	2.1	10%镍铜（白铜管 B10）	4.5
加砷锡黄铜（海军黄铜）	3.0	30%镍铜（白铜管 B30）	4.5

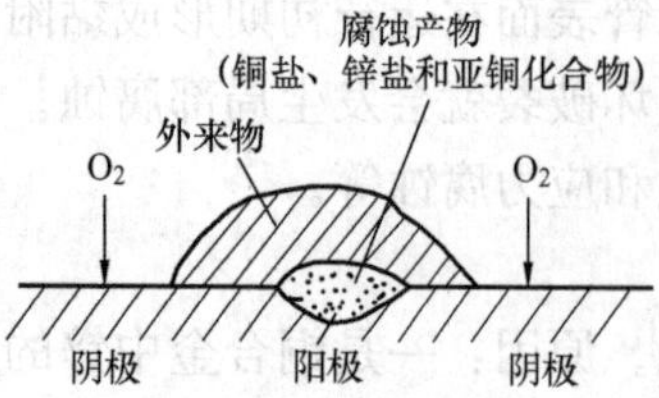

图 10-15 沉积腐蚀

3. 沉积腐蚀

在冷却水中泥沙、贝壳、水生物等堆积在铜管内壁上后，起着屏蔽作用，阻碍氧气到达沉积物下面的铜管表面，沉积物下金属表面缺氧而成为阳极，周围无沉积物的铜管表面成为阴极区，便引起沉积物下铜管表面腐蚀，如图 10-15 所示。

铜管内沉积物下腐蚀呈溃疡状的腐蚀凹坑。主要发生在水流缓慢的部位，因这里容易沉积外来物。

4. 应力腐蚀

铜管在应力作用下的腐蚀破裂，有以下两种情况。

（1）在交变应力作用下。当凝汽器铜管发生振动，管内水流剧烈摇动，水的冲击导致压力变化，使管内保护膜受冲击而破坏，因而发生孔蚀，最后管子破裂，称为腐蚀疲劳。此种腐蚀裂缝是穿过晶粒的，最易发生在铜管的中部，因该处振动最厉害。

（2）在拉伸应力作用下。如有拉伸应力的作用，再加上水质具有侵蚀性，时间一久会因腐蚀产生裂缝，裂缝主要是沿晶粒边界发生。实践证明，在应力存在的情况下，水中含有 O_2、NH_3、H_2S 等物质，是造成腐蚀裂缝的重要原因。

5. 腐蚀疲劳

在运行中凝汽器铜管受汽轮机高速排汽的冲击，发生管束振动，在管中部振动最剧烈。铜管在遭受这种交变应力的作用下，表面保护膜发生破裂，产生局部腐蚀，使管材疲劳极限降低，最终破裂。腐蚀疲劳多在铜管中部出现横向裂纹，裂纹较短，分支较少或无分支，并呈穿晶腐蚀特征，有时表面出现一些针孔状孔洞，孔洞周围无腐蚀产物，在铜管外侧还能发现铜管相互摩擦而减薄的迹象。

6. 氨蚀

用 N_2H_4 消除残余 O_2 和用 NH_3 调节给水 pH 值的火力发电厂中，在凝汽器空冷区和抽气区会有 NH_3 的局部浓缩。在 O_2、CO_2 同时存在的条件下，NH_3 对铜管产生剧烈的腐蚀。

氨腐蚀的特征为铜管外壁均匀变薄，有时在管壁上形成横向条状的腐蚀沟，多见于铜管支承隔板的两侧。从不同形式凝汽器产生的 NH_3 腐蚀看，空冷区上部开放区的腐蚀轻些，空冷区上部有隔板覆盖的，腐蚀较严重，尤其空抽区在凝汽器中部的更严重。当汽轮机处于低负荷时，空冷区氨浓度增大（最高时可达 1000mg/L），氨腐蚀加剧。

7. 热点腐蚀

凝汽器的某个部位温度很高，达到冷却水的沸点，此局部区域会引起铜管的严重腐蚀，称为热点腐蚀。热点腐蚀是一种脱锌腐蚀，腐蚀点发生在晶粒与晶粒之间，管壁上的腐蚀点或腐蚀孔用肉眼就能看到。

热点腐蚀在一般的凝汽器中不易发生，但在有高温部位的特殊凝汽器和加热器的进汽部位可能会发生。一般锡黄铜（海军黄铜）比铝黄铜容易发生热点腐蚀，B30 镍铜比 B10 镍铜容易发生热点腐蚀。

二、防止铜管腐蚀的措施

影响凝汽器铜管腐蚀的因素较多，因此防止铜管腐蚀的措施应根据具体情况而定。防止铜管腐蚀的措施主要有管材的选择、消除铜管应力、优化运行工况、表面造膜、阴极保护及装加套管等。

1. 管材的选择

国产凝汽器管材主要有黄铜管、白铜管和钛管。黄铜管、白铜管牌号和成分见表 10-6 和表 10-7。钛管从 20 世纪 80 年代起，已在国内一些火力发电厂中使用，焊接凝汽器钛管一般采用 TA1、TA2 牌号钛合金。

表 10-6　国产黄铜管品种牌号和主要成分

材料	牌号	主要成分（%）				
		Cu	Al	Sn	As	Zn
普通黄铜	H68A	67.0～70.0	—	—	0.03～0.06	余量
海军黄铜	HSn70-1A	69.0～71.0	—	0.8～1.3	0.03～0.06	余量
铝黄铜	HAl77-2A	76.0～79.0	1.8～2.3	—	0.03～0.06	余量

表 10-7　国产白铜管品种牌号和主要成分

材料	牌号	主要成分（%）			
		Ni	Mn	Fe	Cu
(70-30) 镍铜	B30	28～33			余量
(90-10) 镍铜	B10	8～12			余量

凝汽器管材的选择应根据冷却水水质、流速及管材特性确定，选择原则见表 10-8 所示。

表 10-8　凝汽器管材选择原则

管材	冷却水水质（mg/L）			允许最高流速（m/s）
	溶解固体物	氯离子含量	悬浮物和含砂量	
H68A	<300 短期<500	<50 短期<100	<100	2.0
HSn70-1A	<1000 短期<2500	<150 短期<400	<300	2.0～2.2
Hal72-2A	1500mg/L—海水①		<50	2.0
B30	海水		500～1000 短期>1000	3.0

① 该范围内的稳定浓度，对于浓度交替变化的水质，常通过专门试验和研究选定管材。

应强调的是 H68A 和 HSn70—1A 采用硫酸亚铁镀膜处理后，悬浮物允许含量可提高到 500～1000mg/L。另外，管材选择还应考虑水质污染的影响，国产黄铜管只适用于 $[S^{2-}]<0.02$mg/L、$[NH_3]<1$mg/L、$[O_2]>4$mg/L、$COD_{Mn}<4$mg/L 清洁程度的水。此外，对于 200MW 及以上机组，空抽区布置在中部的凝汽器，空抽区的铜管建议采用 B30 的白铜管。

2. 消除管材的应力

凝汽器铜管在制造、运输、储存时，要防止碰伤、弯曲变形。安装前，应用氨熏法检测铜管应力状况，应力不合格的铜管，应在安装前，进行退火处理消除。方法是将铜管加热至

250℃下保持1.5～2h，然后自然冷却，即可消除铜管的应力。在铜管胀管时，为减少残余应力，应注意：管板孔径与管子外径的差应为管子外径的1%以下；胀口的长度不允许超过管板的厚度，一般为管板厚度的90%；胀口不宜太紧，胀口处铜管管壁厚度的减小率应为3%～5%，最大不超过10%；胀管的顺序从管板的外周向中心顺序进行，可以减小应力；胀口或翻边应光滑，铜管应无裂纹和显著的切痕。

3. 改进运行工况

冷却水系统在运行前，应将水沟、水管内的污物冲洗干净，装好滤网，防止通水时污物堵塞在管内引起沉积腐蚀。通水时，冷却水防垢及防微生物处理设备、胶球清洗设备应及时投入运行，保证管壁洁净，以利于生成良好保护膜。水中含砂量太大易造成冲击腐蚀，一般认为年均含砂量小于50mg/L不会引起冲击腐蚀。太高时应设法消除。铜管内水的流速不宜过大或过小，过大易造成冲击腐蚀；过小会造成杂质沉积。

设计凝汽器时，要防止管子的剧烈振动，以免引起腐蚀疲劳。已制成的凝汽器，为防止铜管的振动，可采取在管束之间嵌塞竹片或木板条等措施。

水的pH值对铜管腐蚀有较大的影响，但pH值多大最合适，尚无定论。有的认为pH值在8～9之间较好，也有的认为大于8.0～8.5就有危险。总之，pH值过大腐蚀倾向于局部脱锌。所以运行中，应注意冷却水的pH值的调节。

4. 硫酸亚铁造膜

此法是将硫酸亚铁溶液通过凝汽器铜管，在铜管内壁上生成一层含有铁化合物的棕色或黑色保护膜，防止冷却水对铜管的腐蚀。硫酸亚铁造膜分为一次造膜法和运行中造膜法两种工艺。

（1）一次造膜法。此法是在凝汽器投运前或机组检修时，将硫酸亚铁（$FeSO_4$）溶液通过凝汽器铜管，进行专门造膜。造膜前，铜管应进行清洗，除去表面附着物，使表面清洁有利于镀膜。对于新铜管可用1%NaOH溶液冲洗2h，然后用软化水或除盐水冲洗至酚酞指示剂不显红色，或经清洗后再用NaCl溶液冲洗。造膜的条件：$FeSO_4$溶液中含$FeSO_4 \cdot 7H_2O$为250～500mg/L或Fe^{2+}为50～100mg/L；溶液pH值为5～6.5（用Na_2CO_3、工业水调整pH值，也可间断通入无油压缩空气或结合现场情况进行爆气）；溶液的温度为室温或30～40℃；循环流速为0.1～0.3m/s；循环时间为96h左右。

（2）运行中造膜。此法为每隔24h连续加1h$FeSO_4$溶液，或每隔12h连续加0.5h$FeSO_4$溶液，使冷却水中含Fe^{2+}为1mg/L。此法可用在初次造膜，也可用在旧膜的维护上。后一种加药量可减至原来的1/3～1/5，加药点可设在凝汽器冷却水的入口处。

运行中造膜应注意不能与加氯处理同时进行，因氯能氧化Fe^{2+}离子，使两者处理效果降低，两者需处理时应间隔1h以上。

新铜管$FeSO_4$溶液造膜的另一种方法：

新铜管运行一个月后，在紧靠近凝汽器冷却水进口处加硫酸亚铁溶液，使冷却水中含Fe^{2+}量为1mg/L，连续加100h，此为成膜阶段。然后24h加药1h，Fe^{2+}浓度为1mg/L，此为保养阶段。六个月后改为24h加药15～30min，Fe^{2+}浓度为0.25～0.5mg/L，此为维护阶段。常年向冷却水加Fe^{2+}浓度为0.25～0.5mg/L可使保护膜完好。

在成膜阶段每天用胶球清洗铜管一次成膜的效果较好，保护和维护阶段按正常规定进行胶球清洗。

此外，还可向冷却水中加2—巯基苯并噻唑（$C_7H_6NS_2$，MBT）来防止铜管腐蚀，适用pH值为3～10，投加量为2mg/L。MBT投加常采用间歇性的，每天加MBT0.5～1h，加药量为2mg/L，12h以后应有0.5～1h内维持MBT的浓度为1mg/L。但MBT易被氯或氯胺氧化，故当采用氯化处理时应先加MBT，待形成MBT膜后再投加氯；MBT会干扰聚磷酸钠对钢的缓蚀作用，需加锌加以补救。也可向冷却水中加1，2，3—苯并三唑（BTA），它适用pH值5.5～10或更高的冷却水。它不干扰聚磷酸钠的缓蚀作用，有游离Cl_2时，也会丧失对铜的缓蚀作用，但在Cl_2消失后，便恢复缓蚀作用。成膜时，每1h取样测定pH值和MBT浓度。

铜管清洗后，MBT直接成膜方法：在酸洗后，水冲洗至pH值大于或等于6.0时，用清洗泵进行循环，并进行加热使水温升至45～50℃，用氢氧化钠溶液溶解MBT加入清洗系统，控制MBT浓度大于或等于500mg/L，调整成膜溶液的pH值为9～12，流速大于或等于0.1m/s，循环24～36h。成膜过程中可同时加入200～300mg/L BTA镀成的膜更牢固。成膜时，每1h取样测定pH值和MBT浓度。

铜管成膜后，用目视法检查膜的均匀致密程度和耐蚀性的方法为：$FeSO_4$膜用1mol/L盐酸滴溶检验，MBT膜用20%氨水滴溶检验，如表10-9所示。

表10-9　滴溶检验膜的耐蚀性

成膜介质	检验标准	优良	合格	不合格
$FeSO_4$	1%盐酸点滴溶膜时间（s）	≥30	≥15	<15
MBT	20%氨水点滴溶膜时间（s）	≥30	≥15	<15

5. 阴极保护法

阴极保护法是利用电化学腐蚀原理，将保护设备作为原电池的阴极，以保护设备。但此法很难将铜管全段作为阴极得到保护，只能保护凝汽器两端水室、管板和管端。阴极保护有以下两种。

（1）牺牲阳极法。在凝汽器水室内安装一块电位低于被保护体的金属，例如锌板、锌合金或纯铁。此金属体为阳极，被保护的水室、管板和管端为阴极。受腐蚀的是阳极称为牺牲阳极法。

（2）外接电源法。在凝汽器水室内装入一个外加电源，将水室本体作为另一电极，外接直流电源。外加的电极接正极，水室接负极，水室便变成电解槽的阴极受保护。外部电源法的阳极材料，一般采用磁性氧化铁或铅合金。

6. 加装套管

为防止凝汽器冷却水入口端发生冲击腐蚀，可在铜管的管端加装一段塑料套管，覆盖铜管表面。套管必须紧贴管壁，否则发生振动时，反而引起铜管腐蚀，也可在铜管管端涂环氧树脂的方法进行保护。

三、凝汽器铜管泄漏的检查

凝汽器铜管泄漏的检查方法有以下几种方法：

1. 薄膜法

对于双流程对分式凝汽器，先降低机组负荷，停用一半凝汽器，排去水室中存水，打开人孔门并用风扇向里鼓风（若天气凉，此项工作可不必进行）。然后用事先剪好的一块

0.02～0.03mm厚度的塑料薄膜覆盖于铜管进口之上，若有泄漏，则此处薄膜会破裂或凹进去，这样就可发现漏管。

2. 蜡烛法

对于双流程对分式凝汽器，先降低机组负荷，停用一半凝汽器，打开水室用点燃的蜡烛逐一靠近各管口，泄漏的管子因真空会将火焰往里吸，即可查发漏管。

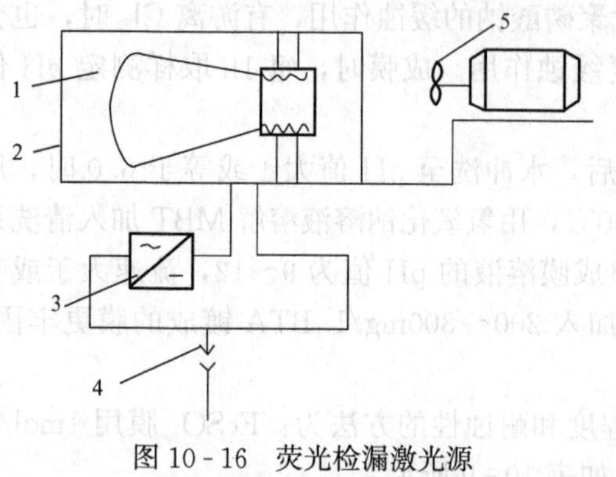

图 10-16　荧光检漏激光源

1—高压汞灯；2—灯罩；3—整流器；4—插头插座；5—小风扇

3. 荧光法

荧光法查漏的原理是：荧光素能在高度稀释的水溶液中发出绿色的荧光，当它受到一个激发光源照射时，绿色的荧光显得格外明亮。同时，它所稀释的溶液具有很好的渗透性能。

荧光检漏中的荧光剂采用荧光素的钠盐荧光黄铜，激发光源采用GFS反射型黑光与高压汞灯，如图 10-16 所示。

荧光法查漏步骤如下：

(1) 停机破坏真空，关闭冷却水。

(2) 放尽水室中存水，打开两侧水室端盖。

(3) 配制荧光剂溶液。荧光剂溶液的配制量应根据凝汽器汽侧容积而定，一般每立方米汽侧容积需荧光剂 10g，配制时，先将所需荧光剂配制成较浓的溶液，注入凝汽器汽侧，同时向汽侧注水直至灌满。

(4) 灌满水后，在汽侧加一定压力，0.5h 后用光照射。照射时由上向下水平来回移动，在漏处荧光液就会发出黄绿色的荧光，查出的漏管用木塞堵住，以免影响其他管子的检查。

小　　结

1. 冷却水运行方式有直流式和敞开式。
2. 循环水在春秋两级易有藻类生长。
3. 采用氯、臭氧等处理措施可杀菌灭藻。
4. 循环水在运行中，由于蒸发浓缩，碳酸盐类的分解及二氧化碳损失，易造成冷却水通道结垢。
5. 采用加硫酸、聚磷酸盐及膦酸盐处理循环水可防止结垢。
6. 用胶球清洗可除去铜管内的泥垢。
7. 在运行中，铜管会发生脱锌、沉积物下、冲击等腐蚀。
8. 采用 $FeSO_4$ 镀膜可防止腐蚀。

思　考　题

1. 冷却水有哪几种运行方式？
2. 铜管内存在有机附着物的条件有哪些？

3. 铜管内易生成何种水垢？其产生水垢的原因是什么？
4. 用什么方法可以测定循环水是否稳定？
5. 什么叫极限碳酸盐硬度？
6. 循环水加硫酸防垢的机理是什么？控制标准为多少？
7. 试述聚磷酸盐和膦酸盐防垢的机理。
8. 如何判断铜管内具有沉积物？
9. 试述铜管脱锌的机理。
10. 用什么方法可以消除铜管的内应力？
11. $FeSO_4$ 一次镀膜的条件有哪些？

第十一章

电 力 用 油

【内容提要】本章简单介绍电力用油的分类，变压器油和汽轮机油的作用。主要介绍汽轮机油的使用和维护及理化性质方面的一般知识。

第一节 电 力 用 油

一、电力用油的分类和质量标准

电力用油主要有燃料油、润滑油（主要是汽轮机油）、绝缘油。绝缘油包括变压器油、断路器用油和电缆油等。它们的分类和名称如表 11 - 1 所示。

表 11 - 1　　电力用油的分类和名称

类　别	组　别		牌　号	代　号
	名　称	符　号		
电器用油（D）	变压器油	B	10 号变压器油	DB—10
			35 号变压器油	DB—10
			45 号变压器油	DB—10
	断路器用油	U	45 号断路器油	DU—45
	电缆油	L	38kV 电缆油	DL—38
			66kV 电缆油	DL—66
			110kV 电缆油	DL—110
润滑油（H）	汽轮机油	U	32 号汽轮机油	HU—32
			46 号汽轮机油	HU—46
			68 号汽轮机油	HU—68
			100 号汽轮机油	HU—100
燃料油（R）	重油	Z	60 号重油	RZ—60
			100 号重油	RZ—100
			200 号重油	RZ—200
	渣油	A		RA

变压器油的牌号是根据凝点划分的，如 10、25、45 号变压器油的凝点分别为－10、－25℃和－45℃。使用变压器油应根据不同地区的气温，选用不同凝点的油。气温不低于－10℃的地区，选用凝点不高于－10℃的变压器油；气温低于－10℃，选用凝点不高于－25℃的变压器油；高寒地区，可选用凝点－45℃的变压器油。

汽轮机油按质量分为优级品、一级品和合格品三个等级。汽轮机油的牌号按 40℃运动黏度中心值分为 32、46、68 和 100 四个牌号。如 32 号和 46 号汽轮机油的运动黏度为 28.8～35.2mm^2/s 和 41.4～50.6mm^2/s。

火力发电厂汽轮机通常使用 32 号和 46 号油。

根据用油设备的要求和油品应具有的主要理化性质和使用性能，我国制定了各种类别的电力用油质量标准，变压器油如表 11 - 2 所示。

表 11 - 2 **国产变压器油的质量标准**

项 目		质量指标			试验方法
牌 号		10	25	45	
外观		透明，无悬浮物和机械杂质			目测①
密度（20℃，kg/m³）	不大于	895			GB/T 1884—2000 GB/T 1885—1998
运动黏度（mm²/s）					GB/T 265—1998
40℃	不大于	13	13	11	
−10℃	不大于	—	200	—	
−30℃	不大于	—	—	1800	
倾点（℃）	不高于	−7	−22	报告	GB/T 3535—2006②
凝点（℃）	不高于	—		−45	GB/T 510—1983②
闪点（闭口，℃）	不低于	140		135	GB/T 261—2008
酸值（mgKOH/g）	不大于	0.03			GB/T 261—2008
腐蚀性硫		非腐蚀性			SH/T 0304—2005
氧化安定性③					SH/T 0206—1992
氧化后酸（mgKOH/g）	不大于	0.2			
氧化后沉淀（%）	不大于	0.05			
水溶性酸或碱		无			GB/T 259—1988
击穿电压④（间距 2.5mm 交货时，kV）	不小于	35			GB/T 507—2002⑤
介质损耗因数（90℃）	不大于	0.005			GB/T 5654—2007
界面张力（mN/m）	不小于	40		38	GB/T 6541—1986
水分（mg/kg）		报告			SH/T 0207—1992

① 把产品注入 100mL 量筒中，在（20±5）℃下目测，如有争议时，GB/T 511—1988 测定机械杂质含量为无。
② 以新疆原油和大港原油生产的变压器油测定倾点和凝点时，允许用定性滤纸过滤。倾点指标，根据生产和使用实际经与用户协商，可不受本标准限制。
③ 氧化安定性为保证项目，每年至少测定一次。
④ 击穿电压为保证项目，每年至少测定一次。用户使用前必须进行过滤并重新测定。
⑤ 测定击穿电压允许用定性滤纸过滤。

由深度精制基础油并加抗氧剂和防锈剂等调制成 L—TSA 汽轮机的技术条件。它适用于汽轮机组的润滑和密封，其质量标准见表 11 - 3。

表 11 - 3 **L—TSA 汽轮机油质量标准**

项 目	质量标准												试验方法
	优级品				一级品				合格品				
黏度等级(按 GB 3141)	32	46	68	100	32	46	68	100	32	46	68	100	—
运动黏度（40℃，mm²/s）	28.8～35.2	41.2～50.6	61.2～74.8	90.0～110.0	28.8～35.2	41.2～50.6	61.2～74.8	90.0～110.0	28.8～35.2	41.2～50.6	61.2～74.8	90.0～110.0	GB 265

续表

项目	质量标准												试验方法
	优级品				一级品				合格品				
黏度指数① 不小于	90				90				90				GB/T 1995—1998
倾点②（℃） 不高于	−7				−7				−7				GB/T 3535—2006
闪点（闭口，℃） 不低于	180	180	195	195	180	180	195	195	180	180	195	195	GB/T 3536—2008
密度（20℃，kg/m³）	报告				报告				报告				GB/T 1884—2000 GB/T 1885—1998
酸值（mgKOH/g） 不大于	—				—				0.3				GB/T 264—1983
中和值（mgKOH/g） 不大于	报告				报告				—				GB/T 4945—2002
机械杂质	无				无				无				GB/T 511—1988
水分	无				无				无				GB/T 260—1977
破乳化值③ （40−37−3）mL 54℃，min 不大于 82℃，min 不大于	 15	 15	 30	 30	 16	 15	 30	 30	 17	 15	 30	 30	GB/T 7305—2003
起泡性试验④（mL/mL） 24℃ 不大于 93℃ 不大于 后24℃ 不大于	 450/0 100/0 450/0				 450/0 100/0 450/0				 600/0 100/0 600/0				SY 2669
氧化安定性⑤ a. 总氧化产物（%） 沉淀物（%）	 报告 报告				 报告 报告				 — —				GB/T 18119—2000
b. 氧化后酸值达2.0mg KOH/g时（h） 不小于	3000	3000	2000	2000	2000	2000	1500	1500	1500	1500	1000	1000	SY 2680
液相锈蚀试验（合格海水）	无锈												GB/T 11143—2008
铜片试验（100℃，3h），级 不大于	1												GB/T 5096—1985
空气释放值⑥（50℃，min）不大于	5	6	8	10	5	6	8	10	—				SY 2693

① 对中间基原油生产的汽轮机油，L−TSA合格品黏度指数允许不低于70；一级品黏度指数允许不低于80。根据生产和使用实际，经与用户协商，可不受本标准限制。
② 倾点指标，根据生产和使用实际，经与用户协商，可不受本标准限制。
③ 作为军用时，破乳化值由部队和生产厂双方协商。
④ 测定起泡性试验时，只要泡沫未完全盖住油的表面，结果报告为“0”。
⑤ 氧化安定性为保证项目，每年检查一次。
⑥ 对一级品中空气释放值根据生产和使用实际，经与用户协商可不受本标准限制。

二、汽轮机油的作用

汽轮机油又称透平油，是电厂用油量最大的润滑油。汽轮机油主要用于汽轮发电机组的润滑、冷却散热、调速和密封作用。

1. 汽轮机机组供油系统简介

汽轮机简单的单机组供油系统如图 11－1 所示，油的循环路径如图中箭头所示。

汽轮机油循环过程是：储于油箱中的汽轮机油经主油泵形成压力油，该压力油的一部分作为传递压力的液体工质进入调速系统和保护系统，另一部分经减压阀降压和经冷油器冷却后送入各轴承（径向轴承、推力轴承等）内，轴承的回油直接流入油箱，调速系统的油经冷油器冷却后进入轴承，经过轴承后再流入油箱，从而构成油的循环系统。

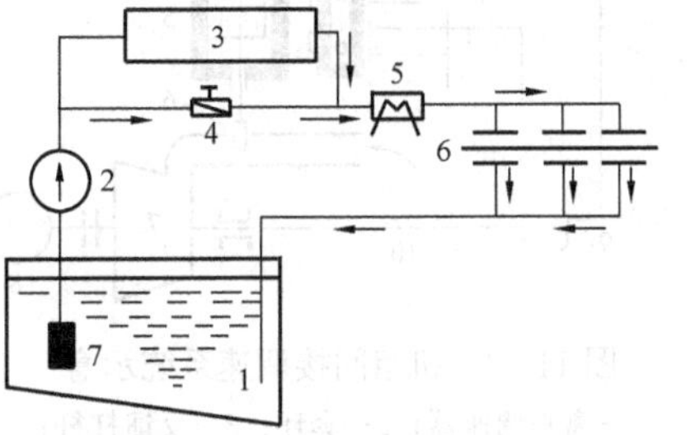

图 11－1　汽轮机机组供油系统示意图
1—油箱；2—主油泵；3—调速系统；4—减压阀；5—冷油器；6—机组轴承；7—滤油网

2. 润滑作用

机组中的径向轴承和推力轴承，主要起支撑和稳定作用。它们均为滑动轴承，在轴承和轴瓦之间以汽轮机油的液体摩擦代替金属间的固体摩擦，从而起到润滑作用。原因是：当油分子与金属表面接触时，油能牢固地与金属晶格结合，并沿一定方向排列。这种定向排列的油分子还可扩散到更多层的油分子中，形成了润滑油层（油膜）。油分子的这种特性称为润滑性。

当机组的大轴在加有汽轮机油的轴承中转动时，油在轴表面牢固地形成一层油分子薄膜，而且还吸引邻近的油分子一起转动，在轴颈与轴瓦间形成了镰刀形间隙，如图 11－2（a）、（b）所示。随大轴一起转动的油分子将从间隙较宽的部位被挤到较窄的部位，形成了有一定压力的楔形油层（称油楔），如图 11－2（e）所示。油楔压力随转速的增大而增大，轴在轴承内将逐步被油楔压力所托起，见图 11－2（c）、（d）所示。这样，在轴颈与轴瓦之间就形成了具有一定厚度的油膜，即以液体摩擦代替了金属间的固体摩擦，油在其间起着良好的润滑作用。

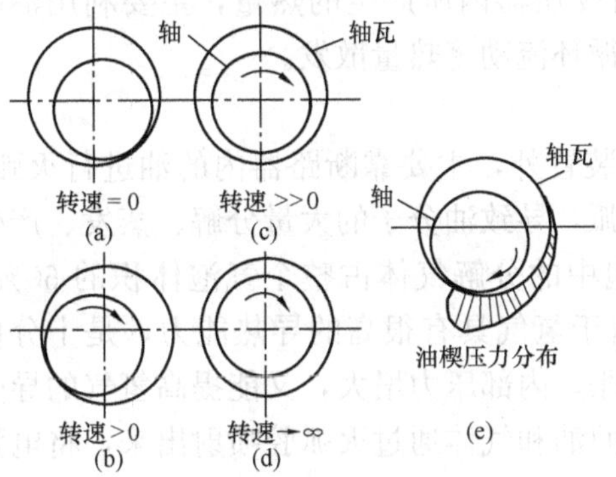

图 11－2　径向轴承油楔的形成

3. 冷却散热和调速作用

汽轮机组处于高速运转，轴承内因摩擦会产生大量的热；轴颈还会被汽轮机转子传来的热量所加热，还有部分蒸汽的辐射热。这些热量若不及时散发掉，会严重影响机组的安全运行。汽轮机油的不断循环流动将这些热量带走，油中热量通过油箱的散失散去部分热量，油中大部分热量主要是通过冷油器冷却。冷却后的油再送入轴承内将热量带走，如此反复循环，实现油对机组轴承起到冷却散热作用。

功率稍大的机组一般采用间接调速系统，如图 11－3 所示。机组处于稳定工况，调速系统也处于某一平衡工况状态，滑阀在中间位置，控制油动机的压力油中断，机组保持稳定的转速。外界负荷变化，机组的转速也改变，这种变化由离心调速器所感应，通过

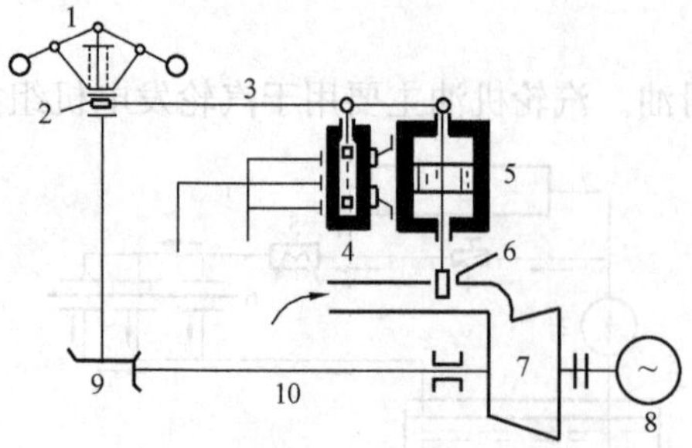

图 11-3 机组间接调速系统示意
1—离心调速器；2—套环；3—反馈杠杆；4—滑阀；5—油动机；6—调速汽阀；7—汽轮机；8—发电机；9—蜗母轮；10—主轴

反馈杠杆改变滑阀的位置，系统中高压油进入油动机的上（或下）油室，使活塞向下（或向上）移动，关小（或开大）调速汽阀门的开度，改变进汽量，以适应新的负荷，汽轮机的转速又保持稳定。油动机动作的同时带动反馈杠杆、滑阀动作后又及时复回到平衡位置，完成调速过程。

三、变压器油的作用

变压器油（俗称绝缘油）是重要的液体绝缘介质，用于油浸变压器、电流和电压互感器及断路器等电气设备中，起绝缘、冷却散热作用。

1. 绝缘作用

空气的绝缘性能比变压器油小得多，在距离为1cm的两极间，介质是空气时，击穿电压是3～5kV；介质是变压器油时，击穿电压是120kV。因此，在变压器内注入变压器油可使线圈之间、线圈与接地的铁芯和外壳间都有良好的绝缘，这对大功率的高压变压器是极为重要的。

2. 冷却散热作用

变压器带负荷运行时，线圈和铁芯之间涡流损失和滞磁损失都会转化为热量，若不及时散发，变压器的出力将会降低，使用寿命会缩短，严重时还会造成过热事故。变压器的运行温度每升高 8℃，变压器的使用寿命就将减少一半。因此，变压器运行时规定了有关部位的温升值。变压器油一般在 70～80℃以下运行，运行变压器内所产生的热量，主要利用油的热传导和热对流，使油在变压器的散热装置内不断循环流动将热量散发。

3. 消弧作用

熄灭断路器中的电弧，除采用各种附加的灭弧装置外，主要靠断路器内的油进行灭弧。当断路器开关跳闸的瞬间时，开关的间隙中形成电弧，导致油分子的大量分解、蒸发、产生大量分解气体和油蒸气形成气泡将电弧包围。气泡中的分解气体占整个气泡体积的 60%，而分解气体中，氢气体积占 70%～80%。一方面由于氢气具有很高的导热能力，是十分优良的冷却散热介质，有利于灭弧。气泡体积受热膨胀，内部压力增大，又能提高氢气的导热能力，同时也增强了气体介质的绝缘强度；另一方面油和气体通过灭弧腔喷射出来，将电弧劈成细弧，有利于灭弧。此外，在 50Hz 的高压电网中，交流电弧电流每经 0.01s 要过零一次。过零时，电弧温度迅速下降，也有利于灭弧。

第二节 电力用油的理化性质及使用性能

汽轮机油和变压器油的理化性质和使用性能，不仅取决于石油的化学组成和加工方法，而且也受储油、使用时外界因素的影响。要正确使用、监督、维护和管理好油品，就应对汽轮机油和变压器油的性质有深入的、系统的了解。

一、黏度

油在外力作用下，作相对层流运动时，油分子间就存在内摩擦阻力，油的黏度就是这种内摩擦力的量度。内摩擦阻力越大，油的流动越困难，黏度也就越大。黏度的种类、符号、单位及换算公式，如表 11-4 所示。

表 11 - 4 黏度的种类、符号、单位及换算公式

名 称	原 名	符 号	单 位	采用国家	与运动黏度换算公式
运动黏度	动黏度	ν_t	mm^2/s	国际通用	
动力黏度	绝对黏度	η_t	MPa·s		$\nu_t=\eta_t/\rho_t$
恩氏黏度	条件黏度	E_t	°E	俄罗斯、西欧各国	$\nu_t=7.31E_t-\frac{6.31}{E_t}$
国际赛氏秒	通用赛波特秒	SSU_t	s	英国、美国	$\nu_t=0.22SSU_t-\frac{180}{SSU_t}$

(1) 运动黏度。运动黏度是在某一恒定的温度下，测定一定体积的油在重力下流过一个标定好的玻璃毛细管黏度计的时间。黏度计的毛细管常数与流动时间的乘积，即为该温度 t 时运动黏度用符号 ν_t 表示。计算公式如下：

$$\nu_t = c\tau \qquad (11-1)$$

式中 c——黏度计常数，mm^2/s^2；

τ——试样的平均流动时间，s。

(2) 动力黏度。动力黏度是该温度下运动黏度和同温度下液体密度的乘积即为该温度下液体的动力黏度。在温度 t 时的动力黏度用符号 η_t 表示，计算公式见表 11-4。

(3) 恩氏黏度。恩氏黏度是在某温度下，试验油样从恩氏黏度计流出 200mL 所需时间与蒸馏水在 20℃流出相同体积所需时间（s）（即黏度计的水值）之比。试样流出应成连续线状。温度 t 时的恩氏黏度用符号 E_t 表示，它的单位用符号°E 表示。

以上三种黏度中，运动黏度在国际上（包括我国）常用作进行油品的仲裁、校核试验。

油品的黏度受温度影响较大，油温升高、黏度减小，油温降低、黏度增大。各种油在相同温度条件下随温度变化的程度各不相同。油品随温度变化的程度称为油品的黏温性。

黏度是油品的重要指标之一。黏度对于汽轮机油更为重要，是汽轮机油划分牌号的依据。为保证润滑油有良好的润滑作用，应根据使用条件来选择油品的黏度。使用温度高应选用黏度较大的油品；反之，则选用黏度较小的油品。被润滑部件的负荷很大，应选用黏度较大的油品；反之，则选用黏度较小的油品。较低转速的轴颈，在间歇、往复、振动等运动状态下，以及被润滑部件表面粗糙时，应选用黏度较大的油品；反之，则选用黏度较小的油品。如果被润滑部件运行中温差变化范围较大，就应选用黏温性较好、黏度适当的油品。

总之，选用黏度要适当，过大虽保证了润滑作用，但功率损失大，散热也慢；黏度过小，不能保证形成足够的油膜，易造成轴颈与轴瓦的干摩擦，导致机件损伤。变压器油和断路器用油，应选用黏温性较好、凝点适合的变压器油，以适应室外多变的气候。

二、倾点和凝点

油试样在规定的条件下冷却时，能够流动的最低温度称为倾点。

油试样在试验条件下，冷却到液面不移动时的最高温度称为凝点。

倾点和凝点是评价油品低温流动性的条件指标，是保证油品具有良好流动性和冷却散热性的质量指标，对变压器油尤其重要。

三、闪点

在规定的条件下加热油品，产生的油蒸气与空气混合形成的混合油气接触火焰发生瞬时闪火时的最低温度称为闪点。按测闪点仪器的不同，闪点分为开口闪点和闭口闪点。汽轮机

油在运行时是敞口的，汽轮机油就应测定它的开口闪点；变压器油采用闭合运行方式，用闭口闪点仪测定它的闪点。

闪点是油品贮运和使用的安全指标，保证了在某一温度下，不至于发生火灾或爆炸。

闪点是油品的质量指标之一，规定运行中汽轮机油的闪点不应低于新油闪点8℃以上；运行中变压器油的闪点不应低于新油闪点5℃以上。否则应查明原因，对油进行处理或换油。

四、水分

汽轮机油有水分，油易乳化。乳化的油不能形成良好的油膜，失去了油的润滑作用，威胁设备的安全运行。乳化油还可能沉积于调速系统中，起不到良好的调速作用。汽轮机油中水分来源于机组的漏水和漏汽。

变压器油中有水分，绝缘强度迅速下降，如油中含十万分之一的水分，油的绝缘强度从50kV降至18kV。当绝缘油中有水分和固体杂质同时存在时，绝缘强度降低的程度更大。

油中有水分还会加速油品的劣化，使油品的酸值增大，对金属设备产生腐蚀和油泥沉淀物增多。因此，无论是新油，还是运行中油，绝不允许有水分存在。

五、破乳化时间

在规定试验条件下，同体积的试油与蒸馏水通过搅拌形成乳浊液，测定其达到分离（即油、水分界面乳浊液层的体积等于或小于3mL时）所需要的时间（min）。

在运行中，汽轮机油不可避免地要混入水分或水蒸气形成乳状液，从而降低了油的润滑性能，增大设备的磨损。为保证汽轮机油的润滑作用，要求乳化油在油箱内能迅速地自动破乳，使油水完全分离，然后定期从油箱中将水排掉。新油破乳化时间不得超过8min。破乳化时间越短，油的抗乳化性能越强。

造成油品乳化的主要原因是水分，激烈的搅拌和油品老化产生的环烷酸皂等类乳化剂的作用，造成油品的乳化。为保证乳化液完全分离，油在油箱中要有足够的停留时间，通常要求油的循环倍率k不得大于8。油的循环倍率计算公式如下：

$$k = \frac{q}{m} \tag{11 - 2}$$

式中 q——单位时间所用的总油量，t/h；

m——油循环系统总油量，t。

六、酸值

中和1g油试样中含有的酸性组分所需氢氧化钾（KOH）毫克数称为油的酸值。

油品酸值的测定，一般在非水溶剂中进行。油中酸性组分包括能溶于水和非水溶剂的酸性组分，如无机酸、石油酸及部分酸性添加剂等。

油品的氧化产生酸性物质，这些酸性物质直接或间接地腐蚀设备的金属部件，加速油品自身氧化，酸性物质增加。同时还会导致油泥的生成，增加机械磨损和降低油品的抗乳化能力。因此，油品的酸值是判断油品氧化程度的指标之一。酸值超过一定标准时，应对运行中油及时处理或更换。

七、氧化安定性

油品抵抗氧化作用而保持油品性质不发生永久变化的能力，称为油品的氧化安定性。氧化安定性是在特定条件下，用油被氧化生成的沉积物的量和酸值的大小来表示。它是汽轮机油使用寿命的一项重要指标。如果油品被氧化后的酸值不很高，所生成的沉积物也很少，说明油品很安定，不易氧化变质，可长期使用。

目前，使用的汽轮机油和变压器油中都加入一定量的抗氧化剂，目的是提高油品的抗氧化安定性，延长油的使用寿命。

八、水溶性酸

水溶性酸是指油中能溶于水的无机酸和低分子有机酸。它来自油的氧化和外界的污染，新油炼制和废油的再生不当而残存于油中的酸，油中残存的皂化物水解也可产生酸。

运行中汽轮机油和变压器油通常不存有水溶性碱，多存有水溶性酸。运行中油超过一定标准（pH 值≤4.2）时，应及时处理或换油。

九、机械杂质

一定量油品在规定的溶剂（汽油、苯等）中的不溶物的含量为油品的机械杂质，用质量百分数表示。在运行中，汽轮机油内杂质主要来源于系统外污染物，如灰尘等，其次是系统内产生的，如金属磨损物和腐蚀产物。

机械杂质会加速油品的劣化变质，在机组的油系统中将破坏油膜、磨损设备部件，并有可能导致调速器部件卡涩、失灵。在电气设备中，特别是有水分存在时，机械杂质急剧地降低油和设备的电气性能，直接威胁设备的安全运行，因此，运行中的电力用油，规定不能含有机械杂质。如有，则应及时过滤除去。

十、腐蚀

腐蚀表示绝缘油和汽轮机油对铜的腐蚀程度。它是将油试样在一定温度下与铜片相接触，经过一定时间作用后取出，目视观察铜片表面发生的颜色变化，以确定油试样对金属的腐蚀状况。如铜片表面颜色仅稍有改变，油试样合格。如铜片表面覆有绿色、黑色、深褐色和钢灰色的薄层或斑点时，则认为试油不合格。如在两次平行试验的一块铜片上有腐蚀的痕迹，应重做试验，第二次试验如在一块铜片上仍有腐蚀痕迹，则油试样不合格。

十一、击穿电压

在一定容器内，对变压器油按一定速度均匀升压直至油被击穿，此时的电压称为击穿电压。

干燥、纯净的新变压器油，击穿电压均在 45～50kV 以上，如果含有微量水分（特别是乳状水）和固体杂质，击穿电压急剧下降，导致绝缘油易击穿，因此，变压器油在贮运、保管和运行中应防止水、汽侵入。运行中油如有水时应及时除去，对新变压器油和运行中变压器油应做击穿电压试验，达标方可使用，否则应进行处理或换油。

十二、液相锈蚀

液相锈蚀是表征油品使用中抗腐蚀的重要指标。液相锈蚀试验是将特制的钢棒放在油水混合液中，维持一定温度和规定时间后取出，目视观察试样锈蚀程度，用于评价润滑油防止金属锈蚀的能力，同时也是评定防锈剂抗锈性能。

锈蚀程度的分级：轻微锈蚀为锈点不超过 6 个，每个锈点直径不大于 1mm；中等锈蚀为锈蚀超过 6 个，但小于试验钢棒表面积的 5%；严重锈蚀为锈蚀面积超过试验钢棒表面积的 5%。

运行中的汽轮机油不可避免地含有一定量水分，长期与油接触的金属部件会被腐蚀，危害极大。为了防止金属表面的腐蚀，在运行的油中加入了防锈剂。

十三、泡沫性和空气释放性

泡沫特性是指在规定条件下测定润滑油的泡沫倾向性和泡沫稳定性。空气释放性是测定润滑油分离雾沫空气的能力。

泡沫性和空气释放性是汽轮机油的重要质量指标，泡沫会破坏润滑油的油膜，使摩擦面发生烧结或增大磨损，并促进油品氧化变质，还会使润滑系统产生空穴现象和润滑剂的溢流损失导致机械故障。更严重的是造成液压不稳，影响自动控制和操作的准确性。

十四、变压器油中的气体

在充油的电气设备中，因故障导致油和固体绝缘材料的分解而产生气体。在潜伏性故障的情况下，产生的气体溶解在油中，并随故障的发展和其他原因会在设备内部产生自由气体并聚集在气体继电器中。

气体继电器中的游离气体不可能轻易排掉。当气体继电器动作时，应对其内气体作气相色谱分析，检测气体组成和含量。

第三节 电厂油务监督和维护

油品质量直接影响到用油设备的安全、经济运行，尤其对大容量高参数机组、高电压大容量输变电线路，加强油品在使用中的监督、维护和管理是十分重要的。

一、运行变压器油的监督

为保证变压器的安全经济运行，电气人员应与化学人员密切配合，加强对运行变压器油和有关设备部件的监督检查。

1. 运行中变压器油的标准

运行中变压器油应达到的常规检验质量监督标准如表 11 - 5 所示。

表 11 - 5 运行中变压器油质量标准

序号	项　目	设备电压等级（kV）	质量指标 投入运行前的油	质量指标 运行油	检验方法
1	外　状		透明、无杂质或悬浮物		外观目测
2	水溶性酸（pH 值）		≥5.4	≤4.2	GB/T 7598—2008
3	酸值（mgKOH/g）		≤0.03	≤0.1	GB/T 7600—1987 或 GB/T 264—1983
4	闪点（闭口，℃）		≥140（10 号、25 号） ≥135（45 号）	与新油原始测 定值比不低于 10	GB/T 261—2008
5	水分①（mg/L）	330～500 220 ≤110 及以下	≤10 ≤15 ≤20	≤15 ≤25 ≤35	GB/T 7600—1987 或 GB/T 7601—2008
6	界面张力（25℃，mN/m）		≥35	≥19	GB/T 6541—1986
7	介质损失因数（90℃）	500 ≤330	≤0.007 ≤0.010	≤0.020 ≤0.040	GB/T 5654—2007
8	击穿电压②（kV）	500 330 66～220 35 及以下	≥60 ≥50 ≥40 ≥35	≥50 ≥45 ≥35 ≥30	GB/T 507—2002 或 DL/T 429.9—1991
9	体积电阻率 （90℃，Ω·m）	500 ≤330	$\geqslant 6\times10^{10}$	$\geqslant 1\times10^{10}$ $\geqslant 5\times10^{9}$	GB/T 5654—2007 或 DL/T 421—2009

续表

序号	项　目	设备电压等级（kV）	质量指标		检验方法
			投入运行前的油	运行油	
10	油中气体（体积分数，%）	330～500	≤1	≤3	DL/T 423—2009 或 DL/T 450—1991
11	油泥与沉淀物（质量分数，%）		＜0.02（以下忽略不计）		GB/T 511—1988
12	油中溶解气体组分含量色谱分析		按 DL/T 596—1996 中第 6、7、9 章（见标准的附录 A）		GB/T 17623—1998 GB/T 7252—2001

① 取样油温为 40～60℃。
② DL/T 429.9—1991 方法是采用平板电极；GB/T 507—2002 是采用圆球、球盖形两种形状电极。三种电极所测的击穿电压值不同，其影响情况（见标准中提示的附录 B）。其质量指标为平板电极测定值。

由于设备和运行条件的不同，会导致油质老化速度的不同。当变压器油的 pH 值接近 4.4 或颜色骤然变深，其他某项指标接近允许值或不合格时，应缩短检验周期，增加检验项目，必要时应采取有效处理措施。当发现油的闪点下降时，应分析油中溶解气体组分含量（见表 11-6），并按 GB/T 7252 进行判断以查明原因。

2. 运行变压器油的防劣化措施

为减缓油品的劣化，延长变压器油的使用寿命，应加强对运行中油的维护工作。此外，在用油设备投运前，向新油和再生油中添加抗氧化剂 2，6—二叔丁基对甲酚（简称 T501），油中 T501 的浓度不低于 0.3%～0.5%。运行变压器油应在除去油中氧化物和污染杂质后再添加抗氧化剂，最好在运行油的酸值小于 0.03mg KOH/g、pH 值＞5.0 时加入抗氧化剂效果最好，油中 T501 的浓度应不低于 0.15%。

添加抗氧化剂后，应加强对油质的监督和维护。在一段时期内，应常监督油质的变化情况，若油混浊时，应及时过滤和查明原因。一年后转入对油的正常监督。此外，还应定期测定油中抗氧化剂的含量，低于 0.15%时应进行补加，补加时油的 pH 值应不低于 5.0。

表 11-6　变压器、电抗器油中溶解气体组分含量色谱分析

周　期	要　求	说　明
（1）220kV 及以上的所有变压器、容量 120MVA 及以上的发电厂主变压器和 330kV 及以上电抗器在投入运行后的 4、10、30 天（500kV 设备还应在投运后 1 天增加 1 次）； （2）运行中： ①330kV 及以上变压器和电抗器为 3 个月； ②220kV 变压器为 6 个月； ③120MVA 及以上发电厂主变压器为 6 个月； ④其余 8MVA 及以上的变压器为 1 年； ⑤8MVA 以下的油浸式变压器自行规定。 （3）大修后。 （4）必要时	（1）运行设备的油中 H_2 与烃类气体含量超过下列任何一项值时应引起注意： 总烃含量大于 150μL/L H_2 含量大于 150μL/L C_2H_2 含量大于 5μL/L （500kV 变压器为 1μL/L） （2）烃类气体总和的产气速率大于 0.25mL/h（开放式）和 0.5mL/h（密封式），或相对产气速率大于 10%/月，则认为设备有异常。 （3）对 330kV 及以上的电抗器，当出现痕量（小于 5μL/L）乙炔时应引起注意	（1）总烃包括 CH_4、C_2H_6、C_2H_4、C_2H_2 四种气体。 （2）溶解气体组分含量有增长趋势时，可结合产气速率判断，必要时缩短周期进行追踪分析。 （3）总烃含量低的设备不宜采用相对产气速率进行判断。 （4）新投运的变压器应有投运前的测试数据，不应含有 C_2H_2。 （5）测试周期中，（1）项的规定适用于大修后的变压器

二、运行中汽轮机油的监督

运行中汽轮机油的质量标准要符合表 11-7 中的规定。汽轮机油的常规检验周期和检验项目见表 11-8。

表 11-7　运行中汽轮机油质量标准

序号	项目		设备规范	质量指标	检验方法
1	外状			透明	外观目视
2	运动黏度（40℃，mm^2/s）			与新油原始测定值偏高≤20%	GB/T 265—1988
3	闪点（开口杯），℃			与新油原始测定值相比不低于 15	GB/T 267—1988
4	机械杂质			无	外观目视
5	颗粒度⑤		250MW 及以上	报告①	DL/T 432—2007 或 DL/T 432—2009
6	酸值	未加防锈剂油		≤0.2	GB/T 264—1983 或 GB/T 7599—1987
		加防锈剂油		≤0.3	
7	液相锈蚀			无锈	GB/T 11143—2008
8	破乳化度（min）			≤60	GB/T 7605—2008
9	水分④（mg/L）		200MW 及以上 200MW 以下	≤100 ≤200	GB/T 7600—1987 或 GB/T 7601—2008
10	起泡沫试验（mL）		250MW 及以上	报告②	GB/T 12579—2002
11	空气释放值（min）		250MW 及以上	报告③	SH/T 0308—2004

① 参考国外标准控制极限值 NAS 1638 规定 8～9 级或 MOOG 规定 6 级（见标准中提示附录 A）；有的 300MW 汽轮机润滑系统和调速系统共用一个油箱，也用矿物汽轮机油，此时油中颗粒度指标应按制造厂提供的指标。
② 参考国外标准极限值为 600/痕迹 mL。
③ 参考国外标准控制极限值为 10min。
④ 在冷油器处取样，对 200MW 及以上的水轮机油中水分质量指标为小于或等于 200mg/L。
⑤ 对 200MW 机组油中颗粒度测定，应创造条件，开展检验。

表 11-8　常规检验周期和检验项目

设备名称	设备规范	检验周期	检验项目
汽轮机	250MW 及以上	新设备投运前或机组大修后	1～11
		每天或每周至少 1 次①	1、4
		每 1 个月、第 3 个月以后每 6 个月	2、3
		每月、1 年以后每 3 个月	6
		第 1 个月、第 6 个月以后每年	10、11
		第 1 个月以后每 6 个月	5、7、8
	200MW 及以下	新设备投运前或机组大修后	1、2、3、4、6、7、8、9
		每周至少 1 次①	1、4
		每年至少 1 次 必要时	1、2、3、4、6、7、8、9
水轮机		每年至少 1 次 必要时	1、2、4、6、9
调相机		每周 1 次	1、4
		每年 1 次 必要时	1、2、3、4、6、9

注　1. "检测项目"栏内 1、2、…为表 11-7 中项目序号。
2. 水轮机 300MW 及以上增加颗粒度测定。
3. 表 11-1～表 11-7 所列项目、数据和检验项目等选自中国电力出版社的《电力用油、气质量试验方法及监督管理标准汇编》。

① 机组运行正常，可以适当延长检验周期，但发现油中混入水分（油呈浑浊时），应增加检验次数，并及时采取处理措施。

三、运行中汽轮机油的维护

1. 补充油和混油规定

汽轮机组的润滑系统和液压系统已注入的汽轮机油（运行油也称已注油），需补加的油品称为补加油。补加油量占设备注油量份额称为补加份额。已注油混入补加油后称为补后油。

补加油应采用与已注油同一油源、同一牌号及同一添加剂类型的油品，且补加油（不论是新油或已使用过的油）的各项特性指标应不低于已注油。如补加油的补加份额大于5%，特别当已注油的特性指标已接近表11-7规定的运行油质量指标极限量时，可能导致补后油迅速析出油泥。因此，在补充油前应按预定的补加份额进行混油试验，确认无沉淀物产生方可进行补油过程。

补加油的来源、牌号及添加剂类型与已注油不同时，除遵守上述规定外，还应预先按预定的补加份额进行混合油样的老化试验。经老化试验的混合油样质量不低于已注油质量时，方可进行补加油过程。

尚未注入汽轮机组的润滑和液压系统的两种或两种以上的油品相混合的油称为混油。对混油应符合上述的要求。

2. 添加抗氧化剂

汽轮机油中也应添加抗氧化剂T501，对它的要求与变压器油大体相同，在此不再述说。

3. 添加防锈剂

运行中汽轮机油会因漏入水、汽，造成金属表面锈蚀，危害极大。为防止锈蚀，可向油中添加“746”（十二烯基丁二酸）防锈剂。油中防锈剂能吸附在金属表面并定向排列，形成致密的多分子层油膜，防止了水分、氧及其他具有侵蚀性的分子或离子浸入金属表面，起到了防锈作用。

添加防锈剂应在机组大修时进行，添加前先将油系统清洗干净，露出光洁的金属表面，检查记录金属表面的清洁和锈蚀情况。油中“746”的添加量为0.02%～0.03%，并混合均匀，最后取样分析。在机组启动前，应将加有防锈剂的油在系统中循环8h，以保证在金属表面形成一层防锈油膜。应注意油中添加防锈剂后，机组的连续硅胶再生装置应停止使用，防止油中防锈剂被硅胶吸附。

另外，还应定期从油箱底部的排污门将水分、油泥和沉淀物等直接排出。油系统的循环倍率为8次/h。

4. 添加破乳化剂

汽轮机油乳化的一个重要原因是油中有乳化剂的存在。乳化剂使油中水与界面膜之间的张力大于油与界面膜之间的张力，从而使水相收缩成细小水滴，均匀地分布在油相中，形成油包水的乳状液。而破乳化剂则是与乳化剂性能相反的表面活性物质，它能使水与界面膜之间张力变小，或使油与界面膜之间张力变大，从而使水滴析聚，乳化现象消失。

我国现在使用的破乳化剂是SP型和BP型（用十八醇或丙二醇作引发剂的氧对烯烃聚合物），能使油的破乳化时间下降至5min左右。

5. 运行油的连续再生

利用油泵的压力将油送到装有硅胶（或活性氧化铝等）吸附剂的净油器中，油中劣化产物被吸附剂所吸附，然后送入压力式滤油机，除去水分和机械杂质，再流入缓冲油箱中静止，排出气体，最后返回油箱，如图 11-4 所示。如与抗氧化剂联合使用，效果更佳。但加有防锈剂的油，不能用净油器净化，因防锈剂也会被吸附剂吸附。

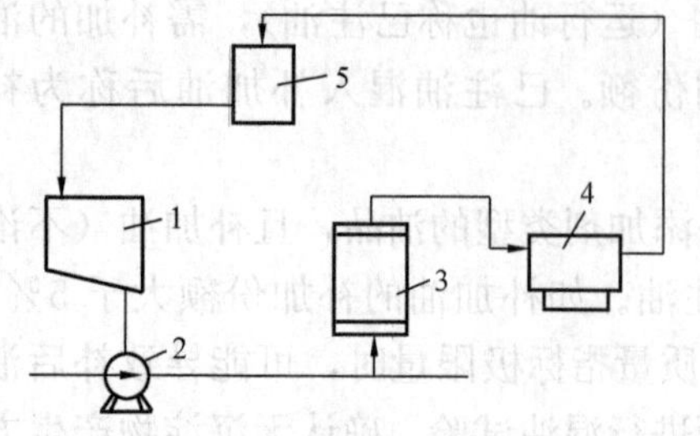

图 11-4　汽轮机油运行中的再生

1—油箱；2—油泵；3—净油器；4—滤油器；5—缓冲油箱

四、废油再生

轻度劣化的汽轮机油可通过运行中再生处理，可恢复汽轮机油的品质，能继续使用。但劣化较重的油，则需集中更换后进行再生处理。

1. 再生方法的分类

废油再业方法较多，通常可分为以下几类：

（1）物理净化。主要包括沉降、过滤、离心分离和水洗等。

（2）物理化学净化。包括凝聚和吸附等。

（3）化学净化。包括硫酸处理、硫酸—白土处理和硫酸—碱—白土处理等。

2. 再生方法的选择

合理再生废油是选择再生方法的基本原则，一般根据废油的劣化程度、含杂质情况和对再生油质的要求等来选择再生方法，这样，既能保证再生油的质量又能达到使用经济合理的工艺流程对废油进行再生的目的。

（1）油的氧化不太严重，仅出现酸性或有极少量沉淀物时，可采用过滤、吸附处理等方法。

（2）油的氧化较严重，含杂质较多，酸值也较高时，除采用沉降、凝聚外，还应采用其他方法处理。

（3）酸值很高、颜色很深、沉淀物较多劣化严重的油，应采用化学方法再生。

小　结

1. 电力用油的牌号与质量标准。

2. 汽轮机油具有机组的润滑、冷却散热、调速和密封作用；变压器油具有绝缘和冷却散热作用。

3. 油品各项理化指标及意义。

4. 对运行中的油品应定期进行质量标准的监督和检验，并进行必要的维护，即向油品中添加抗氧化剂、防锈剂等及在系统中安装净油器。

思　考　题

1. 叙述变压器油、汽轮机油的牌号、使用范围和质量标准。

2. 汽轮机油的作用有哪些？油是怎样在轴内形成油楔的？

3. 变压器油的作用有哪些？油中哪些气体会危害变压器的运行？

4. 叙述电力用油的理化性能及使用性能。

第十二章

火力发电厂环境保护

【内容提要】本章主要介绍环境保护基本概念，火电厂运行过程中产生的废水、废气、废渣对水体、大气、土壤造成的污染，并对防治方法作了简单介绍。

第一节 基 本 知 识

一、环境的概念

在环境科学中，环境是指以人类为中心的周围客观事物的总体，即人类生存的环境，如大气、水、土壤、森林、草原野生动植物和生活居住区等。

人是环境的主体，人类在生存的过程中，有目的、有计划地对自然环境进行改造、利用，创造出新的环境。该环境加入了人类活动的烙印，它不同于纯粹的自然环境。而是自然环境与社会环境交织在一起的人类生态系统（生存环境），它包括自然环境和社会环境两部分。

自然环境是指人类周围客观存在的物质世界，它能直接或间接影响人类各项活动的一切自然形成的物质、能量的总体。人类各项活动反过来又影响和冲击自然环境，因此自然环境分成了原生环境和次生环境。

原生环境是指受人类影响较小，物质和能量的转换、传递仍以自然规律进行的自然环境，该环境仍受自然规律的制约。

次生环境是指受人类影响较大的自然环境，以适应人类的需要。此环境也受自然环境的制约。

社会环境是指人类为了不断提高物质文明和精神文明，在自然环境的基础上创造出的人工环境，构成社会环境的主要要素有政治制度、经济状况、文化、教育、卫生、道德和美学等上层建筑和生产关系等。

二、生态系统

1. 生物圈

生物圈是指地球表面有空气、水、土壤、阳光，能维持生物生命并与生物发生相互作用的自然环境。生物圈的范围，一般认为从海面以下11km深处到地平面以上15～20km的高空。

2. 生态系统与生态平衡

生物在自然界一定空间与非生物环境之间相互作用、相互影响、相互制约，不断进行着物质与能量的交换，这种生物群落与它们占据的生存空间的环境所构成的一个综合体称为生态系统。

生态系统在自然界中处于不断运动和变化的状态中。在一定的条件下和一定的时间内，表现为稳定状态，称为生态平衡。生态系统在平衡变化过程中，进行着物质和能量的交换，推动着自身的变化和发展，又会建立新的生态平衡。

三、环境问题

环境问题是指人类的活动作用于周围环境而引起环境质量下降，从而影响人类活动和人体健康所产生的问题。

环境问题产生的原因是多方面的，主要有人们的认识问题、科学技术水平和社会管理水平等。当前人类面临的五大全球性的环境问题为人口问题、粮食问题、资源问题、能源问题和环境污染问题。

四、生态系统的物质循环和能量流动

能量流动是指生态系统中能量的转移，每一个生态系统中都有一个物质循环和能量流动，如图 12-1 所示。

生态系统中生物群落与环境之间的物质循环是复杂的，可用元素的循环来说明。

1. 水循环

水由氢、氧两元素组成的。水的循环是生物圈中各种物质循环中的一个中心循环，它是以水的气、液、固三态变化进行的。水是一切生命有机体的主要组成部分，水又是生态系统中能量流动和物质循环的介质，对调节气候和净化环境也起着重要作用。地球上的水主要是海水（占 97%），淡水的量是很少的。环境污染造成许多江河湖泊的水质严重恶化，人口的增长对淡水的需求量却在不断地增加，保护淡水资源是摆在人类面前的世界性问题。

2. 碳循环

碳是构成生物体的主要元素。碳的循环主要从 CO_2 到生活物质，再以 CO_2 形式返回到空气中去，如图 12-2 所示。

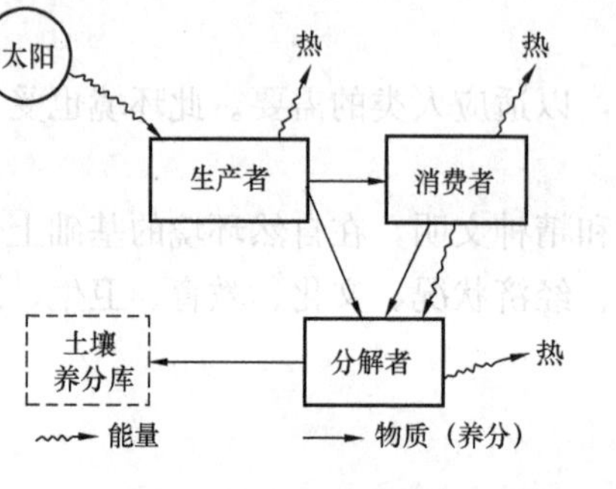

图 12-1 生态系统中的物质循环与能量流动

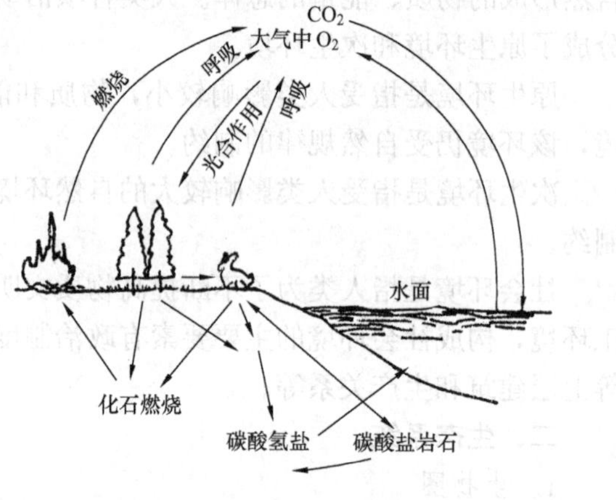

图 12-2 碳循环示意

绿色植物从大气中吸收 CO_2，通过光合作用制造有机物质，同时放出氧气，供消费者利用。生产者和消费者又产生 CO_2 放回大气中。有机体的残骸被分解者分解，将蛋白质、脂肪和碳水化合物分解成 CO_2、水和无机盐，CO_2 重新返回大气中去。然后，又重复此过程，实现了碳的循环过程。此外，人类生活中燃烧燃料所产生的 CO_2 也参与上述循环过程。由于人类的活动，燃料使用量的增大，造成大气中 CO_2 ［近一个世纪大气中 CO_2 从 2.90×10^{-4} 增至 3.20×10^{-4}（体积分数）］成分增加，破坏了自然界碳的物质平衡。如果这种破坏小于自然界生态平衡的恢复能力，就不会造成环境污染；反之，就会造成环境污染。从 1950～1960 年的 10 年间，燃料燃烧产生的 CO_2 进入大气中的碳量约为 2.5×10^9t，绿色植物的光合作用仅能吸纳该值的 18%，多余的 CO_2 滞留在大气层中，对自然界和全球性气候变化产生极大的影响。

3. 氮循环

氮是构成蛋白质的主要元素之一，在生物生命过程中起着重要作用。氮占大气组成中近79%，但却不能直接被大多数生物所利用，它必须要与氢、氧化合后转入植物内，再进入动物体内被利用。大气中的氮通过以下三种途径进入生物界。

一是植物的固氮作用，自然界有些自由生活在土壤或与某些高等植物共生的固氮菌、海洋中某些蓝、绿藻类等，它们依靠固氮酶的作用，将氮变成氨或铵离子被植物根系吸收，组合成氨基酸而被植物吸收形成蛋白质；二是自然界的天气现象使大气中的游离氮转化为氮的化合物（如闪电将氮与氧反应生成氮的氧化物），被降水带入土壤变成硝酸盐或亚硝酸盐被植物根系吸收利用；三是人类通过工业生产，将氮与氢化合成氨及各种含氮化肥，施于田间被植物根系吸收利用。

氮返回大气是依靠环境中所存在的反硝化菌类，在缺氧的条件下，利用亚硝酸根或硝酸根作氧化剂氧化有机物，在此过程中微生物获得能量，亚硝酸根或硝酸根中的氮被还原进入大气，形成了自然界氮的循环。

第二节　环境保护标准

环境保护是指采取多种措施，合理利用自然资源，防止环境污染和被破坏，保持和发展生态平衡，提高环境质量，保护人民身体健康，促进经济发展。

环境保护主要以保护水源、大气、土壤、森林、草原等自然环境为主的系统工程。保护自然环境不受污染，就是保护了人类生存和发展的基本条件。因此，人类在利用、改造环境的过程中，应防止环境和生态被破坏。

在发展经济的同时，必须加强环境保护，使经济效益、社会效益和环境效益统一起来，创造一个清洁、舒适、安静、优美的劳动、生活环境是全人类共同的目标和愿望。环境保护是我国的一项基本国策，根本的目的是保护人体健康，促进经济发展。合理地利用自然资源，防止环境污染和生态破坏，为人民造成清洁适宜的生活和劳动环境，保护人民健康，促进经济发展。具体任务在《环境保护法》的有关条款中作了明确规定，因此，在建设、生产和生活要严格执行《环境保护法》中的规定，各种有害物质的排放必须遵守国家规定标准，才能保护我们的生存的环境，促进经济持续稳定地发展。

我国主要环境质量标准如表12-1～表12-3所示。表12-4和表12-5为火电厂废水的最高允许排放标准。

表12-1　　国家大气环境质量标准

项　目	浓度限制（mg/m^3）①			
	取样时间	一级标准	二级标准	三级标准
悬浮物微粒	日平均	0.15	0.30	0.50
	任何一次	0.30	1.0	1.50
二氧化硫	每日平均	0.03	0.06	0.10
	日平均	0.05	0.15	0.25
	任何一次	0.15	0.50	0.70

续表

项目	浓度限制（mg/m^3）①			
	取样时间	一级标准	二级标准	三级标准
氮氧化物	日平均 任何一次	0.05 0.10	0.10 0.15	0.15 0.30
飘尘	日平均 任何一次	0.05 0.15	0.15 0.50	0.25 0.70
一氧化碳	日平均 任何一次	4.00 10.00	5.00 10.00	6.00 20.00
光化学氧化剂	时平均	0.12	0.16	0.20

① 体积是指标准状态下的体积。

表 12-2　　地面水环境质量标准分段

标准值 分段 项目	第一段	第二段	第三段
	pH 值为 6.5～8.5		
水温	受热污染后，水质混合区边缘的水温允许增高 5℃，但夏季水域水温最高不超过 35℃		
肉眼可见切	无	水中无大量泡沫、油膜、杂物等	
色（度）	不超过 10	不超过 15	不超过 20
嗅	无异臭	臭强度一级	臭强度二级
溶解氧（mg/L）	不低于 8	不低于 6	不低于 4
生化需氧量（15 天 20℃）	不超过 1	不超过 3	不超过 5
化学需氧量（$K_2Cr_2O_7$ 法）	不超过 2	不超过 4	不超过 8
挥发酚类（mg/L）	不超过 0.001	不超过 0.005	不超过 0.01
氰化物（mg/L）	不超过 0.01	不超过 0.05	不超过 0.1
砷（mg/L）	不超过 0.01	不超过 0.04	不超过 0.08
总汞（mg/L）	不超过 0.000 1	不超过 0.000 5	不超过 0.001
镉（mg/L）	不超过 0.001	不超过 0.005	不超过 0.01
六价铬（mg/L）	不超过 0.000 1	不超过 0.000 5	不超过 0.001
铅（mg/L）	不超过 0.01	不超过 0.02	不超过 0.05
铜（mg/L）	不超过 0.005	不超过 0.01	不超过 0.03
石油（mg/L）	不超过 0.05	不超过 0.3	不超过 1.0
大肠杆菌数	1000 个/L	10 000 个/L	50 000 个/L
总磷	不超过 0.1（mg/L）		
总氮	不超过 1.0（mg/L）		

表 12 - 3 环境噪声标准

适用范围	理想值 (dB)	极大值 (dB)
睡 眠	35	50
交谈、思考	45	60
听力保护	75	90

表 12 - 4 火力发电厂工业水有毒有害物质最高允许排放浓度 (mg/L)

污染物	排放标准值	污染物	排放标准值
总汞	0.05	总铅	1.5
总镉	0.1	总砷	0.5
总铬	1.5		

表 12 - 5 火力发电厂工业水一般有害物质最高允许排放浓度 (mg/L)

排自 / 企业类别 / 污染物	Ⅱ级水体		Ⅲ级水体	
	新、扩、改建电厂	现有电厂	新、扩、改建电厂	现有电厂
pH 值	6～9	6～9	6～9	6～9
SS	70	100	200	250
COD	100	150	150	200
石油类	10	10	10	15
挥发酚	0.5	0.5	0.5	1.0
硫化物	1.0	1.0	1.0	2.0
氮化物	10	10	10	15

国家标准中将火电厂按年限划分为以下三个时段：

Ⅰ时段——1992 年 8 月 1 日之前建成投产或初步设计已通过审查批准的新、扩、改建火电厂；

Ⅱ时段——1992 年 8 月 1 日起至 1996 年 12 月 31 日期间环境影响报告书通过审查批准的新、扩、改建火电厂，包括 1992 年 8 月 1 日之前环境影响报告书通过审查批准、初步设计待审查批准的新、扩、改建火电厂；

Ⅲ时段——1997 年 1 月 1 日起环境影响报告书待审查批准的新、扩、改建火电厂。

火电厂锅炉最高允许烟尘排放浓度是以除尘器出口过量空气系数 α 为 1.7（Ⅰ、Ⅱ时段）或 1.4（第Ⅲ时段）时的固态排渣煤粉炉为基础而定。

第Ⅰ时段的火电厂锅炉最高允许烟尘排放浓度和烟气黑度按表 12 - 6 规定执行。

表 12 - 6 第Ⅰ时段的火电厂锅炉最高允许烟尘排放浓度和烟气黑度 (mg/m^3)

分 类	燃料收到基灰分 A_{ar} (%)							烟气林格曼黑度 (级)
	$A_{ar}\leqslant10$	$10<A_{ar}\leqslant20$	$20<A_{ar}\leqslant25$	$25<A_{ar}\leqslant30$	$30<A_{ar}\leqslant35$	$35<A_{ar}\leqslant40$	$A_{ar}>40$	
电除尘器①	200	300	500	600	700	800	1000	1
其他除尘器②	800	1200	1700	2100	2400	2800	3300	1

① 也适用于袋式除尘器。

② 其他除尘器包括文丘里、斜棒栅、泡沫、水膜、多管、大旋风等除尘器。

第Ⅱ时段的火电厂锅炉最高允许烟尘排放浓度和烟气黑度按表 12 - 7 规定执行。

第Ⅲ时段的火电厂锅炉最高允许烟尘排放浓度、SO_2 浓度按表 12 - 8 和表 12 - 9 的规定执行。

表 12-7　第Ⅱ时段的火电厂锅炉最高允许烟尘排放浓度和烟气黑度　(mg/L)

分　类	燃料收到基灰分 A_{ar}（%）							烟气林格曼黑度（级）
	A_{ar}≤10	10<A_{ar}≤20	20<A_{ar}≤25	25<A_{ar}≤30	30<A_{ar}≤35	35<A_{ar}≤40	A_{ar}>40≤40	
670t/h 及以上、或在县及县以上城镇规划区内的火力发电厂锅炉	150	200	300	350	400	450	600	1
670t/h 以下且在县规划区以外地区的火力发电厂锅炉	500	700	1000	1300	1500	1700	2000	1

表 12-8　第Ⅲ时段的火电厂锅炉最高允许烟尘排放浓度　(mg/m^3)

分　类	烟尘最高允许排放浓度
在县及县以上城镇规划区内的火电厂锅炉	200
在县规划区以外地区的火电厂锅炉	500
在第Ⅰ时段的在县及县以上城镇规划区内、1997 年 1 月 1 日后还有 10 年及以上剩余寿命的火电厂锅炉①	600

① 剩余寿命＝设计寿命－累计运行时间。

表 12-9　第Ⅲ时段的火电厂各烟囱 SO_2 最高允许烟尘排放浓度

燃料收到基硫分（%）	≤1.0	>1.0
最高允许排放浓度（mg/m^3）	2100	1200

第三节　火力发电厂运行对环境的污染

人类在生产和生活中都离不开燃料，火力发电厂生产也主要是利用燃料燃烧产生的化学能转变成热能，热能在汽轮机内转变成机械能带动发电机生产电能。火力发电厂所用燃料主要是煤，煤燃烧产生的废气、废渣和废水排入大气、水和土壤中造成污染，反过来又会影响人类的正常生活。

一、大气污染及防治

（一）大气污染

火力发电厂是大气的主要污染源之一。煤燃烧后产生的污染物有粉尘、硫和氮的氧化物、碳氧化物和碳氢化合物等。

1. 粉尘

粉尘分落尘和飘尘两类，粒径在 10μm 以上的为落尘，能很快落至地面，其中含有一些燃烧不完全的碳粒；粒径在 10μm 以下的为飘尘，飘浮在空气中。飘尘容易被人吸入呼吸道，稍大颗粒的飘尘被鼻毛与呼吸道中黏液截留随痰排出，粒径很小的进入肺中沉积，并可能进入血液送往全身各部位，在身体的各部位累积引起疾病。飘尘表面还可吸收其他有害物质（如紫外线）对人体的毒害作用增强，如影响儿童的发育成长。此外，还可能造成交通混乱和影响植物的生长。

2. 硫氧化物

燃料中的硫在燃烧过程中产生 SO_2（少量转成 SO_3），这些氧化物进入空气中，一会形成酸雨腐蚀建筑物；二是会对水生生态系统和陆地生态系统的影响；三是会对人体健康的影响。尤其是硫氧化物遇水汽生成腐蚀性强的酸滴、酸雾毒性比 SO_2 大 10 倍，对人体和生物的危害更大。

3. 碳氧化物

碳氧化物是指一氧化碳（CO）和二氧化碳（CO_2）。CO 来源于含碳物质的不完全燃烧，它对人体的危害很大，如“煤气”中毒，实质就是 CO 中毒。在大城市街道空气中 CO 的含量为 25mg/L，交通路口汽车尾气的排放可使 CO 含量高达 50mg/L。但由于自然界某些植物起到解毒、净化作用，使大气中 CO 平均浓度并未持续增大。

进入 21 世纪以来，工业飞速发展，化石燃料大量使用，大气中二氧化碳的体积百分比增加，造成了全球性的环境问题——温室效应。温室效应造成了全球气候变暖，降雨量重新分配，水患出现次数增多，且冰川冻土消融，海平面上升，自然生态系统受到危害，同时又威胁人类的食物供应和居住环境。

4. 氮氧化物

氮氧化物的种类很多，但造成大气污染的是人类活动中产生的一氧化氮（NO）和二氧化氮（NO_2）排入大气而形成的。

常温下氮和氧不反应，而在火电厂炉膛中温度可达 1100℃以上，空气中氮和氧反应，主要产物为 NO 和少量 NO_2。排入大气中 NO 迅速转成 NO_2，同时在阳光作用下，NO 与大气中烃类物质作用下迅速转成 NO_2，所以大气中的氮氧化物以 NO_2 为主。NO_2 在大气中仅能存 3 天，最后溶于大气的水汽中变成硝酸，或与大气中其他物质发生反应生成新的化合物。

氮氧化物不但对人体健康有直接的损害，而且还会形成光化学烟雾。后者是危害极其严重的污染物，因此氮氧化物是引起广泛注意的大气污染物之一。

（二）大气污染的防治

火力发电厂是主要大气污染源之一，污染源又主要是由燃料燃烧带来的，因此火力发电厂应主要控制燃料燃烧带来的污染。防治方法有选用合适的燃料、烟气净化等。

1. 选用合适的燃料

煤是化石燃料中排放污染物最多的燃料，而火力发电厂又以燃煤为主，因而要尽量选用低灰和低硫分的优质煤，并尽可能地对煤进行净化处理。

2. 烟气净化

烟气净化是指对排放的烟气进行净化处理，主要对烟气除尘和进行烟气脱硫。

（1）烟气除尘。从烟气中将颗粒物分离出来并加以捕集、回收的过程称为除尘，用于除尘的设备称为除尘器。

1）机械式除尘器除尘。机械式除尘器是利用重力、惯性、离心力等方法将粉尘从气流中分离出来，达到除尘的目的。机械式除尘器包括重力沉降室、惯性除尘器和旋风除尘器。其中最简单、廉价、易于操作和维修的是沉降室。携带尘粒的气流由管道进入宽大的沉降室时，气流速度降低，较大颗粒（直径大于40μm）因重力而沉降下来。常用的沉降室有单层重力沉降室和多层重力沉降室，基本结构如图12-3和图12-4所示。

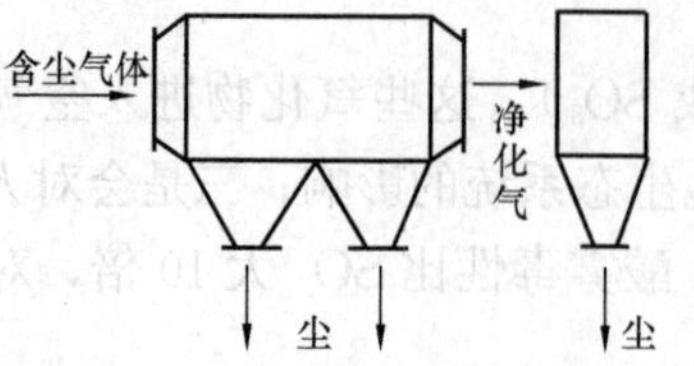

图12-3　单层重力沉降室

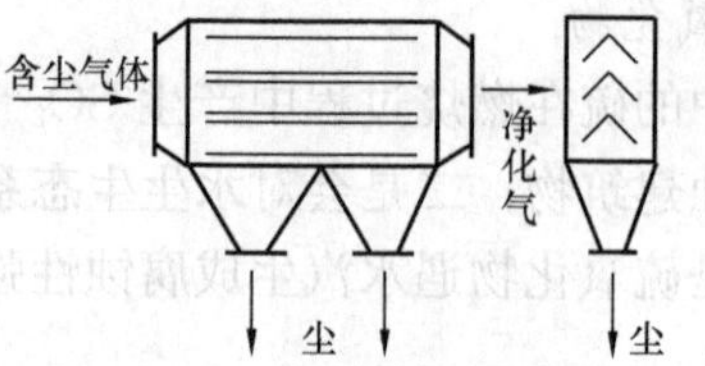

图12-4　多层重力沉降室

另一种被广泛使用的除尘器是旋风除尘器，它的原理是利用烟气以切线方向高速进入器内旋转产生离心力，粉尘被“甩”至除尘器的内壁上，并沿周边下落，被净化的废气则从中心圆管向上部逸出，结构如图12-5所示。

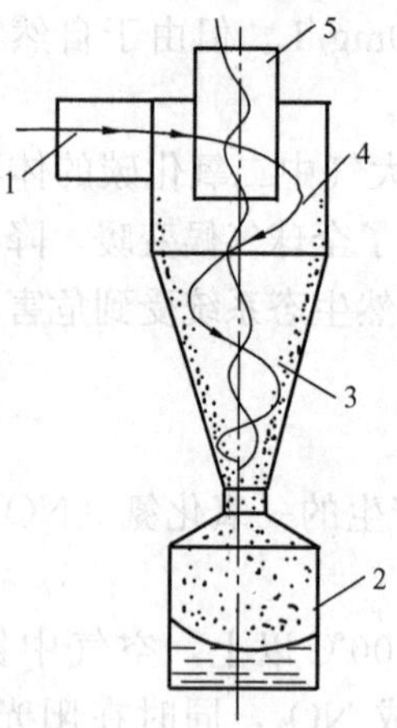

图12-5　旋风除尘器

1—入口；2—集尘室；3—圆锥部；4—圆筒部；5—出口管

旋风除尘效率较高，对大于5μm以上颗粒具有较好的去除效率。它适用于对非黏性及非纤维性粉尘的去除，且可用于高温烟气的除尘净化，广泛用于锅炉烟气除尘。

2）湿法除尘器除尘。湿法除尘器除尘的方法是将废气从装置底部进入向上流动，装置的顶部向下喷淋细小水流将粉尘淋下，气体从上部排出。该除尘器在除尘的同时还除去某些可溶性气态污染物，除尘效率较高，投资比达到同样效率的其他除尘设备低；可处理高温废气及黏性的尘粒和液滴。但湿式除尘器用水量大，废气中的污染物从气相中清除后，产生的废水必须进行处理和回收，否则会造成水资源的浪费，如废水直接排放就会造成二次污染。湿式除尘系统还要注意防止腐蚀性气体的侵蚀。

湿式除尘设备式样很多，常用的有喷雾塔式、填料塔式、文丘里式洗涤式、冲击式除尘器和水膜除尘器等，净化效率较高。在湿式除尘器后都附有脱水装置，以脱除残余的水滴。图12-6所示的是湿式除尘器中结构最简单的一种。

3）电除尘器除尘。电除尘是利用高压电场产生的静电，作用于固体粒子或液体雾沫使之与气流分离。如图12-7所示。电除尘器可使浮游在气体中的粉尘颗粒带电，在电场力的驱动下朝集尘极作定向运动，到达集尘极表面尘粒放出电荷后沉积其上，积聚的粉尘可用机械振打等方式将粉尘除去。

工业上广泛应用的电除尘器是管式电除尘器和板式电除尘器（见图12-8）。前者的集尘极是圆管状的，后者的集尘极是平板状的。

电除尘器是一种高效除尘器，除尘效率可达99%以上，能捕集粒径达0.005μm的粉尘，并可按要求获得任意除尘效率。电除尘器阻力小，实际能耗低，能在250～500℃范围内操作。但该设备较庞大，投资高，只有处理净化要求高的时候，才能显示出优势。目前，电力系统已广泛应用电除尘器。

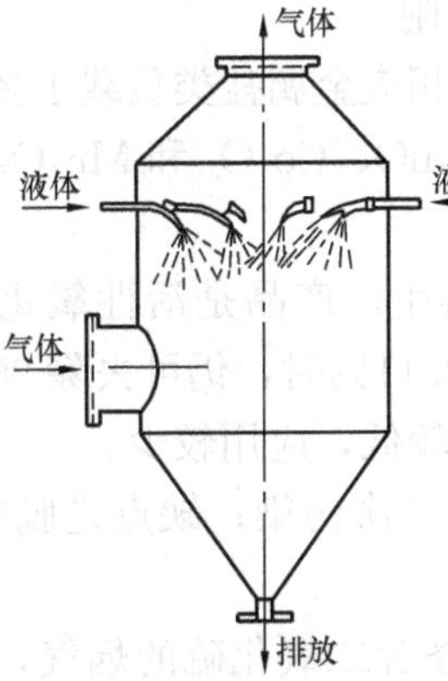

图 12-6　喷淋塔

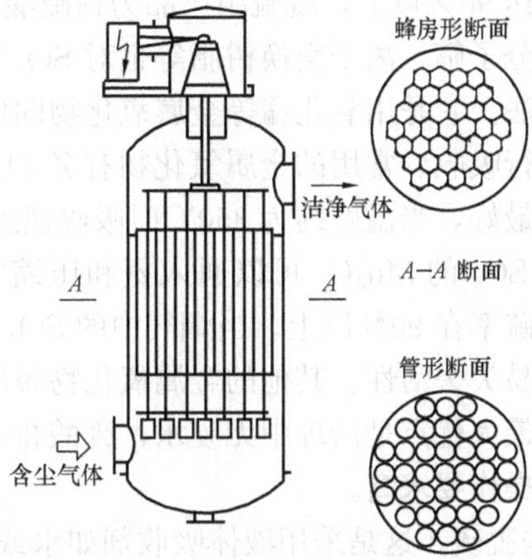

图 12-7　管式静电除尘器

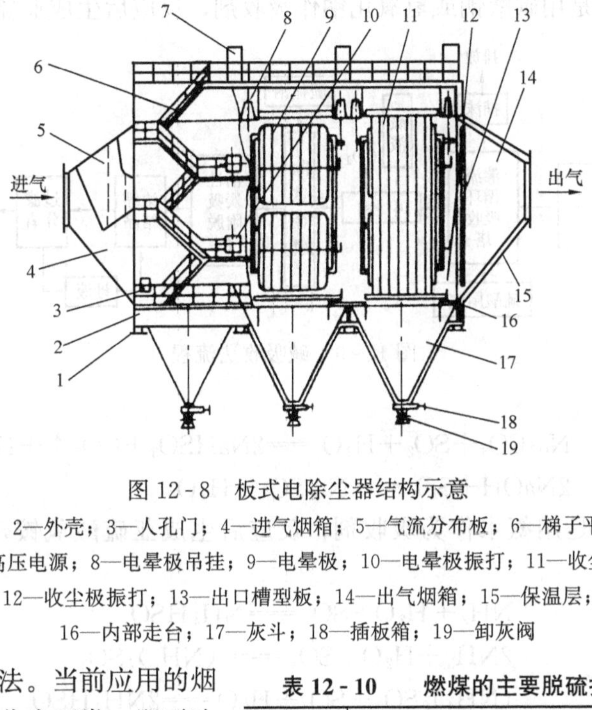

图 12-8　板式电除尘器结构示意

1—支座；2—外壳；3—人孔门；4—进气烟箱；5—气流分布板；6—梯子平台栏杆；7—高压电源；8—电晕极吊挂；9—电晕极；10—电晕极振打；11—收尘极；12—收尘极振打；13—出口槽型板；14—出气烟箱；15—保温层；16—内部走台；17—灰斗；18—插板箱；19—卸灰阀

(2) 烟气脱硫方法。当前应用的烟气脱硫方法，大致可分为两类，即干法脱硫和湿法脱硫（见表 12-10）。

1) 干法脱硫。使用粉状、粒状吸收剂、吸附剂或催化剂去除废气中的二氧化硫。主要有吸附法，吸收法。

①吸附法。目前应用最多的吸附剂是活性炭，在工业上已应用较普遍并能获取相应产品。

活性炭在氧气和水蒸气共存的情况下，对 SO_2 具有较高的吸附能力，

表 12-10　燃煤的主要脱硫技术及效率

处理类型	技术名称	脱硫效率（%）
燃烧前	煤炭洗选技术	40～60
	煤气化技术	85 以上
	水煤气技术	50
燃烧中	型煤加工（固硫）技术	50
	流化床燃烧（粒状固硫剂）技术	70
烟气脱硫	干法脱硫技术	50～70
	湿法（石灰—石膏）技术	95 以上
	其他	40～70

脱硫效率可达 90%以上，脱硫副产品为稀硫酸。

硅胶、分子筛、离子交换树脂等也对 SO_2 有较强的吸附。

②吸收法。它是用氧化锰等金属氧化物固体颗粒或将相应金属盐类负载于多孔载体后对二氧化硫进行吸收。常用的金属氧化物有 ZnO、Fe_2O_3、CuO、Co_2O_3 和 Mn_2O_3，以 Mn_2O_3 的吸收效果最好，当温度约为 350℃时吸收速度最快。

吸收了 SO_2 的 Mn_2O_3 可以通入氨和压缩空气进行再生，产品是活性氧化锰和硫铵溶液。该法脱硫率在 90%以上。当烟气中的 SO_2 含量仅为 0.11%时，仍可去除 90%以上，且吸收剂不容易失去活性。其他的金属氧化物脱硫效率一般较低，应用较少。

干法的最大优点是治理中无废水，废酸排出，减少了二次污染；缺点是脱硫效率较低，设备庞大，操作要求高。

2）湿法脱硫。这是采用液体吸收剂如水或硫溶液洗涤含二氧化硫的烟气，通过吸收去除其中的二氧化硫。湿法脱硫主要包括碱液吸收法、氨吸收法和石灰吸收法等。

①碱吸收法。它是用碳酸钠或氢氧化钠作吸收剂，反应后生成亚硫酸钠（见图 12-9）。

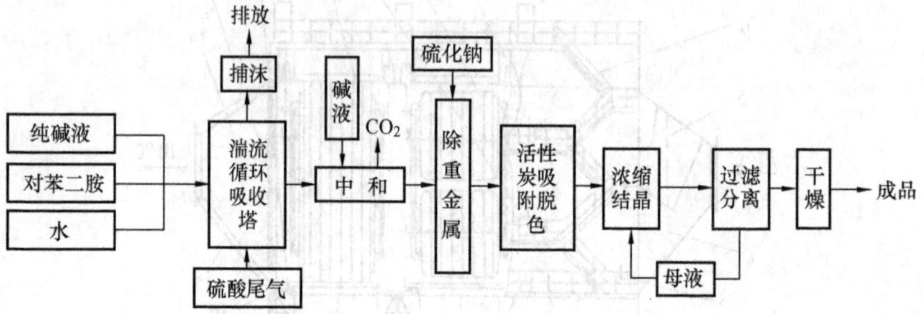

图 12-9　碱吸收法流程

反应式如下：

$$Na_2CO_3+SO_2+H_2O=\!=\!=2NaHSO_3+CO_2\uparrow+H_2O$$

$$2NaOH+SO_2=\!=\!=Na_2SO_3+H_2O$$

②氨吸收法。它是用氨水作为吸收剂，反应后生成亚硫酸氢铵，吸收率可达 93%～97%。反应式如下：

$$NH_3+H_2O+SO_2=\!=\!=NH_4HSO_3$$

$$2NH_3+H_2O+SO_2=\!=\!=(NH_4)_2SO_3$$

$$(NH_4)_2SO_3+SO_2+H_2O=\!=\!=2NH_4HSO_4$$

图 12-10　氨吸收法脱硫流程

亚硫酸氢铵可以加硫酸生成硫酸铵，释放出高浓度的 SO_2，用于生产液体产品 SO_2，也可以用于亚铵法造纸（见图 12-10）。

③石灰乳法。它是用石灰浆作吸收剂，直接喷入废气中，与二氧化硫生成亚硫酸钙，再进一步氧化为石膏。

湿法脱硫所用设备较简单，操作容易，脱硫效率较高。由于可获得副产物而加以利用，是世界各国研究得最多的方法。

④海水脱硫法。天然海水含有大量的可溶性盐，其中主要成分是氯化钠、硫酸盐及一定

量的可溶性碳酸盐。海水通常呈碱性，自然碱度为1.2～2.5mmol/L，这使得海水具有天然的酸碱缓冲能力和吸收SO_2的能力。当SO_2被海水吸收，使海水中的氢离子增加，导致海水pH值下降成为酸性水。吸收SO_2后的酸性海水靠重力流入水处理厂（海水水质恢复系统）与加入的大量海水混合，利用海水中的碳酸根离子中和氢离子，使海水的pH值得以恢复，再鼓入大量的空气使亚硫酸根离子全部氧化成为稳定的硫酸根离子，并使海水中的溶解氧达到饱和，然后将处理过的海水排放大海。

但湿法脱硫后烟气温度较低对烟囱排烟扩散不利。

（3）烟气除氮氧化物。氮氧化物可在气相中加触媒将它还原成N_2，再向大气排放，可消除NO_x对大气的污染。当温度为250～425℃，NH_3/NO摩尔比稍大于1时，NO、NO_2在铂、铑催化下会被NH_3还原成N_2，脱硝率可达90%以上。

二、水源污染

1. 污染来源

火力发电厂运行对水源污染有以下几个方面。

（1）排烟中硫氧化物溶于雨水中，形成酸雨，污染水源，并使森林、植物和建筑物遭受损坏。

（2）电站排放的冷却水的热量，造成水源的热污染。

（3）电站水处理系统和凝结水净化处理系统的再生废液和冲洗废水，未经处理排入江湖，造成水源污染。

（4）燃煤电厂水力冲灰系统的废水，未经处理排入江湖造成污染。

（5）锅炉受热面外表面的洗涤废水造成污染。

（6）电站油库排水、油箱清洗排水等含油废水造成水源的油污染。

（7）锅炉化学清洗废液造成的污染。

2. 防治方法

火电厂废水处理方法主要是对废水进行集中处理，待达到排放标准后再进行排放。如废水经沉淀除去悬浮固体，再经阳光照射消毒。处理后水的pH值达7～8.5，COD达10mg/L以下，含油量达1mg/L以下，含铁量达1mg/L以下，色度为目视透明，符合上述条件的水方可排放。对于柠檬酸酸洗废液也可采用焚烧的方法，即将柠檬酸废液喷入炉膛内焚烧，在300℃以上的火陷中，有机物立即分解成CO_2和水蒸气，与有机物结合的重金属分解为简单的金属氧化物，10%以粉尘微粒随烟气排走，90%微粒随灰渣排走。

三、土壤污染

1. 土壤污染的来源

燃煤电厂每天都会排放大量灰渣，这些废渣含有有害和有毒物质，未经处理就堆放极易污染土壤。经雨水冲刷后，这些有毒和有害物质渗入土壤扩大了污染面积。有害物质一旦被植物吸收就会在其果实内形成富集。人类食用这些果实后，有害物质进入人体也会形成富集，使人致病。

2. 防治方法

防止灰渣对土壤污染的方法是采取综合利用。灰渣的综合利用主要有以下几个方面：

（1）灰渣用于作建筑材料。如将70%粉煤灰和碾细的30%的煤矸石混合，加水搅拌均匀后成型，干燥后送入窑中焙烧，出窑即为烧结砖。

（2）用于制作水泥。粉煤灰和炉渣都可用来制作水泥。一种方法是将灰渣看成火山灰质混合物，将它与水泥熟料混合磨细即可制成粉煤灰水泥，现在，粉煤灰已被广泛应用于制作粉煤灰硅酸盐水泥；另一种方法是在较低温度下将粉煤灰与石灰等烧成水泥熟料，然后再掺入石膏磨细，即成400号粉煤灰水泥。

粉煤灰用作制水泥时，其中未燃烧成分（即含碳量）不能太多，否则会影响水泥质量。

（3）灰渣用于农业。农田施用粉煤灰，对生荒地可起熟化作用；对酸性土壤可起中和作用；对黏土可起疏松土壤的作用，均对农业增产有利。

农田施用粉煤灰后，土壤的地温升高了，土壤的保水性、透气性和透水性增强，对农作物的生长极为有利。

小　　结

1. 基本知识：自然环境、社会环境、原生环境、次生环境、生物圈和生态平衡。
2. 自然界水、碳、氮的循环。
3. 火电厂释放主要污染物有烟尘，硫、碳、氮的氧化物，灰渣和工业废水。
4. 环境保护是指采取多方面措施，合理利用自然资源，防止环境破坏，提高环境质量。

思　考　题

1. 什么叫自然环境、社会环境、原生环境和次生环境？
2. 自然界中水、碳、氮是如何循环的？
3. 火力发电厂释放的污染物有哪些？对环境造成什么危害？
4. 如何防止环境破坏？
5. 如何提高环境质量？

第十三章

电 力 用 煤

【内容提要】本章主要介绍煤的基本知识，煤在电厂中的作用、煤炭分类、煤的基准及煤的各项基准间的换算关系，煤的取样、缩样方法，介绍煤的工业分析基本知识和试验方法、元素分析基本知识和试验方法及煤的发热量的测定方法。

第一节 煤炭的基本知识

一、概述

能源是国民经济的基础，煤、石油、天然气、核能都是重要能源，它们都可用作发电燃料，但我国煤炭蕴藏量比较丰富，所以绝大多数火力发电厂还是以煤炭作为燃料。目前，煤炭费用占到发电成本的80%以上，掌握电力用煤的特性检测技术，确保入厂煤的质量对火力发电厂的安全、经济运行具有十分重要的意义。

(一) 煤质指标

1. 水分

水分是电力用煤的一项重要指标。水分是不可燃成分，它的含量大，不仅使运输量及经济负担增加，而且煤的发热量也会降低。同时，烟气量也会增加，烟气带走的热量也会越多，造成排烟热损失和排烟风机的能耗增大。

煤的水分与煤种、采煤方法、加工工艺和外界环境条件不同而不一样。一般情况下，褐煤水分最高，烟煤其次，无烟煤水分最低，电力用煤应水分较低为好。但水分过低也有弊端，会造成煤粉飞扬，污染环境。因此，煤中含有适量水分对燃烧是有利的，水蒸气对悬浮燃烧的煤粉能起催化作用。电力用煤的水分控制在5%～8%为宜，电力用煤的外在水分在8%～10%时，就会导致输煤、给煤系统运行障碍。

2. 挥发分

电力用煤的挥发分会影响锅炉稳定燃烧和制粉系统的安全运行。挥发分过高时，如制粉系统中局部积有煤粉，会使温度升高甚至引起自燃；煤粉燃烧时，会造成压力普遍升高，有可能破坏制粉系统并引起火焰外喷；在敞开的空间，煤粉与空气达到一定浓度易引起粉尘爆炸。

一般情况下，高挥发分的烟煤和褐煤容易着火；低挥发分、高灰分的劣质无烟煤和贫煤较难着火，甚至造成锅炉点火不良直至灭火。当干燥无灰基挥发分V_{daf}小于10%时，煤粉不会发生爆炸，运行时也不会造成危险；V_{daf}大于25%时，危险就较大。因此，贫煤及低挥发分的烟煤较适合作为电力用煤。

3. 灰分和发热量

灰分和发热量是衡量电力用煤最重要的指标，也是煤炭计价的主要依据。煤炭中灰分越高，煤中可燃成分减少，发热量就会降低，燃烧温度下降，燃烧稳定性降低，锅炉热效率下降。煤中灰分高，锅炉受热面的沾污、磨损就会加剧。而炉膛受热面的沾污会引起锅炉结渣，过热器超温威胁安全运行；同时，还会对除尘设备的性能和烟囱高度都有较高的要求，造成基建投资和运行费用的增加。

另外，灰渣的储存还会占用土地，灰分的输送采用灰浆泵排灰，灰水比为1∶4左右，高的可达1∶15左右。这不仅造成水的浪费，还会造成水污染或环境污染（因灰水的pH值和含氟量都超过国家标准），同时排灰过程中还会产生灰管道结垢和磨损等问题。

对于一般煤粉锅炉，电力用煤的灰分不能太高，热值也不能太低。当使用贫煤或其他低挥发分烟煤时，灰分要求在20%～30%，不得超过40%；收到基低位发热量$Q_{net,ar}$19 000～23 000J/g，最低不小于16 700J/g。如锅炉设计时就考虑燃烧劣质煤，则另当别论。

4. 含硫量与含氟量

硫是煤中有害成分，可燃硫在燃烧过程中产生二氧化硫（部分生成三氧化硫），排入大气中，是造成环境污染的主要因素，不可燃硫进入烟尘或炉渣。电力用煤中含硫量通常为0.5%～3%，烟气中二氧化硫含量为700～4300mg/m^3，三氧化硫含量约为数十毫克/立方米。另外，电厂锅炉燃烧高硫煤时，由于硫的氧化作用，还会使锅炉尾部受热面发生腐蚀和堵灰现象，缩短低温段预热器的使用寿命；含硫量增大，还会促使灰熔融温度下降，导致锅炉结渣或加重结渣。如果煤的挥发分和硫含量都较高，就会增大煤的隐燃倾向，导致煤粉仓因温度升高而自燃。

电力用煤要求使用低硫煤，含硫量高于3%的煤不宜使用。如使用高硫煤，为防止二氧化硫污染环境，需加烟气脱硫装置。但脱硫装置投资和运行费用较高，技术上也有一定的难度，目前国内只有少数电厂加装使用。

煤中的氟也是一种有害元素。煤中含氟量不大于0.05%，但水中含氟量一般很低，煤中的氟是冲灰水中氟污染的源头。煤燃烧时，约95%的氟转化成氟化物进入冲灰水中。目前，国家对冲灰水中含氟量有一定的规定，超标者要受到罚款处理。由于火力发电厂冲灰水用量大，除氟费用又较高，因此火力发电厂只能希望选用低氟煤。

5. 可磨性

煤的可磨性用来表征磨制煤粉的难易程度。煤炭越软，可磨性指数越大，磨制煤粉的电耗越小。设计人员一般用哈氏可磨性指数（HGI）来设计制粉设备，HGI每相差10个单位，磨煤机的出力约相差25%。电力用煤要求HGI在50～90之间，HGI低于50的为特硬煤，高于90的为特软煤。火电厂希望用HGI值较大的煤，这样可以减少磨煤机的电耗，提高运行的经济性。

6. 灰熔融性与灰成分

灰熔融性是影响锅炉安全经济运行的指标。灰熔融性将影响锅炉结渣，因锅炉结渣会使受热面减少，烟气温度升高，锅炉出力下降，结渣严重时，还会造成停炉。对于液态排渣锅炉，在运行中更受灰熔融性及流动特性的影响，需提供更加可靠的灰熔融性数据。

一般用DT（变形温度）、ST（软化温度）、FT（流动温度）三个温度表征煤灰的灰熔融性，在这三个温度中，ST更具特征，通常从软化温度ST=1350℃为分界线。因此，灰熔融性软化温度越低，结渣的可能性就越大，所以对于火电厂固态排渣锅炉，ST要大于1350℃，且越大越好。

灰渣特性中还应注意有长渣、短渣之分，两者的区别为灰渣黏度受温度变化的影响不同，受温度影响大的为短渣，影响小的为长渣。长渣的FT与DT间温差大，如达200℃或更大；短渣的FT与DT间温差小，常在100℃以内。火电厂应燃用长渣煤，固态排渣炉的结渣相对缓慢，即使结渣也是局部性的；如燃用短渣煤就会在短时间内发生大面积严重结渣的现象。

为了避免锅炉的严重结渣，对煤质及灰渣特性方面的要求是：煤的灰分及含硫量不宜太高，煤粉粒度不宜太大，煤灰应具有较高的ST值，特别要避免使用低熔融性的短渣煤，还应选用灰熔融性受气氛条件影响较小的煤。这种煤的灰熔融性受锅炉的运行工况影响较小，从而有助于锅炉的稳定燃烧。

（二）煤的品种

1. 煤的分类

我国煤炭分类标准是以煤化程度为依据的，将煤炭分为无烟煤、烟煤和褐煤三大类。再将三大类煤按照分类指标所处的区间分为若干小类，其中烟煤按干燥无灰基挥发分V_{daf}>10%～20%、V_{daf}>20%～28%、V_{daf}>28%～37%、V_{daf}>37%的四个区段分为低、中、高及高挥发分烟煤。我国煤炭分类见表13-1。

表13-1　　我国煤炭分类简表

类别	符号	包括数码	分类指标					
			V_{daf}（%）	G	Y（mm）	b（%）	P_M（%）	$Q_{gr,maf}$
无烟煤	WY	01，02，03	≤10.0					
贫　煤	PM	11	>10.0～20.0	≤5				
贫瘦煤	PS	12	>10.0～20.0	>5～20				
瘦　煤	SM	13，14	>10.0～20.0	>20～65				
焦　煤	JM	24 15，25	20.0～28.0 10.0～28.0	>50～65 65①	≤25.0	(≤150)		
肥　煤	FM	16，26，36	10.0～37.0	(>85①)	>25.0	①		
1/3焦煤	1/3JM	35	>28.0～37.0	>65①	≤25.0	(≤220)		
气肥煤	QF	46	>37.0	(>85①)	>25.0	(>220)		
气　煤	QM	34 43，44，45	>28.0～37.0 >37.0	>50～65 >35	≤25.0	(≤220)		
1/2中黏煤	1/2ZN	23，33	>20.0～37.0	>30～50				
弱黏煤	RN	22，32	>20.0～37.0	>5～30				
不黏煤	BN	21，31	>20.0～37.0	≤5				
长焰煤	CY	41，42	>37.0	≤35			>50	
褐　煤	HM	51 52	>37.0 >37.0				≤30 >30～50	<24

注　V_{daf}为干燥无灰基挥发分；G为黏结指数；Y为胶质层最大厚度；b为奥亚膨胀度；P_M为透光率；$Q_{gr,maf}$为恒湿无灰基高位发热量。

①　是国家标准中对其附加说明，在电力部门应用很少，故予以省略。

无烟煤和烟煤统称硬煤。无烟煤的碳化程度最高，它的挥发分低、着火点高，无黏结性，燃烧时不冒烟；烟煤的碳化程度其次，它的挥发分变化范围很大，燃烧时多冒烟；褐煤碳化程度最浅，外观多为褐色，光泽暗淡，含有数量不同的腐殖酸。

2. 煤炭产品种类

煤炭品种不同于煤种，两者不可混淆。我国煤炭产品品种与等级是依据加工方法、使用及煤炭品质的不同来划分的，共划分为五大类27个品种。

（1）精煤。指煤经过分选后生产出来的符合规定质量的精选产品，灰分$A_d \leqslant 12.50\%$为冶炼焦精煤；灰分A_d在12.51%～16.00%的为其他用炼焦精煤。

（2）粒级煤。指经过洗选或筛选加工，粒度在6mm以上的煤炭品种，其中粒度在6～13mm的为粒煤。经过洗选的产品则加洗字，如洗大块、洗中块等。粒级煤分为14个品种，分别为洗中块、中块、洗混中块、混中块、洗混块、混块、洗大块、大块、洗特大块、特大块、洗小块、小块、洗粒煤和粒煤。

（3）洗选煤。指经过洗选、分级等加工处理的煤。其中混煤粒度在50mm以下，末煤在13（或25）mm以下，粒煤在6mm以下。洗选煤共分7个品种，分别为洗原煤、洗混煤、混煤、混末煤、末煤、洗粉煤、粉煤。

（4）原煤。指从煤矿直接开采出来的毛煤中，选出规定的矸石（包括黄铁矿等杂物）后的煤炭产品。

以上几种煤炭产品的灰分A_d均不大于40%。

（5）低质煤。是指$A_d > 40\%$的煤炭产品。该产品中包括灰分在40.01%～49%的原煤，灰分在16.01%～49%的泥煤，灰分大于32%的中煤和收到基低位发热量小于14.5MJ/kg的动力用煤。低质煤分为低质原煤、低质中煤和泥煤三种。

3. 煤炭产品等级

根据灰分的大小按一定间隔将各品种的煤分成若干等级。精煤每个等级的灰分间隔为0.5%；其他煤炭产品的灰分为4.01%～40.00%，每个等级的灰分间隔为1%；灰分在40.01%～49.00%时，每个等级的灰分间隔为3%。

依据以上分级的方法，冶炼用炼焦精煤分成15个等级，其他用炼焦精煤分成7个等级，其余煤炭产品分成39个等级。动力用煤等级划分方法是按收到基低位发热量（$Q_{net,ar}$）的大小来划分（因国家规定，动力用煤按发热量计价）的，每个等级的发热量间隔为0.5MJ/kg。$Q_{net,ar}$在9.51～29.50MJ/kg，分成40个等级，并对其进行编号命名，如编号最高一级为29.5，即$Q_{net,ar}$为29.01～29.50MJ/kg，最低一级为10，$Q_{net,ar}$为9.51～10.00MJ/kg。

（三）煤的特性指标

1. 特性指标的表示方法

动力用煤的各项特性指标可用国际通用的简单符号来表示，便于检测人员在实际工作中应用。

煤中水分有全水分和空气干燥水分的区别，发热量有弹筒、高位和低位之分。为了说明某一特性指标的含义，还要采用一些辅助符号来表示。

现将煤质特性采用的新符号与旧符号对照表列于表13-2中。

表13-2　电力用煤特性指标符号对照表

特性指标	新符号	旧符号	特性指标	新符号	旧符号
水　分	M	W	低位发热量	Q_{net}	Q_{DW}
全水分	M_t	W_Q	碳	C	C
灰　分	A	A	氢	H	H
挥发分	V	V	氧	O	O

续表

特性指标	新符号	旧符号	特性指标	新符号	旧符号
固定碳	FC	C_{GD}	氮	N	N
高位发热量	Q_{gr}	Q_{GW}	硫	S	S
全　硫	S_t	S_Q	软化温度	ST	T_2
硫铁矿硫	S_p	S_{LT}	流动温度	FT	T_3
硫酸盐硫	S_s	S_{LY}	哈氏可磨性指数	HGI	KHG
有机硫	S_o	S_{LYJ}	碳酸盐二氧化碳	$[CO_2]_{ad}$	$(CO_2)_{TS}$
变形温度	DT	T_1			

上述符号仍不能明确表示某一特性指标的精确含义，因为它们不能表示该种燃料的基准。关于煤的基准含义以及表示方法将在以后加以阐述。

2. 特性指标分类

火力发电厂中，煤作为燃料是利用煤的燃烧特性，将表示煤的燃烧特性的有关指标归为一类。另外，为了保证火力发电厂的安全生产和锅炉的经济运行，还必须注意煤的其他方面的性能，如着火性能反映煤的自燃倾向，可磨性表示煤磨制煤粉的难易程度等。

煤的燃烧性可用工业分析和元素分析两种方法表示。

(1) 工业分析指标。工业分析是用水分、灰分、挥发分和固定碳四个项目表示煤质分析的总称。其中水分是不可燃成分，灰分代表无机质的含量，也是一种不可燃成分，而(100—水分—灰分)的差值表示有机可燃物的含量，有机可燃物包括挥发分和固定碳。挥发分表示易挥发的有机质的质量；固定碳表示不挥发的有机质的含量。工业分析中四项指标之和为100：

$$M+A+V+\mathrm{FC}=100 \tag{13-1}$$

式中 M、A、V、FC——水分、灰分、挥发分和固定碳含量，%。

根据工业分析指标，基本可弄清各种煤的性质和特点，从而可确定煤在工业生产中的实用价值。火力发电厂中，对入厂煤和入炉煤的工业分析是一项常规性的检验工作。

(2) 元素分析指标。元素分析是指以碳、氢、氧、氮、硫五种元素表示煤质分析的总称。其中硫为可燃硫。煤的元素分析的五项加上水分和灰分之和为100。

$$M+A+\mathrm{C}+\mathrm{H}+\mathrm{N}+\mathrm{O}+\mathrm{S_c}=100 \tag{13-2}$$

式中 C、H、O、N、S_c——碳、氢、氧、氮和可燃硫的含量，%；

M、A的含义与式 (13-1) 相同。

煤中的硫分为可燃硫和不可燃硫酸盐硫，它们的总称为全硫 (S_t)，但是煤中的不可燃硫酸盐硫含量较低，主要以可燃硫形式存在，式 (13-2) 中可燃硫可近似用全硫代替。式 (13-2) 可写成

$$M+A+\mathrm{C}+\mathrm{H}+\mathrm{N}+\mathrm{O}+\mathrm{S_t}=100 \tag{13-3}$$

用元素分析指标研究煤的成分时，水分、灰分仍是不可燃成分，五种元素为可燃成分。工业分析指标中的挥发分和固定碳则与元素成分含量相当。煤中碳、氢元素含量决定了发热量的高低，可燃硫参与燃烧，释放出少量的热量，氮和氧不参与燃烧。煤中各元素含量的比值随煤种不同而存在差异，如表 13-3 所示。

碳是煤炭中最重要的元素，空气充足时，能完全燃烧生成二氧化碳，每克碳能放出34 040J热量；当空气不足时，生成一氧化碳，每克碳仅放出9910J的热量。一氧化碳在空气充足时，再燃烧放出24 130J热量。从表13-3中可看出，无烟煤含碳量最高，其次为烟煤，最低的是褐煤。

表13-3 煤中各元素含量的比值

煤 种	碳	氢	氧	氮	有机物热量（J/g）
褐煤	69	5.5	24	1.7	23 840
烟煤	82	4.3	12	1.5	35 125
无烟煤	95	2.2	2.0	0.8	33 870

氢也是煤中重要元素之一。煤中氢的含量随煤的碳化程度加深而降低，褐煤中氢含量最高，其次是烟煤，无烟煤中最低。氢在煤中以化合态和游离态两种形式存在，化合态是煤中矿物质结晶水中的氢，是不参与燃烧的；游离态的氢与碳元素等组成煤中可燃组分及挥发分，燃烧时，释放出很高热量，每克游离态氢燃烧可放出143 010J热量，几乎是碳完全燃烧产生热量的四倍。但煤中含氢量远比含碳量低，所以决定煤的发热量大小的还是煤含碳量的大小。

氧在煤中呈化合态，它的含量随煤的碳化程度加深而降低，褐煤中含氧量有的可高达40%，有的无烟煤中仅有1%～2%。

煤中含氮量仅有1%左右，燃烧时多以游离态随烟气逸出，但煤在燃烧时，氮还是转化为有害的氮氧化物，会对环境产生一定的污染。

煤中硫的含量随产地的不同差别较大，少的低于0.5%，高的可达5%以上。硫在燃烧时放出的热量较小，但产生的二氧化硫（并有少量三氧化硫）造成大气污染，还会使锅炉的尾部受热面遭受腐蚀，因此，煤中的硫是一种有害元素。

工业分析和元素分析指标从不同角度反映煤的成分，从而说明了煤的燃烧性能，两者之间具有一定的内在联系。煤中可燃成分从工业分析指标看，是以挥发分和固定碳表示的，从元素分析指标看，可近似用碳、氢、氧、氮、硫表示。

二、煤质分析基准

（一）基准的含义和表示方法

1. 基准的含义

煤所处的状态或按需要而规定的成分组合称为基准（简称为基）。

为了使煤质分析结果具有可比性和对煤的分类、锅炉设计、煤耗计算等应用的需要，必须用一定的基准来表示煤质的特性。

2. 基准的表示方法

动力用煤常用的基准为收到基、空气干燥基、干燥基和干燥无灰基四种，表示方法如表13-4所示。

表13-4表格中的代表符号应标在煤的特性指标的右下角，如收到基灰分用A_{ar}表示，干燥基固定碳用FC_d表示，空气干燥基水分用M_{ad}表示，干燥无灰基挥发分用V_{daf}表示等。

发热量有弹筒、高位、低位三种，常用的是空气干燥基弹筒发热量、空气干燥基高位发热量和收到基低位发热量，它们的代表符号如表13-5所示。

表 13-4 基 准 表 示 方 法

基准名称	代表符号
收到基	ar
空气干燥基	ad
干燥基	d
干燥无灰基	daf

表 13-5 不同基准发热量的表示方法

不同基准发热量	代表符号
空气干燥基弹筒发热量	$Q_{b,ad}$
空气干燥基高位发热量	$Q_{gr,ad}$
收到基低位发热量	$Q_{net,ar}$

弹筒、高位和低位发热量的代表符号分别用 b、gr、net 来表示。

对于工业分析和元素分析所用的符号，用在哪一种基准中需注上该基准的代表符号。如收到基全硫应用 $S_{t,ar}$表示。

煤质特性指标右下角有一个以上符号时，基的符号放在后边，符号间用逗号分开，读时从后向前读，如 $Q_{gr,d}$ 的读法为干燥基高位发热量，$Q_{net,p,ar}$ 的读法为收到基恒压低位发热量等。

（二）基准的分类

1. 收到基

收到基是指以收到状态的煤为基准的表示方法，即火力发电厂所收到的原煤所处状态。此煤除含有一切有机物和无机物外，还含有全部水分（内在水分和外在水分）。煤中各组分质量百分含量之和为 100，即

$$M_t + A_{ar} + V_{ar} + FC_{ar} = 100 \tag{13-4}$$

$$M_t + A_{ar} + C_{ar} + H_{ar} + O_{ar} + N_{ar} + S_{c,ar} = 100 \tag{13-5}$$

2. 空气干燥基

空气干燥基是指与空气达到平衡状态时的煤为基准的表示方法，即实验室测定煤质特性指标时所处状态，表示为

$$M_{ad} + A_{ad} + V_{ad} + FC_{ad} = 100 \tag{13-6}$$

$$M_{ad} + A_{ad} + C_{ad} + H_{ad} + O_{ad} + N_{ad} + S_{c,ad} = 100 \tag{13-7}$$

3. 干燥基

干燥基是指以假想无水状态的煤为基准的表示方法，即

$$A_d + V_d + FC_d = 100 \tag{13-8}$$

$$A_d + C_d + H_d + N_d + O_d + S_{c,d} = 100 \tag{13-9}$$

4. 干燥无灰基

干燥无灰基是指以假想无灰、无水状态的煤为基准的表示方法，即不计算不可燃成分的煤所处状态，表示为

$$V_{daf} + FC_{daf} = 100 \tag{13-10}$$

$$C_{daf} + H_{daf} + O_{daf} + N_{daf} + S_{c,daf} = 100 \tag{13-11}$$

煤的成分和基准如图 13-1 所示。

（三）基准间的换算

在工业分析中，挥发分和固定碳是煤中可燃成分，而水分和灰分是煤中不可燃成分，所以各种基准间的差别为是否含有水分和灰分。

例如：收到基与干燥基间相差全水分；空气干燥基与干燥无灰基间相差空气干燥基的水

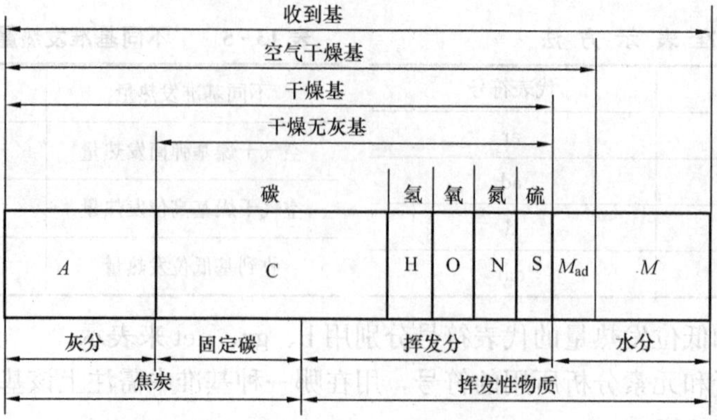

图 13-1 煤的成分和基准

分和灰分；干燥基与干燥无灰基间相差灰分等（见图 13-1）。可看出基准间换算是有一定的规律的，即煤质特性指标按收到基→空气干燥基→干燥基→干燥无灰基的顺序，数值依次增大。不同基准间的换算如表 13-6 所示。

表 13-6 不同基准间的换算

已知基准 \ 换算后基准	收到基	空气干燥基	干燥基	干燥无灰基
收到基	1	$\frac{100-M_{ad}}{100-M_t}$	$\frac{100}{100-M_t}$	$\frac{100}{100-M_t-A_{ar}}$
空气干燥基	$\frac{100-M_t}{100-M_{ad}}$	1	$\frac{100}{100-M_{ad}}$	$\frac{100}{100-M_{ad}-A_{ad}}$
干燥基	$\frac{100-M_t}{100}$	$\frac{100-M_{ad}}{100}$	1	$\frac{100}{100-A_d}$
干燥无灰基	$\frac{100-M_t-A_{ar}}{100}$	$\frac{100-M_{ad}-A_{ad}}{100}$	$\frac{100-A_d}{100}$	1

三、火力发电厂标准煤耗的计算

火力发电厂中每发 1kWh 电消耗多少煤，是衡量火力发电厂经济性的主要考核指标。原电力部规定，火力发电厂发电煤耗统一以入炉计量煤量和入炉煤机械采样分析的低位发热量按正平衡计算。

各种动力用煤的发热量不同，在生产上采用统一的标准作为计算煤耗的依据，以收到基低位发热量 $Q_{net,ar}$29 271J/g 的煤定为标准煤。

计算公式如下：

$$\text{标准煤耗(g/kWh)}=\frac{\text{入厂煤收到基低位发热量(J/g)}}{\text{标准煤收到基低位发热量(J/g)}\times\text{每天发电量(kW·h)}}\times\text{每天燃用煤量(g)}$$

火力发电厂所发的电量，其中有少量的电量用于自身消耗（即厂用电），因此煤耗有发电煤耗和供电煤耗之分。扣除厂用电后的煤耗就是供电煤耗，计算时将每天发电量中减去厂用电量，再放到公式中去，计算的数值即是供电煤耗。

四、煤样的采制

（一）采样

火力发电厂燃用煤量很大，燃煤的种类又不单一，且煤的质地不均匀，要取得具有代表性的样本，既要保证样本有足够的精密度，又要使采集的样本数量不要过多，国家标准规定了在95%的置信概率下各类煤的采样精密度（挥灰分计算），如表13-7所示。

对入厂煤和炉前煤的采样不应引入系统误差。要求采样点分布合理、定位正确、采样工具和机械合乎要求。采样应将该断面的大煤块、矸石和铁矿一起采集，不应舍弃和漏掉。国标规定每（1000±100）t煤为一个批量，称为一个分析化验单位，如果发运量超过1000t时，可按实际发运量为一个化验单位，该分析结果只代表该批煤的平均质量。

表13-7　　采 样 精 密 度

原煤、筛选煤		其他洗煤（包括中煤）	精　煤
A_d≤20%	A_d≥20%	±1.5%	±1%
按$0.1A_d$计算，但不得小于±1%	±2%		

1. 原煤采样品的确定

（1）根据煤的灰分产率确定子样数。实际工作中用灰分A_d代表煤的不均匀度，灰分产率越大，煤的不均匀度也越大，所采子样数目也越多，因此采集的子样数是由灰分产率的大小所决定的。一批煤的子样数如表13-8所示。

表13-8　　1000t煤最少子样数

采样点 / 品种及干燥基灰分（%）	煤流	火车	汽车	船舶	煤堆
原煤、筛选煤，A_d>20%	60	60	60	60	60
A_d≤20%	30	60	60	60	60
精　煤	15	20	20	20	20
其他洗煤（包括中煤）和粒度大于100mm块煤	20	20	20	20	20

如入厂煤超过1000t时，按下式确定采集的子样数目：

$$N=\frac{nm}{1000}$$

式中　N——实际应采子样数，个；

n——表13-8中所规定的子样数，个；

m——实际入厂煤量，t。

入厂煤量小于1000t时，子样数目根据表13-8规定的数目递减，但不得少于表13-9规定的数目。

表13-9　　煤量少于1000t子样数

采样地点 / 品种及干燥基灰分（%）	煤流	火车	汽车	船舶	煤堆
原煤、筛选煤，A_d>20%	表13-8规定数目的1/3	18	18	表13-8规定数目的1/2	表13-8规定数目的1/2
A_d≤20%		18	18		
精　煤		6	6		
其他洗煤（包括中煤）和粒度大于100mm块煤		6	6		

对于原煤和洗煤，在火车上采样时，无论车厢容积大小，每个车厢均采3个子样，总数不得少于18个。炼焦精煤、其他洗煤以及粒度大于100mm的块煤，每个车厢均采1个子样，总数不得少于6个。

（2）每个子样质量的确定。每个子样的最小质量根据入厂煤的最大粒度来确定，如表13-10所示。

表13-10　子样质量的规定

最大粒度（mm）	<25	<50	<100	>100
子样质量（kg）	1	2	4	5

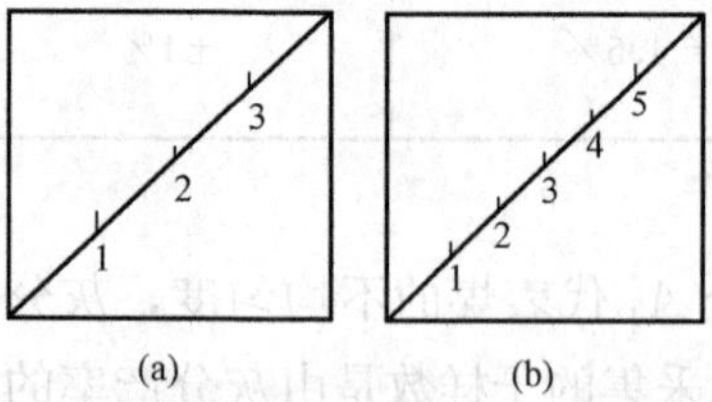

图13-2　斜线采样点分布

2. 采样地点的确定

（1）车厢中采样地点的确定。在火车车厢上采样，所采集子样数和每个子样的质量应按上述规定要求进行。对于精煤、洗中煤及粒度大于100mm的块煤，按图13-2（b）所示。在斜线方向的1、2、3、4、5点位置上按五点循环采集子样，即第一个车厢采第1点，第二个车厢采第2点，以此类推。

原煤和筛洗煤按图13-2（a）所示。在斜线方向的1、2、3点位置上每个车厢采集3个子样。

上述斜线的端末采样点应距车厢顶角1m，其余各点均匀布置在斜线上。

（2）船舱中采样地点的确定。船舱中采样点按煤量多少均匀布在船的首中尾各舱中，采样原则与火车上采样相同。

（3）煤堆上采样地点的确定。煤堆上采样点的布置，按规定的子样数目，根据煤堆的外形均匀布置在煤堆的顶腰底部，最低的部位应距地面0.5m处。采样时，先除去0.2m的表面层煤，然后再采样。

采样时，先挖去0.4m深的煤，然后在此深度以下采集煤样。采样所用的铲宽度约250mm，长度约300mm。

（二）制样

原始煤样数量大，不能全部用于化验，也不能随便从中取小部分用于化验，必须按一定的程序将原煤样样本进行缩制，直至制成分析试验要求的粒度和质量为止。

缩制煤样包括破碎、筛分、掺和、缩分和干燥五个环节，实验室分析用煤样是经过此五个环节重复操作而制成的。

1. 破碎

破碎可采用机械方法或人工方法进行。一般情况下，破碎和缩分可交替重复进行。对于原始煤样，必须先全部破碎至25mm以下，才允许缩分。破碎和缩分时煤样质量和粒度的关系如表13-11所示。

表13-11　粒度与最小留样量的关系

粒度（mm）	≤25	≤13	≤6	≤3	≤1
样品重量（kg）	60	15	7.5	3.7	1

2. 筛分

为了使煤样破碎到必要的粒度，必须要用各种筛孔的筛子进行筛分，凡未通过筛子的煤粒再重新破碎，直至全部通过筛孔为止。

3. 掺和

为使缩分后的煤样具有代表性，每次缩分前都应将煤样进行掺和。掺和煤样通常采用堆锥法，即将破碎筛分后的煤样一铲一铲地从锥底铲起，在钢板上堆成圆锥体。每次铲煤样都要从锥顶自上而下洒落。堆锥掺和工作应重复三次。

4. 缩分

堆锥结束后，用圆铁板将煤堆压成一定厚度的扁圆体，再用十字缩分器将扁圆体分成四个相等的扇形体，弃去对角的两个扇形体，余下的两个继续进行掺和、缩分，直至与粒度相适应的重量为止，此法称为四分法。此外，也有用分样器进行缩分的。

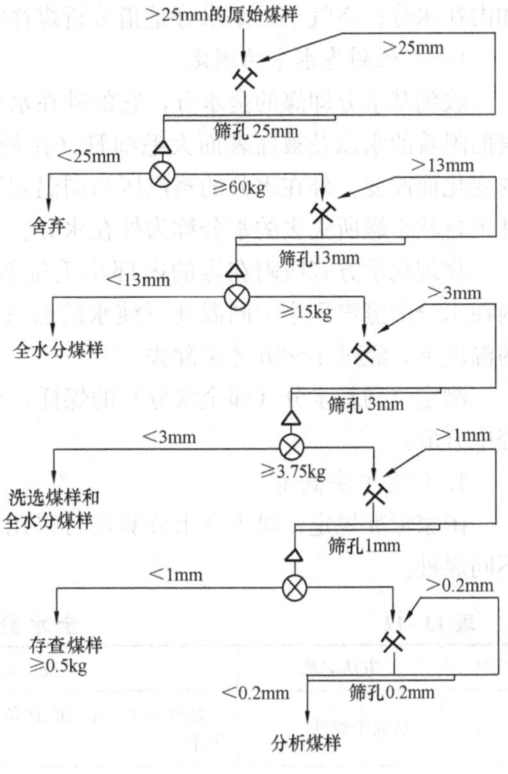

图 13-3　原始煤样缩制步骤

（三）煤样的缩制

1. 原始煤样的缩制

原始煤样的粒度和质量都较大，通常以约 300kg 为一个缩制单元。超过 300kg，缩制工作可分几个缩制单元进行。原始煤样缩制步骤如图 13-3 所示。

2. 分析试样的制备

将粒度小于 1mm 的煤样放在 45～50℃的烘箱内干燥，烟煤、无烟煤烘 2h，褐煤烘干时间要长一些。然后在室温下放置 8h 以上，让煤样达到空气干燥状态。最后按要求进行缩分，用制粉机制成粒度小于 0.2mm 的分析试样，保存于磨口瓶中，装入量为磨口瓶容积的 3/4。

3. 全水分专用煤样的制备

测定全水分专用煤样粒度小于 13mm，煤样质量 2kg；粒度小于6mm，煤样质量不少于 300g。

将煤样破碎到规定粒度，稍加混合，摊平后采用九点缩分（布点见图 13-4）法，全水分煤样制备要迅速。煤样水分不大时，破碎到粒度小于 13mm 或 6mm 后，迅速缩分出 2kg 或 300g，封装于桶或瓶中，送化验室测定全水分。

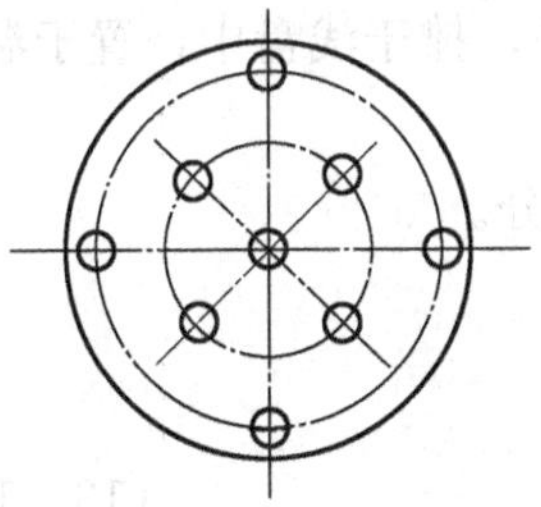
图 13-4　九点采样法

第二节　煤 的 工 业 分 析

一、水分的测定

水分是煤中不可燃成分，是评价动力用煤经济价值的基本指标之一。

煤中水分分为收到基水分和空气干燥基水分。收到基水分是指原煤的全水分，包括外在和内在水分；空气干燥基水分是指分析煤样在规定条件下测得的水分，即分析水分。

（一）收到基水分的测定

收到基水分即煤的全水分，它的外在水分是煤在开采、运输、储存以及洗煤时，在煤的表面附着的水以及被煤表面大毛细管（孔径大于0.1μm）吸附的水，这种水分随气候条件的变化而改变。外在水分的蒸汽压与同温度下纯水的蒸汽压相同。通常采用将煤样在室温条件下自然干燥所失去的水分称为外在水分。

物理化学方式吸附在煤的内部小毛细管（孔径小于0.1μm）中的水，称为内在水分。内在水分的蒸汽压小于同温度下纯水的蒸汽压，在室温条件下很难除去，需在105～110℃的温度下，经过1～2h才可除去。

测定收到基水分（即全水分）的煤样，可由水分专用煤样制备，也可在制备分析煤样过程中分取。

1. 测定方法概述

国家标准规定，煤中全水分测定可采用四种方法，如表13-12所示。它们分别适用于不同煤种。

表13-12　全水分测定方法

方法代号	方法名称	技术要点	适用范围
A	通氮干燥法	粒度＜6mm，通氮条件下，105～110℃干燥至恒重	对各种煤种都适用
B	空气干燥法	粒度＜6mm，在空气流中，105～110℃干燥至恒重	适用于烟煤和无烟煤
C	微波干燥法	粒度＜6mm，在微波炉中干燥，根据质量损失计算全水分含量	适用于烟煤和褐煤
D	空气干燥法 一步法或两步法	粒度＜13mm，在空气流中，于105～110℃干燥至恒重	适用于M_f高的烟煤和无烟煤

一步法是称取样量500g（精确到0.5g），置于105～110℃鼓风干燥箱内干燥（烟煤干燥2h，无烟煤干燥3h），取出趁热称重，准确到0.5g。电厂多采用此法。

两步法是先准确称量全部粒度小于13mm煤样（准到0.01%），摊于浅盘中，置于温度不超过50℃条件下干燥至恒重。

然后将上述煤样破碎到粒度小于6mm，按方法B测定内在水分。

2. 测定结果的计算

煤样全水分含量按式（13-12）计算：

$$M_t = M_f + \frac{100 - M_f}{100} M_{inh} \qquad (13-12)$$

式中　M_f——煤样的外在水分，%；

M_{inh}——煤样的内在水分，%；

M_t——煤样的全水分，%。

（二）空气干燥基水分（分析水分）的测定

煤中空气干燥基水分含量随煤的变质程度加深而逐渐减少。变质较浅的褐煤，在热风干燥时易氧化，因此对不同煤种，分析煤样中的水分宜采用不同的方法。

(1) 通氮气干燥法（方法A）。称取一定质量的煤样，置于105℃～110℃鼓风式干燥箱内，通入干燥的氮气流，将煤样干燥至恒重，根据煤样的失重计算水分含量。该法要求较高（如氮气纯度要达到99.9%），实际使用中受到限制。

(2) 蒸馏法（方法B）。称取25g分析试样（准至0.001g），置于水分抽提器的圆底烧瓶（见图13-5）中，加入约80mL甲苯或二甲苯，同时加入适量干燥玻璃片或玻璃球以防止沸溅。装好仪器通入冷却水，加热蒸馏，并保持沸腾状态，让冷凝管切口处以2～4滴/s的速度回流，直至接收器中水分不再增加为止。取出接收器冷却至室温，读出接收器底部水的实际体积V_0（mL），在图13-6所示回收曲线上查出经校正后的体积V（mL）。

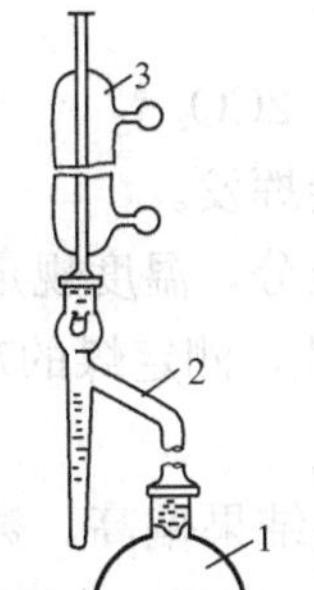

图13-5　水分抽提器

1—圆底蒸馏烧瓶；2—接收器；3—冷凝管

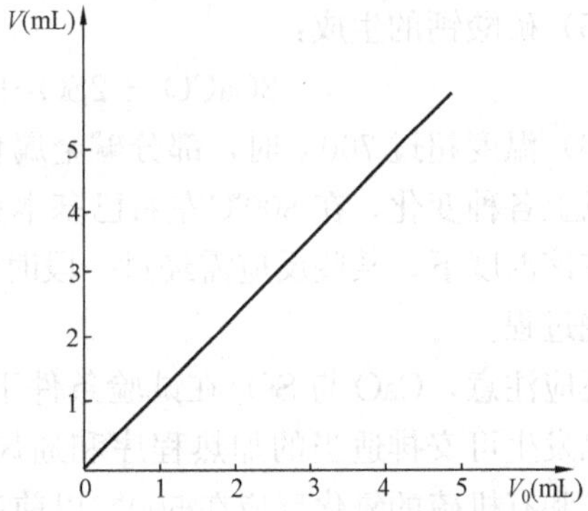

图13-6　水分回收曲线

此法适用于所有煤种，更多地应用于测定褐煤的水分。

绘制回收曲线的方法：用微量滴定管准确量取1，2，3，…，10mL蒸馏水，分别放入蒸馏瓶中，并分别加入80mL甲苯（或二甲苯），依上述方法进行蒸馏，根据水的加入量V和蒸馏出的水量V_0，绘制回收曲线。

(3) 空气干燥法（方法C）。称取一定质量的煤样，置于105～110℃鼓风式干燥箱内，不断鼓入空气流进行干燥（无烟煤干燥1.5h、烟煤干燥2h），取出冷却至室温称重。以后每半小时进行检查性干燥试验，直至恒重（前后两次称重减量小于0.001g或稍有增加为止），然后根据煤样的失重计算水分含量。此法适用于烟煤和无烟煤。

值得注意的是，无论采用何种方法，分析煤样的粒度应小于0.2mm。

二、煤中灰分的测定

灰分含量高低是评价煤质的重要指标。灰分是在一定条件下，煤中矿物质在燃烧过程中产生的一系列分解、化合等复杂反应后残留的残渣，它的组成和质量与煤中矿物质不相同，所以称“灰分产率”更为确切。

（一）煤在受热过程中的变化

煤中矿物质的组成极为复杂，所含元素多达60余种，其中含量较多的有硅、铁、铝、钙、镁、钠、钾、磷等，这些元素主要以硅酸盐、硫酸盐、碳酸盐、硫化物、氧化物和氯化物等形式存在。

当煤在燃烧时，其中矿物质发生的主要反应如下。

(1) 黏土、石膏等水合物失去结晶水：

$$2SiO_2 \cdot Al_2O_3 \cdot 2H_2O = 2SiO_2 + Al_2O_3 + 2H_2O\uparrow$$

$$CaSO_4 \cdot 2H_2O = CaSO_4 + 2H_2O \uparrow$$

（2）碳酸盐受热分解：

$$CaCO_3 \cdot MgCO_3 = CaO + MgO + 2CO_2 \uparrow$$

$$FeCO_3 = FeO + CO_2 \uparrow$$

（3）氧化亚铁生成三氧化二铁：

$$4FeO + O_2 = 2Fe_2O_3 \uparrow$$

（4）硫化铁的氧化：

$$4FeS_2 + 11O_2 = 2Fe_2O_3 + 8SO_2 \uparrow$$

（5）硫酸钙的生成：

$$2CaCO_3 + 2SO_2 + O_2 = 2CaSO_4 + 2CO_2 \uparrow$$

（6）温度超过700℃时，部分碱金属化合物和氯化物会挥发。

以上各种变化，在800℃左右已基本完成，所以测定灰分，温度规定为815±5℃。

在该温度下，某些反应需经过一段时间才能完成，因此，测定煤的灰分必须进行检查性的灼烧过程。

还应注意，CaO与SO_2在试验条件下生成$CaSO_4$，使结果偏高，数值不稳定。为避免该情况发生可安排适当的加热程序和通风条件，使SO_2在$CaCO_3$分解前完全排出反应区。黄铁矿和有机硫的氧化反应在500℃以前基本结束，碳酸盐分解在500℃刚开始分解，所以测定灰分时在高温炉上安装一烟囱，在500℃下保持一定时间，SO_2就可排出反应区，不具备生成$CaSO_4$的条件。

（二）灰分的测定方法

1. 缓慢灰化法

称取一定量的空气干燥煤样置于马弗炉内，炉门留有一定的缝隙，以保持空气流动。缓慢升温，30min内逐渐升至500℃（切忌着火），在500℃下保持30min，然后升温至815±10℃，关闭炉门灼烧1h，取出样品，在空气中冷却5min左右，移入干燥器内冷却至室温（约30min）并称重。以后每20min进行一次检查性灼烧，直至前后两次灼烧质量变化不超过0.001g为止，计算时取最后一次称量的质量。

2. 快速灰化法

将装有试样的灰皿放在耐热板上，然后将耐热板慢慢推入预先加热到（850±10）℃高温炉内，先使第一排慢慢灰化，待试样不再冒烟时，将后面方皿依次推入炉内炽热区，并关炉门，试样在（815±10）℃温度下灼烧40min。将有试样的耐热板取出，空气中冷却5min左右，移至干燥器内冷却至室温并称重。然后，在（815±10）℃下进行检查性灼烧，直至前后两次灼烧质量变化不超过0.001g为止。计算时取最后一次称量的质量。

试样灰分最好单一样品、单独灰分。多种样品同炉灰化，会因灰化过程中的反应产物互相作用而影响灰分含量。特别是煤中含硫和灰中氧化钙较高时，测定结果的偏差更加明显。

3. 测定结果的计算

空气干燥煤样的灰分按式（13-13）计算：

$$A_{ad} = \frac{m_1}{m} \times 100\% \tag{13-13}$$

式中　A_{ad}——空气干燥基灰分产率，%；

m_1——残留物的质量，g；

m——煤样的质量，g。

三、煤中挥发分的测定

挥发分含量是煤炭分类的主要依据之一，也是评定煤炭燃烧特性的首要指标。挥发分不是煤炭中固有的，而是煤在特定条件下受热分解的产物，因此，称挥发分产率更为确切。习惯上仍简称挥发分。

（一）挥发分、焦渣、固定碳之间的关系

煤的挥发分是将煤样在（900±10）℃隔绝空气的条件下，加热 7min，煤中有机物分解出液体（呈蒸汽态）和气体产物，残留的不挥发物称焦渣。在焦渣中含有灰分，从焦渣中减去灰分含量，就是固定碳的含量，则固定碳可按下式计算：

$$FC_{ad} = 100 - (M_{ad} + A_{ad} + V_{ad})$$

根据焦渣外部特征，可初步鉴定煤的黏结性（是指煤在干馏时粘结本身和外加惰性物质的能力）。

焦渣特征与煤中固定碳含量对锅炉燃烧工况有一定关系，因而对焦渣特征的判断和固定碳的计算，都属于煤的工业分析范围内。

（二）焦渣的分类

焦渣按特征分为八类。

（1）粉状。全部呈粉状，没有相互黏着的颗粒。

（2）黏结。以手指轻压即成粉状或基本上是粉状。

（3）弱黏结。用手指轻压即碎成小块。

（4）不熔融黏结。手指用力压才能裂成小块，焦渣上表面无光泽，下表面稍有银白色光泽。

（5）不膨胀熔融黏结。焦渣形是扁平的饼状，煤粒的界限不易分清，上表面有明显的银白色金属光泽，焦渣下表面的银白色光泽更明显。

（6）微膨胀熔融黏结。用手指压不碎，在焦渣的上下表面均有银白色金属光泽，但在表面上有微小的膨胀泡或小气泡。

（7）膨胀熔融黏结。焦渣上、下表面有银白色金属光泽，体积明显膨胀，但高度不超过 15mm。

（8）强膨胀熔融黏结。焦渣上、下表面有银白色金属光泽，高度大于 15mm。

（三）挥发分的测定方法

煤的挥发分的测定应使用专用瓷制坩埚。测定时，必须严格按国标规定的试验条件，在（900±10）℃下隔绝空气加热 7min，否则会使测定结果造成很大的误差。

1. 单式测定法

单式测定法指每次只测定一份试样。方法为：精确称量一定试样（精确到 0.000 2g），盖上盖子放在吊环上，迅速将试样置于预先加热到（900±10）℃的高温炉的恒温区内，关上炉门，立即用秒表计时，准确加热 7min，取出试样在空气中冷却 5min 后，移入干燥器内冷却至室温（约 30min）并称重。用试样减少的质量来计算挥发分的产率。

2. 复式测定法

将盛有试样的坩埚放在坩埚架上（一次操作不宜超过四个坩埚），立即送入预先加热到

900℃的高温炉的恒温区内，在(920±10)℃下准确加热7min，取出在空气中冷却5min后，移入干燥器内冷却至室温并称重，用试样的减少量来计算挥发分的产率。

这两种方法，在坩埚放入炉内时，炉温都会下降，但必须在3min内恢复到(900±10)℃，如达不到则该试验作废。复式法要预先加热到920℃，防止炉门打开温度降至900℃以下达不到要求。

测定时，坩埚及盖的外表有黑烟，试验作废。此种现象的出现，是煤样的挥发分含量太大，逸出速度太快造成的，可将煤样压成饼并切成小块后重新测定。

3. 挥发分测定结果的计算

空气干燥基煤样的挥发分按式(13-14)计算，即

$$V_{ad} = \frac{m_1}{m} \times 100 - M_{ad} \tag{13-14}$$

当空气干燥基煤样中碳酸盐二氧化碳含量为2%～12%时，则

$$V_{ad} = \frac{m_1}{m} \times 100 - M_{ad} - (CO_2)_{ad}$$

当空气干燥基煤样中碳酸盐二氧化碳含量大于12%，则

$$V_{ad} = \frac{m_1}{m} \times 100 - [(CO_2)_{ad} - (CO_2)_{ad}(\text{焦渣})]$$

式中 V_{ad}——空气干燥基挥发分，%；

m_1——煤样受热后的失重，g；

m——煤样的质量，g；

$(CO_2)_{ad}$——空气干燥煤样中碳酸盐二氧化碳含量，%；

$(CO_2)_{ad}$(焦渣)——焦渣中二氧化碳对煤样的百分数，%。

4. 固定碳的计算

空气干燥基的固定碳的计算：

$$FC_{ad}(\%) = 100 - M_{ad} - A_{ad} - V_{ad}$$

收到基的固定碳的计算：

$$FC_{ar}(\%) = 100 - M_{ar} - A_{ar} - V_{ar}$$

干燥基的固定碳的计算：

$$FC_{d}(\%) = 100 - A_{d} - V_{d}$$

干燥无灰基的固定碳的计算：

$$FC_{daf}(\%) = 100 - V_{daf}$$

第三节 煤的元素分析

一、概述

(一) 动力用煤的元素组成

动力用煤的组成很复杂，掌握了它的组成与特性之间的关系，可满足生产的需要。煤由可燃和不可燃两部分组成，可燃部分是煤中的有机组分，不可燃部分是煤中的无机组分。煤由于变质程度不同，元素组分和特性差异较大。但构成煤中有机组分的碳、氢、氧三元素的含量可达90%以上。

煤中的碳、氢、氮、硫四元素的含量是实测的，氧的含量一般采用减差法近似求出：

$$O_{ad}(\%)=100-(C_{ad}+H_{ad}+N_{ad}+S_{t,ad}+M_{ad}+A_{ad})$$

氧的计算结果会包括各项指标测定的误差，但测定的误差不一定具有相同的方向性，可相互抵消掉一部分，所以氧的计算结果仍具有一定的参考价值。

(二) 工业分析与元素分析的关系

工业分析与元素分析以不同的方式表征煤的组分与特性，两者之间还是存在一定的内在联系。

煤的可燃成分按工业分析为挥发分和固定碳；而元素分析为碳、氢、氮、氧、硫。各种成分以质量分数表示，加上不可燃成分，它们的和为 100，即

$$M_{ad}+A_{ad}+V_{ad}+FC_{ad}=100$$

$$M_{ad}+A_{ad}+C_{ad}+H_{ad}+N_{ad}+S_{t,ad}+O_{ad}=100$$

所以 $$V_{ad}+FC_{ad}=C_{ad}+H_{ad}+S_{t,ad}+O_{ad}$$

水分和灰分可通过工业分析测得，煤中可燃成分的含量为 $100-A_{ad}-M_{ad}$。工业分析不能反映煤中有机物的元素组成，但元素组成是在各种燃烧计算中不可缺少的参数，因此对于动力用煤既要进行工业分析，又要进行元素分析。

二、煤的碳和氢元素的测定

碳、氢元素常用的测定方法为国标法，也是用于仲裁的方法。

(一) 测定原理

煤样在氧气流中，在 800℃以下完全燃烧，煤中碳和氢与氧气发生反应，生成水和二氧化碳，然后用不同的吸收剂吸收，根据吸收剂的增重计算出煤样中的碳和氢的含量。

为确保煤样的完全燃烧，必须要维持燃烧温度在 800℃；控制一定氧气流速（120mL/min）；试样适量（粒度<0.2mm，0.2g）；燃烧时间充分（不少于 20min）。同时在燃烧管中加装针状氧化铜，使煤样燃烧不完全产生的一氧化碳氧化成二氧化碳。

煤中少量硫、氮、氯在燃烧过程中会产生影响测定结果的物质，因此在燃烧管中还要装入铬酸铅和银丝卷，它们可在 600℃和 180℃下除去硫和氯的干扰。

$$4PbCrO_4+4SO_2 \xlongequal{} 4PbSO_4+2Cr_2O_3+O_2$$

$$4PbCrO_4+4SO_3 \xlongequal{} 4PbSO_4+2Cr_2O_3+3O_2$$

$$2Ag+Cl_2 \xlongequal{} 2AgCl$$

在 800℃条件下，煤中部分氮在燃烧时生成二氧化氮，也会使碳含量测定结果偏高。为此，在二氧化碳吸收瓶前加装有二氧化锰的除氮管，反应如下：

$$2NO_2+MnO_2 \xlongequal{} Mn(NO_3)_2$$

(二) 测定装置

用三节电炉测定煤中的碳和氢，测定装置如图 13-7 所示。

1. 氧气净化系统

为保证测定结果准确可靠，必须清除氧气源中和管路中的二氧化碳和水分。氧气流量用微型浮子流量计调节。

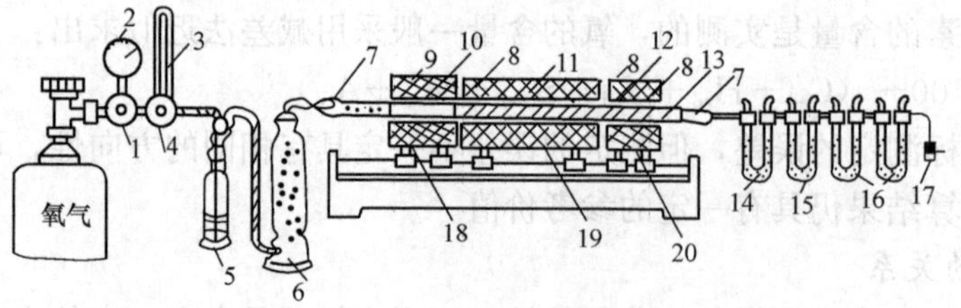

图 13-7 测定碳、氢的装置

1—减压阀；2—压力表；3—转子流量计；4—针形阀；5—鹅头洗气瓶；6—干燥塔；7—接头；8—铜丝卷；9—瓷舟；10—燃烧管；11—氧化铜；12—铬酸铅；13—保温套管；14—吸水 U 形管；15—除氮 U 形管；16—两级吸收二氧化碳 U 形管；17—气泡计；18—第一节管式炉；19—第二节管式炉；20—第三节管式炉

2. 燃烧系统

燃烧装置为三节或两节电炉。在三节电炉中，第一、二节温度是 800℃，第三节为 600℃，上下侧温度要均匀。燃烧管采用较多的是气密刚玉管和不锈钢管。在第二节炉的管内装填针状氧化铜，第三节内装填粒状铬酸铅，在第二炉和第三节炉的中间及前后用铜丝卷隔开。铜丝卷起分散气流的作用，保证燃烧时产生的一氧化碳和二氧化硫与管内试剂充分反应，利于它们的转化或去除。在燃烧管的出口端装有银丝卷用于除氯。

3. 吸收系统

吸收系统是用吸收剂定量地吸收反应产物二氧化碳和水分。常用于吸收水分的吸收剂是粒状无水过氯酸镁，用于吸收二氧化碳的是粒状碱石棉。在吸收系统的末端装有浓硫酸气泡计，一方面可大致指示氧气流速，另一方面，防止空气中水分进入系统。

吸收系统中均用装有吸收剂的 U 形管来吸收水分和二氧化碳，由于 U 形管容积小，每次测定后碱石棉增重较大，易失效。如改用装有吸收剂的二氧化碳吸收瓶（见图 13-8）就比较方便，一只吸收瓶就可将二氧化碳完全吸收。吸收瓶的活塞应是磨口的，并与瓶身对号组装，活塞上应抹一层真空脂或凡士林以保证良好的气密性。吸收瓶下部装粒状碱石棉，腰部填少许脱脂棉，瓶的上部装填无水过氯酸镁。当发现碳含量测定结果偏低，有一半碱石棉呈白色结块状，应更换吸收剂。

（三）空白试验与煤样试验

1. 空白试验

空白试验是指在不装试样，按有试样燃烧的条件一致的方法，测定燃烧管内残存有机物和水分值作为空白值。

空白试验过程中，当水分吸收管前后两次称重差值不超过 0.001 0g，二氧化碳吸收瓶不超过 0.000 5g 时，认为达到了恒重，可以正式测定煤样。否则，需继续通氧，直至恒重为止。

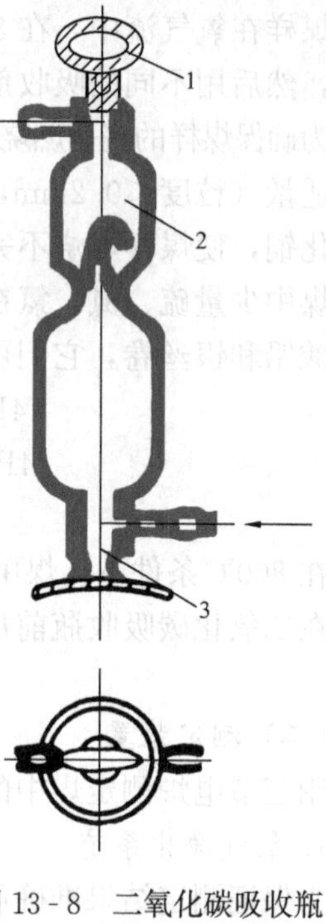
图 13-8 二氧化碳吸收瓶

1—上活塞；2—本体；3—下活塞

雨季做空白试验时，空气湿度较大，水分吸收管无法达到恒重，可进行如下处理：水分吸收管前后两次增重的差值超过要求，但并不过大，且呈规律性递增，如第一次增重 0.001 8g，第二次增重 0.002 2g，第三次增重0.002 0g，则取三次平均值 0.002 0g 为空白值。测煤样时，将水分吸收管的增重减去空白值用来计算煤中含氢量。

值得注意的是，用此法前后两次水分吸收管增重应相当接近，最大差值不超过0.0030g。

2. 煤样试验

空白试验后，开始测定煤样。第一、第二节炉温度为800℃，第三节为600℃，将水分和二氧化碳吸收瓶装配好，氧气流速120mL/min并通过空系统，流量计上浮子处于动态平衡状，末端气泡计出气正常，整个系统处于良好状态。

然后，打开燃烧管前端的橡胶帽或橡胶塞，将称好煤样的燃烧舟（在煤样表面铺一层干燥的三氧化二铬粉）推至规定位置，迅速塞好。按标准规定的时间要求，分段移动第一节电炉，最后将燃烧舟位于第一节炉的中心，保持18min后，第一节电炉移回原位。完成一次测定，共需25min。取下水分和二氧化碳吸收管、瓶，用干净布包好于空气中冷却10min后，将吸收管、瓶擦净称重。

对于灰分较高的煤，采用延长燃烧时间来确保试样燃烧完全。操作方法为：先将燃烧舟的1/3推入第一节炉中，保持5min；移动第一节炉，使燃烧舟的2/3进入第一节炉中，保持5min；再移动第一节炉，使燃烧舟位于第一节炉的中心，保持15min，最后慢慢将第一节炉移回原位。完成一次测定，共需32min。

3. 两节炉的使用方法

两节炉中所装试剂是高锰酸银，它在500℃受热分解，反应如下：

$$AgMnO_4 = MnO_2 + Ag + O_2$$

分解的银分子分散在二氧化锰表面成为活性中心，具有很强的氧化性。燃烧产生的二氧化硫和氯按下式反应被除去：

$$2SO_2 + 4Ag + 7MnO_2 = 2Ag_2SO_4 + 2Mn_2O_3 + Mn_3O_4$$

$$2Ag + Cl_2 = 2AgCl$$

测定时，第一节炉温为800℃，第二节为500℃，两炉紧靠在一起，每次空白试验为20min。当盛煤样的燃烧舟位于炉的中心时，维持13min，其他操作与结果计算同三节炉法。

（四）测定结果的计算

碳、氢含量按式（13-15）、式（13-16）计算：

$$C_{ad} = 0.2729\frac{m_1}{m}\times 100\% \tag{13-15}$$

$$H_{ad} = 0.1119\frac{(m_2 - m_3)}{m}\times 100\% - 0.1119M_{ad} \tag{13-16}$$

式中　0.2729——二氧化碳换算成碳的系数；

0.1119——水换算成氢的系数；

m——试样的质量，g；

m_1——二氧化碳吸收剂的增重，g；

m_2——水分吸收剂的增重，g；

m_3——水分空白值，g；

M_{ad}——空气干燥基煤样的水分，%。

试样燃烧时，煤自身的水分蒸发被水分吸收剂吸收，计算时需扣除这部分水分。

煤中碳酸盐二氧化碳含量大于2%时，碳含量按下式计算：

$$C_{ad}=0.2729\frac{m_1}{m}\times100\%-0.2729\ [CO_2]_{ad}$$

三、煤中氮元素的测定

煤中氮含量小，存在的形态很复杂，一般认为，煤中氮均为有机氮。常用的测定方法，各国标准均为经典或改进开氏法。在此主要讲述经典开氏法。

（一）测定原理

用标准法（开氏法）测定煤中氮的含量，包括试样的硝化、硝化液的蒸馏、氨的吸收和标准硫酸溶液的滴定四步组成。

（1）硝化反应。煤样在浓硫酸和催化剂（硫酸汞和硒粉组成，必要时加入氧化铬，试样为0.2g）的作用下加热分解（温度在350℃左右），反应如下：

煤中有机组成$\longrightarrow CO_2\uparrow+SO_2\uparrow+H_2O+SO_3\uparrow+Cl_2\uparrow+NH_4HSO_4+N_2\uparrow$

（2）蒸馏。硝化反应生成的硫酸氢氨在过量的氢氧化钠作用下产生氨（硝化液中残存的硫酸也与氢氧化钠反应），反应如下：

$$NH_4HSO_4+2NaOH=\!=\!=Na_2SO_4+2H_2O+NH_3\uparrow$$

（3）吸收反应。蒸馏产生的氨用硼酸吸收，反应如下：

$$H_3BO_3+xNH_3=\!=\!=H_3BO_3\cdot xNH_3$$

（4）滴定反应。用标准硫酸溶液滴定硼酸吸收液，用甲基红—亚甲基蓝混合液作指示剂，反应如下：

$$2H_3BO_3\cdot xNH_3+xH_2SO_4=\!=\!=x\ (NH_4)_2SO_4+2H_3BO_3$$

（二）测定装置

测定装置有硝化装置和蒸馏装置两部分组成。蒸馏装置如图13-9所示。现场应用较多是：将装有煤样与试剂的开氏瓶置于可调电炉上加热硝化（国家标准的硝化装置是铝加热体，将称好的试样与试剂的开氏瓶放入铝加热体的孔中，并用石棉板盖住开氏瓶的球形部分），开氏瓶的球形部分用切除成半圆形的两块泡沫保温砖包住，以利于硝化。

蒸馏瓶中加水量不少于全瓶的2/3，并置于电炉上加热。用夹子调节蒸汽量，防止蒸汽顶开瓶塞。通入开氏瓶的玻璃管管口离瓶底约2mm，即将玻璃管插入反应液中，可起搅拌作用，加快氨的逸出。逸出的氨和水蒸气在开氏球内分离，水流回开氏瓶中，分离出的氨由水蒸气携带（少量氨呈气体状态）进入吸收液中。

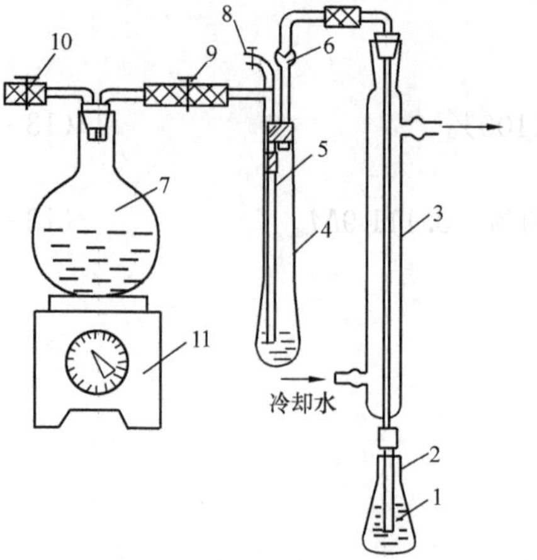

图13-9 测定煤中氮的蒸馏装置

1、5—玻璃管；2—锥形瓶；3—冷凝管；4—开氏瓶；6—开氏球；7—圆底烧瓶；8、9、10—夹子；11—可调电炉

（三）测定操作

（1）煤样的硝化。煤样与试剂加到开氏瓶中在通风橱内进行硝化，温度控制在350℃左右。硝化时，如有煤样溅至瓶壁，将开氏瓶移出电炉用浓硫酸将煤样带入瓶中，继续硝化至溶液呈透明状并没有残存煤粒为止。

硝化时间随煤的变质程度加深而延长。无烟煤或贫煤可磨细些同时加入氧化铬，可促使硝化反应的进行。

(2) 蒸馏和吸收。硝化结束后，向开氏瓶中加入适量的水并摇匀，按图 13-9 将蒸馏装置组装好。将混合碱液采用先慢后适当加快的方法加入到开氏瓶中（防止过热产生飞溅）。

用硫酸汞的混合催化剂硝化煤样时，应加入含有硫酸钠的混合碱液，汞生成硫化汞沉淀，汞与氨形成不稳定的汞氨络离子，利于氨的蒸出。催化剂不含硫酸汞可用 40% 的氢氧化钠代替混合碱液。蒸馏液直接通入吸收液中，以防氨的逸出使结果偏低，蒸馏液要适当过量以防蒸馏不完全。

如采用 500mL 开氏瓶时，硝化后可直接将开氏瓶移至蒸馏装置中。由于瓶口较大，开氏球和加碱漏斗可安装在开氏瓶的瓶塞上，简化了操作。

(3) 滴定。用浓度较高的硫酸标准溶液滴定时，耗酸量少，终点易判断，但误差大。为减少误差，可改用微量滴定管；如浓度过低，则耗酸量大，终点难判断，此时可选用常量滴定管。一般标准硫酸溶液浓度在 0.005～0.025mol/L 范围内选择。

(4) 空白试验。空白试验是用 0.2g 蔗糖代替煤样，测定步骤与煤样相同。每更换一批试剂，需重新做空白试验，确定所用试剂中含氮量。计算时应将空白试验消耗的硫酸量扣除。

以下介绍改进后的开氏瓶法测定煤中含氮量的方法——快速法。

准确称取 0.10～0.15g 煤样加入干燥的开氏瓶中，再向开氏瓶中加入 4mL 铬酸溶液、5g 焦硫酸钾和 0.25g 三氧化二钴。将开氏瓶与冷凝管紧密连接，从冷凝管上方向开氏瓶内加入 10mL 浓硫酸，按图 13-10 所示将开氏瓶置于甘油浴上加热，控制甘油浴温度 (200±10)℃，保持 40～60min，煤样即可硝化完全。开氏瓶中溶液的颜色由原来的橙红色变为墨绿色。

硝化后的其他操作与标准法相同。

该法硝化可在 1h 内完成。而标准法中有些煤样（如无烟煤或贫煤）硝化需 4h 或稍长一些时间。

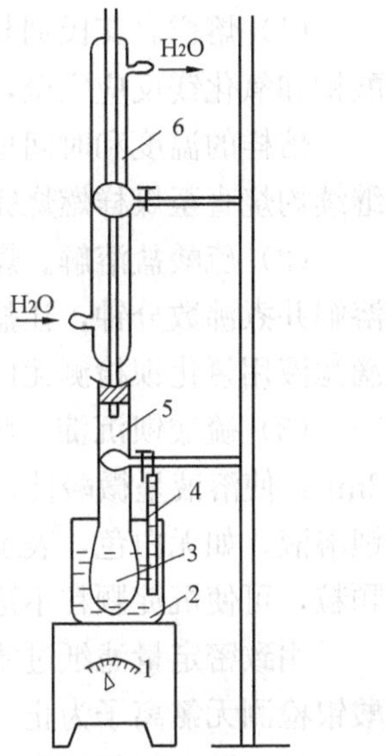

图 13-10 快速法测氮的硝化装置

1—可调电炉；2—甘油浴；3—煤样加试剂；4—温度计；5—开氏瓶；6—冷凝管

四、煤中硫元素的测定

煤中硫含量的测定方法较多，在各国标准中列为首要的方法是艾氏卡法。它也是应用于仲裁的试验方法。

（一）煤中全硫的测定（艾氏卡法）

1. 测定原理

艾氏卡法是利用艾氏卡试剂（两份氧化镁和一份无水碳酸钠）与煤样均匀混合，在有空气渗入的条件下，从低温逐渐升温至 850℃，煤中各种形态的硫全部转化成硫的氧化物，在氧化镁和碳酸钠的作用下，形成硫酸钠和硫酸镁。

艾氏卡试剂中的氧化镁可防止碳酸钠在较低温度下熔化，使煤样与艾氏剂保持疏松状态，有利于氧的渗入，促进氧化反应的进行。硫的氧化物也能直接与氧化镁反应，在氧的作用下生成硫酸镁。反应如下：

$$煤+O_2 = CO_2\uparrow+H_2O+N_2\uparrow+SO_2\uparrow+SO_3\uparrow$$

$$2Na_2CO_3+2SO_2+O_2 = 2Na_2SO_4+2CO_2\uparrow$$

$$Na_2CO_3 + SO_3 \longrightarrow Na_2SO_4 + CO_2 \uparrow$$

$$2MgO + 2SO_2 + O_2 \longrightarrow 2MgSO_4$$

$$MgO + SO_3 \longrightarrow MgSO_4$$

煤中不可燃硫（如硫酸钙）受热时与艾氏剂中碳酸钠反应转成碳酸钙，反应如下：

$$CaSO_4 + Na_2CO_3 \longrightarrow CaCO_3 + Na_2SO_4$$

由上述反应可知，煤中可燃硫和不可燃硫在艾氏剂的作用下，都转成可溶性的硫酸钠和硫酸镁而能溶于水中。然后，将溶有硫酸钠和硫酸镁的溶液进行过滤，在滤后的溶液中控制一定的酸度加入氯化钡溶液，溶解的硫酸盐全部转为硫酸钡沉淀。反应如下：

$$Na_2SO_4 + MgSO_4 + 2BaCl_2 \longrightarrow 2BaSO_4 \downarrow + 2NaCl + MgCl_2$$

最后，按重量法测定出硫酸钡的质量，再计算出煤样的全硫含量。

2. 测定操作

（1）熔样。艾氏剂与煤样充分混合均匀后，再覆盖 1g 艾氏剂，可确保硫的氧化物与碳酸钠和氧化镁反应完全，加热时，从低温缓慢升温，可防止挥发物过快逸出。

熔样的温度和时间也很重要，否则会导致试样燃烧不完全。如果发现未燃尽的煤粒，应继续灼烧直至煤样燃烧完全为止。

（2）硫酸盐溶解。煤样燃烧过程中所转化的硫酸钠和硫酸镁是可溶于水的盐类。用热水溶解并煮沸数分钟，让盐类全部溶解水中。用定性滤纸过滤，并用热水充分洗涤滤纸至取一滴滤液用氯化钡检测无白色（硫酸钡沉淀）为止。将滤液收集，留作制备硫酸钡沉淀。

（3）硫酸钡沉淀。将洗涤液体积控制在 250～300mL，滴加 1：1 盐酸至中性后再加 2mL，使溶液呈微酸性，加氯化钡溶液生成硫酸钡沉淀，在沉淀后的表面清液中再滴加氯化钡溶液，如无白色，表示硫酸根已全部生成硫酸钡沉淀。将沉淀保温过夜能获得较粗的沉淀颗粒，可使沉淀颗粒不透过滤纸。

用致密定量滤纸过滤。烧杯中硫酸钡沉淀应全部转移到滤纸上，用热水多次洗涤至用硝酸银检测无氯离子为止。

（4）沉淀物的灼烧和测定结果的计算。将有沉淀的滤纸转移到已恒重的坩埚中，先在电炉上进行较彻底的灰化，然后转入到高温炉里，将炉温升至 850℃进行灼烧，灼烧至坩埚表面无黑炭止（灼烧时间比规定要求适当延长）。

（二）煤中全硫含量计算

煤中全硫含量的计算公式如下：

$$S_{t,ad} = \frac{(m_1 - m_2) \times 0.1374}{m} \times 100\% \tag{13-17}$$

式中 $S_{t,ad}$——空气干燥基全硫含量，%；

m_1——硫酸钡质量，g；

m_2——空白试验的硫酸钡质量，g；

0.137 4——硫酸钡折算成硫的系数；

m——煤样的质量，g。

此外，全硫测定方法还有库仑滴定法、高温燃烧中和法及红外吸收法。前两种方法测定结果乘以大于 1（如 1.04～1.06）的校正系数就可得到与艾士卡法相一致的结果，而红外吸收法测定全硫的精密度好、准确度高，还可用于测定灰中的硫。

五、煤中形态硫的测定

（一）测定方法

1. 硫酸盐硫的测定

（1）原理。硫酸盐能溶于稀盐酸，硫化铁硫和有机硫不溶于稀盐酸，可直接用稀盐酸将煤中硫酸盐硫溶出，再加入氯化钡生成硫酸钡沉淀，根据硫酸钡的量计算出煤中硫酸盐硫的含量，反应如下：

$$CaSO_4 \cdot 2H_2O + 2HCl = CaCl_2 + H_2SO_4 + 2H_2O$$

$$H_2SO_4 + BaCl_2 = BaSO_4 \downarrow + 2HCl$$

（2）测定方法。称取分析煤样 1g 放入锥形瓶内，加 0.5～1mL 酒精湿润煤样，再加入 5mol/L 盐酸 50mL 摇匀，加热微沸 30min。

稍冷后用致密定性滤纸过滤，用热水冲洗滤纸至无铁离子为止（用硫氰酸钾溶液检）。如滤液呈黄色，表示含铁量较高，可向滤纸上加入少量铁粉或锌粉使铁还原，黄色消失后再过滤。过滤后将滤纸与煤样一起叠好放入原锥形瓶中，用于测定硫化铁硫。

向滤液中加入 2～3 滴甲基橙指示剂，用（1+1）氨水中和至微碱性（溶液呈黄色）。用 5mol/L 盐酸溶液调至红色后再加入 2mL，溶液呈微酸性。调整滤液至 250mL 左右，加热至沸腾，不断搅拌下向滤液中滴加 10%的氯化钡溶液 10mL，以后的操作同艾士卡法测定全硫相同。

硫酸盐硫的计算方法与艾士卡法计算全硫方法相同。

2. 硫化铁硫的测定

硫化铁硫的测定方法可采用氧化法和原子吸收分光光度法。在此仅介绍氧化法。

（1）测定原理。用硝酸溶解硫化铁硫，反应如下：

$$FeS_2 + 4H^+ + 5NO_3^- \longrightarrow Fe^{3+} + 2SO_4^{2-} + 5NO + 2H_2O$$

从反应可知，测定氧化后的 Fe^{3+} 再换算成硫；也可用重量法（会产生有害气体，建议不要采用）测定 SO_4^{2-} 再换算成硫。硫化铁硫与硝酸反应时，其中部分硫未全部氧化而形成元素硫，使测定结果偏低，反应如下：

$$FeS_2 + 4H^+ + 3NO_3^{2-} \longrightarrow Fe^{3+} + SO_4^{2-} + 3NO + S \downarrow + 2H_2O$$

（2）测定方法。向测定硫酸盐硫后留有滤纸和煤样的锥形瓶中加入（1+7）硝酸 50mL，煮沸 30min，用致密定量滤纸过滤，并用热水冲洗至无铁离子为止。向滤液中加 2mL 过氧化氢后煮沸约 5min，消除煤分解产生的颜色。

向煮沸的溶液中滴加（1+1）氨水直至有铁的沉淀产生。待沉淀沉降后加 2mL 氨水，再将溶液煮沸，用快速定性滤纸过滤，用热水冲洗沉淀和烧杯。穿破滤纸并用热水将沉淀洗至原烧杯中，用 5mol/L 盐酸 10mL 冲洗滤纸四周，除去滤纸上的痕量铁，再用热水冲洗至无铁离子为止。

在烧杯上放置表面皿，将溶液加热煮沸浓缩至体积为 20～30mL。在不断搅拌的同时向溶液滴加氯化亚锡溶液直至黄色消失，再多加 2 滴。迅速冷却，冲洗表面皿和杯壁。加入 10mL 氯化亚汞饱和溶液，形成丝状氯化亚汞沉淀。用水稀释到 100mL，加入 15mL 硫酸—磷酸混合液及 5 滴二苯胺磺酸钠指示剂，用标准重铬酸钾溶液滴定到稳定的紫色即为终点。根据重铬酸钾溶液消耗量来计算硫化铁硫的含量：

$$S_{p,ad} = \frac{c\ (V_1 - V_2)}{m} \times 0.05585 \times 1.148 \times 100\% \tag{13-18}$$

式中　$S_{p,ad}$——空气干燥基中硫化铁硫的含量，%；

V_1——消耗标准重铬酸钾溶液体积，mL；

V_2——空白试验消耗标准重铬酸钾溶液体积，mL；

c——标准重铬酸钾溶液的浓度，mol/L；

m——煤样的质量，g；

1.148——由铁换算成硫的系数。

（二）有机硫的计算

根据煤中全硫（S_t）、硫酸盐硫（S_s）和硫化物硫（S_p）的测定结果，用差减法求出煤中有机硫（S_o）的含量，即

$$S_{o,ad}=S_{t,ad}-(S_{s,ad}+S_{p,ad}) \tag{13-19}$$

六、煤中氧元素含量的计算

煤中氧的含量是区分煤碳化程度十分重要指标。对中等碳化程度的煤，从氧含量值可初步判别它的结焦性。煤中氧含量直接测定原理为：煤样在高温（国际上多采用1120℃）下裂解成一氧化碳和水蒸气，用纯氮气将裂解产生的气体驱过高温的活性炭层，使全部水蒸气都转成二氧化碳。再用氢氧化钠吸收二氧化碳，根据二氧化碳的含量就可得到煤中含氧量。此法温度高，设备昂贵，因此未得到广泛推广，现仍采用差减法计算，计算方法如下。

空气干燥基煤样的含氧量按下式计算：

$$O_{ad}=100-C_{ad}-H_{ad}-N_{ad}-S_{t,ad}-M_{ad}-A_{ad} \tag{13-20}$$

碳酸盐的二氧化碳的含量大于2%时，则

$$O_{ad}=100-C_{ad}-H_{ad}-N_{ad}-S_{t,ad}-M_{ad}-A_{ad}-(CO_2)_{c,ad}$$

第四节　煤的发热量的测定

一、概述

（一）发热量的单位

燃料的发热量是指单位质量完全燃烧所释放的热量，单位为MJ/kg或J/g。

（二）测定发热量的原理

发热量的测定是将一定量试样放在密封的氧弹中，在充足的氧气下，试样完全燃烧放出的热量被氧弹周围一定量的水（即内筒水）吸收，水的温升与试样燃烧放出的热量成正比，计算式为

$$Q=\frac{K(t_n-t_0)}{G} \tag{13-21}$$

式中　Q——煤的发热量，J/g；

G——试样的质量，g；

t_0——量热系统的起始温度，℃；

t_n——量热系统的最终温度，℃；

K——热量计的热容量，J/℃。

量热系统是指发热量测定过程中，试样释放热量所能到过的部件，包括内筒、内筒中的水、氧弹和搅拌器及温度计浸没于水中的部分。一台热量计的量热系统和环境温度等条件确

定后，热容量 K 是常数。

热容量是指量热系统升高 1℃所需的热量。热容量是用已知发热量的标准物质（常用的是苯甲酸）来标定的。标准苯甲酸的热值（20℃）是 26 465J/g。称取一定量的苯甲酸，根据它在热量计中燃烧后的温升（$t_n - t_0$），按式（13-22）计算 K 值，即

$$K = \frac{QG}{t_n - t_0} \tag{13-22}$$

热容量测定后，在测定发热量过程中严格遵照试验条件，会给发热量的测定和计算带来不少方便。

（三）发热量的表示方法

发热量的测定，根据不同的燃烧条件，煤的发热量分为弹筒、高位和低位三种发热量。

1. 弹筒发热量（Q_b）

弹筒发热量是在实验室用氧弹式热量计实际测定值。它是试样在有过剩氧量的条件下燃烧，所生成的产物冷却到燃料的原始温度（室温 25℃）。此时煤中的碳燃烧后生成二氧化碳；氢生成水蒸气，冷却后凝结成水；硫和氮生成三氧化硫和少量的氮氧化物，并溶于水生成硫酸和硝酸。这些化学反应都是放热反应，因而弹筒发热量比实际燃烧（常压下空气中燃烧）释放的热量高。

2. 高位发热量（Q_{gr}）

燃料在常压下的空气中燃烧时，燃料中的硫生成二氧化硫，氮转成游离氮，而不是生成硫酸和硝酸，燃烧产物恢复到原来温度（25℃）水呈液态。因此，从弹筒发热量中减去硫酸和硝酸的形成热和溶解热后所剩余的数值即是高位发热量。火电厂用该值来评价煤的质量。

3. 低位发热量（Q_{net}）

单位质量的煤在锅炉中完全燃烧所产生的热值称为低位发热量。煤在锅炉中燃烧时，煤中的水分和氢生成的水呈蒸汽状态随烟气排走，而在高位发热量中，在氧弹中，水汽凝结成水，释放出汽化潜热，所以，高位发热量减去水的汽化潜热，就可得到低位发热量。它是燃料可利用的有效发热量，也是计算标准煤耗的依据。

煤在不同条件的燃烧装置中燃烧，发热量又分为恒容发热量和恒压发热量。

恒容发热量是指单位质量的煤样在恒定体积的容器内完全燃烧，无膨胀做功的发热量。煤在氧弹中燃烧，就是在恒容条件下进行的，由此计算出的高位发热量，相应称为空气干燥基恒容发热量，用符号 $Q_{gr,V,ad}$ 表示；恒压发热量是指单位质量的煤样在恒定压力下完全燃烧，有膨胀做功的发热量。煤在炉膛中燃烧就是在恒压下进行的，由此计算出的低位发热量，相应称为收到基低位发热量，用符号 $Q_{net,p,ar}$ 表示。

二、测定设备

发热量测定设备有两种类型，一种是恒温式，另一种是绝热式。两种类型的主要部件是相同的，恒温式的结构较简单，测定结果需作冷却校正；而绝热式的测定结果不必要作冷却校正，结构比较复杂。

（一）热量计的组成

1. 氧弹

氧弹是热量计的核心部件，氧弹的结构如图 13-11 所示。

氧弹是供燃烧试样并释放热量的，它由氧弹头、连接环和弹筒三大部分组成。弹筒的容

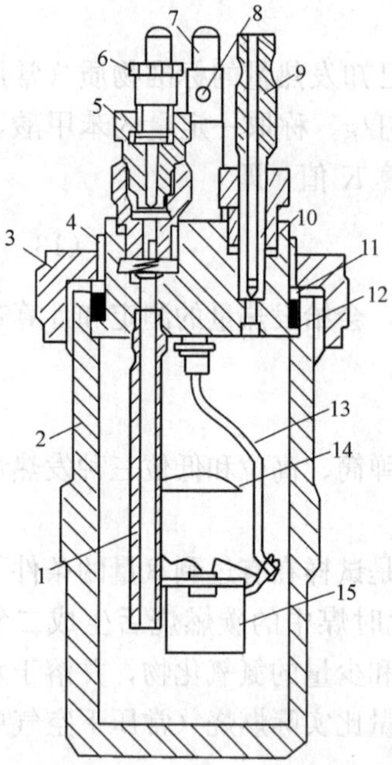

图 13-11 氧弹的结构

1—进气管；2—弹筒；3—连接环；4—弹簧环；5—进气阀；6—电极柱（进气阀螺帽）；7—电极柱；8—圆筒；9—针形阀；10—弹头；11—金属垫圈；12—橡胶垫圈；13—燃烧皿架；14—防火罩；15—燃烧皿

积约 300mL，用耐热、耐腐蚀的厚壁不锈钢加工而成。弹头与连接环用弹簧环固定在一起，连接环与弹筒之间用金属或橡胶垫圈密封。当氧弹内充入高压氧气时，垫圈与弹筒接触处更加严密，保证氧弹具有良好的气密性。

图 13-11 所示俗称三头氧弹，现在国内还生产独头氧弹，即氧气的输入和燃烧后剩余气体的排出合并一起，同时兼作一个电极，使氧弹头结构简化。

试样在弹筒内燃烧时，筒内温度可达 1500～1600℃，压力剧增，为确保使用安全，国家标准规定氧弹需经 20.0MPa 水压试验合格后方能使用。每年都需进行一次水压试验。氧弹经检修或更换零部件后，要及时作水压试验，合格后方能使用。

2. 内筒

内筒用黄铜、紫铜或不锈钢制成。筒内盛水量为 2000～3000mL，以能浸没氧弹（进出气阀及电极上部除外）为宜，它用于吸收氧弹内试样燃烧所释放的热量。内筒外表面需电镀抛光，减少与外筒之间的热辐射。

3. 外筒

外筒用来保持热量计系统环境温度的恒定（与室温基本一致），它是一个具有夹层的套筒。试验时，夹层内注满水，外筒夹层内安有搅拌器，使夹层内水温均匀，对内筒而言，外筒是个恒温系统。外筒的上部有一绝热盖，盖的内表面衬有经电镀抛光的金属板，增强盖板对热辐射的反射能力，减少内筒的热辐射。

4. 温度计

目前火电厂采用的量热仪都是电脑量热仪，测量温度使用的温度计为铂电阻温度计（代替以前的贝克曼温度计。）工业上广泛应用电阻温度计测量 −200～500℃的温度。它的特点是准确度高，测量 500℃以下温度时，灵敏度高。它的输出是电信号，能被微机接收，所以，铂电阻温度计广泛应用于带微机的热量计中。

5. 搅拌器

热量计中有两个搅拌器，一个放在内筒的搅拌室内，另一个放在外筒内，由一个电动机带动，电动机的转速为 1440r/min，经弹簧带传送，内筒转速为 500r/min，外筒转速为 300r/min。内筒的水自氧弹室下部流入搅拌室，再从上部返回氧弹室，循环流动使内筒各处水温均匀。当内外筒与室温相同时，10min 内搅拌产生的热使水温升高不超过 0.01℃。搅拌产生的热形成测定误差在冷却校正中得到修正。

6. 压力表和氧气导管

为保证试样完全燃烧，氧弹内应充有一定压力的氧气。充氧压力的大小，随煤质不同而有差异，测动力用煤发热量时，充氧压力控制在 2.5～3.0MPa，充氧时间为 30～60s。

压力表由两个表头组成，右侧表指示氧气瓶内压力，左侧指示充氧时氧弹内压力。此外，表头上还装有减压阀和保险阀。压力表通过无缝细钢管或紫铜管与氧弹相连，以便充氧。压力表及连接部分禁止与油脂接触或使用润滑油。

7. 点火装置

点火装置由220V交流电源经变压器降压至12～24V作为点火电源。电流通过点火丝时，点火丝在纯氧气中过热熔断着火引燃试样（此时指示灯熄灭）。根据点火时电压、电流和通电时间，计算点火时消耗的电能并计算产生的热量。

（二）热量计的类型

1. 恒温式微机热量计

现在普遍使用的恒温式微机热量计的结构如图13-12所示。

测定发热量时，将氧弹充氧后放在盛有一定水量的内筒中，再将内筒放入外筒内。外筒内所装水量不少于内筒水量的5倍，内外筒之间有一定距离。试样燃烧时，所释放的热量被内筒水吸收，而外筒温度在测热过程中基本保持恒定，所以称为恒温式热量计。

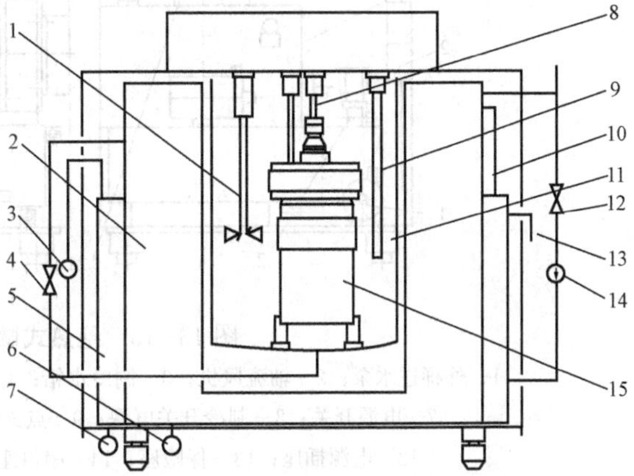

图13-12 恒温式微机热量计的结构
1—搅拌器；2—外筒；3—放水泵；4—平衡阀；5—备用水箱；6—外筒放水口；7—备用水箱放水口；8—点火电极；9—精密感温探头；10—溢流管；11—内筒；12—进水阀；13—溢流口；14—进水泵；15—氧弹

恒温式微机热量计应用铂电阻温度计代替贝克曼温度计测温，利用微机记录和处理数据，处理结果用打印机打印出来，操作简便、自动化程度提高。输入有关参数后，能直接计算出高低位发热量并打印出来。

恒温式微机热量计测定发热量时，将氧弹充氧后放入内筒中盖上盖子，将试样的质量名称等输入微机，根据使用说明书进行操作，温度观测和数据的记录处理由微机系统来完成。试验人员只要输入$S_{t,ad}$、M_{ad}、M_t和H_{ad}的值，微机热量计均能提供高、低位发热量的计算结果。

2. 绝热式热量计

绝热就是在测热的整个温升过程中，量热系统与周围环境不发生热交换。它除与恒温式热量计具有相同部件外，还有一套自动控温系统，消除量热系统与周围环境间的温差，即在测热过程中，让外筒跟上内筒温度变化达到绝热的目的，绝热式热量计的结构如图13-13所示。

绝热式热量计的外筒中装有加热器，通过自动控制装置，让外筒中的水温跟上内筒温度。外筒中的水在特制的顶盖夹层中循环。自动控制装置的灵敏度，应能满足使点火前和终点后内筒温度保持稳定，5min内内筒温度变化不超过0.002℃，在一次试验的升温过程中，内外筒之间的热交换应不超过20J。

三、发热量的测定过程

煤的发热量可用不同类型、不同型号的热量计测定，在此主要介绍恒温式热量计法和绝热式热量计法。

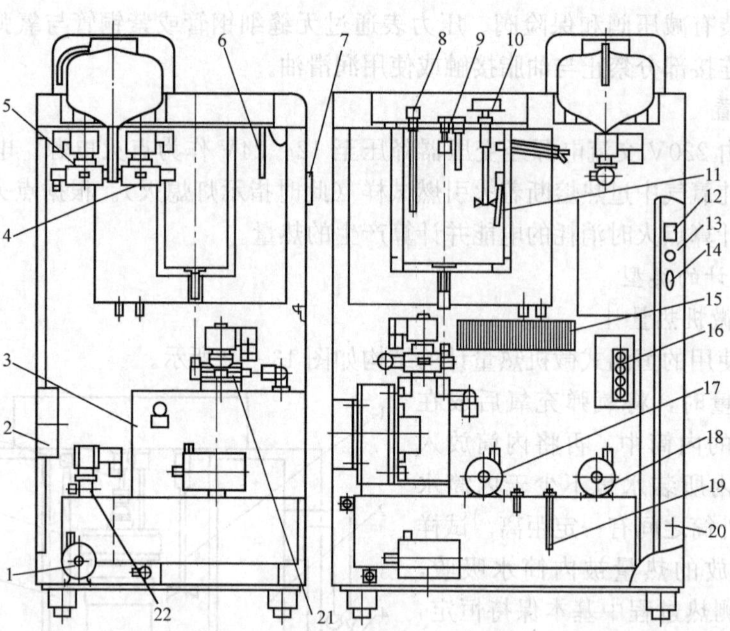

图 13-13 绝热式微机热量计结构

1—外桶进水泵；2—轴流风机；3—制冷水箱；4—平衡阀；5—量杯进水阀；6—外桶探头；7—电源开关；8—制冷开关电源；9—点火电极；10—搅拌电机；11—加热棒；12—电源插座；13—保险座；14—串口座；15—接线端子；16—内桶探头；17—外桶循环泵；18—量杯进水泵；19—水位检测器；20—外接地；21—内桶放水阀；22—外桶放水阀

（一）冷却校正值

冷却校正值是使用恒温式热量计测定发热量的一项重要校正值，它直接关系到发热量测定结果的准确性。

1. 冷却校正值的含义

恒温式热量计测定发热量时，内外筒存在一定的温度差，此差值随时间的改变而改变。一般情况下，点火前内筒是吸热的；试样燃烧时释放热量，内筒是散热的。为了消除内外筒的热交换对温升的影响，必须对内筒温升加上一校正值，称为冷却校正，用符号 C 表示。在发热量测定主期，内筒从吸热转为散热，冷却校正值是由这两部分热交换引起，在数值上也就有正负之分。绝大多数情况下，测定主期内筒散热量往往大于吸热，使主期温升偏低。

为消除内外筒的热交换对发热量测定结果的影响，应对观测的温升值（t_n-t_0）加上冷却校正值 C。

发热量 Q 为

$$Q=t_n-t_0+\frac{C}{G} \qquad (13-23)$$

对于绝热式热量计，因为内外筒之间不存在热交换，所以冷却校正值 $C=0$。

2. 冷却校正值的计算

冷却校正值计算公式很多，在此介绍常用的本特公式、国标公式和瑞—方公式。其中本特公式和瑞—方公式，将测热全过程分为初期、主期和末期三个阶段；国标公式免除了三个阶段，缩短了试验时间。

(1) 本特公式。本特公式计算冷却校正值 C 的数学表达式如下：

$$C=\frac{m}{2}(v_0+v_n)+(n-m)v_0 \tag{13-24}$$

式中 v_0——初期内筒降温速度,℃/0.5min；

v_n——末期内筒降温速度,℃/0.5min；

m——升温速度大于或等于 0.3℃的半分钟数，第一个半分钟不论快慢均计入 m 中，若升温速度均小于 0.3℃，则取 $m=4$；

n——从点火到终点的半分钟数。

由式 (13-24) 可知，v_0 越小表示初期内筒温度上升越快 (v_0 具有负号，则绝对值越大)，表示吸热越多，冷却校正值相对较小。v_0 越大表示末期内筒温度下降越快，散热越多，冷却校正值越大。

(2) 国标公式。国标公式对冷却校正值 C 的数学表达式如下：

$$C=(n-\alpha)v_n+\alpha v_0 \tag{13-25}$$

式中 n——从点火到终点的持续时间，min；

v_0——点火时内外筒温差影响下造成的内筒降温速度,℃/0.5min；

v_n——终点时内外筒温差影响下造成的内筒降温速度,℃/0.5min。

当 $\Delta/\Delta_{1'40''}\leqslant 1.20$ 时，$\alpha=\Delta/\Delta_{1'40''}-0.10$；$\Delta/\Delta_{1'40''}>1.20$ 时，$\alpha=\Delta/\Delta_{1'40''}$，其中 $\Delta=t_n-t_0$，$\Delta_{1'40''}$ 为点火后 $1'40''$ 的温升 ($\Delta_{1'40''}=t_{1'40''}-t_0$)。

根据点火时和终点时的内外筒温差 (t_0-t_j) 和 (t_n-t_j)，从 v— ($t-t_j$) 关系曲线中查出 v_0 和 v_n。参照 GB/T 213—1996，或根据预先标定出的冷却常数 k、反综合常数 A 值计算出 v_0 和 v_n。

$$v_0=K(t_0-t_j)+A \tag{13-26}$$

$$v_n=K(t_n-t_j)+A \tag{13-27}$$

式中 K——热量计冷却常数，min^{-1}；

A——热量计综合常数,℃/min；

t_j——外筒温度,℃；

t_0——点火温度,℃；

t_n——终点温度,℃。

上式可知，v_0 和 v_n 值是根据观测到的内外筒温差及预先标定好的仪器常数 K 和 A 求得的，这样就取消了初期和末期，同时减少了主期温度的读数。常数 K 和 A 可与热容量标定一起确定。

(3) 瑞—方公式。瑞—方公式计算冷却校正值 C 的数学表达式见式 (13-28)：

$$C=nv_0+\frac{v_n-v_0}{\bar{t}_n-\bar{t}_0}\left[\frac{1}{2}(t_0+t_n)+\sum_{1}^{n-1}(t)-nt_0\right] \tag{13-28}$$

式中 C——冷却校正值,℃；

v_0——初期内筒温度下降速度,℃/min；

v_n——末期内筒温度下降速度,℃/min；

$\bar{t}_0$——初期的平均温度，℃；

$\bar{t}_n$——末期的平均温度，℃；

t_0——点火温度，℃；

t_n——终点温度，℃；

n——主期持续时间，min；

$\sum_{1}^{n-1}(t)$——主期中从第一次温度到 $n-1$ 次温度之总和，℃。

该公式准确性高，可用作检验其他公式准确性的依据。此公式在电力系统应用较广泛。

（二）热容量及其标定

热容量是计算燃料发热量的最基本参数。正确标定热容量是保证发热量测定结果准确可靠的前提。热容量标定与发热量测定两者的操作基本相同，掌握了热容量标定方法，也就掌握了发热量的测定方法。

1. 热容量与水当量

热容量是指量热系统升高1℃所吸收的热量，单位J/℃，用符号 E 表示。这里所指的热容量包括内筒水的热容量和浸入内筒水中的氧弹、搅拌器、温度计等各部件热容量之和，即

$$E = cm + c_1m_1 + c_2m_2 + \cdots \quad (13-29)$$

式中 E——热容量，J/℃；

c——水的比热容，4.18J/（g·℃）；

m——水的质量，g；

c_1，c_2，…——量热系统各部件的比热容，J/（g·℃）；

m_1，m_2，…——量热系统各部件的质量，g。

c_1，c_2，m_1，m_2，…数值不能直接测定，但当测定出量热系统的热容量 E 值后，减去内筒水的热容量就可算出。如热容量为 14 800J/℃某热量计（即指量热系统升高 1℃需吸收 14 800J 的热量），内筒装水量 3000g，热量计各部件的热容量为 14 800－3000×4.18＝2260J/℃，相当于 2260/4.18＝540（g）水升高 1℃所吸收热量，此相当于水的量称为水当量。该热量计的热容量为 14 800J/℃，水当量为 540g。

2. 恒温式热容量的标定

（1）准备工作。具体内容如下所述。

1）标准物质的准备。标定热容量选用经国家计量机关检定和具有精确热值的苯甲酸。它具有易提纯、不易氧化和分解、几乎不吸收水分。试验时，将苯甲酸研细后置于浓硫酸干燥器内干燥三天，也可置于 40～50℃干燥箱内 3～4h，取出冷却后，取 1.0～1.2g 压成圆饼，将压成圆饼的苯甲酸放在已知重量的燃烧皿内，准确称量至 0.000 2g。

2）内筒的准备。往内筒中注入蒸馏水水量以氧弹盖圈顶面距水面 10～20mm 为准，称水质量准至 1g。以后各次实验时应保持水量不变。

调节内筒水温，原则是终点时内筒温度缓慢下降为依据，通常内筒较外筒低 0.6～0.8℃。每次将内外筒水温差调节到同一个固定值。测定热值时，内外筒温差也与前面同一固定值。

3）氧弹的准备。向氧弹内加 10mL 蒸馏水；将盛有试样的燃烧皿于架中；取一根导火丝连通弹头两极，用棉线（准确称量，以便计算出棉线的热量）在导火丝中部打一个结，尾

部拧成一股与苯甲酸相接触（测煤样时不用棉线）。向氧弹充2.6～2.8MPa氧气。

4）仪器的安装。充氧后的氧弹放入有水的内筒中，观察氧弹是否漏气，如漏气检查原因并消除，再重新充氧。接上电源，装上搅拌器，盖上绝缘盖，插上贝克曼温度计和普通温度计，测露出柱温度。

（2）操作方法。开动搅拌器，约5min后开始计时，借助贝克曼温度计上的放大镜读取温度，每隔1min读取一个温度值，初期为5min。随即点火进入主期，当出现第一个下降温度即为终点温度。随后进入末期，持续5min试验结束。除速升阶段外，每次读数前振荡温度计3～5s。设冷却校正值采用瑞—方公式计算。

取出氧弹，排出弹内气体，检查苯甲酸是否燃烧完全，如发现燃烧皿底部有一层碳黑，说明苯甲未完全燃烧，本次标定作废。

量取残存点火丝的长度，热容量标定中硝酸生成热按式（13-30）计算：

$$q_n = 0.001\,5Qm \tag{13-30}$$

式中 q_n——硝酸生成热，J；

Q——苯甲酸的热值，J/g；

m——苯甲酸的质量，g。

（3）热容量E的计算。热容量E按式（13-31）计算：

$$E = \frac{Qm + q_1 + q_2}{H[(t_n + h_n) - (t_0 + h_0) + C]} \tag{13-31}$$

式中 q_1——点火丝产生的热量，J；

h_0——对应温度t_0时温度计的孔径修正值，℃；

h_n——对应温度t_n时温度计的孔径修正值，℃。

式中其他符号含义同前。

热容量应重复标定5次，其极差不应大于40J/℃，或标准差不大于17J/℃。取5次标定结果的平均值为该热量计在该温度下的热容量。

3. 恒温式微机热量计热容量的标定

恒温式微机热量计热容量的标定过程基本上与恒温式热量计相同，是用铂电阻温度计换下贝克曼温度计。然后按微机说明书输入试样质量、苯甲酸的热值、选择冷却校正值计算公式。以后开始记录温度、试样点火、全部数据处理和计算等均由微机完成，并打印出热容量标定结果。

4. 绝热式微机热量计热容量的标定

（1）准备工作的内容如下所述。

1）观察室温与冷却水温。当天第一次标定时，外筒水温接近室温，需提前使水泵运转，加速外筒水的冷却。

2）调节内筒水温。调节内筒水温低于室温1～1.5℃，可满足外筒水温稍低于内筒水温的要求。

3）平衡点的调节。国产绝热式微机热量计采用晶闸管实现温度自动控制，使外筒温度跟踪内筒温度的变化。内外筒各有一支高灵敏度的铂丝电阻与两个性能稳定的固定电阻组成交流电桥，并用一电位器调节电桥平衡。当内外筒温度一致时，电桥处于平衡状态。电位器在某一位置，点火前内筒水温保持恒定，在点火后一定时间（5～8min）内，外筒温度跟上内筒温度，实现了内筒温度的恒定，此时电位调节点称为平衡点。平衡点调好后，不要再变动其位置，也可保证终点内筒温度的稳定。如重新调节平衡点，就得重新标定热容量。

（2）试验步骤。打开电源、启动水泵、加热器和冷却水开关，搅拌5min后记录内筒温度。之后每隔1min记录内筒温度一次，连续记录三次温度如相同或仅差0.001℃，即可点火。如内筒温度略有变化，适当调节冷却水流速，直至内筒温度稳定时再点火。

点火后10～12min记录内筒温度。以后每隔1min记录一次，连续三次读数相同或仅差0.001℃即达终点。

关闭加热器和搅拌器，取出氧弹、内筒和温度计，水泵继续运转加速外筒水的冷却。当外筒温度恢复到上一次标定时的温度，即可进行第二次标定。量取残存点火丝的长度，硝酸生成热按式（13-30）计算。热容量的计算按式（13-31）计算，计算时C=0。

（三）发热量的测定

1. 用恒温式热量计测定

本法中冷却校正值的计算公式用最为准确的瑞—方公式计算。

在燃烧皿中准确称量分析煤样1～1.1g（准确至0.000 2g），将燃烧皿置于燃烧皿支架上。量取一定长度的点火丝，将其两端拴结在氧弹两电极柱上，使点火丝与煤样稍许接触。向氧弹内加10mL蒸馏水，拧紧氧弹盖，往氧弹内充入压力达2.6～2.8MPa氧气，对于不易燃烧完全的煤样充氧压力可达3.0MPa。调节内筒水温，使内筒温度低于外筒温度0.6～0.8℃，称量内筒水质量，精确至1g。将内筒放入热量计内，氧弹放进内筒水中。装上搅拌器、氧弹上的点火线和量热用的贝克曼温度计，温度计应垂直插入水中，温度计上的水银球中心位于氧弹中部，温度计和搅拌器均不得接触氧弹和内筒。

接通电源，开动搅拌器5min后，每分钟观察内筒温度，直至前后两次温差小于0.003℃为初期开始，并记录温度（按初、主、末期三阶段记录温度）。以后每隔1min记录一次温度，5min共记录6次为初期温度，最后一个温度为点火温度t_0。按点火按钮点火进入主期。主期阶段也是每隔1min记录一次温度直至出现温度下降，第一个下降温度为终点温度t_n。此时主期结束，也是末期开始。在末期阶段，仍然每隔1min记录一次温度，5min记录6次。在初、主、末期温度缓升阶段应读到0.001℃，每次读数前，应振荡温度计3～5s。停止搅拌，取出温度计、内筒和氧弹。

开启氧弹放气阀，用氧弹洗涤液测硫时，放气不少于1min，并在水中加入0.1mol/L的氢氧化钠标准溶液（如准确加入2mL）来吸收排出的气体，在滴定氧弹内硫时，应将所加氢氧化钠的体积计入总消耗量中。打开氧弹检查煤样燃烧是否完全，如燃烧不完全，则本次实验作废。

用水洗净氧弹各部及燃烧皿，将洗涤液并入上述排气吸收液中，供测硫用。量取残存点火丝的长度。

测定弹筒洗液中硫时，先将洗液煮沸1～2min，取下稍冷后，用甲基红—亚甲基蓝作指示剂，用标准氢氧化钠溶液滴定，求出洗液中总酸量。按式（13-32）计算出弹筒中硫的含量$S_{b,ad}$（%）：

$$S_{b,ad}=\left(c\frac{V}{m}-\alpha Q_{b,ad}\times 59.8\right)\times 1.6 \tag{13-32}$$

式中 c——氢氧化钠溶液浓度，0.1mol/L；

V——滴定消耗的氢氧化钠溶液体积，mL；

m——试样质量，g；

59.8——相当于1mmol硝酸的生成热，J；

α——硝酸的校正系数。

当 $Q_{b,ad} \leqslant 16.70$MJ/kg 时，$\alpha = 0.001$；$16.70\text{MJ/kg} < Q_{b,ad} \leqslant 25.10$MJ/kg 时，$\alpha = 0.0012$；$Q_{b,ad} > 25.10$MJ/kg 时，$\alpha = 0.0016$。

弹筒发热量 $Q_{b,ad}$ 按式（13-33）计算：

$$Q_{b,ad} = \frac{EH[(t_n + h_n) - (t_0 + h_0) + C] - (q_1 + q_2)}{G} \tag{13-33}$$

式中 E——热容量，J/℃；

H——贝克曼温度计的平均分度值,℃；

t_n——终点时内筒温度,℃；

h_n——对应于 t_n 时温度计的孔径修正值,℃；

t_0——点火时内筒温度,℃；

h_0——对应于 t_0 时温度计的孔径修正值,℃；

C——冷却校正值,℃；

q_1——点火丝产生的热量，J；

q_2——添加物产生的总热量，J；

G——样品质量，g。

2. 用恒温式微机热量计测定

应用恒温式微机热量计测定时，试样的称量、点火丝的连接、水温的调节和内筒水的称量、氧弹充氧等操作均与恒温式热量计测定操作相同。其他温度观测和数据的记录处理由微机系统来完成。

将氧弹放进内筒中，接通氧弹上点火线，装上搅拌器，插上铂电阻温度计，其后的操作、计算均由微机完成。不同型号的微机热量计，操作方法有所不同，因此其他数据的输入（如热容量等）按微机说明书的要求进行。试验人员只要输入 $S_{t,ad}$，M_{ad}，M_t 和 H_{ad} 的值，微机热量计均能提供高、低位发热量的计算结果。

（四）各种发热量的计算

试验室测定的发热量是弹筒发热量 $Q_{b,ad}$，生产中常用的是空气干燥基高位发热量 $Q_{gr,ad}$ 和收到基低位发热量 $Q_{net,ar}$。了解各种发热量之间的关系，正确地进行计算，是全面掌握燃料发热量测试技术的重要组成部分。

1. 空气干燥基高位发热量的计算

空气干燥基高位发热量按式（13-34）计算：

$$Q_{gr,ad} = Q_{b,ad} - (94.1S_{b,ad} + \alpha Q_{b,ad}) \tag{13-34}$$

式中 $Q_{gr,ad}$——分析试样的高位发热量，J/g；

$Q_{b,ad}$——分析试样的弹筒发热量，J/g；

$S_{b,ad}$——弹筒洗液测得的煤的含硫量，%；

94.1——煤中1%硫的校正值，J；

α——硝酸的校正系数。

当煤中全硫含量低于4%或发热量高于14.60MJ/g时，用全硫$S_{t,ad}$代替$S_{b,ad}$，计算公式见式（13-32）。

需要指出：用标准氢氧化钠溶液滴定氧弹洗液，测定出的弹筒硫含量准确性较低，它仅限于用作计算高位发热量，不能作为提供煤中含硫量的依据。

2. 收到基低位发热量的计算

煤的高位发热量减去煤燃烧产物中全部水的汽化热，就是低位发热量，它是真正可利用的有效热量。低位发热量按式（13-35）计算：

$$Q_{net,ar}=(Q_{gr,ad}-206H_{ad})\times\frac{100-M_{av,t}}{100-M_{ad}}-23M_{av,t} \tag{13-35}$$

式中 $Q_{net,ar}$——收到基煤的低位发热量，J/g；

$Q_{gr,ad}$——分析试样的高位发热量，J/g；

$M_{av,t}$——收到基全水分，%；

M_{ad}——分析试样的水分，%；

H_{ad}——分析试样的氢含量，%。

小　结

1. 煤的分类、种类和等级及煤的特性指标的表示方法和分类。
2. 煤的分析基准和基准间的换算。
3. 煤样采制方法、煤样的制样方法和操作过程。
4. 煤的工业分析包括水分、灰分、挥发分和固定碳四项。
5. 煤的水分、灰分和挥发分测定条件和方法及固定碳的计算方法。
6. 煤的元素分析包括碳、氢、氮、氧、硫五元素的测定和计算。
7. 碳、氢、氮、硫元素的测定原理、装置、方法。
8. 煤的发热量测定基本概念：发热量的含义、测定基本原理、表示方法。
9. 热量计的组成、类型。
10. 发热量的测定方法，冷却校正，热容量的标定。
11. 发热量的计算。

思　考　题

1. 什么叫采样和制样？
2. 采样中，子样数目和所采最少质量是如何确定的？
3. 入厂煤如何采样？
4. 简述原始煤样的缩制过程。
5. 煤的工业分析包括哪几项？
6. 煤中水分有几种？如何测定？
7. 什么叫灰分和挥发分？焦渣分为几类？

8. 煤的工业分析与元素分析有何关系？
9. 试述三节电炉测定碳、氢元素的原理。
10. 试述开氏法测定氮的原理。艾士卡法测定硫的原理。
11. 什么叫弹筒发热量、高位发热量和低位发热量？
12. 测定发热量的基本原理是什么？
13. 什么叫热容量？
14. 什么是贝克曼温度计的基准温度和基点温度？
15. 常用的冷却校正公式有几种？

参考文献

1 吴仁芳．电厂化学．2版．北京：中国电力出版社，1995.
2 戴广华．电厂水处理与化学监督．北京：中国电力出版社，1999.
3 施燮钧，王蒙聚，肖作善．热力发电厂水处理：上、下册．3版．北京：中国电力出版社，1996.
4 辽宁省电力工业局．锅炉运行．北京：中国电力出版社，1995.
5 辽宁省电力工业局．电厂化学．北京：中国电力出版社，1995.
6 电力行业职业技能鉴定指导中心．电厂水处理值班员．北京：中国电力出版社，2002.
7 华东电力管理局．电厂化学技术问答．北京：中国电力出版社，1998.
8 王杏卿．热力设备的腐蚀与防护．北京：水利电力出版社，1988.
9 曹长武．电力用煤采制化技术及其应用．北京：中国电力出版社，1999.
10 林永华．电力用煤．北京：中国电力出版社，2001.
11 马桂铬．环境保护．北京：化学工业出版社，2002.
12 冯逸仙，杨世纯．反渗透水处理工程．北京：中国电力出版社，2000.
13 李培元．火力发电厂水处理及水质控制．北京：中国电力出版社，2000.
14 宋珊卿．动力设备水处理手册．北京：水利电力出版社，1988.
15 陈浩，杨东方．锅炉水处理技术问答．北京：化学工业出版社，2003.
16 唐受印，戴友芝．工业循环冷却水处理．北京：化学工业出版社，2003.
17 张葆宗．反渗透水处理应用技术．北京：中国电力出版社，2004.
18 电力行业电厂化学标准化技术委员会．电力用油、气质量、试验方法及监督管理标准汇编．北京：中国电力出版社，2001.
19 巩耀武，管炳军．火力发电厂化学水处理实用技术．北京：中国电力出版社，2006.
20 宋丽莎，曹长武，汪建军．火力发电厂用水技术．北京：中国电力出版社，2007.